Bauwissen und Bauwesen im Korea des langen 18. Jahrhunderts

Research on Korea

Edited by Marion Eggert, Eun-Jeung Lee and Jörg Plassen

Volume 9

Zur Qualitätssicherung und Peer Review der vorliegenden Publikation

Die Qualität der in dieser Reihe erscheinenden Arbeiten wird vor der Publikation durch einen Herausgeber der Reihe oder durch einen externen Gutachter geprüft.

Notes on the quality assurance and peer review of this publication

Prior to publication, the quality of the work published in this series is reviewed by one of the editors of the series or by an external reviewer.

Abbildungsverzeichnis 263

Tabellenverzeichnis 265

Glossar 267

Anhang 281

Danksagung

Es ist schwer, die richtigen Worte zu finden um all denjenigen, die an der Erstellung einer derartigen Arbeit in jedweder Weise mitgewirkt haben, in angemessener Form zu danken. Ohne ihre Hilfe hätte ich diese in gleicher Weise anstrengende wie befriedigende Arbeit in den langen Jahren nicht fertigstellen können. Mein Dank gilt in erster Linie Marion Eggert und Christine Moll-Murata, die mir als Gutachterinnen stets mit Rat und Hinweis zur Seite gestanden und regelmäßig den Weg in Richtung auf das Ziel gewiesen haben. Ich danke darüber hinaus Eun-jeung Lee, Andreas Müller-Lee, Jörg Plassen, Felix Siegmund, Thorsten Traulsen, Barbara Wall, Dennis Würthner und Myoungin Yu und vielen weiteren lieben Kollegen, die bei vielen kurzen und längeren Gesprächen in Kolloquien, im Büro zwischen Tür und Angel, beim Mittagessen oder in gemütlicher Runde am Abend diskutiert und beraten und immer wieder hilfreich kritisiert haben. Meiner Freundin, Kollegin und langjährigen Mitbewohnerin Gwendolin Kleine Stegemann gilt darüber hinaus mein besonderer Dank für die stetige Motivation und Ablenkung, wenn es erforderlich war oder ihr erforderlich schien, häufig auch gänzlich gegen meine eigene Überzeugung.

Meine Familie hat mich stets darin bestärkt, diesen Weg weiterzugehen und zum Ende zu führen. Dank ihnen konnte ich mein Studium überhaupt erst aufnehmen und erfolgreich abschließen. Mit ihren vielen kleinen und großen Gesten haben sie mir die Freiheit gegeben, eine neue Richtung einzuschlagen und die Widmung dieser Arbeit kann dies in keinem Maße widerspiegeln. Dieser Dank gilt in besonderer Weise Sarah, deren Geduld ich sicher häufiger strapaziert habe als mir bewusst ist, und für die ich diese Anstrengungen gerne in Kauf genommen habe.

Abkürzungsverzeichnis

AKS	Academy of Korean Studies
ASHKYS	*Algi swiun han'guk kŏnch'uk yongŏ sajŏn*
bzw.	beziehungsweise
CHA	Cultural Heritage Administration
chin.	chinesisch
CWSS	*Chosŏn wangjo sillok sajŏn*
d.h.	das heißt
DBKC	Database of Korean Classics
ebd.	ebenda
engl.	englisch
et al.	et alii
f	folgende Seite
ff	fortfolgende Seiten
FN	Fußnote
HHMCT	*Han'guk hyangdo munhwa chŏnja taejŏn*
HKYS	*Han'guk kojŏn yongŏ sajŏn*
HMMTS	*Han'guk minjok munhwa tae paekkwa sajŏn*
HYDCD	*Hanyu da cidian*
i.e.	id est
KGTJ	*Kyŏngguk taejŏn*
KHG	Korean History Glossary
KJMSJ	*Kwanjingmyŏng sajŏn*
lt.	laut
reg.	regierte
reinkorean.	reinkoreanisch
SJW	*Sŭngjŏngwŏn ilgi*
TJTP	*Taejŏn t'ongpyŏn*
vgl.	vergleiche
z.B.	zum Beispiel
RHAC	*Répertoire historique de l'administration coréenne de Maurice Courant, saisi par Pierre-Emmanuel Roux avec ajouts.*

Technische Anmerkungen

Ein großer Teil der koreanischen Fachtermini, insbesondere im Bereich der bürokratischen Struktur, ist bisher nicht ins Deutsche übersetzt worden, für viele Begriffe findet sich auch keine einheitlich englische oder französische Übersetzung. Nicht wenige Begriffe unterscheiden sich dazu in ihrem Bedeutungsgehalt in wechselnden historischen Kontexten. Grundsätzlich übersetze ich in den Fällen, in denen es mir aus Gründen der Zentralität, Argumentation, Kommunikabilität und dem besseren allgemeinen Verständnis notwendig erscheint, Fachtermini ins Deutsche. Dabei orientiere ich mich an den englischen Übersetzungen des sogenannten *Korean History Glossary* der Universität Harvard, sowie an den französischen Übersetzungen von Maurice Courant und Pierre Emmanuel Roux.[1] Zum Vergleich mit dem chinesischen Kontext werden in besonderen Fällen die Einträge aus Charles Huckers *A dictionary of official titles in Imperial China* verwendet[2].

An einer Vielzahl von Stellen werden im Text die bürokratischen Ränge (*p'umgye* 品階) der Chosŏn-Zeit thematisiert. Sie reichten absteigend von Stufe eins bis neun und waren jeweils in zwei weitere Stufen (*chŏng* 正 und *chong* 從) unterteilt.[3] Gemäß der sinologischen Ordnung habe ich sie alphanumerisch von 1A bis 9B geordnet, um den Text flüssiger zu gestalten. Eine vereinfachte Darstellung der diesem Band verwendeten Begriffe findet sich in Tabelle 26 im Anhang.

Die Umschrift koreanischer Begriffe richtet sich nach McCune-Reischauer inklusive einiger Anpassungen. So wird aus ästhetischen Gründen auf den Bindestrich im Vornamen verzichtet, eingebürgerte und persönliche Schreibweisen werden übernommen. Gemäß der ostasiatischen Schreibweise wird bei koreanischen, chinesischen und japanischen Namen der Familienname vor dem

---

1 *KHG* und *RHAC* sind erreichbar unter: https://projects.iq.harvard.edu/gpks/resources-0; [05.03.20108].
2 Hucker, Charles O., *A dictionary of official titles in Imperial China* (Stanford: Stanford University Press, 1985).
3 Die darüberhinausgehende noch feinere Unterteilung der einzelnen Unterstufen führt für den Zweck der Arbeit zuweit und wird, falls notwendig, an den betreffenden Textstellen selbst erläutert.In englischsprachigen Arbeiten überwiegt die Differenzierung in *upper* und *lower*. Das Rangsystem wurde üblicherweise folgendermaßen begrifflich zusammengefasst: *tangsang* 堂上 von 1A bis 3A, *tangha* 堂下 bzw. *ch'amsang* 參上 von 3B bis 6B, *ch'amha* 參下 bzw. *ch'amwoe* 參外 von 7A bis 9B, wobei auch hier unterschiedliche weitere historische Begriffe existieren.

Vornamen genannt, sofern keine eingebürgerte andere Schreibweise existiert. Die Lebensdaten der in der Arbeit erwähnten Personen der koreanischen Geschichte sowie Namen und Schreibweise sind wenn möglich dem *Han'guk minjok munhwa tae paekkwa sajŏn* (*HMMTS*) sowie der Personendatenbank der Academy of Korean Studies entnommen. Die Daten von Personen der chinesischen Geschichte entstammen nach Möglichkeit den Angaben in Jacques Gernets *Die chinesische Welt*.[4] Koreanische Begriffe werden bei ihrer ersten Nennung in Umschrift gemeinsam mit ihren chinesischen Zeichen im Fließtext genannt, danach nur in Umschrift. Ausnahme bilden hier bestimmte Auflistungen und Tabellen, in denen zum Zwecke der Veranschaulichung von der Regel abgewichen wird. Chinesische Begriffe werden in Pinyin umgeschrieben. Alle Begriffe werden schließlich im Glossar aufgeführt.

---

4   Gernet, Jacques und Kappeler, Regine, *Die chinesische Welt: Die Geschichte Chinas von den Anfängen bis zur Jetztzeit* (Frankfurt am Main: Suhrkamp, 2011).

1. Einführung

Traditionellem Handwerk im Allgemeinen sowie Bauhandwerk im Besonderen wird in der Erinnerungskultur des heutigen Korea ein hoher Stellenwert zugeschrieben. Davon zeugt nicht zuletzt die große Zahl entsprechender Einträge auf der Homepage der koreanischen Cultural Heritage Administration Einen Großteil der in Südkorea als Nationalschätze ausgezeichneten Kulturgüter sind Paläste, Festungen, Tempel oder traditionelle Privat- und Aristokratenhäuser, sogenannte hanok 韓屋. Sieben der zwölf UNESCO Welterbestätten Südkoreas sind Bauwerke im engeren Sinne, dazu kommen Palast- und Tempelanlagen als Gesamtkomplexe. Einige der immateriellen Kulturschätze wiederum entstammen dem gleichen bauhandwerklichen Kontext, so die Ornamentmalerei an Gebäudedächern, Tischlerei, allgemeiner Holzrahmenbau, diverse Metallarbeiten, Webarbeiten, Seilerei, Rosshaarhutmacherei und andere.[5] Nicht nur die Orte und Gebäude, sondern auch die im Kontext ihrer Herstellung erforderlichen Tätigkeiten sind in Form von Vorführungen in Museumsdörfern, Mitmachkursen bereits im Flughafen von Incheon und und im Rahmen weltweiter Werbung zu Touristenmagneten geformt geworden, die repräsentativ für Korea und zur Anerkennung seiner historischen Leistungen sowie der hinter diesen verborgenen Menschen stehen. Die vielfach erwähnte jahrhundertelange Tradition des hohen gesellschaftlichen und politischen Ansehens, das diesen unterschiedlichen Formen von Handwerk und insbesondere dem Bauhandwerk zugeschrieben wird, steht allerdings in nicht unerheblichem Gegensatz zu einer historischen konfuzianischen Prägung, durch die in besonderer Weise die Chosŏn-Zeit charakterisiert wird und die nicht zuletzt in Form des Ahnenritus selbst zum immateriellen Kulturerbe Koreas zählt. Eine große Zahl von Studien zur Gesellschaftsstruktur der Chosŏn-Zeit hat bei aller Uneinigkeit im Detail gezeigt, dass Handwerker in der sozialen Hierarchie keinen hohen Stellenwert besaßen und gemeinsam mit Bauern und Händlern höchstens in der Schicht der Gemeinen verortet werden

---

*   This work was supported by the Core University Program for Korean Studies through the Ministry of Education of the Republic of Korea and the Korean Studies Promotion Service of the Academy of Korean Studies (AKS-2009-MA-1001; AKS-2014-OLU-2250001).

5   Vgl. http://www.heritage.go.kr. [15.04.2018].

können.⁶ Zahlreiche Untersuchungen zu den sozial höheren Schichten Aristokratie und der Mittelschicht der sogenannten Technische Spezialisten sowie zur allgemeinen Stratifikation der chosŏnzeitlichen Gesellschaft konnten bestätigen, dass Handwerker weder eine Gruppe in diesen Schichten waren, noch aufgrund unterschiedlicher Faktoren sein konnten.⁷ Ist somit die derzeitige Darstellung des traditionellen Handwerks und der Handwerker in Korea lediglich ein Instrument des „*nation branding*", oder vielleicht nach Hobsbawm eine „*invention of tradition*?"⁸ Wie fügt sie sich ein in die von Codruta Cuc untersuchten Zusammenhänge der Bedeutung von „*cultural heritage*" und seiner politischen und gesellschaftlichen Formung in der Erinnerungskultur des heutigen Südkorea?⁹

1.1 Stellenwert und Krux des staatlichen Bauwesens

Die in den letzten Jahre in den deutschen Medien geführte Berichterstattung zu Planungs- und Managementfehlern bei Großbauprojekten, die mit öffentlichen Geldern finanziert werden, hat eine Diskussion um die Qualifikation der Beteiligten insbesondere in den höchsten Aufsichts- und Leitungsebenen ausgelöst. In besonderer Weise stellen diese Artikel die Frage nach der Eignung von Politikern für die Durchführung derartiger Vorhaben. Diese besäßen in den wenigstens Fällen einen technisch-spezialisierten Hintergrund, sondern seien in vielen Fällen ausgebildete Anwälte oder Berufspolitiker. Die Diskussion um das Management von Großbauprojekten ist jedoch nicht nur Teil öffentlicher Debatten, sondern auch wissenschaftlicher Beschäftigung innerhalb der Wirtschafts-, Politik- und Sozialwissenschaften. So veröffentlichte allein das *ProjektMagazin*, eines der führenden Fachportale für Projektmanagement im deutschsprachigen

---

6 Vgl. z.B. Ro Jin Young, „Demographic and Social Mobility Trends in Early Seventeenth-century Korea: An Analysis of Sanŭm County Census Registers." *Korean Studies,* Nr.7 (1983).
7 Vgl. Eckert, Carter J. und Yi Ki-baek, *Korea, old and new: A history* (Seoul Korea, Cambridge Mass: Harvard University Press, 1990); Deuchler, Martina, *The Confucian transformation of Korea: A study of society and ideology* (Cambridge, Mass: Harvard University Press, 1992); Deuchler, Martina, *Under the ancestors' eyes: Kinship, status, and locality in premodern Korea.*; Kim Sung Lim, „From middlemen to center stage: The chungin contribution to 19th-century Korean painting." (University of California), Berkeley.
8 Hobsbawm, Eric und Ranger, Terence, *The Invention of Tradition* (New York: Cambridge University Press, 2012).
9 Cuc, Codruta, „On The Meaning of Heritage in South Korea: The Case of Sungnyemun." *Studia UBB Philologia* LVIII, Nr.1 (2013).

Raum, unter dem Schlagwort „*Großprojekt Management*" zwischen 2002 und 2015 über 70 Artikel. Und das Institut für den öffentlichen Sektor e.V. nahm in der Frühjahrsausgabe seines Journals *Public Governance* das Management von Großprojekten zum Schwerpunktthema. Demzufolge stehen in gleicher Weise politisch-ökonomische wie technische Ursachen einer erfolgreichen Projektplanung und Durchführung im Weg. Letztere gründen vor allem in fehlender Erfahrung, fehlendem Fachwissen und falschen Daten.[10] Nichtsdestoweniger spricht Bent Flyvbjerg vom *Megaproject Paradox*, womit er die Tatsache charakterisiert, dass derartig risikobehaftete Großprojekte trotz des Wissens um die hohe Fehlschlagquote stets wieder in gleicher Weise mit den gleichen Managern in Angriff genommen werden.[11] Die grundsätzliche Spezialqualifikation im bautechnischen Bereich scheint für eine Managementposition bei der Durchführung von Großbauprojekten heutzutage kein Qualifikationskriterium darzustellen. Ferdinand Schuster fordert in seinem Artikel *Management von Großprojekten*, dass neben der Anpassung der Organisation derartiger Projekte bereits in der Planung Detailverbesserungen vorgenommen werden müssen.[12] Solcherlei Probleme bei Großbauprojekten seien laut Schuster kein Merkmal der jüngsten Zeit, sondern ließen sich bis weit in die Vergangenheit zurückverfolgen, wobei er den Bau des Suezkanals Mitte des 19. Jahrhunderts als Beispiel anführt. Der vorliegende Band soll dazu beitragen, diese Diskrepanz zwischen soziopolitischem Status und staatlicher Relevanz von Bauwissen zu erklären und und mit der heutigen Darstellung einer „historischen Wirklichkeit" in Relation zu bringen.

Derartige Großbauprojekte lassen sich bis in die frühesten Phasen der Zivilisationsgeschichte für alle Kulturen der Welt identifizieren. In Chosŏn zeugen die Palast- und Festungsanlagen, Tempel und Schreine, aber auch die Vielzahl erhaltener oder wiedererrichteter Privathäuser von der Zentralität, die Bauprojekte im staatlichen Kontext einnahmen. Darüber hinaus ist durch archäologische Untersuchungen eine Vielzahl an Großbauten und Komplexen bekannt, die aus unterschiedlichen Gründen zerstört und nicht wiederhergestellt wurden, zu deren ursprünglichem Bau jedoch umfangreiche Kenntnisse nicht nur technischer, sondern auch planerisch-organisatorischer Art existiert haben müssen. Tatsächlich war ein gesamtes Ministerium, das Ministerium für Öffentliche Arbeiten

---

10 Vgl. Flyvbjerg, Bent, *Policy And Planning For Large Infrastructure Projects: Problems, Causes, Cures* (The World Bank, 2005).
11 Vgl. Flyvbjerg, Bent, Bruzelius, Nils und Rothengatter, Werner, *Megaprojects and risk: An anatomy of ambition* (Cambridge: Cambridge Univ. Press, 2013).
12 Schuster, Ferdinand, „Management von Großprojekten – Herausforderungen und Lösungen." *Public Governance,* Frühjahr (2013).

(Kongjo 工曹), eigens damit beauftragt, Bauarbeiten zu planen und durchzuführen sowie eine große Zahl an mit ihnen in Verbindung stehenden Aufgaben abzudecken. Diesem Minsterium waren bestimmte Gruppen von Handwerkern zugewiesen, durch deren Einsatz die Arbeiten zunächst durchgeführt wurden, und deren Anzahl in besonderen Fällen erweitert werden konnte. Diese Spezialisten bildeten die größte, die Hauptlast des Tagesgeschäfts tragende Gruppe im Personal des Kongjo, gleichzeitig waren sie im sozialen Gefüge Chosŏns und damit auch in der bürokratischen Hierarchie am unteren Ende verortet. Die Spitzenpositionen besetzten ausschließlich Mitglieder der Aristokratie, die dadurch nominell auch die Leitung von Bauprojekten innehatten. Ausgebildet in den konfuzianischen Schriften, stellt sich hier eine offensichtliche Diskrepanz zwischen benötigtem und vorhandenem Wissen dar.

1.2 Ausgangslage und Argumentation des vorliegenden Bandes

Nicht zuletzt James Palais und Martina Deuchler haben eindrucksvoll nachgewiesen, in welcher Weise sich die unterschiedlichen Statusgruppen in der frühen Chosŏn-Zeit etablierten, wie im Zeitverlauf die Stratifizierung der Gesellschaft stattfand, und auf welche Weise sie derart langlebig sein und mit der staatlichen Bürokratie verwoben existieren konnte.[13] Ihre Untersuchungen und Ergebnisse sind im Laufe der Jahre durch eine Vielzahl von Arbeiten bestätigt und kritisch weiterentwickelt worden. Zentral ist die Herausbildung der sogenannten *sadaebu* 士大夫 (Literatengelehrten-Aristokratie), denen es in Korea, im Gegensatz zu früheren Entwicklungen in China, gelungen war, durch ihre politische wie intellektuelle Führungsposition einen Staat zu schaffen, der sowohl in seiner bürokratischen Organisation als auch in der unterliegenden Ideologie des Neokonfuzianismus darauf ausgelegt war, ihre eigene Machtposition zu sichern.[14] Die Stabilität dieses Gerüsts konnte offenbar selbst durch die Zerstörungen der japanischen Invasionen von 1592–97 und der Einfälle der Mandschu 1627 und 1636 nicht nachhaltig erschüttert werden, sodass sich die bis dahin etablierte

---

13 Palais, James, „Confucianism and The Aristocratic/Bureaucratic Balance in Korea." *Harvard Journal of Asiatic Studies* 44, Nr.2 (1984); Deuchler, *The Confucian transformation of Korea*; Deuchler, *Under the ancestors' eyes*. Der Fokus liegt dabei zumeist auf den obersten Schichten der sozialen Hierarchie und der Herausbildung ihrer Strategien und Instrumente.
14 Vgl. Deuchler, *The Confucian transformation of Korea*: S.295–297.

Elite in ihren Ämtern halten und ihre soziopolitische Stellung[15] bewahren und sogar festigen konnte. Das System der sozialen Stratifikation habe sich als derart unzerrüttbar erwiesen, dass bis auf Ausnahmen die grundsätzliche soziale Schichtung der frühen Chosŏn-Zeit bis zu den sogenannten kabo-Reformen 1894–96 erhalten blieb.[16] Die Ausbildung der aristokratischen Literaten-Beamten beschränkte sich auf die in den Beamtenprüfungen notwendigen Kenntnisse zum konfuzianischen Kanon und damit auf die Inhalte des Neokonfuzianismus bzw. seiner koreanischen Interpretation. Durch die gesetzlichen wie sozialen Regeln zur Beamtenprüfung sowie die schleichende Monopolisierung und Korrumpierung der Personalpolitik des Beamtenapparats drängten ab dem 17. Jahrhundert die Literatenbeamten in immer tiefere Ebenen der Bürokratie vor und besetzten dadurch Ämter in der Zentrale wie auch in den Provinzen, die ursprünglich an Spezialisten aus niedrigeren sozialen Klassen hätten vergeben werden können.[17]

Dieser Bollwerkcharakter zeigt sich ebenfalls aus der Perspektive der nach Anerkennung und Aufstieg strebenden mittleren sozialen Schichten. Hwang Kyung Moon konzentriert sich in seiner Monographie *Beyond Birth* auf die Rolle der sogenannten *secondary status groups*. Gemeinsam sei ihnen, dass sie eine soziale Schicht zwischen der Aristokratie der *yangban* und den Gemeinen, zum Beispiel Bauern und Handwerkern, bildeten, wobei sie wiederum selbst in verschiedene Gruppen unterschieden werden konnten. Sie setzten sich nach Hwang zusammen aus den *chungin*, den *sŏŏl* 庶孽 (Konkubinensöhne der *yangban*), rangniedrige Militärs, *hyangni* 鄉吏 (Provinzbeamten) und den marginalisierten Bewohnern der nördlichen Provinzen. Ihr bestimmendes Merkmal war, im Einklang mit der von Deuchler nachgewiesenen soziopolitischen Konstruktion Chosŏns, die nicht-*yangban*-Zugehörigkeit und ihre Restriktionen im bürokratischen System. Dabei verfügten sie jedoch über Spezialwissen, welches sie zu den ihnen zugewiesenen Aufgaben in der mittleren und unteren Beamtenebene

---

15 Der Begriff soll die Verknüpfung zwischen sozialer Position und politischer Position abbilden. Er bezieht sich nicht auf einen sozialpolitischen Aspekt im Sinne einer Politik der Wohlfahrt für bestimmte Teile der Bevölkerung, sondern zielt auf Verwebung von sozialem Status und politischem Amt ab.
16 Vgl. Hwang Kyung Moon, *Beyond birth: Social status in the emergence of modern Korea* (Cambridge Mass: Harvard University Press, 2004): S.41.
17 Vgl. Yi Sŏn-yŏp und Kim To-hyŏn, „Kwagŏ chedo-e kwanhan pip'an-jŏk sŏngch'al: Chosŏn-ŭi „munhwa sihŏm"-ŭl chungsim-ŭro." [Kritische Reflektion der Struktur der kwagŏ. Mit Fokus auf die Prüfungskultur Chosŏns] *Han'guk haengjŏng sahakchi* 21, Nr.0 (2007).

fachlich befähigte und, gemäß des von Hwang geprägten Begriffs, lediglich zweitrangigen Status besaß. In diesen Positionen waren sie allerdings von derartiger Wichtigkeit, dass Hwang ihnen die zentrale Rolle bei der Abwicklung des Tagesgeschäfts der Administration in Chosŏn zuweist und ihnen ein entsprechendes Selbstbewusstsein zuschreibt.[18]

Was er allerdings darüber hinaus in aller Deutlichkeit feststellt ist die Tatsache, dass dieses Statusbewusstsein nicht in einem positiven Selbstbild mündete. Vielmehr beobachtet Hwang innerhalb dieser *secondary status groups* den Trend, selbst offiziell als Mitglieder der *yangban* anerkannt zu werden. Dies geschah demnach sowohl durch die Argumentation einer gemeinsamen Herkunftstradition, zurückverfolgbar bis in die Koryŏzeit, als auch in der stets wiederkehrenden Forderung nach der Möglichkeit bürokratischen, und damit verbunden sozialen Aufstiegs auf Basis von erbrachter Leistung.[19] Ihre Leistungen hatten somit weder auf ihre Position innerhalb der Administration, noch auf ihr Gruppenbewusstsein im Sinne einer Emanzipation vom neokonfuzianischen Gesellschaftssystem positiven Auswirkungen. Die Anerkennung durch die Aristokratie in Form einer Anerkennung des eigenen *yangban*-Status (*yangban chihyang ŭisik* 兩班 志向 意識) scheint das Ziel in den Lebensleistungen der von ihm untersuchten Gruppen gewesen zu sein.[20] Gleichzeitig zeugt die Erfolglosigkeit dieser Bestrebungen davon, dass gewisse Ausschlussmechanismen verhinderten, dass weder finanzieller Wohlstand noch Spezialistenwissen auf Gebieten, die nicht in direkter Weise mit dem als wahr definierten Wissenskanon in Verbindung standen, ein Substitut für Herkunft bzw. Blutlinie darstellten.

Derartige Ausschlussprinzipien, die letztlich Machtpolitik aus Reihen der Amtsinhaber, i.e. der Aristokraten, darstellten, lassen sich auch auf die Stellung der Handwerker und ihres Fachwissens im Rahmen der Bürokratie der Chosŏn-Zeit wiederfinden. Bauarbeiten jedweden Umfangs waren ein essentieller Bestandteil des Tagesgeschäfts. Es erscheint vom technischen Standpunkt zunächst widersinnig, wenn auch sehr modern, dass die Durchführung von (Groß)Bauprojekten in der Hand von Literatenbeamten bzw. professionellen Politikern lag, und nicht von entsprechenden Fachspezialisten. Die Herausbildung und Verhärtung dieser soziopolitischen Strukturen fällt jedoch in eine Phase der koreanischen Geschichte, die geprägt war von hochphilosophischen Überlegungen

---

18 Am Beispiel der *hyangni*: Hwang Kyung Moon, „Bureaucracy in the transition to Korean modernity – Secondary status groups and the transformation of government and society, 1880–1930." (Dissertation, Harvard University, 1997), Cambridge, Mass.: S.404.
19 Vgl. ebd.: S.408–410.
20 Vgl. Hwang, *Beyond birth*: S.38.

zur neokonfuzianischen Kosmologie und Weltanschauung. Diese führte schließlich zur Herausbildung unterschiedlicher Fraktionen innerhalb der *yangban* der späten Chosŏn-Zeit.[21] Die Diskrepanz liegt dabei unter anderem in der Tatsache, dass sich ab dem späten 17. Jahrhundert, beginnend mit der zweiten Hälfte der Regierungszeit König Sukchongs 肅宗 (1661–1720, reg. 1675–1719), explizit dann unter den Königen Yŏngjo 英祖 (1694–1776, reg. 1724–1776) und Chŏngjo 正祖 (1752–1800, reg. 1776–1800), eine Politik des Fraktionsausgleichs herausbildete, die als *t'angp'yŏng* 蕩平 bezeichnet wurde, und die bis zum Jahr 1800 ein Fenster für Veränderungen in unterschiedlichen Bereichen von Politik und Gesellschaft öffnete. Die politische Teilhabe vormals marginalisierter Gruppen, die dem System in unterschiedlicher Weise kritisch gegenüberstanden, bot das Potential einer größeren Anerkennung und Beachtung der Handwerksspezialisten, ihrer Leistungen und ihrem Fachwissen. Vor allem wurde das dargestelle Missverhältnis in den Beobachtungen deutlich, die koreanische Gesandte in China machen konnten, sowie im Kontakt mit neuem, aus dem Westen stammenden Wissen. Diese Aspekte der kritischen Evaluation der Lebensumstände in Chosŏn, auch vor dem Hintergrund der Gegebenheiten in China, erfuhren in der Forschung unter dem Terminus *sirhak* 實學 (Praktische Lehre)[22] eine nicht immer kritisch reflektierte Zusammenfassung.[23]

Die Überzeugungskraft und Wirkmächtigkeit daraus resultierender Veränderungsvorschläge auch aus den Reihen einflussreicher *yangban* sollte sich vermeintlich in ihrer politischen, praktischen Umsetzung widerspiegeln. Der historische Verlauf zeigt jedoch, dass diese Ideen in der Realität keine nachhaltigen Veränderungen hervorriefen und damit das soziopolitische System der Chosŏn-Zeit weder durch Bedrohung und Invasion, noch durch innere Widersprüche und Probleme und den Versuch ihrer Überwindung, noch durch die Zwänge des Tagesgeschäfts der Regierung in seiner Statik erschüttert werden konnte. Es stellt sich die Frage, ob dieser Eindruck einer genaueren Betrachtung standhalten kann. Zu diesem Zweck soll auf der einen Seite versucht werden,

---

21 Zur Herausbildung der Fraktionen siehe unter anderem Kalton, Michael C. und Kim Oaksook Chun, *The four-seven debate: An annotated translation of the most famous controversy in Korean neo-Confucian thought* (Albany: State University of New York Press, 1994); Jin Xi-de, „The „Four-Seven Debate" and the School of Principle in Korea." *Philosophy East and West* 37, Nr.4 (1987).
22 Im Englischen *practical learning* nach *KHG* und Pratt, Keith L., Rutt, Richard und Hoare, James, *Korea: A historical and cultural dictionary* (Richmond, Surrey: Curzon Press, 1999): S.425.
23 Für eine weiterführende Darstellung der Forschungsgeschichte siehe z.B.

anhand des Gegenstandes des *bauhandwerklichen technischen Wissens* nachzuverfolgen, ob es aus Teilen der herrschenden Elite Bestrebungen gegeben hat, die derart gelagerten praktischen Ideen ihrer Zeitgenossen politisch umzusetzen bzw. in geeigneter Form in ihren eigenen Legitimationsdiskurs zu inkorporieren. Diese Fragestellungen sind dabei eingebettet in die Analyse der bürokratischen Struktur der zentralen Administration der späten Chosŏn-Zeit als Manifestiation des kanonisierten Wissens und somit der soziopolitischen Wahrheit. Quelle für diese Strukturanalyse sind vor allem die Gesetzeskodizes. Das *Kyŏngguk taejŏn* 經國大典 (*Großer Kodex zur Verwaltung des Staates*), das im Jahr 1485 nach langer Vorbereitungs- und Gestaltungszeit in seiner Gesamtheit herausgegeben wurde, sowie seine beiden Überarbeitungen *Soktaejŏn* 續大典 (*Erweiterter Großer Kodex*) und *Taejŏn t'ongpyŏn* 大典通編 (*Umfassender Großer Kodex*) aus der Mitte des 18. Jahrhunderts dienen dabei als Basis.[24] In ihnen sind nicht nur direkt die administrativen Strukturen, sondern auch die diesen unterliegenden Ideen und Begründungen mehr oder weniger detailliert dargestellt.

Darüber hinaus sollen Einblicke in die Beziehung zwischen sozialer Klasse und politischer Position in Sonderformen der Organisation in Form von Großbauprojekten als extra-administrativen Einheiten gegeben werden, die im heutigen Verständnis unabhängiger von vorherrschenden Zwängen und damit flexibler agieren konnten. Grundlage dafür bildet das Genre der erst seit wenigen Jahren in das Blickfeld der Forschung gerückten *ŭigwe*. Sie stellen nicht nur selbst eine literarische Sonderform dar, sondern gestatten Einblicke in eine außerordentliche Organisation des Regierungsgeschäfts, nämlich die projekthafte Durchführung von staatswichtigen Riten, und innerhalb dieses Kontexts der Durchführung von Bauprojekten. Über die Inhalte der ebenfalls hinzuzuziehenden Hofaufzeichnungen der *sillok* 實錄 (Regesten) und der *Sŭngjŏngwŏn ilgi* 承政院日記 (*Tägliche Aufzeichnungen des Königlichen Sekretariats*) hinaus enthalten sie Informationen zu diesen Ereignissen, die einen tieferen Einblick in deren Charakter, aber auch in die Zusammensetzung und den Stellenwert der Teilnehmer geben und dadurch zur Vervollständigung unseres Verständnis um das Funktionieren der chosŏnzeitlichen Bürokratie und der ihr unterliegenden Ideologie beitragen.

Ausgewählte Texte einiger repräsentativer Gelehrter, die der *sirhak* zugerechnet werden, können die Reaktion und Kritik auf das kanonische Wissen, seine

---

24 Der deutsche Titel des *KGTJ* ist angelehnt an die englische Übersetzung *Great code of adminstration* nach Deuchler, *Under the ancestors' eyes*: S.3, sowie dem *KHG*. Für das *TJTP* wird im *KHG* die Bezeichnung *Comprehensive Great Code* verwendet, das *Soktaejŏn* fehlt in der Aufstellung.

strukturelle Umsetzung und deren Folgen vermitteln. Im Vergleich mit ihren Beobachtungen in China bzw. der Auseinandersetzung mit dem aus China importierten Wissen werden nicht nur die Lebensumstände in Chosŏn konturiert, sondern auch zeitgenössische Einsichten in die Auffassung der Gelehrten über die Rückständigkeit des eigenen Landes und die Chancen, die eine Außenperspektive auf die eigene Entwicklung geboten hat, ermöglicht. Sowohl Tamhŏn Hong Taeyong 湛軒 洪大容 (1731–1783) als auch Ch'ojŏng Pak Chega 楚亭 朴齊家 (1750–1805) sind Vertreter der Gruppe von Gelehrten, die selbst nach China reisten und aus erster Hand berichten konnten. Tasan Chŏng Yagyong 茶山 丁若鏞 (1762–1836), der selbst nie Teil einer Gesandtschaft war, dessen kreativer Geist und extensives Œvre jedoch vor dem Hintergrund des Wechsels vom 18. zum 19. Jahrhundert gemeinhin als Höhepunkt der *sirhak* verstanden werden, soll insbesondere anhand seiner Werke mit Bezug auf den Bau der Festung Hwasŏng für die Argumentation herangezogen werden. Seine Ideen können als ein Beispiel einer mehr oder weniger erfolgreichen Umsetzung neuen Wissens in die bauhandwerkliche Realität dienen.[25]

Ein weiterer Perspektivwechsel wird die bis dahin gemachten Feststellungen ins Verhältnis zum Herrschaftsverständnis des Königs selbst setzen. Zusätzlich zur Perspektive der Gelehrten werden anhand einer weiteren Quelle bereits angedeutete Tendenzen hin zu einer Veränderung des Stellenwerts von bauhandwerklichem technischem Wissen und seiner Träger von Seiten des Königs als Staatsoberhaupt und Verhaltensmaßstab identifiziert. Die *Ilsŏngnok* 日省錄 (*Aufzeichnungen zur täglichen Reflektion*), deren Charakter diesbezüglich erläutert werden wird, können als eine Art königliches Tagebuch dazu dienen, persönliche Ansichten des Herrschers auf bestimmte Geschehnisse seines politischen Alltags zu beleuchten und anhand dessen mögliche Bestebungen zur Veränderung hergebrachter Handlungs- und Verhaltensweisen der politischen und sozialen Elite zu identifizieren. Die Macht zur Gestaltung der unterliegenden Wissensbestände stellt den entscheidenden Faktor zur Initiierung oder Verhinderung von Veränderungen dar.

Diesen Untersuchungen vorangestellt wird eine Skizzierung der Strukturen und Grundlagen der zentralen Bürokratie sowie der Möglichkeiten der Eingänge in eine Beamtenlaufbahn in der späten Chosŏn-Zeit. Der Gesamtkontext wird somit als Beziehungsgefüge von Besitz und Ausübung von Veränderungsmacht, den ideologischen und bürokratischen Strukturen sowie den handelnden und

---

25 Detaillierte Informationen zu den verwendeten Quellen werden in den jeweiligen Kapiteln gegeben.

behandelten Personen verstanden. Macht wird in dieser Form aufgefasst als der Besitz der Kontrolle von Wissensbeständen, welche für einen bestimmten Zeitraum als Wahrheit definiert wurden. Vom Standtpunkt der Inhaber von Veränderungsmacht soll daher nachgezeichnet werden, welche Beziehungen sich zwischen dieser Macht und den Handlungen der Machthaber sowie den staatlichen Strukturen ausdrückten, welche Forderungen nach Verhaltens- und Fokusänderungen darüber hinaus existierten, ob es möglicherweise zu einer Neuausrichtung des Wissenskatalogs kam, und wie diese Beziehungsgefüge im Verhältnis standen zur Gruppe der Handwerker und ihres Fachwissens. Die Verwendung bestimmter Instrumente eines diskursanalytischen Ansatzes erscheint aus diesem Grunde sinnvoll für die Herausarbeitung der im Sinne von Michel Foucault (1926–1984) verstandenen Aussagen, die die Strukturen, Prozesse, Handlungsweisen und schriftlichen Zeugnisse darstellen.[26] Es werden ebenfalls Bezüge hergestellt und Aussagen getroffen zum Habitus der *yangban* sowie zu dessen Ausprägungen und möglichen Veränderungen, angelehnt an das Konzept von Pierre Bourdieu (1930–2002). Statt einer ausgearbeiteten Diskursanalyse sollen aber die Möglichkeiten, die diese Form der Analyse bietet, selektiv genutzt werden, um anhand des zwangsläufig beschränkten Untersuchungsmaterials belastbare Erkenntnisse zu formulieren, die gemeinsam mit anderen Arbeiten zur Beleuchtung der sozialen, politischen und kulturellen Umstände der späten Chosŏn-Zeit beitragen können.

---

26 Zur Einführung in die historischen Diskursanalyse vgl. z.B. Landwehr, Achim, *Historische Diskursanalyse* (Frankfurt am Main: Campus, 2008) sowie die unterschiedlichen Beiträge in Eder, Franz X., Hrsg., *Historische Diskursanalysen: Genealogie, Theorie, Anwendungen* (Wiesbaden: VS Verl. für Sozialwissenschaften, 2006).

2. Die zentrale administrative Struktur der späten Chosŏn-Zeit

2.1 Überblick über das Schulsystem

Das staatliche Schulsystem war in unterschiedlichen Ebenen und Schulformen organisiert. *Sŏdang* 書堂 bildeten die Basis. Es handelte sich um „Dorfgrundschulen", die auf den administrativen Ebenen von *myŏn* 面 (Bezirk, engl. *district*), *tong* 洞 (Dorf, engl. *village*) und *ri* 里 (Unterbezirk, engl. *sub-district*) zu einem gewissen Anteil privat durch die jeweiligen Gemeinschaften mitgetragen wurden.[27] Sie waren prinzipiell für Kinder aller Bevölkerungsschichten geöffnet und vermittelten eine Grunderziehung, die zunächst an den Anforderungen der Beamtenprüfungen ausgerichtet war, und somit das Fortbestehen des Systems sichern sollte, indem sie die konfuzianische Morallehre tief in die Gesellschaft transportierten.[28] Die Lehrinhalte sowie die Zusammensetzung der Schüler unterschieden sich allerdings je nach Erfordernissen der Standorte oder Zeitumstände und schienen im Grundsatz nicht staatlich reglementiert zu sein, weswegen neben den literarischen Inhalten, beginnend in der Regel mit dem Studium des Tausend-Zeichen-Klassikers (*Ch'ŏnjamun* 千字文), auch Sprachen oder Malerei vermittelt wurden. Ihnen wird die Rolle der Ausbildung der Landbevölkerung zugeschrieben, wobei sie im Laufe der Chosŏn-Zeit für die Aristokratie zugunsten der Privatakademien (*sŏwŏn* 書院, chin. *shuyuan*) mehr und mehr an Bedeutung verloren.[29] Nichtsdestoweniger gibt Yuh für das frühe 20. Jahrhundert noch eine Zahl von 16.540 *sŏdang* an, die durch das japanische Generalgouvernement ermittelt worden sei.[30]

---

27 Die englischen Bezeichnungen der Verwaltungseinheiten stammen aus dem KHG und dienen an dieser Stelle Vergleichszwecken.
28 Vgl. Chang Chae-ch'ŏn, „Sŏdang-ŭi kyoyuk-kwa p'ungsok mit nori." [Die Erziehung, Bräuche und Spiele in den *sŏdang*]. Han'guk sasang-kwa munhwa 48, (2009): S.318ff.
29 Auf die *sŏwŏn* wird im Verlauf des Kapitel näher eingangen warden. vgl. Yuh, Leighanne Kimberly, *Education, the struggle for power, and identity formation in Korea, 1876–1910* (Berkeley, 2008): S.24–27; Eun-Jeung Lee, *Sŏwŏn – Konfuzianische Privatakademien in Korea,* Research on Korea v.4 (Frankfurt: Peter Lang GmbH Internationaler Verlag der Wissenschaften, 2016), http://gbv.eblib.com/patron/FullRecord.aspx?p=4558436
30 Vgl. ebd.: S.29.

Die staatliche Ausbildung setzte in den beschriebenen *hyanggyo* bzw. *sahak* ein. Sie kann als höhere Schulbildung beschrieben werden, wobei nicht eindeutig festgelegt worden ist, in welchem Alter die als *kyosaeng* 校生 bezeichneten Schüler diese Schulen besuchen durften. Die Altersspanne der Schüler reichte von etwa 8–16 Jahren, in Einzelfällen wohl auch weit darüber hinaus.[31] Das Curriculum konzentrierte sich auf das Studium der konfuzianischen Klassiker und weiterer Literatur in chinesischer Schriftsprache (*hanmun* 漢文). Die Errichtung dieser staatlichen „Weiterführenden Schulen" bereits seit der Frühzeit des Reiches diente zunächst drei Zwecken. Erstens sollte sowohl den Söhnen der *yangban* als auch den niedrigeren Gesellschaftsschichten eine grundsätzliche konfuzianische Ausbildung zuteilwerden. Dadurch konnte die neue Staatsideologie bis tief in die Gesellschaft vermittelt und gleichzeitig der in der Koryŏ-Zeit staatstragende Buddhismus zurückgedrängt werden.[32] Zweitens sollte mittels der in jeder Schule errichteten Konfuziusschreine die quasireligiöse Verehrung des Konfuzius als Sinnstifter breitflächig in der Praxis umgesetzt werden. Diese Schreine waren stets im Zentrum des Schulgeländes an einem mit Hilfe von Methoden des *fengshui* 風水 (kor. *p'ungsu*) ermittelten Ortes errichtet, wie im übrigen die gesamte Schulanlage selbst.[33] Sie dienten der Gemeinschaft, der die *hyanggyo* angeschlossen war, zur Durchführung einer Reihe unterschiedlicher Zeremonien im Jahresverlauf. Die Schulen waren somit nicht nur Vermittler von Wissen und Praktiken, sondern ebenso Repräsentanten der staatlichen Ordnung bzw. der Zentralgewalt bis in die Randgebiete des Reiches. Ihre Existenz sowie das durch sie vermittelte Wissen legitimierten die neue Herrschaft breitflächig und sozial tiefgreifend.[34] Dazu waren sie einer strikten Kontrolle unterworfen, die dafür Sorge trug, dass die Vorgaben der Zentralregierung auch in den Provinzen umgesetzt wurden. Drittens sollten die

---

31 Vgl. z.B. Pak Yŏn-ho, „Chosŏn chŏn'gi hyanggyo chŏngch'aek-ŭi sŏnggyŏk-kwa han'gye." [Grenzen und Charakter der Politik gegenüber den *hyanggyo* der frühen Chosŏn-Zeit]. Kyoyuk sahak yŏn'gu 8, (1998): S.60ff.
32 Vgl. Schlagwort *ŏkpul sungyu* 抑佛崇儒 in:Yun, „Chosŏn sidae-ŭi chibang kyoyuk haengjŏng-e kwanhan koch'al": S.163.
33 Vgl. No Sŏng-ho, Sim U-gyŏng und Kwŏn Yŏng-hyu, „Chosŏn sidae hyanggyo-ŭi ipchi mit konggan t'ŭksŏng." [Ort und räumliche Charakteristika der *hyanggyo* der Chosŏn-Zeit]. Han'guk chŏnt'ong chogyŏng hakhoeji 23, Nr.2 (2005).
34 Vgl. Kim Chŏng-sin, „Chosŏn chŏn'gi hyanggyo-ŭi chŏngch'i, sahoe-jŏk sŏnggyŏk-kwa soet'oe wŏnin." [Die Politik gegenüber den *hyanggyo* in der frühen Chosŏnzeit, der gesellschaftliche Charakter und der Grund für den Niedergang]. *Chungwŏn munhwa yŏn'gu* 13, (2009).

Schüler in den *hyanggyo* auf die Beamtenlaufbahn vorbereitet werden. So gehörte ein breites Repertoire kanonisierter Schriften zum Curriculum, zu deren Verwendung es zwar keine zentrale Verordnung oder ein einzelnes Edikt gab, deren Wertschätzung und Empfehlung aber durch verschiedene Einträge in den Regesten zusammengetragen werden kann. So betonte beispielsweise König Sejong 世宗 (1397–1450, reg. 1418–1450) die zentrale Stellung des *Sohak* 小學 im schulischen Lernen.[35]

Die Bedeutung der *hyanggyo* ging bereits im späten 15. Jahrhunderts stark zurück. Bereits zur Regierungszeit König Sejongs wurden Qualität der Lehre und Disziplin der Schüler und damit die Ausbildung der Beamten bemängelt. Daraufhin wurden verschiedene Systeme entwickelt, um den Lernfortschritt der Schüler zu dokumentieren und ihnen Anreize für höhere Leistungen zu geben, so zum Beispiel durch die Möglichkeit, die *ch'osi* Prüfungsteile durch gute Leistungen zu überspringen.[36] Nach den Invasionen der Japaner und Mandschu spiegelten sich die gesellschaftlichen und politischen Entwicklungen immer stärker auch in den Schulen wider. Der Habitus der *yangban* gegenüber Mitgliedern der niedrigeren sozialen Schichten setzte sich ebenfalls bereits im Kindesalter in den Schulen selbst durch. Auch wenn den Söhne sozial niedriger Familien der Schulbesuch nicht verboten war, so wurden sie offenbar in nicht wenigen Fällen von Seiten der Privatschüler als „Hilfskräfte" oder wie „Sklaven" zur Vorbereitung von Zeremonien oder Durchführung von anderen Arbeiten missbraucht, sodass es scheint, dass sie in einem Großteil der untersuchten Fälle Analphabeten blieben.[37] Zudem fehlte es dem Staat an Mitteln, um ausreichend qualifiziertes Personal, das in der frühen Chosŏn-Zeit den Rang 6B innehatte, für die Schulen zu rekrutieren, sodass diese in den privaten Bereich abwanderten und die Lehre von weniger gut bis gar nicht staatlich ausgebildeten Lehrern übernommen wurde. In der späten Chosŏn-Zeit fand schließlich die Grunderziehung der Söhne von *yangban* vornehmlich in besonderen Privatakademien statt, den sogenannten *sŏwŏn* 書院.

---

35 Vgl. *Sejong sillok*, *kwŏn* 86, Jahr 21 (1439), Monat 9, Tag 29, 5. Eintrag; zitiert nach: Yun, „Chosŏn sidae-ŭi chibang kyoyuk haengjŏng-e kwanhan koch'al": S.170.
36 Ebd.: S.164f, 171.
37 Vergleiche hier z.B. die Untersuchung von Chŏn Kyŏng-mok, „Chosŏn hugi-ŭi kyosaeng – ch'aek-ŭl ilgŭl su ŏpnŭn hyanggyo-ŭi saengdo." [Kyosaeng der späten Chosŏn-Zeit – Analphabeten-Studenten der *hyanggyo*]. Komunsŏ yŏn'gu 33, (2008); Yuh, *Education, the struggle for power, and identity formation in Korea, 1876–1910*: S.44., auch wenn man die hier erwähnte Eingabe durchaus auch als politisch motiviert verstehen kann.

Die Forschung zu *sŏwŏn* ist erst in den letzten Jahren wieder in den Fokus gerückt.[38] Institutionen dieses Namens existierten seit der Tang-Zeit bereits in China und wurden in ähnlicher Form in Korea übernommen und alsbald abgewandelt. Private wie staatliche Akademien, die vor allem dem Studium und der Diskussion der konfuzianischen Schriften und der vorbereitenden Ausbildung der Beamten dienten, wurden in China als *shuyuan* bezeichnet.[39] Während der Songzeit veränderte sich in den *shuyuan* allerdings die Ausrichtung des Studiums des Konfuzianismus weg vom reinen Auswendiglernen der Klassiker und der Vorbereitung zur Beamtenprüfung hin zu tiefgründigen Neuinterpretationen unter der Führung von Persönlichkeiten wie Zhu Xi 朱熹 (1130–1200) oder Liu Xiangshan (1136–1192), was sie zu einem Ursprungsort des Neokonfuzianismus macht.[40]

In Korea wurden von Beginn der Dynastie an private Schulen gegründet, deren Curriculum in etwa dem der chinesischen Äquivalente entsprochen haben soll.[41] Die heute unter dem Label *sŏwŏn* allgemein bekannte Form eines Ahnenschreins als Bestandteil einer Privatakademie, die der Schriftauslegung eines bestimmten Gelehrten als Patron folgte, wird allerdings erst mit der Paegundong sŏwŏn 白雲洞 書院 im Jahr 1541 durch Sinjae Chu Sebung 愼齋 周世鵬 (1495–1554) begründet.[42] Die Paegundong sŏwŏn wurde demnach als Schrein zur Verehrung von Hoehŏn An Hyang 晦軒 安珦 (1243–1306) mit angeschlossenen Schulgebäuden gegründet. An Hyang wird eine tragende Rolle bei der Aufnahme und Verbreitung des Neokonfuzianismus in der späten Koryŏ-Zeit zugeschrieben. Die Paegundong sŏwŏn befindet sich in seinem Heimatdistrikt P'unggi auf dem Gelände seines ehemaligen Wohnsitzes (*kugŏ* 舊居). Nach diesem Vorbild wurde ab dem 16. Jahrhundert eine große Zahl von *sŏwŏn* durch die sogenannten Berg- und Waldgelehrten (*sallim yangban* 山林兩班) errichtet, die

---

38 Vgl. z.B. Eun-Jeung Lee, *Sŏwŏn – Konfuzianische Privatakademien in Korea,* Research on Korea v.4 (Frankfurt: Peter Lang GmbH Internationaler Verlag der Wissenschaften, 2016).
39 Vgl. Hucker, *A dictionary of official titles in Imperial China:* Eintrag *sŏwŏn* 書院, chin. *shuyuan.*
40 Kim, Tae-sik, „Chosŏn sŏwŏn kanghak-ŭi sŏnggyŏk: Hoegang-gwa kanghoe-rŭl chungsim-ŭro." [Der Charakter der Aktivitäten der Lehre in den *sŏwŏn* Chosŏns] Kyoyuk sahak yŏn'gu 11, (2001): S.36f.
41 Yuh, *Education, the struggle for power, and identity formation in Korea, 1876–1910*: S.29.
42 Vgl. *Chungjong sillok*, kwŏn 95, Jahr 36 (1541), Monat 5, Tag 22, 1. Eintrag. Siehe auch Ch'oe Yŏng-Ho, „Private Academies and the State in Late Chosŏn Korea", S.17.

in vier aufeinanderfolgenden politischen Säuberungen (*sahwa* 士禍) aus dem politischen Zentrum entfernt worden waren.

Die *sŏwŏn* verschrieben sich jeweils den Lehren eines Gelehrten. Sie übten in dieser Zeit die Rolle einer Schule in Verbindung mit der Verehrung eines anerkannten lokalen „Meisters" (*sŏnsŏng sŏnsa* 先聖先師) aus, und entwickelten sich zu Zentren des Studiums.[43] Sie erhielten in der späten Chosŏn-Zeit teilweise staatliche Unterstützung und damit die offizielle Anerkennung als Vermittler einer orthodox-konfuzianischen Lehre, auch wenn ihr Curriculum nicht staatlich vorgeschrieben, sondern privat festgelegt war.[44] In der Hauptsache dienten sie als private Zentren der Gelehrsamkeit vor allem für *yangban*, die trotz einer guten Ausbildung keine Beamtenlaufbahn einschlagen konnten oder wollten, aber zumindest offiziell auch für fähige Söhne niedrigerer sozialer Schichten. Sie waren neben der Sŏnggyun'gwan die einzige Institution, an der die Absolventen der *saengwŏn* und *chinsa* Prüfungen ihre Studien weiteführen konnten.[45] Durch ihre Vermittlung ganz spezifischer Auslegungen der konfuzianischen Schriften leisteten sie weiterhin einen zentralen Beitrag zur Etablierung bestimmter ideologischer Schulen unter dem Etikett ihrer Namensgeber. Daher unterschieden sich die einzelnen *sŏwŏn* in Aspekten des vermittelten Wissens und der Lehrmethoden und hatten in ihrer Ausbildung nicht das ausdrückliche Ziel der Vorbereitung auf die Beamtenprüfung. Aus diesem Grund findet man unter den behandelten Werken auch weniger Titel, die für die praktische Ausbildung des Volkes wie beispielsweise in den *hyanggyo* wichtig waren, sondern vielmehr einen auf die kanonisierten Klassiker ausgelegten Schriftenkatalog.[46]

In der Regel wurden *sŏwŏn* außerhalb von Städten und Dörfern in ländlichen Gebieten errichtet, was ihren Charakter als „Zufluchtsorte" auch für diejenigen prägte, die qua ihrer Zugehörigkeit zu marginalisierten politischen Fraktionen, beispielsweise der Südfraktion (*namin* 南人), nach ihrem politischen Fall keine Möglichkeit besaßen, eine offizielle Laufbahn einzuschlagen, sowie für Gelehrte aus niedrigeren Schichten.[47] Im Laufe der späten Chosŏn-Zeit konzentrierte sich

---

43 Vgl. Yun, „Chosŏn sidae-ŭi chibang kyoyuk haengjŏng-e kwanhan koch'al": S.164f, 171.
44 Ch'oe Yŏng-Ho, „Private Academies and the State in Late Chosŏn Korea", S.22–24.
45 Ebd., S.66ff
46 Vgl. Yun, „Chosŏn sidae-ŭi chibang kyoyuk haengjŏng-e kwanhan koch'al": S.173f. Beide Gelehrten hätten darüber hinaus auf ihre eigenen Abhandlungen für die Curricula bestanden: vgl. ebd.: S.174.
47 Vgl. Yuh, *Education, the struggle for power, and identity formation in Korea, 1876–1910*: S.29f.

die Zugehörigkeit zu *sŏwŏn* auf Familienmitglieder lokaler Machtinhaber, sodass das System in verstärktem Maße zur Ausbildung und Stützung lokaler Machtzentren instrumentalisiert wurde. Dies war eine Folge des Erscheinens neuer, vermögender Gesellschaftsschichten und der damit verbundenen Suche nach Instrumenten, die die Machtbasis der *yangban* als *provincial noblemen* (*chaejisajok* 在地士族) erhalten konnten.[48] Weiterhin dienten die über das gesamte Land verteilten *sŏwŏn* auch direkt der staatlichen Repräsentation. Die zunehmende Einmischung des Staates in die ursprünglich privaten *sŏwŏn* führte dazu, dass auch deren Curriculum mehr und mehr staatlicher Aufsicht unterlag, lokale Beamte die Führung der Schulen übernahmen, und somit eine traditionskritische Auseinandersetzung mit der Staatsideologie auf dieser Ebene erheblich erschwert wurde. Das ursprüngliche Ziel der Selbstvervollkommnung allein durch das Studium der Klassiker wurde abgelöst durch die allmähliche Einbindung der *sŏwŏn* in das offizielle Macht- und Ausbildungssystem in Vorbereitung auf die Beamtenprüfungen.[49]

2.2 Beamtenprüfungen als Eingang zur Bürokratie

Das staatliche Schulsystem der Chosŏn-Zeit war vorrangig auf die Vorbereitung zur Beamtenprüfung ausgelegt. Durch diese sollten talentierte, geeignete Personen für den Staatsdienst ausgewählt werden. Das erfolgreiche Bestehen der abgestuften Prüfungsrunden war offiziell wichtigste Voraussetzung für den Einstieg in eine Beamtenlaufbahn. Das Curriculum war auf das von Sambong Chŏng Tojŏn 三峰 鄭道傳 (1342–1398) ausgearbeitete System kanonischer konfuzianischer Schriften festgelegt.[50]

Die Inhalte der Beamtenprüfungen setzten auf diesem Curriculum auf. Es sollte, nach den Worten des Reichsgründers Yi Sŏnggye 李成桂 (1335–1408), die Talentiertesten fördern und damit die moralische Basis der Staatsführung

---

48 Vgl. Kim, „Chosŏn hugi yŏngam t'ojok-kwa sŏwŏn": S.17f.
49 Vgl. Kim, „Chosŏn sŏwŏn kanghak-ŭi sŏnggyŏk": S.49ff; Für weitere Einsichten in die Nutzung der *sowŏn* zur Sicherung der Macht der lokalen Eliten, beispielsweise in Bezug auf Befreiung von Steuer oder Militärdienst, und damit zur Ausbildung als Gegenpol zur staatlichen Macht, siehe z.B. Yuh, *Education, the struggle for power, and identity formation in Korea, 1876–1910.*
50 Vgl. *T'aejo sillok*, *kwŏn* 1, Jahr 1 (1392), Monat 7, Tag 28, 3. Eintrag: „[...] Was das Unterrichten der Bücher betrifft, das ist etwas, das Chŏng Tojŏn kreirt hat. [...]" (教書, 鄭道傳所製。[...]).

sicherstellen.[51] In dieser Hinsicht berücksichtigte das Prüfungssystem in seinem Ansatz weder Verwandtschafts- noch andere Linienverhältnisse, beispielsweise in Form von Schulen (ideologisch oder institutionell). Es war prinzipiell ebenfalls jeder Personengruppe geöffnet, die nicht zu den Niederen (*ch'ŏnmin* 賤民), vor allem Sklaven (*nobi* 奴婢) gezählt werden konnten. Bestimmte Personengruppen der sozialen Schicht der Freien (*yangmin* 良民) waren darüber hinaus per Gesetz von der Teilnahme an der Literatenprüfung (*mun'gwa* 文科) ausgeschlossen. Diese Ausschlusskriterien finden sich gesetzlich fixiert erstmals im *Kyŏngguk taejŏn*. Nachdem in den Folgejahren der Reichsgründung deutlich geworden war, dass der aus der Koryŏ-Zeit zunächst übernommene Gesetzeskanon unzulänglich war, und dass die im Laufe der Zeit verabschiedeten Einzelgesetze und Edikte die Effizienz der Bürokratie erschwerten, wurde unter König Sejo 世祖 (1417–1468, reg. 1455–1468) die Kompilation eines neuen, umfassenden Gesetzeskodex erfolgreich beendet.[52] Nachdem über mehrere Jahre einzelne Kapitel fertiggestellt und herausgegeben worden waren, wurde das Werk im Ganzen 1485 publiziert.[53]

Der Kodex ist in sechs Hauptkapitel gegliedert, die in Bezeichnung und Inhalt den sechs Ministerien der zentralen Administration entsprechen. Jedes Kapitel beginnt mit einer Auflistung der in dem jeweiligen Ministerium angesiedelten Abteilungen (*sogamun* 屬衙門). Daran schließen diverse Unterkapitel an, die die Personalstruktur, Aufgabengebiete und damit verbundene Regelungen der Ministerien wiedergeben. Die Beamtenprüfungen sind im dritten Kapitel mit dem Titel „Ritenkodex" („Yejŏn" 禮典) geregelt. Sein erster Absatz enthält diverse Formalia bezüglich der Literatenprüfungen, Militärprüfungen (*mugwa* 武科), YinYang-Prüfungen (*ŭmyanggwa* 陰陽科) und Astronomie-

---

51 Vgl. *T'aejo sillok*, kwŏn 1, Jahr 1 (1392), Monat 7, Tag 28, 3. Eintrag: „[...] Die Regelungen zur Beamtenprüfung dienen grundsätzlich dazu, für das Land [talentierte] Menschen auszuwählen. Diese [nennt man] in angemessener Form *chwaju* und *munsaeng*. Es ist nicht Sinn der aufgestellten Regelungen, die öffentlichen Prüfungen zu persönlichen Gefallen zu machen. [...]" ([...] 其科舉之法, 本以爲國取人, 其稱座主門生, 以公舉爲私恩, 甚非立法之意 [...]).
52 Vgl. *Sejo sillok*, kwŏn 16, Jahr 5 (1459), Monat 5, Tag 13, 1. Eintrag: „[...] Das [*Kyŏngguk*] *taejŏn* ist wahrhaftig ein Werkzeug, um für alle Zeit das Land zu regieren, kompiliert mit angemessener Anstrengungung und weitsichtigem Blick in größter Aufrichtigkeit [...]" ([...] 大典一書, 誠萬世經國之具, 宜軫睿念拳纂修也 [...]).
53 Für eine umfangreichere Darstellung siehe z.B. O Yŏng-gyo, *Chosŏn kŏn'guk-kwa Kyŏngguk taejŏn ch'eje-ŭi hyŏngsŏng* (Seoul: Hyean, 2004).

prüfungen (*ch'ŏnmunhakkwa* 天文學科).⁵⁴ Bestandteil dieser Regelungen sind Ausschlusskriterien für bestimmte Personengruppen. So durften Beamte, die bereits wegen eines Vergehens ihres Amtes enthoben worden waren, Söhne korrupter Beamter, Söhne und Enkel von wiederverheirateten oder unmoralisch handelnden Frauen sowie Söhne und Enkel von Konkubinenkindern weder an der Literatenprüfung noch an den ihr vorausgehenden Klassikerprüfungen (*saengwŏn* 生員) oder Literaturprüfungen (*chinsa* 進士) teilnehmen.⁵⁵ Weiterhin war es auch Amtsinhabern sowie nicht in der jeweiligen Provinz (*to* 道) lebenden Personen verboten, an den Provinzprüfungen teilzunehmen.⁵⁶ Vor den Prüfungen wurden jeweils die Teilnahmequalifikationen der Prüflinge anhand der sogenannten Namensliste der Vier Vorfahren (*sajo tanja* 四祖單子) kontrolliert. Diese persönliche Überprüfung beinhaltete die Familienzugehörigkeit, den Beamtenstatus und weitere Kriterien von drei Generationen väterlicherseits sowie des Großvaters mütterlicherseits. Diese Maßnahme diente der Sicherstellung der sozialen Position des Kandidaten als Grundlage für die persönliche Eignung zum Beamten.⁵⁷ Sie wurde zum zentralen Instrument für die Etablierung und Verstetigung der soziopolitische Struktur und damit der Machtposition der Aristokratie.

Neben diesen seit Beginn der Chosŏn-Zeit geltenden gesetzlichen Regelungen bildeten sich ziemlich bald soziale wie ökonomische Kriterien heraus, die für einen Großteil der Bevölkerung eine Teilnahme an den Beamtenprüfungen unmöglich oder unnötig machten. Dies hing vor allem mit der sozialen

---

54 *Ŭmyanggwa* 陰陽科 und *ch'ŏnmunhakkwa* 天文學科 sind Bestandteile der Gemischten Prüfungen (*chapkwa* 雜科). Es ist nicht klar ersichtlich, weswegen sie an dieser Stelle derart prominent erscheinen. Das weitere Kapitel zu den Prüfungen listet in tabellarischer Form Struktur und Inhalt in der Reihenfolge *mun'gwa, saengwŏn, chinsa, yŏkkwa, ŭigwa, ŭmyanggwa* und *yulgwa*. Die Übersetzung als Astronomie darf nicht mit dem modernen Verständnis von Astronomie gleichgesetzt werden, sondern beinhaltete in dieser Zeit auch Inhalte zum Kalenderwesen, der Astrologie und weiteren mit Himmelsbeobachtungen in Verbindung stehenden Aktivitäten, die einen Bezug zur Staatsideologie aufweisen. Die Inhalte der Prüfung werden im Laufe des Kapitels detailliert erläutert.
55 Vgl. *KGTJ*, Kapitel „Yejŏn", Abschnitt „Chegwa", Punkt 2, nach Yun Kug-il, *Sinp'yŏn Kyŏngguk taejŏn* (Seoul: Sinsŏwŏn, 1998): S.186, 189.
56 *Kyŏngguk taejŏn*, Kapitel „Yejŏn", Abschnitt „Chegwa", Punkt 2, nach ebd.: S.187, 189.: „Denjenigen, die nicht in den jeweiligen *to* leben, und denjenigen, die im Staatsdienst tätig sind, ist es nicht erlaubt, an den Provinzprüfungen teilzunehmen." ([…] 非居本道者 朝士見在職者 勿許赴 鄕試 […]).
57 Vgl. *Sejong sillok, kwŏn* 24, Jahr 6 (1424), Monat 4, Tag 5, 3. Eintrag.

Stratifizierung zusammen, die sich auch im Prüfungswesen als Qualifikation für eine Beamtenlaufbahn niederschlug.[58] Wer nicht über die zeitlichen sowie finanziellen Ressourcen verfügte, dem war es praktisch unmöglich, sich angemessen vorzubereiten. Dies traf in erster Linie auf die Gemeinen zu, die z.B. als Bauern oder Handwerker selbst hart für ihren täglichen Lebensunterhalt arbeiten mussten und einer hohen Steuerbelastung unterlagen.[59]

Strukturell war das Prüfungssystem in drei Prüfungsarme gegliedert, nämlich die *mun'gwa* mit den beiden vorangestellten *saengwŏn*- und *chinsa*-Prüfungen, die *mugwa* und die *chapkwa*.[60] Diese waren wiederum in eine Vielzahl von Vor- und Nachprüfungen unterteilt, die zum Einstieg in die Beamtenlaufbahn allerdings nicht zwangsläufig sämtlich durchlaufen werden mussten. Absolventen der *saengwŏn* und *chinsa* hatten in der späten Chosŏn-Zeit bereits die Möglichkeit, in niedrigen Positionen vor allem in den Provinzen angestellt zu werden.[61] Das staatlich Schulwesen führte auf diese Prüfungen hin.

2.2.1 Die *Literatenprüfungen: mun'gwa*

Das dargestellte staatliche wie private Schulsystem war mit dem vermittelten Wissen primär darauf ausgelegt, die Schüler auf das erfolgreiche Durchlaufen der verschiedenen Stufen des Beamtenprüfungssystems vorzubereiten mit dem Ziel, die Literatenprüfung zu bestehen. Neben der Literatenprüfung existierten die Militärprüfung (*mugwa*) und die Gemischten Prüfungen (*chapkwa*), deren Bestehen für bestimmter Ämter und Ränge der mittleren und niedrigen Hierarchiestufen legitimierte. Tabelle 1 gibt zunächst eine zusammenfassende Übersicht, die im Folgetext detaillierter erläutert werden wird.

---

58 Vgl. Chang Chae-ch'ŏn, „Chosŏn sidae kwagŏ chedo-wa sihŏm munhwa-ŭi koch'al." [Untersuchung der Prüfungskultur und des Systems der Beamtenprüfung der Chosŏn-Zeit]. *Han'guk sasang-kwa munhwa* 39, (2007): S.125.
59 Vgl. z.B. Ch'oe, „Commoners in Early Yi Dynasty Civil Examinations: An Aspect of Korean Social Structure, 1392–1600."
60 *Saengwŏn* und *chinsa* sind die mit dem Abschluss dieser Prüfungen erlangten akademischen Grade. Da die Prüfungen selbst im Kodex keine eigenen Bezeichnungen erhalten, werden die beiden Begriffe hier zu deren Benennung verwendet. Struktur und Inhalt der Militärischen Prüfungen werden im *KGTJ* nicht detailliert erläutert. Auf eine Darstellung der mugwa wird an dieser Stelle am Sinne der Argumentation verzichtet.
61 Vgl. Chang, „Chosŏn sidae kwagŏ chedo-wa sihŏm munhwa-ŭi koch'al."

Tabelle 1: Prüfungsgerüst nach den Angaben des KGTJ bzw. TJTP.

taegwa 大科	mun'gwa 文科	ch'osi 初試			poksi 覆試			chŏnsi 殿試
		ch'ojang 初場	chung jang 中場	chong jang 終場	ch'o jang 初場	chung jang 中場	chong jang 終場	
sogwa 小科	chinsa 進士	ch'osi 初試			poksi 覆試			
		ch'ojang 初場		chongjang 終場	ch'ojang 初場		chongjang 終場	
	saengwŏn 生員	ch'osi 初試			poksi 覆試			
		ch'ojang 初場		chongjang 終場	ch'ojang 初場		chongjang 終場	
Grundausbildung	privat	Sŏdang 書堂			Sŏwŏn 書院			Hyanggyo 鄉校

Den Einstieg in das Prüfungssystem bildeten die *saengwŏn*- und *chinsa*-Prüfungen, die zusammengefasst auch als *sogwa* 小科 bezeichnet wurden und die ab einem Alter von 15 Jahren abgelegt werden konnten.[62] Sie waren jeweils in eine Erst- und eine Wiederholungsprüfung unterteilt (*ch'osi* 初試 und *poksi* 覆試), die wiederum aus je zwei an unterschiedlichen Orten stattfindenden Teilen bestanden (*ch'ojang* 初場 und *chongjang* 終場). Die jeweils im Herbst stattfindende *ch'osi* wurden sowohl in Seoul als auch außerhalb abgehalten, die im Frühjahr folgende *poksi* ausschließlich in der Hauptstadt. Während für die *ch'ojang* vom Prüfling verlangt wurde, jeweils ein poetisches Essay in 6 Zeichen Struktur (*pu* 賦) und entweder ein Gedicht im klassischen Stil (*kosi* 古詩), eine Grabinschrift (*myŏng* 銘) oder ein Mahnschreiben (*cham* 箴) zu verfassen, wurde in den *chongjang* zu jeweils einem der Fünf Klassiker und einem der Vier Bücher Rezitation und Kritische Diskussion (*ŭiŭi* 疑義) geprüft.[63] Das Ablegen einer dieser

---

62 Sie sind ebenfalls unter den Begriffen *samasi* 司馬試 oder *kamsi* 監試 zusammengefasst.
63 Hiermit ist keine mündliche Diskussion, sondern die gewissenhafte schriftliche Auseinandersetzung gemeint. Die fünf Klassiker 五經四書 umfassten das Buch der Lieder (*Shijing*), das Buch der Dokumente (*Shujing*), das Buch der Wandlungen (*Yijing*), das Buch der Riten (*Liji*) und die Frühling und Herbst Annalen (*Chunqiu*); die Vier Bücher umfassten das *Lunyu*, das *Mengzi*, das *Daxue* und das *Zhongyong*. Im weiteren Prüfungsverlauf änderte sich der grundlegende Kanon, sodass statt fünf Klassikern nur noch drei Klassiker geprüft wurden, das *Shijing*, *Shujing* und das *Yijing*: vgl. Yi und Kim, „Kwagŏ chedo-e kwanhan pip'an-jŏk sŏngch'al": S.112, sowie Chang, „Chosŏn sidae kwagŏ chedo-wa sihŏm munhwa-ŭi koch'al": S.127. Die Basis der deutschen Übersetzungen der mit dem Begriff *kwamun yukche* 科文六體

Florian Pölking

Bauwissen und Bauwesen im Korea des langen 18. Jahrhunderts

Strukturen, Kompetenzen und Stellenwerte
in der Zentralen Administration

Bibliografische Information der Deutschen Nationalbibliothek
Die Deutsche Nationalbibliothek verzeichnet diese Publikation
in der Deutschen Nationalbibliografie; detaillierte bibliografische
Daten sind im Internet über http://dnb.d-nb.de abrufbar.

Zugl. Ruhr-Universität Bochum, Dissertation, 2016

This work was supported by the Core University Program for Korean Studies
through the Ministry of Education of the Republic of Korea
and the Korean Studies Promotion Service of the Academy of Korean Studies
(AKS-2009-MA-1001; AKS-2014-OLU-2250001)

ISSN 2196-0895
ISBN 978-3-631-77216-4 (Print)
E-ISBN 978-3-631-77813-5 (E-PDF)
E-ISBN 978-3-631-77814-2 (EPUB)
E-ISBN 978-3-631-77815-9 (MOBI)
DOI 10.3726/b15087

© Peter Lang GmbH
Internationaler Verlag der Wissenschaften
Berlin 2018
Alle Rechte vorbehalten.

Peter Lang – Berlin· Bern · Bruxelles · New York ·
Oxford · Warszawa · Wien

Das Werk einschließlich aller seiner Teile ist urheberrechtlich
geschützt. Jede Verwertung außerhalb der engen Grenzen des
Urheberrechtsgesetzes ist ohne Zustimmung des Verlages
unzulässig und strafbar. Das gilt insbesondere für
Vervielfältigungen, Übersetzungen, Mikroverfilmungen und die
Einspeicherung und Verarbeitung in elektronischen Systemen.

Diese Publikation wurde begutachtet.

www.peterlang.com

Inhaltsverzeichnis

Danksagung IX

Abkürzungsverzeichnis XI

Technische Anmerkungen XIII

1. Einführung 1
   1.1 Stellenwert und Krux des staatlichen Bauwesens 2
   1.2 Ausgangslage und Argumentation des vorliegenden Bandes ... 4

2. Die zentrale administrative Struktur
   der späten Chosŏn-Zeit 11
   2.1 Überblick über das Schulsystem 11
   2.2 Beamtenprüfungen als Eingang zur Bürokratie 16
      2.2.1 Die *Literatenprüfungen: mun'gwa* 19
      2.2.2 Die *Gemischten Prüfungen: chapkwa* 23
      2.2.3 Die *Auswahlprüfung von Fähigen: ch'wijae* 34
   2.3 Das bürokratische System der späten Chosŏn-Zeit 37
      2.3.1 Das System der Ämter und Ränge 37
      2.3.2 Allgemeine Struktur und Entwicklung 40
   2.4 Das Ministerium für Öffentliche Arbeiten: Kongjo 54
      2.4.1 Die Abteilungen des Kongjo: Das Sŏn'gonggam im Fokus ... 60
      2.4.2 Soziale Stratifikation und ihre Auswirkungen
            auf die Bürokratie 71

3. *Ŭigwe*: eine Primärquelle der Wissenslokalisierung 83
3.1 Zur Herausbildung eines Genres 83
3.1.1 Die Übernahme von Koryŏ nach Chosŏn 85
3.1.2 Zur Eigenständigkeit des Genres 89
3.1.3 Allgemeine Charakteristika des Genres 96
3.2 Bauŭigwe 105
3.2.1 Organisation von Text und Projekt 107
3.2.2 Handwerk, eine marginalisierte Basis 137
3.2.3 Beurteilung der Rolle der Handwerker und des handwerklichen Wissens 158

4. Der Umgang mit Handwerk: Praktische Ansichten und Einsichten 165
4.1 Die *Ilsŏngnok*: Reflektion Königlicher Anerkennung 166
4.1.1 Materielle Aspekte von Bezahlung und Belohnung 168
4.1.2 Immaterielle Aspekte der Anerkennung handwerklicher Leistung 179
4.2 Das mühevolle Lernen vom Norden: die neue Perspektive der *sirhak* 191
4.2.1 Einige kurze Vorbemerkungen zur *Praktischen Lehre* 191
4.2.2 Die aufmerksamen Beobachtungen von Hong Taeyong 196
4.2.3 Pak Chega zum Stand des Handwerks in Korea 203
4.2.4 Die „konstruktive" Kritik von Chŏng Yagyong 211
4.2.5 Schlussfolgerungen aus den Bestrebungen der *sirhak* 237

5. Schlussbetrachtungen der Erkenntnisse 241

Literaturverzeichnis 249
Primärquellen 249
Sekundärliteratur 251

Prüfungen qualifizierte bereits für die Aufnahme in die Sŏnggyun'gwan und damit für die Prüfungen der *mun'gwa*. In der späten Chosŏn-Zeit ermöglichte bereits der Abschlusse einer der beiden *sogwa* für niedrigrangige Ämter.

Die eigentliche *mun'gwa* umfasste laut *KGTJ* die alle drei Jahre stattfindenden Ordentlichen Prüfungen (*singnyŏnsi* 式年試). Zusätzlich wurden zu bestimmten staatswichtigen Anlässen sogenannte Erweiterte Prüfungen (*chŭnggwangsi* 增廣試)[64] sowie darüber hinaus eine große Zahl Sonderprüfungen (*pyŏlsi* 別試)[65] abgehalten. Deren gesetzliche Strukturierung findet sich erst in der Überarbeitung des Kodex unter dem Titel *Soktaejŏn* 續大典 aus dem Jahr 1744. Zusätzlich zu dieser bereits großen Zahl an Prüfungen fanden im Laufe der späten Chosŏn-Zeit weitere außerordentliche Prüfungen statt, die nicht gesetzlich geregelt, sondern auf Befehl des Königs zu besonderen Anlässen abgehalten wurden. Diese erhöhten die Zahl der Beamten bzw. der Qualifizierten auf ein in mehreren Aspekten problematisches Maß.[66]

Das Studium in der Sŏnggyun'gwan bereitete auf die zentrale Literatenprüfung vor. Diese bestand aus drei Hauptteilen, einer Erstprüfung (*ch'osi*), einer

---

zusammengefassten Prüfungsschriften bilden die Einträge in Nienhauser, William H. Jr., Hrsg., *The Indiana companion to traditional Chinese literature* (Bloomington, Ind.: Indiana University Press, 1986), dem *HYDCD* sowie Pratt, Rutt und Hoare, *Korea*: S.113.

64 Zu diesen Gelegenheiten, deren erste die Thronbesteigung König T'aejongs 1401 war, wurde das gesamte Spektrum an Prüfungen von *saengwŏn* bis *mun'gwa*, *mugwa* und *chapkwa* abgehalten. Es handelte sich somit nicht nur um eine außerordentliche *mun'gwa*-Prüfung.

65 In seiner grundlegenden Verwendung bezeichnet dieser Terminus Sonderprüfungen, die lediglich *mun'gwa* und *mugwa* umfassen und sowohl zu besonderen Anlässen abgehalten wurden, zu denen es keine *chŭnggwangsi* gab, als auch dann, wenn ein außerordentlicher Bedarf an Beamten herrschte, der nicht aus dem bestehenden Personal gedeckt werden konnte. Im Laufe der Zeit wurden unter dem Begriff *pyŏlsi* jedoch auch andere außerordentliche Prüfungen zusammengefasst, sodass seine Verwendung auch in den Quellen nicht eindeutig ist.

66 Vgl. Pak Hyŏn-sun, „17segi kwagŏ kwalli-ŭi chŏngbi: ŭngsija chŭngga-wa kwallyŏnhayŏ." [Organisation des Managements der Beamtenprüfungen im 17. Jahrhundert]. *Chosŏn sidae sahakpo* 49, (2009): S.138f; Ch'a Mi-hŭi, „Chosŏn hugi munhwa chedo: ŭngsi chagyŏg-ŭl chungsim-ŭro." [Das Prüfungssystem der späten Chosŏn-Zeit – Mit Fokus auf die Teilnahmequalifikation]. *Sach'ong* 45, (1996): S.135f. Die Probleme, die durch und für das derart aufgeblähte Prüfungssystem entstanden, werden weiter unten thematisiert. Bezeichnenderweise nimmt die Regelung der *mun'gwa* im *KGTJ* sechs Seiten mit ca. 16 Zeichen/Spalte ein, im *Soktaejŏn* 18,5 Seiten mit ca. 20 Zeichen/Spalte.

Wiederholungsprüfung (*poksi*) und einer Palastprüfung (*chŏnsi* 殿試), welche vom König selbst abgenommen wurde. Die Erstprüfungen wurden analog zu den *sogwa* in der Hauptstadt im Hauptstadtmagistrat (Hansŏngbu 漢城府)[67] und im Sŏnggyun'gwan im Herbst abgehalten, die Wiederholungsprüfungen im darauffolgenden Frühjahr, die Palastprüfungen auf dem Palasthof (*chŏnjŏng* 殿庭). Die Erst- und Wiederholungsprüfung fanden in drei Teilen statt (*ch'ojang*, *chungjang* 中場, *chongjang*), deren Inhalte sich jeweils unterschieden.

Die *chojang* der Erstprüfung bestand gemäß der Kodizes aus den *ŭiŭi* zu den 4 Büchern und 5 Klassikern. In der *chungjang* wurde jeweils die Abfassung eines *pu*, eines Lobpreises (*song* 頌), *myŏng*, *cham* oder eines Historischen Eintrags (*ki* 記), sowie einer Throneingabe (*p'yo* 表)[68] oder eines Memorandums an den Thron (*chŏn* 箋) gefordert. Die *chongjang* schließlich bestand aus einer *taech'aek* 對策 genannten Prüfung im Frage-Antwort-Stil zu politischen Fragestellungen gemäß Aufforderung des Königs. Das *paegang* 背講 genannte Format der Nachprüfung bestand darin, in allen drei Stufen dieser Prüfungsphase jeweils eine Passage der Vier Bücher und Drei Klassiker (四書三經) auswendig zu rezitieren und kritisch zu kommentieren. In der Palastprüfung schließlich, die direkt unter Aufsicht des Königs stattfand, mussten die Prüflinge wiederum einen Text in Form eines *taech'aek*, *pyo*, *chŏn*, *song*, *cham* oder Edikts (*cho* 詔) verfassen.

Das in seiner grundlegenden Form aus der Koryŏ-Zeit übernommene und an die soziopolitischen Verhältnisse der Chosŏn-Zeit angepasste Prüfungssystem war von Beginn an einer der Eckpfeiler für die Sicherstellung des moralisch-ethischen Charakters der Beamtenschaft auf Grundlage des konfuzianischen Kanons. Wie bereits im *T'aejo sillok* im Jahr 1392 betont, diente es im Anschluss an das öffentliche Schulsystem der Auswahl und Förderung talentierter Personen zur Heranführung an den Staatsdienst. Diese Talente bestimmten sich ausschließlich in der Meisterung der konfuzianischen Klassiker. Dies gilt zentral für die *mun'gwa* selbst, wird aber bereits am Curriculum der beschriebenen ersten beiden Prüfungsphasen besonders deutlich. In den *sogwa* wurden die Teilnehmer vor allem in der Abfassung bestimmter Textsorten auf Grundlage der kanonisierten Schriften geprüft, die im Verwaltungswesen nützlich waren. Vor allem die kritische Auslegung der Klassiker, die hier bereits unter dem Begriff *ŭiŭi* Bestandteil der Prüfung war, zeigt, dass in dieser theoretisch um das 15. Lebensjahr

---

67 Das Hansŏngbu 漢城府 war das Hauptstadtbüro und verantwortlich für alle Belange der Hauptstadt und des den direkten Stadtbereich überschreitenden Distrikts. Für weitere Informationen vgl. z.B. den Eintrag im *CWSS* oder *HMMTS*.
68 Lt. dem *KHG* auch „*documentary prose.*"

ablegbaren Prüfung eine Basis an entsprechendem Wissen vorhanden gewesen sein musste.[69] Diese wurde in der Grundausbildung durch die eigene Verwandtschaft oder in staatlichen und privaten Schulen gelegt.

Technisches Wissen im engeren Sinne war somit im Gegensatz zu literarisch-philosophischem Wissen weder Teil der schulischen Vorbildung noch des Prüfungszweigs der *mun'gwa*, über den das Gros der Spitzenbeamten rekrutiert wurde. Lediglich Grundlagen in bestimmten Feldern des bürokratisch-technischen Wissens lassen sich hier finden. Die Prüfungen stellten nicht primär das Fachwissen für die jeweiligen Aufgabengebiete sicher, sondern die moralische Eignung der Kandidaten zur Ausfüllung ihrer Positionen auf Grundlage der Kenntnis der kanonischen Schriften. Für die weitere Untersuchung der möglichen Orte technischen Wissens werden daher im Folgenden die *Gemischten Prüfungen* untersucht. War für den Weg des Literaten das Wissen aus den konfuzianischen Klassikern, das Verfassen bestimmter Textgattungen sowie das Rezitieren und kritische Kommentieren von Klassikerstellen zentral, so lässt bereits der Titel „Gemischte Prüfungen" einen anderen, weniger klassikerorientierten Fokus vermuten. Es soll daher der Frage nachgegangen werden, ob hier das technische Wissen verortet werden kann, das zur Besetzung der „technisch-praktischen" Beamtenposten, beispielsweise für die Bereiche des Steuer- und Bauwesens, qualifizierte.

2.2.2 Die *Gemischten Prüfungen*: *chapkwa*

Die *Gemischten Prüfungen* (*chapkwa* 雜科) sind in der Forschung wesentlich weniger untersucht worden als die *Literatenprüfungen*. Oftmals wird der Begriff *kwagŏ* 科舉 für Beamtenprüfung direkt mit dem Begriff *mun'gwa* gleichgesetzt.[70] Erfreulicherweise existieren, wenn auch in geringer Zahl, Untersuchungen zu bestimmten Aspekten der *chapkwa*, aus denen sich die Bedeutung dieses Ausbildungspfades für die Beamten- und Wissensstruktur der Chosŏn-Zeit ablesen lässt. Viele Arbeiten beschränken sich wiederum auf die Prüfungen der späten Chosŏn-Zeit, so dass Erkenntnisse über ihre Relevanz und die Prüfungsteilnehmer bis etwa zur Zeit der japanischen Invasionen äußerst spärlich sind. Ihre erste Erwähnung in den *sillok* lässt aber bereits Rückschlüsse auf die Bedeutung der

---

69 Vgl. *T'aejo sillok*, *kwŏn* 6, Jahr 3 (1394), Monat 11, Tag 19, 3. Eintrag.
70 Vgl. z.B. Yi Wŏn-jae, „Chosŏn hugi kwagŏje-esŏ-ŭi kyŏngjŏn kyŏnggam nonŭi-e taehan yŏn'gu." [Untersuchung der Diskussion um die Reduzierung der Klassiker in den Beamtenprüfungen der späten Chosŏn-Zeit] *Han'guk kyoyuk sahak* 32, Nr.1 (2010).

Gemischten Prüfungen für den Staat zu. Sie stammt aus dem Jahr 1397, dem sechsten Jahr der neuen Dynastie, und berichtet von der Durchführung der Prüfung:

> Die Prüfungsbeamten Cho Chun und Chŏng Tojŏn haben die *chapkwa* von acht Personen im Bereich Medizin und sieben Personen im Bereich Recht abgenommen.[71]

Den hierin erwähnten Beamten Songdang Cho Chun 松堂 趙浚 (1346–1405) und Chŏng Tojŏn kamen bei der Staatsgründung tragende Rollen zu. Sie werden gemeinsam mit Ha Yun (1347–1416) und Yangch'on Kwŏn Kŭn 陽村 權近 (1352–1409) als zivile Architekten der neuen Dynastie betrachtet, die im Grunde aus einem Militärputsch hervorgegangen war.[72] Beide waren in den 1380er Jahren Befürworter umfassender Reformen, die die landbesitzende Aristokratie der Koryŏ-Zeit in ihrer Macht beschränken und ein System einer idealen Vergangenheit konfuzianischer Prägung wiederherstellen sollten. Cho Chun war ein Mitglied des Clans Cho aus Pyŏngyang, einer der mächtigsten Familienlinien der Koryŏ-Zeit, und durch Heirat mit dem Königshaus verbunden. Er hatte die Beamtenprüfungen durchlaufen und mehrere niedrigrangige Ämter inne, bevor er aufgrund von Differenzen mit der dominanten Fraktion der Familie Yi seine Beamtenlaufbahn beendete. Er traf daraufhin auf Yi Sŏnggye sowie Chŏng Tojŏn, mit denen ihn der Neokonfuzianismus sowie das Streben nach Reformen, möglicherweise bereits zu diesem Zeitpunkt der Plan zur Gründung eines neuen Reiches, verband.[73] Besonders die durch drei Throneingaben Cho Chuns zugespitzten Forderungen nach Reformen stellen ein starkes Indiz dafür dar.[74] Der 1397 herausgegebener Kodex *Kyŏngje yukchŏn* 經濟六典 sowie diverse weitere Werke und Throneingaben von Cho Chun und Chŏng Tojŏn sollten grundlegend für die ersten Jahre des neuen Reiches werden. Anders als Chŏng Tojŏn jedoch unterstützte Cho Chun den späteren König T'aejong Yi Pangwŏn (1367–1422), als Nachfolger von Yi Sŏnggye, während Chŏng dessen Halbbruder favorisierte und nach der Thronbesteigung T'aejongs 1398 politischen Säuberungen zum Opfer fiel. Chŏng Tojŏn war Mitglied eines kleineren, weniger bedeutenden Clans und hatte trotz schwieriger Umstände 1362 die Beamtenprüfung bestanden. Nachdem er einige Jahre ein Amt in der königlich-konfuzianischen Akademie belegt hatte, wurde er 1375 für acht Jahre ins Exil an die Südwestküste verbannt, wo er sich seinen Studien des Konfuzianismus widmete. Nach dieser

---

71 *T'aejo sillok*, *kwŏn* 11, Jahr 6 (1397), Monat 2, Tag 22, 1. Eintrag: „[…] 考試官趙浚, 鄭道傳試取雜科明醫八人, 明律七人。[…]."
72 Vgl. Deuchler, *The Confucian transformation of Korea*: S.94.
73 Vgl. ebd.: S.95.
74 Vgl. ebd.: S.92.

Zeit schloss er sich Yi Sŏnggye an und wurde einer seiner engsten Berater und Wegbereiter der konfuzianischen Reformen der frühen Chosŏn-Zeit.[75]

Cho Chun und Chŏng Tojŏn wurde beide 1396 in das Amt des *kwagŏ kosigwan* 科擧 考試官 berufen. Im Rahmen dieses Amtes hatten sie die Aufsicht über die Beamtenprüfungen, worunter offensichtlich auch die *chapkwa* gefasst wurden. In der Funktion als *kosigwan* werden beide jedoch lediglich dreimal in den *sillok* erwähnt, nur einmal in Verbindung mit der Abnahme der *chapkwa*, die zur der Zeit noch nicht in ihrer endgültigen Form existierten. Vielmehr handelte es sich um Prüfungen, die auf dem System der Koryŏ-Zeit basierten und deren Inhalte in der Kukchagam 國子監 gelehrt wurden, der höchsten öffentlichen Schule, deren Curriculum aus Texten des konfuzianischen Kanons bestand.[76] Der dritte Eintrag aus dem Jahr 1396 beschreibt eine Szene, in der der König die von den beiden Gelehrten geprüften Absolventen schließlich persönlich prüfte und den Besten aus dieser Gruppe von 33 Personen auszeichnete. Das Einsetzen dieser beiden zentralen Akteure, die maßgeblich für die ideologische Ausrichtung des Reiches verantwortlich waren, unterstreicht die große bedeutung dieser Prüfungen bereits zu Beginn der Dynastie.[77] Sie spiegelte sich auch in ihrer strukturellen Einsortierung wider.

Nach den *mun'gwa*, *saengwŏn* und *chinsa* werden im Kodex die *chapkwa* geregelt.[78] Sie setzten sich aus vier Spezialgebieten zusammen: Übersetzung (*yŏkkwa* 譯科), Medizin (*ŭigwa* 醫科), YinYang (*ŭmyanggwa* 陰陽科) und Recht (*yulgwa* 律科). Die Prüfungen wurden im bekannten Dreijahresrythmus abgehalten, wobei es im Laufe der Zeit auch für die *chapkwa* vermehrt zu Sonderprüfungen (*chŭnggwangsi* 增廣試 und *taechŭnggwangsi* 大增廣試) kam. Dies findet auch in den überarbeiteten Kodizes seinen Niederschlag. Im Gegensatz zu den *mun'gwa*, für die zu vielen zusätzlichen Gelegenheiten Sonderprüfungen abgehalten wurden, wurden die *chapkwa* vergleichsweise regelmäßig in sehr

---

75 Vgl. ebd.: S.94.
76 Vgl. Yi Nam-hŭi, „Chosŏn hugi chapkwa-ŭi wisang-gwa t'ŭksŏng: Pyŏnhwa-sok-ŭi chisok-kwa ŭngjip." [Status und Charakteristika der Chapkwa in der späten Chosŏn-Zeit] *Han'guk munhwa*, Nr.6 (2012): S.67.
77 Zur näheren Betrachtung des Konfuzianismus in der späten Koryŏ- und frühen Chosŏn-Zeit und der Rollen Cho Chuns und Chŏng Tojŏns siehe z.B. Duncan, John, „Confucianism in the Late Koryŏ and Early Chosŏn." *Korean Studies*, Nr.18 (1994).
78 Vgl. im Folgenden Yun, *Sinp'yŏn Kyŏngguk taejŏn*: S.189–198. Die Reihenfolge bleibt im *Soktaejŏn* bestehen, wobei hier eine große Zahl an Sonderprüfungen vor den *chapkwa* aufgeführt wird.

viel geringerer Zahl durchgeführt.[79] Über die Häufigkeit hinaus gibt es jedoch keine weiteren Änderungen der gesetzlichen Strukturierung. So bestanden die Prüfungen jeweils aus den beiden Teilen *ch'osi* und *poksi*, die ebenfalls im Herbst bzw. im folgenden Frühjahr stattfanden. Inhaltlich scheint es bis auf die Zahl der Absolventen ebenfalls wenig Änderungsbedarf im Laufe der Jahrhunderte gegeben zu haben.[80]

Die Übersetzungsprüfungen umfassten vier Sprachen: Chinesisch (*hanhak* 漢學)[81], Mongolisch (*monghak* 蒙學), Japanisch (*waehak* 倭學) und Dschurdschenisch (*yŏjinhak* 女眞學). Für Chinesisch wurden in der *ch'osi* 23 Absolventen, für die anderen Sprachen jeweils vier Absolventen pro Durchgang zugelassen. Zur *poksi* wurden insgesamt weniger Absolventen zugelassen, für Chinesisch 13, für die anderen Sprachen jeweils zwei Personen. Inhaltlich glich sie der *ch'osi*. Anhand des *TJTP* lassen sich die veränderten Zeitumstände erkennen. Die Bezeichnung *yŏjinhak* wurde 1667 gegen *ch'ŏnghak* 清學 ausgetauscht, was der zwischenzeitlichen Etablierung der Dynastie der Qing 清 (kor. Ch'ŏng) Rechnung trug, wobei die geforderten Prüfungsinhalte gleichblieben. Dies trifft auch für die übrigen Sprachen zu. Insgesamt wurden pro Sprache in der *ch'osi* nur noch vier Personen, in der *poksi* zwei Personen geprüft. Diese Verringerung der Personenzahl wurde allerdings durch die Erhöhung der Anzahl der Prüfungen selbst teilweise ausgeglichen.[82] Tabelle 2 fasst die Absolventenzahlen der jeweiligen Prüfungen nochmals zusammen.

---

79 Vgl. Yi Nam-hŭi, „Chosŏn sidae chapkwa pangmok-ŭi charyo-jŏk sŏnggyŏk." [Der Materielle Charakter der *chapkwa pangmok* der Chosŏn-Zeit]. Komunsŏ yŏn'gu 12, (1998): S.133.
80 Im *TJTP* verändern sich die Zahlen der Absolventen noch einmal in geringem Maße. Es handelt sich dabei um einen überarbeiteten Kodex, der prinzipiell die Inhalte des *KGTJ* und des *Soktaejŏn* sowie zwischenzeitliche Änderungen auf Grundlage von Verordnungen und Edikten in einem neuen Gesamtwerk 1785 zusammenbrachte.
81 Nur für die Sprachprüfung für Chinesisch wurden in den nördlichen Provinzen Prüfungen abgehalten. Die übrigen Prüfungen fanden ausnahmslos in Seoul statt, vgl. Yi, „Chosŏn hugi chapkwa-ŭi wisang-gwa t'ŭksŏng": S.75.
82 Vgl. U Hyŏn-jŏng, „Yu Hyŏngwŏn-ŭi chaphak kyoyuk kaehyŏng-non chaego: ‚Chapkwa pangmok'-ŭl chungsim-ŭro." [Überprüfung der Argumentation des Yu Hyŏng-wŏn zur Reform der Lehre der *chapkwa* – mit Fokus auf die *chapkwa pangmok*] Kyoyuk sahak yŏn'gu 23, Nr.2 (2013): S.71, Tabelle 4.

Tabelle 2: Absolventenzahlen der Prüfungen nach den Angaben des KGTJ bzw. TJTP.

chapkwa 雜科	yŏkkwa 譯科				ŭigwa 醫科	ŭmyanggwa 陰陽科			yulgwa 律科
	han hak 漢學	mong hak 蒙學	wae hak 倭學	yŏjin hak 女眞學		chŏnmun hak 天文學	chiri hak 地理學	myŏnggwa hak 命課學	
ch'osi 初試 (KGTJ)	23	4	4	4	18	10	4	4	18
ch'osi 初試 (TJTP)	4	4	4	4	4	4	4	4	4
poksi 覆試 (KGTJ)	13	2	2	2	9	5	2	2	9
poksi 覆試 (TJTP)	2	2	2	2	2	4	4	4	2

Den Prüfungen lag eine große Zahl an Literatur zugrunde, aus der schriftlich wie mündlich übersetzt werden musste. Sie umfasste sprachspezifische Lehrmaterialien wie den Tausend-Zeichen-Klassiker oder das *Nogŏldae* 老乞大, ein in Mittelkoreanisch verfasstes Übungsbuch für gesprochenes Chinesisch, aber auch kanonische konfuzianische Schriften. Der Textkorpus von *ch'osi* und *poksi* war gleich, wobei das *TJTP* auf die Angaben des *KGTJ* verweist. Es scheint somit keine Veranlassung gegeben zu haben, an der Sprachausbildung zwischen dem 15. und 18. Jahrhunderts grundsätzliche Änderungen vorzunehmen.

In ähnlicher Weise wurde bei der Medizinprüfung verfahren. Auch diese war in zwei Teile untergliedert, bei der zum ersten Teil 18, zum zweiten Teil neun Absolventen zugelassen wurden. Die zugrunde gelegte Literatur setzte sich aus einer Vielzahl medizinischer Werken zusammen, die sowohl aus China als auch aus Korea stammten. Gemäß dem *TJTP* wurden in der späten Chosŏn-Zeit nur noch vier Absolventen der *ch'osi* und zwei Absolventen der *poksi* zugelassen, wobei auch hier die Zahl der Prüfungen anstieg. Der Textkorpus änderte sich wiederum nicht. Die *ch'osi* der Rechtsprüfungen erlaubten zunächst 18 Absolventen, die auf ihr Wissen aus sechs Werken hin geprüft wurden. Während fünf der Bücher aus China stammten, war lediglich das *KGTJ* selbst ein koreanisches Werk.[83] In den *poksi* wurden neun Personen auf den gleichen Textkorpus hin geprüft.

---

83 Die fünf chinesischstämmigen Bücher, deren Inhalt geprüft wurden waren in der Reihenfolge ihrer Auflistung: *Daminglü* 大明律, *Tanglüshuyi* 唐律疏議 (*Großer Gesetzeskodex der Tang*, engl. *Great Tang Code*), *Wuyuanlu* 無冤錄 (*Aufzeichnungen fehlerloser Rechtsprechung*, engl. *Record of no Wrongs*), *Lüxuebianyi* 律學辨疑 (*Unterscheidungen und kritische Nachfragen der Rechtslehre*), *Lüxuejieyi* 律學解頤 (*Pflege des Verständnisses in der Rechtslehre*). Die deutschen Übersetzungen der Titel chinesischer Werke

Im *TJTP* wurde die Anzahl der Absolventen von 18 auf vier bzw. von neun auf zwei Personen reduziert. Der Textkorpus umfasste nun nur noch den Kodex der Ming-Dynastie, den man rezitieren können musste, sowie das *Wuyuanlu* 無寃錄[84] und das *KGTJ*, die man zur Prüfung hinzuziehen durfte. Die übrigen Werke wurden gestrichen.

Die YinYang Prüfung schließlich war, gemeinsam mit der Fremdsprachenprüfung, die strukturell aufwendigste der *chapkwa*. Sie war für die gesamte Chosŏn-Zeit in drei Spezialisierungen gegliedert: Astronomie (*ch'ŏnmunhak* 天文學), Geomantik (*chirihak* 地理學) und Mantik (*myŏnggwahak* 命課學). In den *ch'osi* wurden zehn Personen in Astronomie bzw. jeweils vier Personen in den anderen beiden Abteilungen geprüft, in der *poksi* verringerte sich diese Zahl auf fünf bzw. zwei Personen. In den Prüfungen wurde umfangreiches Wissen eines breiten Kanons an Werken verlangt.[85] Dieser Schriftensatz ändert sich auch im weiteren Verlauf der Chosŏn-Zeit nicht, das *Soktaejŏn* ebenso wie das *TJTP* verweisen dabei auf das *KGTJ*. Auffallend ist, dass der bei weitem größte Teil der Werke aller Prüfungen chinesischen Ursprungs ist, wobei die Datierung oft problematisch ist, und auch nach Etablierung der Qing-Dynastie keine Erweiterung des Katalogs um neuere Schriften vorgenommen worden zu sein scheint.[86]

---

basieren auf Wilkinson, Endymion Porter, *Chinese history: A manual* (Cambridge, Mass.: Harvard University Press, 2000).

84 Der englische Titel ist der Homepage des Forschungsprojekts „Legalizing space in China" entnommen: http://lsc.chineselegalculture.org/Documents/E-Library/Magistrates_handbooks_legal?ID=392. [28.04.2016]

85 Der Astronomieprüfung lag das songzeitliche *Butiange* 步天歌 (*Lied der Himmelsstürmer*, engl. *Song of the Sky Pacers*; vgl. Ahn Sang-Hyeon, „A Study on New Song of the Sky Pacers." *Journal of Astronomy and Space Sciences* 26, Nr.4 (2009)) zugrunde, der Geomantikprüfung die Titel *Qingwu* 青烏, *Jinnang* 金囊, *Hushunshen* 胡舜申, *Dilimenting* 地理門庭, *Hanlong* 撼龍, *Zhuomaifu* 捉脉賦, *Yilong* 疑龍, *Donglinzhaodan* 洞林照膽, sowie das koreanische *Myŏngsallon* 明山論, der Mantikprüfung schließlich die Werke *Yuantiangang* 袁天綱, *Xuziping* 徐子平, *Yingtiange* 應天歌, *Fanweishu* 範圍數 sowie *Kezetongshu* 剋擇通書. Übersetzungen der Titel der einzelnen Werke sind dort angegeben, wo sie in wissenschaftlich belastbarer Weise prüfbar zu finden waren, mit Fokus auf Wilkinson, *Chinese history* sowie Nienhauser, William H. Jr., *The Indiana companion to traditional Chinese literature*.

86 Die Informationen zur Herkunft der Werke lassen sich in den meisten Fällen dem *HKYS* entnehmen, wobei die Prüfung der dort enthaltenen Angaben schwierig ist. Auch die in Korea nachweislich vorhandenen und verwendeten Werke, die auf Grundlage des durch die Jesuiten eingeführten westlichen Wissens in China entstanden, fanden zumindest gesetzlich in den Prüfungen keine Anwendung. Weiterhin wird deutlich, dass die Inhalte der Geomantikprüfung nicht dem heutigen Verständnis von

Allgemein lässt sich beobachten, dass unabhängig von der Disziplin Texte des konfuzianischen Kanons, seien es Texte der Vier Bücher, der Fünf Klassiker oder andere, in der einen oder anderen Form Bestandteil auch der *chapkwa* waren. Deren ideologische Ausrichtung zielte in dieser Hinsicht auf die Prüfung von Spezialisten vor einem neokonfuzianischen Ideologiegerüst ab.

Wie bereits im *KGTJ* gelistet, galten auch in der späten Chosŏn-Zeit umfangreiche Restriktionen bezüglich der Personengruppen, denen die Teilnahme an den Beamtenprüfungen überhaupt erlaubt war, so zum Beispiel den als *sŏŏl* bezeichneten Konkubinensöhne von *yangban*. Diese Restriktionen wurden erst unter König Sukjong 肅宗 (1661–1720, reg. 1674–1720) gelockert, so die erniedrigende Praxis, nur gegen Reiszahlungen an den Prüfungen teilnehmen zu dürfen. So heißt es im *TJTP*:

> Die Regelung, dass die *sŏŏl* unter der Bezeichnung *hŏt'ong* Reis zahlen, um an den Prüfungen teilzunehmen, ist auf ewig abgeschafft.
>
> Kommentar: Wenn sie als *yu* arbeiten, dann nenne man sie *ŏmyu*, wenn sie als *mu* arbeiten, nenne man sie *ŏmmu*. Die Konkubinensöhne der *sadaebu*, die mit Falschangaben einen *yuhak* Status vorgeben, sollen bestraft und zum Militärdienst eingezogen werden.[87]

Es war bereits von Beginn der Chosŏn-Zeit an nur einer begrenzten sozialen Gruppe erlaubt, die *chapkwa* abzulegen und einen derartigen Spezialistenstatus zu erhalten, aus der sich später unter anderem die als *chungin* bezeichnete Gesellschaftsschicht der „technischen Spezialisten" rekrutieren sollte.[88] Auch die vorsichtige Öffnung trug nicht dazu bei, dass viele der *sŏŏl* nun an den Prüfungen

---

Geographie entsprechen. Der Inhalt des modernen Terminus *chirihak*, der heute die Bedeutung „Geographie" hat, hat sich zu einem bestimmten Zeitpunkt geändert, sodass heute nicht mehr Regeln und Methoden des *fengshui* (kor. *p'ungsu*), mit Hilfe derer beispielsweise günstige Orte zum Bau von Städten und Gebäuden festgestellt werden konnten, unter diesem subsumiert werden.

87 vgl. *TJTP*, Kapitel „Yejŏn", Abschnitt „Chegwa", *kyŏng*, Punkt 25: „庶孼 許通 納米 赴 擧 之規 永爲 革除. [Kommentar]: 儒稱業儒 武稱業武. 士夫妾子 冒稱 幼學者 降 定 軍保."

88 Vgl. Yi, „Chosŏn hugi chapkwa-ŭi wisang-gwa t'ŭksŏng": S.66; siehe auch Wagner-Tabelle 1 in: Kim Yŏng-mo, „19segi chapkwa hapgyŏkcha-ŭi sahoe-jŏk paegyŏng." [Der soziale Hintergrund der Absolventen der chapkwa im 19. Jahrhundert]. Hankuk hakpo 3, Nr.3 (1977): S.6; vergleiche darüber hinaus die Kritik der *yangban* an der Gleichbehandlung der *ch'wichae*-Absolventen in Kim Tae-sik, „Chosŏn ch'o siphak chedo-ŭi sŏlch'i-wa pyŏnch'ŏn." [Errichtung und Wandel des Systems der *siphak* zu Beginn der Chosŏn-Zeit]. *Asia Journal of Education* 12, Nr.3 (2011): S.18f.

teilnahmen.[89] Diese Annahme sehr früher aktiver Ausgrenzungsbemühungen wird erhärtet durch einen Eintrag im *sillok* bereits aus dem Jahr 1417. Diese vom König abgesegnete Eingabe des Generalzensorats (Saganwŏn 司諫院), eines der drei Büros, die dem Zensorat zugerechnet werden, stellt explizit fest, dass die *kwagŏ* nicht nur der Suche nach talentierten Beamten, sondern auch der gesellschaftlichen Filterung dienten. Explizit auszuschließen seien Handwerker und Händler (*kongsang* 工商), weibliche wie männliche Schamanen (*mugyŏk* 巫覡) sowie die Nachfahren bzw. Angehörigen der verschiedenen Unterschichtengruppen (*chapsaek chŏn'gu chi yegŭp sinbŏm* 雜色 賤口之 裔及身犯).[90] Auch wenn diese direkte Benennung von Gruppen, die von Seiten der *yangban* als gesellschaftlich ächtbar erachtet wurden, nicht in den Text der Gesetzeskodizes aufgenommen wurde, so ist doch davon auszugehen, dass ihr Ausschluss über königliche Edikte faktisch betrieben wurde oder derart selbstverständlich war, dass sich eine gesetzliche Regelung erübrigte.

In seiner Untersuchung der Absolventenliste, den sogenannten *Chapkwa pangmok* 雜科榜目,[91] macht U Hyŏnjŏng mehrere Beobachtung zum gesellschaftlichen Status sowie den Fähigkeiten der Prüfungsteilnehmer im 17. Jahrhundert. Er stellt darin fest, dass die Zahl der Absolventen pro Prüfung im Durchschnitt niedriger ausfiel als das gesetzliche Maximum. Die dargestellte Senkung der Obergrenze im 18. Jahrhundert könnte somit auch eine Folge des allgemeinen Rückgangs gewesen sein. Weiterhin unterschieden sich die Prüflinge

---

89 Kyung Moon Hwang, *Beyond birth: Social status in the emergence of modern Korea*, Harvard East Asian monographs 243 (Cambridge Mass: Harvard University Press, 2004), S. 212

90 Vgl. *T'aejong sillok*, kwŏn 33, Jahr 17 (1417), Monat 2, Tag 23, 1. Eintrag. Vgl. hierzu auch Ch'oe,„Commoners in Early Yi Dynasty Civil Examinations: An Aspect of Korean Social Structure, 1392–1600": S.615f. Auf die Spiegelung der gesellschaftlichen Stratifikation im Beamtenapparat der späten Chosŏnzeit, die in dieser Arbeit als „soziopolitischer Kontext" bezeichnet wird, wird im Verlauf des Kapitels detaillierter eingegangen.

91 Diese Aufzeichnungen, die in der Zeit von 1498 bis 1894 geführt wurden, enthalten neben den persönlichen Daten der Absolventen ebenfalls Aufzeichnungen über die väterliche, mütterliche und schwiegerfamiliäre Linie sowie deren Ämter, Rang und soziale Stellung. Von 233 insgesamt abgehaltenen *chapkwa* sind heute noch Aufzeichnungen für 177 Prüfungen vorhanden. Siehe dazu Yi, „Chosŏn sidae chapkwa pangmok-ŭi charyo-jŏk sŏnggyŏk": S.124–127. Ihre Daten sind mittlerweile in die entsprechenden Datenbanken eingearbeitet, weswegen sie hier nicht gesondert als Quelle ausgewiesen werden. Vergleiche hierzu beispielsweise die Personendatenbank der AKS unter http://people.aks.ac.kr/index.aks.

durch den Rang, den sie bei Ablegen der Prüfung bereits innehatten.[92] So waren etwa zwei Drittel der Absolventen der Fremdsprachen bereits von Rang, wobei nur von 20% bekannt ist, dass sie von Rang 7A oder niedriger waren. Ein Drittel hatte dagegen noch keinen Rang. Demgegenüber hatten etwa 85% der Absolventen der Rechtsprüfung bis dahin noch keinen Rang erhalten. Weiterhin wird in der Auswertung deutlich, dass sowohl die Vorfahren väterlicherseits als auch mütterlicherseits in der Regel hohe bis mittlere Ränge innehatten, wobei allerdings zwischen den Spezialgebieten durchaus bemerkenswerte Unterschiede existierten. So waren in Bezug auf die Fremdsprachenprüfung väterlicherseits etwa zwei Drittel von Rang, unter diesen wiederum ca. 30% *tangsang*, ca. 40% *ch'amsang* und ca. 20% *ch'amoe*, mütterlicherseits ca. 30% *tangsang*, 30% *ch'amsang* und 13% *ch'amoe*.

Anders gestaltete sich die Verteilung bei den Teilnehmern der Rechtsprüfung, bei denen väterlicherseits ca. 60% *ch'amsang* oder niedrigere Ranginhaber waren, mütterlicherseits dagegen niemand. Zwischen den einzelnen Disziplinen existierten offensichtlich gewisse Prestigeunterschiede, die sich in den Teilnehmerzahlen, ihren Rängen und ihren Familienhintergründen widerspiegelten.[93] Diese Unterschiede manifestierten sich realiter durch die an die Absolventen vergebenen Ränge. Der Prüfungsbeste der Fremdsprachenprüfungen erhielt Rang 7B, der Zweite Rang 8B und der Dritte Rang 9B. Bei allen anderen Prüfungen erhielt der beste Absolvent jeweils Rang 8B, der Zweite Rang 9A und der Dritte Rang 9B. Die Fremdsprachenprüfung war offensichtlich die angesehenste Prüfung für alle Gruppen. Die meisten Absolventen hatten bereits eine Prüfung der *mun'gwa* abgelegt und waren Inhaber eines *ch'amoe*-Ranges. Dies qualifizierte sie besonders für das geforderte Wissen aus den konfuzianischen Klassikern. Sowohl väterlicherseits wie mütterlicherseits waren mehr als die Hälfte der relevanten Personen Inhaber eines *tangsang*-Ranges, was eine hohe Wahrscheinlichkeit für höchste Ämter in der Administration barg. Ähnlich prestigeträchtig erscheint nur die Medizinprüfung, deren Absolventen ebenfalls eine große Zahl an hochrangigen Familienmitgliedern vorweisen können.[94] Zumindest in diesen beiden

---

92 Ränge wurden an Absolventen der Beamtenprüfungen verliehen. Sie waren nicht mit einem Amt verbunden, so dass Ranginhaber nicht zwangsläufig Amtsinhaber waren. Ihnen wurden jedoch bestimmte Privilegien zuteil, insbesondere bei der Besteuerung. Eine genauere Betrachtung des Systems findet im Verlauf des Kapitels statt.
93 Vgl. U,„Yu Hyŏngwŏn-ŭi chaphak kyoyuk kaehyŏng-non chaego": S.66–76.
94 Vgl. ebd.: S.75–80.. Man muss diese Erkenntnisse in Verbindung sehen mit der Tatsache, dass die höchsten Ränge und Ämtern im Laufe dieser Zeit nach und nach von nur wenigen machtvollen Familien monopolisiert wurden.

Disziplinen, die den größten Teil der Absolventen der *chapkwa* für sich einnehmen konten, war die gesellschaftliche wie bürokratische Stellung der Prüflinge und ihrer Familien hoch.

Die Teilnahme selbst bedurfte offenbar keiner besonderen fachlichen Voraussetzung, die gesetzlich geregelt werden mussten. Die Angabe der zum Bestehen bzw. für die Prüfung relevanten Inhalte war offenbar ausreichend. Weder das private noch das öffentliche Schulsysteme waren darauf ausgelegt, für die *chapkwa* notwendiges Wissen mit dem Anspruch auf Prüfungsvorbereitung zu vermitteln. Weiterhin waren die *chapkwa* in keiner Weise verbunden mit den *taegwa* und *sogwa*. Das erfolgreiche Durchlaufen dieser beiden Stufen war keine Teilnahmevoraussetzung für die Gemischten Prüfungen, die in dieser Form alleinstehend sind, auch wenn wie geschildert ein hoher Prozentsatz der Prüflinge zumindest im 17. Jahrhundert bereits andere Prüfungen abgelegt hatte, inklusive *chapkwa*.[95] Diese Tatsache deutet darauf hin, dass die in den *chapkwa* geforderten Wissenselemente in engem Zusammenhang mit dem durch die kanonischen Schriften vermitteltem Wissen standen, sowohl inhaltlich als auch statusbezogen. Statt einer gezielten Ausbildung im jeweiligen Spezialwissen war eine breite Ausbildung im dargestellten Curriculum die Basis, von der aus sich die Teilnehmer der Gemischten Prüfungen in ihrer Jugend vorbereiteten. Zudem nahm ein signifikanter Teil der Amtsinhaber wiederholt an den für ihren Arbeitsbereich notwendigen Prüfungen teil, verbesserte so sein Ergebnisse durch Anwendung des mit der Zeit dazugelernten Wissens und konnte dadurch im Rang aufsteigen.[96]

Nach dem Stand der heutigen Forschung ist davon auszugehen, dass sich ab dem späten 16. Jahrhundert bestimmte Familientraditionen bezüglich der Disziplinen der *chapkwa* herausbildeten. Die Analyse der *Chapkwa pangmok* auf diese Entwicklung hin zeigt einen eindeutigen derartigen Trend. So hatten unter den aufgeführten relevanten Verwandten väterlicherseits ca. 36%, mütterlicherseits ca. 3%, und aus der Schwiegerfamilie ca. 13%[97] ebenfalls die Fremdsprachenprüfung durchlaufen. Erwähnenswert ist darüber hinaus, dass es im relevanten Verwandtschaftskreis eine hohe Quote an Absolventen der *mun'gwa* gab. Diese beiden Beobachtungen konnten für alle Disziplinen nachgewiesen

---

95 Vgl. Yi, „Chosŏn hugi chapkwa-ŭi wisang-gwa t'ŭksŏng": S.66.
96 Vgl. ebd.: S.72–74.
97 Die beiden letzten Angaben wirken aus dem Grunde verzerrend niedrig, da beim überwiegenden Teil der Einträge die Angaben zu den Prüfungsfächern fehlen.

werden.⁹⁸ Daraus lassen sich wiederum zwei Schlussfolgerungen zur strukturierten und strukturierenden Struktur des Prüfungssystems ziehen:

Die gesellschaftliche Stratifikation der späten Chosŏn-Zeit fand in der Zusammensetzung der Prüfungsabsolventen ihren Niederschlag, bzw. beide beeinflussten sich in gewisser Weise gegenseitig. Sie spiegelt das langsame Auseinanderdriften der gesellschaftlichen Gruppen der frühen Chosŏn-Zeit, und die Etablierung der eigenständig identifizierbaren Schicht der *chungin*, spätestens ab dem 16. Jahrhundert. Diese kristallisierte sich im Rahmen der Stratifikation und der sich somit auffächernden Landschaft sozialer Schichten heraus. Die genaue Zusammensetzung der Gesellschaft bis zum 16. Jahrhundert ist allerdings noch nicht abschließend geklärt und unterliegt einer fortwährenden Diskussion zweier Interpretationsrichtungen. Darin vertritt eine Gruppe von Historikern um Han Yŏng-u den Standpunkt, dass es zwei grundsätzliche Schichten, *yangin* und *ch'ŏnmin*, gab, wobei beide intern weiter unterteilt waren. Die späteren *chungin* setzten sich aus Teilen beider Schichten zusammen. Die zweite Gruppe um Yi Sŏngmu argumentiert dagegen, dass bereits von Beginn der Chosŏn-Zeit an vier gesellschaftlich relevante Schichten, *yangban*, *chungin*, *yangin* und *ch'ŏnmin*, identifiziert werden könnten.⁹⁹ Beiden gemein ist, dass sich die *chungin* bzw. ihre Vorläufergruppen durch die Fokussierung auf die technischen Disziplinen der *chapkwa* und das Besetzen entsprechender Ämter auszeichneten, woher auch ihre zeitgenössische Bezeichnung als *kisuljik chungin* (技術職 中人) herrührt. Der diesem Technikbegriff zugrundeliegende ideologische Hintergrund war allerdings streng konfuzianisch geprägt, was anhand des in den Prüfungen geforderten Wissens sowie dem gesellschaftlichen wie familiären Ursprung der Prüfungskandidaten gezeigt werden konnte.

Dies wiederum führt zur zweiten Beobachtung, dass die Struktur des Beamtenprüfungssystems, und hierin speziell die Fokussierung der *chapkwa* auf die vier Disziplinen Fremdsprachen, Medizin, YinYang und Recht, die Entwicklung der Schicht der *chungin* überhaupt erst ermöglichte. Ein erfolgreicher Abschluss qualifizierte die Mitglieder der nicht-*yangban*-Schicht für Ämter und damit verbundene Ränge, die zunächst nur den *yangban* vorbehalten waren. So lässt sich ab dem 17 Jahrhundert beobachten, dass mehr als die Hälfte der Absolventen der Gemischten Prüfungen in ihrer Karriere Ränge bis zwischen 3A und 6A verliehen

---

98 Vgl. z.B. Yu, Kuunmong *und die koreanische Literaturwissenschaft*: S.110.
99 Vgl. z.B. Chi Sung-jong, „The Study of Status Goups in the Chosŏn Periond." *The Review of Korean Studies* 4, Nr.2 (2001).

bekamen.[100] Technische Spezialisten anderer Disziplinen, die nicht in den *chapkwa* geprüft wurden, lassen sich in diesen Rängen nicht wiederfinden, selbst wenn sie gesellschaftlich den *chungin* zugeordnet werden können. Die Struktur der Prüfung kann so als ein wesentliches Element verstanden werden, das eine bürokratisch wie sozial relevante Selektion bewirkte, indem es vormals benachteiligten Gruppen Aufstiegsmöglichkeiten bot, aber zugleich Diskriminierung erzeugte.[101] Sie mag weiterhin dazu beigetragen haben, ein Verständnis für den Begriff des technischen Wissens zu prägen, das sich aus diesen vier Disziplinen speiste und auf den legitimierten bzw. legitimierenden Wissenskanon zurückwirkte.

2.2.3 Die *Auswahlprüfung von Fähigen*: ch'wijae

Als letzter regulärer Prüfungszweig zum Eingang in eine Laufbahn der zentralen oder lokalen Administration regeln die Gesetzeswerke die sogenannte *ch'wijae* 取才.[102] Dieser eigenständige Prüfungszweig beinhaltete Disziplinen, die zu Beginn des 15. Jahrhunderts mit der Etablierung der *chapkwa* in die Verantwortung der Ministerien ausgelagert wurden. Lt. *KGTJ* war das Ministerium für Riten sowie das Ministerium für Personal mit der Durchführung der *ch'wijae* betraut.[103] Die Prüfungen wurden anfangs unter den sogenannten *siphak* 十學 bereits 1406 durch ein königliches Edikt zusammengefasst. Zu dieser frühen Phase der Chosŏn-Zeit stellten sie eine Zusammenstellung von Feldern dar, in

---

100 Oder: *yangban* und *sangmin* 常民 nach U, „Yu Hyŏngwŏn-ŭi chaphak kyoyuk kaehyŏng-non chaego": S.85–88; 3A war offiziell der höchste Rang, der von technischen Spezialisten erreicht werden konnte. Bis zur Mitte des 18. Jahrhunderts gab es jedoch wiederholt Ausnahmen. Diese müssen ein Maß erreicht haben, das eine gesetzliche Limitierung der Ränge im Bereich von Fremdsprachen und Medizin ab dem *Soktaejŏn* notwendig macht. Kurzzeitig wurden *tangsang* Ämter incl. Ränge als Auszeichnung an technische Spezialisten vergeben. Diese Ämter waren jedoch nicht mit konkreten Amtsbefugnissen ausgestattet und dienten auch unter *yangban* lediglich als Quasi-Amt, nicht als *siljik* 實職, ein mit Aufgaben versehener Posten; vgl. dazu Yi, „Chosŏn hugi chapkwa-ŭi wisang-gwa t'ŭksŏng": S.74.
101 Vgl. ebd.: S.66f.
102 Im Kapitel zum Ministerium für Personal findet sich ebenfalls ein Abschnitt zu den *ch'wijae* sowie den *chegwa*. Hierin werden den Absolventen der *chegwa* gemäß ihrem Prüfungsergebnis Einstiegsränge zugewiesen. In Bezug auf die *ch'wijae* finden sich weitergehende Prüfungsinhalte für bestimmte Posten, so zum Beispiel Provinzbeamte (*suryŏng* 守令). Da deren Organisation für die Argumentation dieser Arbeit nicht von Bedeutung ist, sei lediglich auf ihre kurze Behandlung verwiesen in Kim, „Chosŏn ch'o siphak chedo-ŭi sŏlch'i-wa pyŏnch'ŏn": S.21.
103 Diese Regelungen wurden bis ins *TJTP* beibehalten.

denen bestimmte Beamten- und Anwärtergruppen regelmäßig geprüft werden mussten. Diese Regelmäßigkeit wurde im Gesetzestext für die *ch'wijae* beibehalten, der Prüfungskanon änderte sich jedoch im Laufe der Zeit. Die auf diese Weise vorgenommene Evaluierung des Wissens der Beamten, nicht ihrer *job performance*, diente als Grundlage für ihre Degradierung oder Beförderung.[104] Sie oblag für jede Disziplin jeweils einem Superintendenten (*chejo* 提調) im Rang zwischen 1B und 2B. Von Seiten dieser Beamten kam bald nach Festlegung dieser Prüfungsregeln die Klage, dass sie qua ihrer eigenen Ausbildung nicht geeignet bzw. überqualifiziert seien, niedere Prüfungen dieser Disziplinen abzunehmen. Der dieser Argumentation unterliegende Habitus lässt jedoch vielmehr die Schlussfolgerung zu, dass sie die Durchführung von Prüfungen, zumal von derart niedrigem Status in der Bürokratie, als eine unter ihrer Würde liegende Aufgabe betrachteten.[105]

Dafür spricht auch die Tatsache, dass die für die konfuzianische Grundlagenausbildung notwendigen Inhalte 1430 aus dem Curriculum ausgegliedert und endgültig in die *mun'gwa* bzw. *mugwa* überführt wurden.[106] Dementsprechend listet das *KGTJ* folgende zehn Disziplinen für die *ch'wijae*: Medizin, Chinesisch, Mongolisch, Japanisch, Dschurdschenisch, Astronomie, Geomantik, Mantik, Recht, Rechnungswesen (*sanhak* 算學). Während neun Disziplinen in den *chapkwa* wiederzufinden sind, findet die Prüfung für Rechnungswesen lediglich in diesem Rahmen statt. Darüber hinaus wurden vier Gebiete exklusiv geprüft, die nicht in den *chapkwa* enthalten waren: Malerei (*hwahak* 畫學), Daoismus (*toryu* 道流), Ritualmusik (*aksaeng* 樂生) und Zeremonialmusik (*akkong* 樂工). Die Prüfungen wurden durch das Ministerium für Riten durchgeführt, in dessen Arbeitsbereichen die Absolventen eingesetzt wurden. Die Zusammenstellung dieser Disziplinen änderte sich bis zur Abschaffung des Prüfungssystems nicht und findet sich demzufolge auch noch im *TJTP* von 1785, eben dem letzten großen Gesetzeswerk der hier untersuchten Periode.

Im Unterschied zu den gesetzlichen Regelungen für die *mun'gwa*, *saengwŏn*, *chinsa* und *chapkwa* finden sich im Abschnitt zu den *ch'wijae* keine Angaben zu nicht zugelassenen Personenkreisen. Während für die *chegwa* genau festgelegt wurde, wer nicht zur Teilnahme zugelassen war, scheint es für die *ch'wijae* keine derartigen Restriktionen gegeben zu haben. Diese Beobachtung lässt zunächst zwei Schlussfolgerungen zu. Entweder richteten sich

---

104 Vgl. *T'aejong sillok*, *kwŏn* 12, Jahr 6 (1406), Monat 11, Tag 15, 1. Eintrag.
105 Vgl. ebd.: S.7f, S.18.
106 Vgl. ebd.: S.20f.

die Teilnahmebestimmungen nach den bereits im Kapitel „Yejo chegwa" aufgeführten, oder die Prüfung stand tatsächlich allen gesellschaftlichen Gruppen in gleicher Weise offen, wobei der Ausschluss von Handwerkern und Händlern, Schamanen und Mitgliedern der Unterschicht sicherlich auch in diesem Fall unerwähnt, aber faktisch umgesetzt worden ist. Indirekt lässt sich allerdings ein gewisses Maß an Zulassungsbeschränkung aus den vergleichsweise dürftigen Angaben ableiten. So korrespondieren die Inhalte der *siphak* mit denen der *chapkwa*, was auf eine zeitlich wie finanziell umfangreiche Prüfungsvorbereitung schließen lässt. Die geforderten Leistungen in den Malerei- und Musikprüfungen setzten offenbar einen engen Kontakt mit konfuzianischen Hofriten und Zeremoniell voraus. Insgesamt scheint eine gewisse Nähe zum Hof bzw. zum Beamtentum unausgeschriebene, aber notwendige Bedingung für eine erfolgreiche Teilnahme gewesen zu sein. Dieses Annahme steht ebenfalls in enger Verbindung mit der Herausbildung von Familientraditionen, wie für die *chungin* bereits im Bereich der *chapkwa*-Prüfungen beobachtet werden konnten. Auch ein Blick auf den Abschnitt „Ch'wijae" im Kapitel „Personalkodex" („Ijŏn" 吏典) gibt Hinweise auf die Zusammensetzung der Teilnehmer. Das Ministerium für Personal prüfte beispielsweise die Kandidaten für die Ämter der sogenannten *suryŏng* 守令 und *oegyo* 外教, die für die Administration und Bildung in den Provinzen zuständig waren. Notwendig war in diesen Prüfungen Wissen über die Fünf Klassiker und Vier Bücher sowie diverse Gesetzestexte. Das Kapitel regelte darüber hinaus das Empfehlungswesen *ŭm* 蔭, durch das bestimmten hochrangigen bzw. verdienten Beamten die Möglichkeit gegeben wurde, fähige Söhne, Enkel, Brüder oder Neffen in eine Beamtenlaufbahn zu hieven.[107]

Zusammenfassend zeigt die Darstellung der unterschiedlichen Ausbildungs- und Prüfungspfade als Eingangsqualifikation in eine Beamtenlaufbahn, dass das von den Prüflingen geforderte Wissen zu einem wesentlichen Teil aus dem konfuzianischen Kanon bestand. Dieser basierte auf den Lehren Zhu Xis und ihrer staatslegitimierenden Interpretation durch Gelehrte wie Chŏng Tojŏn und Cho Chun sowie den von ihnen abgefassten Texten, die später Eingang in das *KGTJ* und seine Nachfolger fanden und bis zu den *kabo*-Reformen 1894/95 mehr oder weniger unverändert Bestand hatten. Diese normative Ausrichtung des legitimierten und legitimierenden Wissensbestands, die für die *Literaturprüfung* noch nachvollziehbar erscheint, lässt sich ebenfalls in den *Gemischten Prüfungen*

---

107 Auf das Empfehlungswesen und seine Ausnutzung in der späten Chosŏnzeit wird im folgenden Teil zur Bürokratischen Organisation weiter eingegangen. Es ist auch unter den Begriffen *munŭm* 門蔭 oder lediglich *ŭm* 蔭 zu finden.

wiederfinden, die zur Auswahl sogenannter technischer Spezialisten diente. In den vier Spezialgebieten Fremdsprachen, Medizin, YinYang und Recht waren neben vorrangig chinesischen Fachbüchern stets auch konfuzianische Klassiker Teil der Prüfungen. Lediglich die in den *ch'wijae* organisierten Prüfungen für Maler, Musiker und Buchhalter waren von dieser direkten Forderung nach Wissen um die konfuzianischen Klassiker ausgenommen. Für diese beiden Berufsgruppen kann lediglich indirekt geschlossen werden, dass eine gewisse Vertrautheit mit den Klassikern als Grundlage für die von Ihnen geforderten Fähigkeiten notwendig war.

Den erfolgreichen Prüfungsabsolventen wurden gemäß ihres Abschneidens und der Art der Prüfungen Ränge von 6B abwärts verliehen, wie dem Abschnitt „Chegwa" im Kapitel „Ijŏn" des *TJTP* entnommen werden kann. Allerdings wurden sie nicht zwangsläufig in dem Fachgebiet angestellt, das ihrer Prüfung entsprach. So rekrutierten sich die Magistraten in den Provinzen häufig aus den Absolventen der Medizinprüfungen. Das Bestehen einer Prüfung, insbesondere der *chapkwa*, qualifizierte somit nicht ausschließlich für das jeweilige Fachgebiet, sondern darüber hinaus ganz allgemein für eine Beamtenlaufbahn. Augenfällig ist weiterhin, dass es für den Bereich des Handwerks offenbar keine gesetzlich geregelten Fachprüfungen gab, wie sie für Maler und Musiker mit den *ch'wijae* eingerichtet wurden. Dies scheint in großem Widerspruch zu der Tatsache zu stehen, dass für das Handwerk bzw. das Bauwesen mit dem Kongjo ein eigenes Ministerium existierte. Malerei und Musik hingegen waren in Fachabteilungen des Ministeriums für Riten organisiert, dem Tohwasŏ 圖畫署 und dem Changakwŏn 掌樂院.

Prüfungen wie Strukturen stellen im foucaultschen Sinne Aussagen im staatlich-offiziellen Rahmen in Bezug auf den Stellenwert handwerklich-technischen Wissens und der entsprechenden Spezialisten dar. Das folgende Kapitel gibt vor diesem Hintergrund Einblick in die auf dem Prüfungssystem basierenden bürokratischen Strukturen der späten Chosŏn-Zeit. Es stellt dar, wie sich die Normativität der Prüfungsinhalte in den administrativen Strukturen niederschlug und wie bzw. durch wen die gleichermaßen hochrangigen Posten im Ministerium für Öffentliche Arbeiten besetzt wurden.

2.3 Das bürokratische System der späten Chosŏn-Zeit

2.3.1 Das System der Ämter und Ränge

Ein dichtes Netz von Ämtern und Rängen kennzeichnete die Hierarchieverhältnisse im bürokratischen System der gesamten Chosŏn-Zeit. Seine grundlegende Struktur wurde bis zu den umwälzenden *kabo*-Reformen nicht verändert. Wie bereits beschrieben, bildete das System aus 18 Rängen das Grundgerüst der Amtshierarchie.[108] Ein Rang wurde grundsätzlich allen Prüfungsabsolventen verliehen, unabhängig davon, ob sie ein Amt erhielten oder nicht. Die Höhe des Ranges richtete sich nach den Regelungen der Kodizes und nach dem Ergebnis des Prüflings. Allgemein waren Ränge ein Leben lang an die Person gebunden und konnten nur im Falle eines schweren Vergehens entzogen werden. Ranginhaber, insbesondere nach der „Pensionierung" im hohen Alter, waren daher nicht in jedem Fall Amtsinhaber.[109] Um eine bestimmte Person innerhalb der bürokratischen Struktur genau zu verorten, waren somit drei Angaben notwendig: der Rang, ausgedrückt entweder durch Ordnungsnummer oder Bezeichnung, die Institution, in der die Person im jeweiligen Zusammenhang arbeitete, und das Amt, das sie dort innehatte. Dadurch, dass die gleiche Person unterschiedliche Ämter zur selben Zeit ausfüllen konnte (*kyŏmjik* 兼職), kam es zu Fällen, in denen individueller Rang und designierter Rang des jeweiligen Amtes nicht übereinstimmten. In den Aufzeichnungen wurden dazu eine, bereits in der Koryŏ-Zeit und in China verwendete, Ergänzung vorgenommen (*haengsubŏp* 行守法). Falls der individuelle Rang höher war als das jeweilige Amt, wurde der Angabe das Zeichen *haeng* 行 vorangestellt. War der Rang niedriger als das Amt, wurde das Zeichen *su* 守 vorangestellt.[110] Ergänzend soll nicht unerwähnt bleiben, dass auch die Mitglieder der königlichen Familie Ränge innehatten und im Regelfall auch Ämter in besonders dafür eingerichteten Institutionen bekleideten. Diese Ämter besaßen zumeist keine Aufgaben oder Pflichten, waren aber dotiert mit bestimmten Einkünften und Privilegien. Sie konnten zumindest temporär auch an Mitglieder niedrigerer sozialer und bürokratischer Schichten, in der späten Chosŏn-Zeit beispielsweise an *chungin*, vergeben werden, die sich um den Staat verdient gemacht hatten (*sanjik* 散職).

Die zweite große Gruppe der in der Bürokratie angestellten Personen umfasste die Ranglosen. Zu ihnen zählten beispielsweise alle Handwerker, aber auch Schreiber, Sekretäre und Sklaven, deren Zahl pro Institution sowie Ausbildung zum Teil direkt in den Kodizes festgelegt wurden. Die detaillierte Zuweisung der Handwerker findet sich im gleichlautenden Abschnitt des Kapitels „Öffentliche Arbeiten", jedoch wird im Abschnitt „Gemischte Berufe" („Chapchik" 雜職) des Kapitels „Personal" bereits auf sie verwiesen, da sie offensichtlich an dieser

---

108 Vgl. Tabelle 26 im Anhang.
109 Ohne Amt vergebene Ränge wurden *san'gye* 散階 genannt. Vormals pensionierte Beamte, die im Alter von über 80 Jahren erneut Ämter bekleideten, erhielten die Bezeichnung *san'gwan* 散官 oder *noinjik* 老人職.
110 Vgl. *CWSS*, Eintrag *haengsubŏp*.

Stelle hätten Erwähnung finden müssen. Daher können sie unter dem Begriff subsumiert werden. Für die Schreiber, Sekretäre und Sklaven existierte ein eigenes Kapitel, sodass diese nicht in die Gruppe der Gemischten Berufe gezählt wurden. Die *chapchik* korrespondierten insofern auch nicht mit den Absolventen der Gemischten Prüfungen, sondern waren in ihrer Zusammensetzung offensichtlich sehr viel umfangreicher und sozialstrukturell tiefergehend.

Im Kapitel „Gemischte Berufe" werden bestimmten Ministerien und Abteilungen spezifische Ämter der *chapchik* zugewiesen. Bis auf wenige Ausnahmen unterlagen sie einer viermaligen Evaluation pro Jahr (*tomok chŏngsa* 都目政事), aufgrund derer sie befördert oder degradiert werden konnten. Pferdeärzte (*maŭi* 馬醫), Taoismusspezialisten und Maler waren explizit ausgenommen und sollten bei der Praxis der Beförderungen und Versetzungen nach den Regeln für Literaten und Militärs zweimal pro Jahr evaluiert werden. Spätestens nach Ablauf der angegebenen Amtszeit rückten die Personen der *chapchik* bis maximal Rang 6B auf, wobei aus den Kodizes heraus nur vermutet werden kann, dass es sich hierbei um einen Automatismus handelte. Für den Fall, dass jemand aus den Reihen der *chapchik* in ein Vollvergütetes Reguläres Amt (*chŏngjik* 定職) befördert werden sollte, wurde er um einen Rang degradiert.[111] Hier wird besonders die Abgrenzung zu den Ämtern und Rängen der *siljik* Literaten- und Militärbeamten bereits seit Beginn der Chosŏn-Zeit deutlich. Sie schloss praktisch direkt an die Teilnahmebestimmungen zu den Prüfungen an und führte diese in die Arbeitslaufbahn der in der Bürokratie arbeitenden Menschen weiter. Die Trennung wurde nicht nur anhand der Rang- und Amtsbezeichnungen deutlich, sondern spiegelte sich darüber hinaus in detaillierten Kleidungsvorschriften, die ebenfalls in den Kodizes formuliert worden waren.[112] Es finden sich hier genaue Vorgaben über jeden Kleidungsteil der jeweiligen Beamten, was zu einer große Breite an unterschiedlichen Produkten und damit in Verbindung stehend einem großen Bedarf an diesen wie auch an Rohstoffen und entsprechenden Spezialisten zur Herstellung führte.

Das ebenfalls in den Kodizes geregelte Empfehlungswesen (*ch'ŏn'gŏ* 薦舉) ermöglichte darüber hinaus einen Quereinstieg in die Bürokratie. Es erlaubte den Literaten- und Militärbeamten der *tangsang*-Ränge, alle drei Jahre zu einem bestimmten Zeitpunkt (*chunmaengwŏl* 春孟月) drei geeignete Kandidaten für die Beamtenlaufbahn zu empfehlen. Diese durften bis zu diesem Zeitpunkt kein Amt höher als Rang 3 innehaben. Darüber hinaus konnten die Literatenbeamten der *tangsang*-Ränge sowie Militärbeamte der Ränge höher als 2 jedes Jahr

---

111 Vgl. *TJTP*, Kapitel „Ijŏn", Abschnitt „Gemischte Berufe".
112 Vgl. beispielsweise *KGTJ* und *TJTP*, Kapitel „Yejŏn", Abschnitt „Zeremonielles Protokoll" („Ŭijang" 儀章).

maximal drei Kandidaten als Bezirksgouverneure (*suryŏng* 守令) respektive als Bezirkskommandanten (*manho* 萬戶) empfehlen. Sollten diese Kandidaten sich jedoch der persönlichen Bereicherung, Unterschlagung oder moralischer Fehler schuldig machen, so fielen diese Vergehen auf die Empfehlenden zurück. In dem Fall, dass die Protegés keine Prüfung, explizit erwähnt keine *ch'wijae* Prüfung, abgelegt und/oder kein Amt höher als Rang 6 bekleidet haben sollten, mussten sie entweder auf eines der Vier Bücher oder einen der Fünf Klassiker geprüft werden, je nach eigenem Wunsch. Für Empfohlene, die bereits früher ein Amt bekleidet hatten, aber aufgrund einer Verfehlung daraus entlassen worden waren, galt die Regel, dass sie zweimal pro Jahr ihre Verfehlung detailliert aufschreiben und dem König vorlegen mussten.[113]

In Bezug auf die Verbindung von sozialer Stellung und möglichen Ämtern oder Rängen, i.e. dem soziopolitischen Gefüge, lässt sich abschließend sagen, dass sich im System bestimmte Parallelen und Mobilitätsgrenzen für die Mitglieder niedrigerer Schichten sowie Bevorzugungen für die Aristokratie erkennen lassen. Es gab jedoch durchaus Möglichkeiten, in bestimmten Fällen in Ämter und Ränge aufzusteigen, die nicht in direkter Weise erreichbar waren. Das Empfehlungswesen war eines der Instrumente, die ursprünglich dazu dienen sollten, fähige Personen in Ämter zu bringen, ohne dass sie das reguläre Prüfungssystem durchlaufen mussten. Die Kehrseite dieses Instruments war seine Anfälligkeit für Korruption und Vetternwirtschaft, wie sich im Verlauf der späten Chosŏn-Zeit zeigte. Ein weiterer dieser Wege führte über die in der frühen Chosŏn-Zeit relativ hohe Zahl an niedrigrangigen Ämtern, die dem Namen und der Position im Kodex nach für Fachspezialisten, beispielsweise aus dem Handwerk offenstanden. Da sich das grundsätzliche System nicht änderte und sich auch die Anzahl der zu vergebenden Stellen nur unwesentlich erhöhte, wird im Folgenden dargestellt, welche Ursachen zur beobachteten sozialen Stratifikation und ihrer Spiegelung in der Bürokratie beigetragen haben, und welche Rolle darin den handwerklichen Spezialisten zukam.

2.3.2 Allgemeine Struktur und Entwicklung

Die Struktur der zentralen Administration wird in ihren Grundsätzen im Abschnitt „Ämter der Hauptstädtischen Administration" („Kyŏngkwanjik" 京官職) des Kapitels „Personal" der Kodizes festgelegt.[114] Es enthält in der Reihenfolge

---

113 Vgl. *TJTP*, Kapitel „Ijŏn", Abschnitt „Empfehlungswesen".
114 In vielen Abschnitten des *TJTP* wird lediglich auf die Regelungen im *KGTJ* verwiesen. Daher wird im Folgenden in der Regel auf diesen ersten Kodex Bezug genommen.

ihrer nach Rängen sortierten Gewichtung die Regierungs- und regierungsnahen Institutionen, die ihnen zugewiesenen Ämter sowie deren Ränge, festgelegte Personenzahlen und eine Kurzbeschreibung der jeweiligen Kernaufgaben. Es behandelt jedoch vorrangig die Ämter, die den Absolventen der *mun'gwa* und *mugwa* vorbehalten waren.[115] Eine Skizze der zentralen Administration soll dem Leser ein Bild der Regierungsebene der Chosŏn-Zeit vermitteln und der Veranschaulichung der Hierarchien sowie der darin verortbaren sozialen Gruppen dienen.[116] Der König war der unumstrittene Herrscher und damit nominelles Staatsoberhaupt. Dieser Fakt bedurfte keiner gesetzlichen Festlegung, sondern wurde zu Beginn des Vorworts zum *KGTJ* geschichtlich attestiert.[117] Die Institutionen der Regierung wurden nach zwei Hauptmerkmalen organisiert. Zunächst wurden sie unterschieden in Hauptstadt (*kyŏng* 京) und „außerhalb der Hauptstadt" (*oe* 外). Darüber hinaus wurden allen Institutionen Ränge von 1A bis 6B zugewiesen, die ihre hierarchische Stellung und das mit Ihnen verbundene Prestige festlegten.[118] Die größte Nähe zum Herrscher besaßen damit die Palasteinrichtungen des Rangs 1A, die wiederum in zwei Gruppen aufgeteilt wurden. Chongch'inbu, Tonnyŏngbu und Ŭibinbu waren exklusiv für die Belange unterschiedlicher Gruppen der Herrscherfamilie eingerichtet worden waren. Die in ihnen organisierten Ämter waren ausschließlich Familienmitgliedern vorbehalten. Neben diesen drei Einrichtungen existierte das Ch'unghunbu 忠勳府 allein zur Auszeichnung von Personen, die sich um den Staat verdient gemacht hatten. Die Zahl der Amtsinhaber mit *tangsang*-Rängen war gesetzlich erst mit dem *TJTP* auf drei Personen beschränkt, lediglich zwei Ämter mit Rang 4B (*kyŏngnyŏk* 經歷) und 5B (*tosa* 都事), die zur Ausführung von Verwaltungsaufgaben waren auf jeweils eine Person beschränkt. Die bis hierhin dargestellten Ämter der Institutionen im Rang 1A besaßen keine Aufgaben im Tagesgeschäft, soweit aus den Ausführungen des *KGTJ* hervorgeht. Sie dienten in der Hauptsache der Einbindung der Herrscherfamilie in die offizielle Bürokratie sowie der Anerkennung von Leistungen für den Staat. Sie waren weiterhin mit bestimmten Privilegien wie Steuerbefreiung, Ländereien oder Sklaven verbunden.

  Lediglich im Fall einer expliziten Veränderung oder dem Wegfall bestimmter Regelungen oder Institutionen wird direkt auf das *TJTP* verwiesen werden.
115 Ausnahmen bilden die speziellen Erwähnungen von Spezialisten in Recht und Mathematik/Rechnungswesen.
116 Die zugehörige Grafik findet sich am Ende des Anhangs.
117 Vgl. erster Satz des Vorworts zum *KGTJ*: „Seit alter Zeit ist es so, dass die Kaiser und Könige die Länder auf der Welt besitzen. [...]" (自古 帝王 之有 天下 國家也 [...]).
118 Vgl. *KGTJ*, Kapitel „Ijo", Abschnitt „Kyŏnggwanjik".

Der Staatsrat (Ŭijŏngbu 議政府) schließlich mit Rang 1A war die erste Institution mit tatsächlichen Amtsaufgaben in der Staatsführung damit das höchste Regierungsorgan nach dem König selbst. Allein seine Mitglieder hatte ohne spezielle Aufforderung direkten Kontakt zum König und setzte sich zusammen aus dem Oberstaatsrat, dem Staatsrat zur Linken und dem Staatsrat zur Rechten als Spitzen der Regierung. Mit Rang 1B folgten die Ersten Berater zur Linken und zur Rechten, mit Rang 2A die Zweiten Berater zur Linken und zur Rechten. Die fünf weiteren Beamten des Ŭijŏngbu nahmen lediglich Bürotätigkeiten war und hatten keine Entscheidungsbefugnisse (siehe Tabelle 3).[119]

Tabelle 3: Ämter und Ränge des Ŭijŏngbu.

Ŭijŏngbu 議政府 (Staatsrat)	Rang	Amtsbezeichnung		Personenzahl
	1A	*yŏngŭijŏng* Oberstaatsrat	領議政	Jeweils 1x
		chwaŭijŏng Staatsrat zur Linken	左議政	
		uŭijŏng Staatsrat zur Rechten	右議政	
	1B	*chwach'ansŏng* Erster Berater zur Linken	左贊成	Jeweils 1x
		uch'ansŏng Erster Berater zur Rechten	右贊成	
	2A	*chwach'amch'an* Zweiter Berater zur Linken	左參贊	Jeweils 1x
		uch'amch'an Zweiter Berater zur Rechten	右參贊	
	4A	*sain* Sekretär	舍人	2x
	5A	*kŏmsang* Sekretär	檢詳	1x
	8A	*sarok* Archivar	司錄	2x

Der größte Teil der Entscheidungen, die in den sechs Ministerien getroffen wurden, wurde über das Ŭijŏngbu dem König zur Bestätigung vorgelegt. Dabei waren die drei Staatsräte, wie andere Amtsinhaber auch, gleichzeitig in anderen Leitungspositionen eingesetzt. Insbesondere der Oberstaatsrat belegte gleichrangige

---

119 Vgl. *HMMTS* und *CWSS*, Eintrag *ŭijŏngbu*.

Führungspositionen in mehreren Institutionen, was ihm eine mächtige Stellung sowohl gegenüber dem König selbst als auch gegenüber der Administration insgesamt gab. Tatsächlich war die Ausprägung dieser Amtsmacht jedoch abhängig von mehreren Faktoren, so dem politischen Geschick des Königs, dem Verhältnis zu den Ministerien und insbesondere zum Zensorat, sowie in der späten Chosŏn-Zeit der relativen Positionierung zum neu gegründeten Grenzsicherungsamt (Pibyŏnsa 備邊司), welches sich nach den Invasionen der Japaner und der Mandschu zu einem einflussreichen Machtorgan entwickelte.[120] Desweiteren unterlagen alle Ämter einer regelmäßigen Rotation. Die Amtszeit war gesetzlich auf 900 Tage für alle Ämter von Rang 1A bis 6B, auf 450 Tage für alle Ämter von Rang 7A bis 9B begrenzt, wonach die Amtsinhaber versetzt und, im Falle von *tangha*-Beamten, befördert wurden. Inhaber von Ämtern ohne Vergütung (*nokbong* 綠俸) wurden nach 360 Tagen versetzt.

Auf den Staatsrat folgten in der Hierarchie die Sechs Ministerien im Rang 2A (siehe Tabelle 4). Jedes Ministerium verfügte über drei Fachabteilungen, die mit den jeweiligen Aufgaben des Tagesgeschäfts betraut waren.[121] Diese wurden von den Beamten der Ränge 3B abwärts geführt. Anhand der Kurzbeschreibungen im *KGTJ* lassen sich in der Reihenfolge ihrer Auflistung folgende Arbeitsfelder zuordnen:

Tabelle 4: Aufgabengebiete der sechs Ministerien anhand Kurzbeschreibung der Kodizes.

Ministerium	Fachabteilungen	Allg. Aufgabenspektrum
Ministerium für Personal (Ijo 吏曹)	Munsŏnsa 文選司 Kohunsa 考勳司 Kogongsa 考功司	Auswahl der *mun*-Amtsinhaber; Auszeichnung von verdienstvollen Personen; Vergabe von Titeln.
Ministerium für Finanzen (Hojo 戶曹)	Panjŏksa 版籍司 Hoegyesa 會計司 Kyŏngbisa 經費司	Reichszensus; Tributorganisation; Steuern; Nahrungsmittel und Güter/Waren (貨).

---

120 Für eine detailliertere Darstellung des Grenzsicherungsamts siehe z.B. Yi Chae-chʼŏl, *Chosŏn hugi* Pibyŏnsa *yŏnʼgu* (Seoul: Chimmundang, 2001).

121 Die erste Erwähnung der Fachabteilungen findet sich im *Tʼaejong sillok* als ein Bericht aus dem Ministerium für Riten zur Einrichtung der entsprechenden Ämter und Verantwortlichkeiten. Eine detaillierte Darstellung aller Fachabteilungen würde an dieser Stelle für das Ziel dieser Arbeit zu weit führen. Im Folgetext werden allerdings die Fachabteilungen des Ministeriums für Öffentliche Arbeiten genauer untersucht werden: vgl. *Tʼaejong sillok*, kwŏn 9, Jahr 5 (1405), Monat 3, Tag 1, 2. Eintrag.

Ministerium	Fachabteilungen	Allg. Aufgabenspektrum
Ministerium für Riten (Yejo 禮曹)	Kyejesa 稽制司 Chŏnhyangsa 典享司 Chŏngaeksa 典客司	Etikette; Musik; Ahnenriten; Bankette; Audienzen; Gesandtschaften; Schulen; Beamtenprüfungen.
Ministerium für Militärische Angelegenheiten (Pyŏngjo 兵曹)	Musŏnsa 武選司 Sŭngyŏsa 乘輿司 Mubisa 武備司	Auswahl der militärischen Amtsinhaber; militärische Aufgaben; Wach- und Schutzdienste; Poststationen; Waffen und Rüstungen; Geräte und Flaggen; Torwache; Schlüsseldienst.
Ministerium für Justiz und Strafen (Hyŏngjo 刑曹)	Sangboksa 詳覆司 Changkŭmsa 掌禁司 Changnyesa 掌隸司	Gesetze/Gesetzgebung; Gerichtsprozesse; Angelegenheiten bezüglich Sklaven.
Ministerium für Öffentliche Arbeiten (Kongjo 工曹)	Yŏngjosa 營造司 Kongyasa 功冶司 Santaeksa 山澤司	Berg- und Flussmanagement; Handwerker; Bau und Reparatur von Gebäuden; Keramik; Metallverarbeitung usw.

Jedes Ministerium mit der gleichen Ausstattung an Beamten versehen, die die Literatenprüfung absolviert haben musten. Ausnahmen bildeten auf dieser Ebene lediglich das Ministerium für Finanzen und das Ministerium für Justiz und Strafen. Hier wurden auch Spezialisten der Rechtsprüfungen und der Prüfungen in Rechnungswesen der *chapkwa-* bzw. *ch'wijae* eingestellt (siehe Tabelle 5). Die Ämter im Rang 6B bildeten dabei die höchsten Posten, die diesen beiden Karrierewegen offenstanden.

Tabelle 5: Darstellung der Ämter der sechs Ministerien anhand der Kodizes.

Rang	Amt	Personenzahl/Ministerium
2A	*p'ansŏ* 判書 Minister	Jeweils 1x
2B	*ch'amp'an* 參判 Vizeminister	Jeweils 1x
3A	*ch'amŭi* 參議 Zweiter Vizeminister *ch'amji* 參知 Stellvertretender Zweiter Vizeminister	Jeweils 1x Pyŏngjo 1x
5A	*chŏngnang* 正郞 Sekretär	Jeweils 3x; Pyŏngjo und Hyŏngjo jeweils 4x
6A	*chwarang* 佐郞 Zweiter Sekretär	Jeweils 3x; Pyŏngjo und Hyŏngjo jeweils 4x

Rang	Amt	Personenzahl/Ministerium
6B	sanhak kyosu 算學教授	Hojo 1x
	pyŏlje 別提	Hojo 1x
	Archivar	
	yurhak kyosu 律學教授	Hyŏngjo 1x
	pyŏlje 別提	
	Archivar	Hyŏngjo 1x
7B	sansa 算士	Hojo 1x
	Buchhalter	
	myŏngnyul 明律	Hyŏngjo 1x
	Jurist	
8B	kyesa 計士	Hojo 1x
	Buchhalter	
	simnyul 審律	Hyŏngjo 1x
	Jurist	
9A	sanhak hundo 算學訓導	Hojo 1x
	Zweiter Buchhalter	Hyŏngjo 1x
	yulhak hundo 律學訓導	
	Zweiter Jurist	
9B	hoesa 會士	Hojo 2x
	Buchhalter	
	kŏmnyul 檢律	Hyŏngjo 2x
	Jurist	

Auf der Ebene der Ministerien existierten mit Ausnahme der Ministerien für Finanzen und Justiz und Strafen keine Ämter, die Spezialisten in den jeweiligen Fachgebieten vorbehalten waren bzw. für die Spezialwissen im Arbeitsfeld des Ministeriums als qualifizierendes Merkmal notwendig war. Grundvoraussetzung für eine Ernennung war das Bestehen der *mun'gwa*, abgesehen von den dargestellten Ausnahmen. Da somit die Aufgabengebiete keine direkten Rückschlüsse auf die notwendige Qualifikation der ranghohen Amtsinhaber zulassen, ist eine Annäherung von Seiten der Amtsbezeichnungen und Karrierewege womöglich sinnhafter. Vor der Detailbetrachtung soll allerdings zunächst geprüft werden, ob die tieferen Strukturen des Systems Aufschluss über das qualifizierende Wissen geben können, waren doch die Einstiegsränge und -ämter der Prüfungsabsolventen nicht höher als 6B.[122]

Jedes Ministerium setzte sich aus einer Vielzahl an Abteilungen (*sogamun*) zusammen, die für die Erfüllung der unterschiedlichen Aufgaben verantwortlich

---

122 Vgl. Abschnitt „Chegwa" im Kapitel „Ijo" des *KGTJ*.

waren und die Arbeitsebene der zentralen Administration darstellten.[123] Durch sie definierte sich das Aufgabenspektrum der Ministerien, das sich aus seiner Bezeichnung nicht in jedem Fall auf den ersten Blick erschließt. Die Abteilungen waren nach Rängen zwischen 3A und 6B hierarchisch geordnet, wobei zunächst keine offensichtliche Systematik erkennbar ist.[124] Abteilungen mit vordergründig ähnlichen Aufgaben besaßen unter Umständen unterschiedliche Ränge. So hielt das zur Nahrungsmittelversorgung des Königs und des Königlichen Palasts eingerichtete Saongwŏn 司饔院 des Ministeriums für Personal den Rang 3A, während das für die Bevorratung von Speiseöl, Honig, Bienenwachs, vegetarischen Beilagen (*somul* 素物), Pfeffer und weiterem zuständige Ŭiyŏnggŏ 義盈庫 des Ministeriums für Finanzen, den Rang 5B innehatte. Bei näherer Betrachtung der Kurzbeschreibung im Gesetzeskodex lässt sich jedoch ein gewisser Unterschied feststellen. So war das Saongwŏn zuständig für Arbeiten (*sa* 事), es handelte sich um die Palastküche, während das Ŭiyŏnggo für die entsprechenden Materialien (*mul* 物) verantwortlich zeichnete, also womöglich mehr im Bereich von Aufgaben der Bevorratung und Lagerung als der tatsächlichen Verrichtung, eine gewisse Nähe zum Königshaus mit sich brachte.

Der Rang jeder Abteilung war identisch mit dem Rang des höchsten Beamten, der als Abteilungsleiter angesehen werden kann. Im Gegensatz zu den weitgehend

---

123 Die zugehörige Grafik findet sich am Ende des Angangs. Die moderne Auslegung des Begriffs Arbeitsebene erscheint mir teilweise irreführend, da sich das Personal der Abteilunge nicht ausschließlich aus Personen rekrutierte, die mit dem tatsächlichen Tagesgeschäft betraut waren. Der Begriff impliziert weiterhin, dass die Ministeriumsebene demgegenüber keine Aufgaben des Tagesgeschäftes wahrnahm. Beide Schlussfolgerungen sind in dieser Form nicht haltbar, was im weiteren Verlauf dieses Kapitels anhand der Darstellung der Aufgabenspektren verdeutlicht werden wird. Zur Handhabbarmachung soll der Begriff jedoch weiterhin Verwendung finden.

124 Ausnahme bilden zwei Abteilungen im Rang 2B. Das Ch'ungikpu 忠翊府 des Ministeriums für Personal war mit der Auszeichnung von verdienstvollen Untertanen betraut. Es wurde trotz seines hohen Ranges lediglich von zwei Beamten im Rang 5B besetzt (*tosa* 都事). Im Naesibu 內侍府 waren die organisiert, die unterschiedliche Aufgaben innerhalb des Palastes wahrnahmen. So waren sie zum Beispiel verantwortlich für die Essenszubereitung, Befehlsweitergabe oder Reinigung des Palastes. Höchster Beamter war ein sog. *sangsŏn* 尚膳 im Rang 2B, weswegen analog zum beobachtbaren Muster angenommen werden kann, dass dem Naesibu selbst ebenfalls der Rang 2B zustand, auch wenn dies nicht explizit gemacht wird. Ob es sich bei ihm um ein Abteilung des Ministeriums für Personal handelte, kann nur daraus gefolgert werden, dass es einen eigenen Abschnitt im Kapitel „Hojŏn" des *KGTJ* wie auch des *TJTP* besitzt. Das Oŭi 五衛 des Ministeriums für militärische Angelegenheiten besaß ebenfalls den Rang 2B.

identisch strukturierten Ministerien waren die Abteilungen mit einer jeweils unterschiedlichen Zahl an ranginnehabenden Beamten, und zu deren Unterstützung einer festgelegten Zahl an Sekretären und Schreibern (*noksa* 錄事 bzw. *sŏri* 書吏) besetzt, die auch als *ajŏn* 衙前 bezeichnet werden.[125] Letztere wurden nach Bestehen der *ch'wijae* Prüfungen in ihr Amt berufen und erhielten in Institutionen der *tangsang*-Ränge selbst Rang 7B, in den übrigen Institutionen Rang 8B.[126]

Sie wurden unterstützt durch eine Vielzahl von weiteren Beschäftigten, unter Ihnen Boten, Handwerker oder Sklaven, abhängig vom Arbeitsbereich der jeweiligen Abteilung. Bestimmten Abteilungen standen Beamte mit den Bezeichnungen *tojejo* 都提調 (Haupt-Superintendent), *chejo* 提調 (Superintendent) oder *pujejo* 副提調 (Vize-Superintendent) in den Rängen 1A bis 3A vor.[127] Hierbei handelte es sich um Aufsichts- oder Kontrollämter in den als staatswichtig erachteten Ministerien und Abteilungen, die stets als Zusatzamt von einem der Staatsräte oder Minister ausgefüllt wurden und keine eigentlichen Arbeitsaufgaben innerhalb der jeweiligen Institution innehatten. Ihre Existenz geht nicht aus der strukturellen Darstellung der Institutionen in den Kodizes hervor, sondern lediglich aus den Begleittexten, sodass sie in den folgenden Abbildungen ebenfalls unerwähnt bleiben.[128] Zur Verdeutlichung der beschriebenen Strukturen der unteren Ebenen der Administration und ihrer personellen Verbindung werden im Folgenden drei Abteilungen beispielhaft darstellen.

---

125 *Ajŏn* im Englischen verstanden als *yamen attendant* oder *local clerk*: vgl. *KHG*. Dies entspräche im Deutschen in etwa einem Verwaltungsbeamten oder Sachbearbeiter. Es gibt zu dieser Amtsbezeichnung keine Entsprechung aus der chinesischen Bürokratie, es handelt sich um eine originär koreanische Amtsbezeichnung, die lediglich mit den beiden chinesischen Zeichen verschriftet worden war. Zwar existierte ein Begriff *ajŏn* 衙前, doch entweder entstammte er dem militärischen Bereich, oder umfasste lediglich Hilfsarbeiten niederer Art für die Provinzadministration, was nicht auf den chosŏnzeitlichen Kontext übertragbar scheint. Vgl. Hucker, *A dictionary of official titles in Imperial China*: Eintrag *yá-ch'ién* 衙前. In Bezug auf Korea, vergleiche z.B. auch bereits: Homer Hulbert, *The Korea Review* 4 (Seoul: The Methodist Publishing House, 1904), KapitelAjun.

126 Vgl. Abschnitt „Kyŏngajŏn" im Kapitel „Ijŏn" des *KGTJ*.

127 In den englischen Übersetzungen der *sillok* durch das Kuksa pyŏnch'an wiwŏnhoe als *chief superintendent, superintendent* und *vice superintendent*. Vgl. http://esillok. history.go.kr/front/index.do. Im *KHG* findet sich *chejo* als *superintendent, commissioner* oder *director*, im *RHAC* lauten die Übersetzungen directeur general bzw. directeur.

128 Aus Ermangelung an Informationen in der koreanistischen Forschung folge ich hier dem *HMMTS* und dem *CWSS* sowie meinen eigenen Erkenntnissen aus den Gesetzeskodizes.

Tabelle 6: Beamte im Sŏnggyun'gwan nach Angaben des KGTJ.

Rang	Amtsbezeichnung		Personenzahl
2A	*chisa* Erster Rat	知事	1
2B	*tongjisa* Zweiter Rat	同知事	2
3A	*taesasŏng* Großer Rektor	大司成	1
3B	*sasŏng* Rektor	司成	2
4A	*saye* Literat	司藝	3
5A	*chikkang* Forscher	直講	4
6A	*chŏnjŏk* Notar	典籍	13
7A	*paksa* Doktor (nicht medizinisch)	博士	3
8A	*hakchŏng* Studiumsdirektor	學正	3
9A	*hangnok* Erster Unterdirektor	學錄	3
9B	*hagyu* Zweiter Unterdirektor	學諭	3

Die staatlich-konfuzianische Akademie Sŏnggyun'gwan war grundsätzlich für die weitere Ausbildung der Absolventen der *sogwa* zur Hinführung auf die hauptstädtischen Prüfungsteile der *mun'gwa* zuständig und darin die höchste staatliche Ausbildungsinstanz. Sie besaß zentrale Aufgaben innerhalb des Prüfungssystems und versammelte unter ihren Beamten per Gesetz ausschließlich Absolventen der *mun'gwa* (siehe Tabelle 6). Das von ihr vermittelte Wissen sollte die Basis der Beamtenschaft auf ihre Aufgaben vorbereiten und formte damit die zukünftigen politischen Entscheidungsträger. Die Kontrolle der Wissensinhalte des Curriculums, aber auch der in der Akademie versammelten Schüler selbst war somit für die jeweiligen Machthaber von großer Bedeutung.[129] So belegte der Erste Rat des Sŏnggyun'gwan zugleich das Amt des Großverfassers (*taejehak*

---

129 Entgegen der obigen Annahme, dass allen staatswichtigen Abteilungen ein *tojejo*, *chejo* oder *pujejo* Beamter vorstand, traf dies auf das Sŏnggyun'gwan mit offensichtlich staatswichtiger Aufgabe nicht zu.

大提學) in der Königlichen Akademie (Yemun'gwan 藝文館), welche für die Ausformulierung, Verschriftlichung und Weitergabe der Befehle des Königs (chech'an samyŏng 制撰辭命) und damit auch für eine gewissen Interpretation seiner Aussagen verantwortlich war. Damit war eine direkte Verbindung geschaffen zwischen den königlichen Weisungen und den grundlegenden ideologischen Wissenselementen der konfuzianischen Staatsdoktrin. In den niedrigrangigeren Ämtern finden sich Verbindungen in den Staatsrat sowie in das Pongsangsi, als Abteilung des Ministeriums für Riten zuständig für die Ahnenriten der Königsfamilie. Wenn man unterstellt, dass zumindest die Spitzenbeamten wenig Berührung mit den Tagesgeschäften der Institutionen gehabt haben, so soll dennoch nicht unerwähnt bleiben, dass neben diesen ideologischen wie politisch relevanten Verbindungen auch Synergieeffekte bei der Bewältigung der tatsächlichen Aufgaben eine Rolle gespielt haben könnten.

Ähnliche ideologisch-inhaltlich wie politisch wirksame Beziehungen lassen sich für weitere Institutionen nachweisen, beispielsweise im Kwansanggam, der Abteilung für Astronomie/Geomantik, Kalenderberechnung, Meteorologie, Uhrzeit und weiteren Aufgaben.

Tabelle 7: Beamte im Kwansanggam nach Angaben des KGTJ.

Rang	Amtsbezeichnung		Personenzahl
1A	*yŏngsa* Erster Präsident	領事	1
	chejo Superintendent	提調	2
3A	*chŏng* Assistent	正	1
4B	*ch'ŏmjŏng* Vizeassistent	僉正	1
5B	*p'an'gwan* Sekretär	判官	2
6B	*chubu* Archivist	主簿	2
6B	*ch'ŏnmun hak kyosu*	天文學教授	1
6B	*chirihak kyosu*	地理學教授	1
7B	*chikchang* Oberster Aufseher	直長	1
8B	*pongsa* Kopist	奉事	2

Rang	Amtsbezeichnung		Personenzahl
9A	*pubongsa* Vizekopist	副奉事	3
9A	*chŏnmun hak hundo*	天文學訓導	1
9A	*chirihak hundo*	地理學訓導	1
9A	*myŏnggwahak hundo*	命課學訓導	2
9B	*ch'ambong* Aufseher	參奉	3

Der Oberstaatsrat selbst fungierte als Erster Präsident des Kwansanggam, der somit Rang 1A besaß. Ihm folgten zwei Superintendenten ohne Rangzuweisung (siehe Tabelle 7). Dadurch wird die besondere Bedeutung der Abteilung wie auch seiner Aufgaben deutlich. Der strukturell zweithöchste Beamte im Staat besaß die Verantwortung für die exakte Voraussage astronomischer Ereignisse und der Berechnung des Kalenders, von dessen Exaktheit die Ausübung staatswichtiger Riten durch den König oder die Planung der Landwirtschaft abhingen. Da Chosŏn als Agrarstaat auf eine erfolgreiche Landwirtschaft angewiesen war, um sowohl die Nahrungsversorgung der Bevölkerung, stabile Steuereinnahmen als auch die Bereitstellung von Tributleistungen an China sicherzustellen, war die Kontrolle über die Bestimmung der Zeitpunkte von Aussaat und Ernte und die Sicherstellung erfolgreicher Landwirtschaft durch die entsprechenden Riten von realpolitisch fundamentaler Bedeutung.

Diese Verbindung gibt aber auch Einblick in den Stellenwert der für die Arbeit im Kwansanggam notwendigen Wissensinhalte bezüglich Astronomie, Geomantik oder Mathematik im konfuzianisch-ideologischen Zusammenhang. Der Erfolg der Landwirtschaft und die Prosperität des Landes, die korrekte Voraussage und Deutung von Sonnenfinsternissen und besonderen Sternkonstellationen, aber auch die korrekte Positionierung von Gebäuden zur Sicherstellung ihrer geomantisch vorteilhaften Lage waren zugleich Gradmesser für das Herrschaftsmandat. Bezeichnenderweise sollte in dieser Abteilung ein Spezialist der *ch'wijae* Prüfungen in ein Amt mit Rang 5B aufwärts bestellt werden und damit jemand, der nicht in erster Linie literarisch, sondern in diesem Aufgabengebiet spezialisiert ausgebildet war. Von Ämtern mit Rang 6B aufwärts wurde explizit verlangt, dass die Beamten eine der *kwagŏ* Prüfungen bestanden haben mussten. In den niedrigeren Posten wurden somit auch Spezialisten angestellt, die keine Prüfungsabsolventen waren oder lediglich die *ch'wijae* Prüfungen durchlaufen hatten. Derartige Beispiele finden sich auch in weiteren Abteilungen, sodass für bestimmte, realpolitisch staatswichtige Institutionen Ideologie hinter technisch-praktischem Wissen zurückstehen konnte.

Während das Sŏnggyun'gwan in sehr direkter und das Kwansanggam in zumindest indirekter Weise inhaltlich verbunden waren mit den Vorgaben der konfuzianischen Staatsideologie, so erscheint das Sayŏgwŏn als Abteilung für Fremdsprachen und Übersetzung dagegen als eine Einrichtung, die aus außenpolitischer Notwendigkeit heraus geschaffen worden ist. Seine Personalstruktur ist in der folgenden Tabelle 8 übersichtlich aufgeschlüsselt.:

Tabelle 8: Beamte im Sayŏgwŏn nach Angaben des KGTJ.

Rang	Amtsbezeichnung		Personenzahl
	tojejo	都提調	1
	chejo	提調	1
3A	*chŏng* Assistent	正	1
4B	*ch'ŏmjŏng* Vizeassistent	僉正	1
5B	*p'an'gwan* Sekretär	判官	2
6B	*chubu* Archivist	主簿	1
6B	*hanhak kyosu*	漢學教授	4
7B	*chikchang* Oberster Aufseher	直長	2
8B	*pongsa* Kopist	奉事	3
9A	*pubongsa* Vizekopist	副奉事	2
9A	*hanhak hundo*	漢學訓導	4
9A	*monghak hundo*	蒙學訓導	2
9A	*waehak hundo*	倭學訓導	2
9A	*yŏjinhak hundo*	女眞學訓導	2
9B	*ch'ambong* Aufseher	參奉	2

Neben den beiden extra-hierarchischen Ämtern *tojejo* und *chejo* führte lediglich ein weiterer *tangsang*-Beamter im Rang 3A diese Abteilung, wohingegen es im Sŏnggyun'gwan sechs, im Kwansanggam immerhin noch drei, darunter der Oberstaatsrat, waren. Im Gegensatz dazu ist die große Zahl an niedrigrangigen Spezialisten in den beiden letzten Abteilungen bemerkenswert, darunter mehrere Beamte mit der Bezeichnung *kyosu* und *hundo*. Folgt man den Einträgen im *HMMTS*, *KJMSJ*, *RHAC* sowie Hucker, dann handelt es sich hierbei um Lehrer oder Instruktoren, wobei unklar bleibt, ob sie zwangsläufig eine der Prüfungen abgelegt haben mussten. Die Verschiebung in der Personalstruktur in Richtung auf die niedrigeren Ränge hatte augenscheinlich eine Verbindung zum Gesetzeskodex, der es Spezialisten der Gemischten Prüfungen nicht gestattete, Ränge und damit Ämter über 6A bzw. 3A einzunehmen, allerdings auch die Anstellung von Personen ohne Abschluss nicht ausschloss. Obwohl das Sayŏgwŏn mit Rang 3A eine der hochrangigen Abteilungen war, stellt die große Zahl an Spezialisten in diesem Umfeld eine Besonderheit dar, die sich lediglich mit den tagesgeschäftlichen Notwendigkeiten erklären lässt. Waren die hochrangigen Gelehrtenbeamten ausgebildet und fließend im Schriftchinesischen, so galt dies in der Regel nicht für die weiteren Sprachen, die in der chosŏnzeitlichen Diplomatie jedoch durchaus von Bedeutung waren, möglicherweise nicht einmal für gesprochenes Chinesisch selbst.

Die dargestellte arbeitsbedingte Verschiebung in der Ämter- und Rangstruktur soll in Hinführung auf das Feld der Bautätigkeit und damit des Bauwissens in einem weiteren Beispiel gezeigt werden, dem der Abteilung für den Bau und die Verwaltung von Schiffen (Chŏnhamsa 典艦司).[130] In der frühen Chosŏn-Zeit war es als eigenständige Abteilung vom Rang 4B im Ministerium für Finanzen angesiedelt, bevor es nach und nach an Bedeutung verlor. Als Chŏnhamsa wurde es aus einer Reihe von vorangegangenen Einrichtungen im *KGTJ* institutionalisiert. Im 18. Jahrhundert wurde es aufgelöst und seine Aufgaben von anderen Abteilungen und Ministerien übernommen, sodass es im *TJTP* keine Erwähnung mehr findet.[131] Bis dahin setzte es sich aus 5 Beamten von Rang 4B bis 6B zusammen, denen ein Haupt-Superintendent und ein Superintendent vorstanden. Darüber hinaus gehörten der Abteilung fünf Sekretäre für den Flusstransport (*suun p'ang'wan* 水運 判官) und ein Sekretär für den Seetransport (*haeun p'ang'wan* 海運 判官) an, deren Ränge im Kodex nicht festgelegt wurden. Die Übertragung der Abteilung an die beiden höchstmöglichen Ämter dieser Stufe,

---

130 Vgl. Yun, *Sinp'yŏn Kyŏngguk taejŏn*: S.69.
131 Vgl. Eintrag 799 im *RAHC*.

sowie die zusätzliche Einrichtung der sechs Stellen zur Behandlung des Schiffsverkehrs bzw. Warentransportverkehrs zu Wasser zeugt von der Wichtigkeit, die ihm zugestanden wurde. Darüber hinaus wurde es mit Handwerkern ausgestattet, die als Spezialisten ohne Rang besondere Aufgaben innehatten. Laut *KGTJ* gab es zehn dieser sogenannten Schiffshandwerker (*sŏnjang* 船匠). Ihre Aufgaben wurden in diesem Zusammenhang nicht näher erläutert, was dem Charakter des Gesetzestextes entspricht. Es lassen sich jedoch anhand der Bezeichnungen der Handwerker sowohl Spezialisten als auch Generalisten identifizieren, sodass es sich bei Schiffshandwerkern um Generalisten handelte, die den gesamten Schiffsbau beherrschten bzw. in der Lage waren, ihn fachmännisch zu beaufsichtigen. Analog hierzu lassen sich auch für andere Ministerien und Abteilungen zugeordnete Handwerker identifizieren, beispielsweise sechs Floristen (*hwajang* 花匠) in der Abteilung für die Opferzeremonien für Verstorbene der Königsfamilie (Pongsangsi 奉常寺) oder 380 Töpfer (*sagijang* 沙器匠) im Saongwŏn.

Auch wenn also das Hauptaugenmerk der Zusammensetzung der Beamtenschaft auf den Absolventen der Literatenprüfung lag, so lässt sich bereits in der Struktur erkennen, dass für die Aufgabenerfüllung bestimmter Abteilungen Spezialisten unabdingbar waren. Diese wurden vorwiegend in den niedrigsten Rängen eingestellt ohne große Aufstiegsmöglichkeiten. Dies galt zunächst für die Absolventen der Gemischten Prüfungen, darüber hinaus auch für die Absolventen der *ch'wijae* Prüfungen, die zusätzlich Spezialisten in den Bereichen Musik und Malerei hervorbrachten. Keiner dieser offiziellen Prüfungswege bildete jedoch handwerkliche Spezialisten aus, die offensichtlich für das Kongjo, das Ministerium für Öffentlichen Arbeiten, und seine Abteilungen nützlich bzw. notwendig waren. Bereits von Beginn der Chosŏn-Zeit an wurden bestimmte handwerkliche Aufgaben dezentral in den jeweiligen Ministerien und Abteilungen, in denen sie benötigt wurden, von Spezialisten ausgeführt oder beaufsichtigt. Die Anstellung bestimmter Berufsgruppen und ihre Erwähnung in den Kodizes war dabei weniger einem gewissen Ansehen geschuldet als vielmehr einer Notwendigkeit im Tagesgeschäft. Demgegenüber scheint die Tatsache zu stehen, dass ein eigenes Ministerium mit seinen Abteilungen ausschließlich ein breites Spektrum von Bauvorhaben und angeschlossenen Arbeiten ausführte. In welcher Form war es im Vergleich zur übrigen Bürokratie organisiert und welche Aussagen lassen sich daraus für die Position von Handwerkern und ihrem Fachwissen in der Organisationsstruktur der späten Chosŏn-Zeit ableiten? Im folgenden Kapitel werden zur Beantwortung dieser Fragen das Kongjo und seine Abteilungen, allen voran das Sŏn'gonggam untersucht, um das dort verortbare Wissen, die damit verbundenen Spezialisten, ihre Ausbildung und den ihnen innewohnenden Stellenwert zu identifizieren.

2.4 Das Ministerium für Öffentliche Arbeiten: Kongjo

In seiner Führungsstruktur entsprach das Ministerium für Öffentliche Arbeiten den übrigen Ministerien. Es besaß selbst die Stufe 2A und umfasste einen Minister, einen Vizeminister, einen Zweiten Vizeminister und jeweils 3 niedrigere Sekretäre. Schließlich waren zwei Ämter der Gemischten Berufe der Ränge 8B und 9B eingerichtet, die Handwerksmeister[132] (*kongjo* 工造 und *kongjak* 工作) genannt wurden (siehe Tabelle 9).

Tabelle 9: Kongjo nach Angaben des TJTP.

Rang	Amtsbezeichnung		Personenzahl
2A	p'ansŏ Minister	判書	1
2B	ch'amp'an Vizeminister	參判	1
3A	ch'amŭi Zweiter Vizeminister	參議	1
5A	chŏngnang Sekretär	正郎	3
6A	chwarang Zweiter Sekretär	佐郎	3
8B	kongjo Handwerksmeister	工造	1
9B	kongjak Handwerksmeister	工作	2

Gemäß der Kodizes waren die Aufgabengebiete des Kongjo in drei Fachabteilungen (*sa* 司) sortiert, deren Leitung jeweils einem Sekretärsteam aus *chŏngnang* und *chwarang* oblag: Bau- und Konstruktionsbüro (Yŏngjosa 營造司), Arbeitsaufsichtsbüro (Kongyasa 攻冶司), Berge- und Marschenbüro (Sant'aeksa 山澤司).[133]

---

132 Vgl. RHAC.
133 Das Bau- und Konstruktionsbüro (Yŏngjosa 營造司) war verantwortlich für alle Arbeiten im Bereich von Palästen 宮室, Palast- und Stadtmauern 城池, Regierungsgebäuden/Öffentlichen Bauwerken 公廨, Häusern 屋宇, allg. Bau und Konstruktion 土木工役, die Verarbeitung von Tierhäuten 皮革 und der Herstellung einer Art Filzstoff oder -seil 氈罽. Das Kongyasa 攻冶司 (Arbeitsaufsichtsbüro) war unter anderem zuständig für die Arbeits- und Herstellungsprozesse der Gesamtheit der Handwerker 百工制作, die Verarbeitung von Gold, Silber, Perlen und Jade, Kupfer, Zinn und Eisen 金銀珠玉銅鑞鐵繕冶, die Herstellung von Keramik, Dachziegeln

Die beiden Ämter der Handwerksmeister werden in den Kodizes im Abschnitt „Gemischte Berufe" des Kapitels „Personal" behandelt. Sie sind jedoch mehrdeutig in ihrer Definition. Offenbar waren sie nicht für Absolventen der höheren Prüfungen bestimmt. Die aus den beiden Begriffen zu schließenden Aufgaben im Bereich des Handwerks machen es zumindest vordergründig ebenso unwahrscheinlich, dass Absolventen der vier Prüfungszweige der *chapkwa* in diese Ämter eingesetzt wurden. Den Aufgabengebieten nach zu urteilen beinhaltet das Kongjo keine Ämter, die sich fachlich mit den in den Gemischten Prüfungen behandelten Inhalten deckten. Auf Ebene der Ministerien ist es das einzige, das diese beiden fachbezogenen Ämter besitzt.

In den Regesten, den *SJW* und den *Ilsŏngnok* finden sich diese beiden Amtsbezeichnungen nur in vergleichsweise geringer Anzahl. Es lassen sich hier auch keine Amtszuweisungen oder namentlich benannte Beamte identifizieren. Lediglich für das Amt eines Außerordentlichen Handwerksmeisters (*pyŏlgongjak* 別工作), das lediglich im Rahmen von Großprojekten temporär eingerichtet war, finden sich derartige Zuordnungen. Die Indizien deuten darauf hin, dass diese Posten an handwerkliche Spezialisten vergeben wurden, und dass deren Vergabe in den Aufzeichnungen aufgrund der geringen Signifikanz für die Staatsgeschäfte, aber auch aufgrund der geringen Wertschätzung durch diejenigen, die für die Aufzeichnungen zuständig waren, nicht berücksichtigt wurde. Für diese Interpretation spricht ebenfalls die Tatsache, dass abgesehen von den an dieser Stelle hervorgehobenen Positionen der Abschnitt „Gemischte Berufe" im Kapitel „Personal" auf den Abschnitt „Handwerker" („Kongjang" 工匠) im Kapitel „Arbeitenkodex" („Kongjŏn" 工典) verweist und damit den Stellenwert dieser Personalentscheidung delegiert. Ein kurzer Exkurs in die weiteren Abteilungen (siehe Tabelle 10), in denen laut der Kodizes die Ämter *kongjo* und *kongjang* sowie darüber hinaus weitere ranginnehabende Ämter mit Handwerksbezug installiert waren, untermauert diese Schlussfolgerungen:

(oder Ziegel und Dachziegel) sowie von Maßen und Gewichten 鑄陶瓦權衡. Das Sant'aeksa 山澤司 (Berge und Marschenbüro) schließlich war verantwortlich für das Management der Berge, Marschen, Furten, Brücken, das Kultivieren und Großziehen/Aufziehen in/von Gärten und Farmen, Holzkohle, Holz und Stein, Schiffe, Wagen, Pinsel und (chin.) Tinte, iserne Lackwaren und dergleichen 山澤 津梁 苑 囿 種植炭 木石 舟車 筆墨水鐵漆 器. Vgl. *KGTJ* und *TJTP*, Kapitel „Ijo", Abschnitt „Kyŏnggwanjik", Abteilung 2A-Ämter, sowie *Yukchŏn chorye*, Buch 10, „Kong", Abschnitt „Kongjo".

Tabelle 10: Ämter kongjo- *und* kongjak *gemäß den Kodizes.*

Ministerium für:	Abteilung	Amt	KGTJ	TJTP
Riten	Kyosŏgwan 校書館 (3A)	*kongjo* 工造	gemeinsam 4 工造 und gemeinsam 2 工作	4
	Abteilung für Siegel, Bekanntmachungen, Buchbinderei/Buchdrucke	*kongjak* 工作		2
Finanzen	Sasŏmsi 司贍寺 (3A)	*kongjo* 工造		entfällt
	Abteilung für die Herstellung von Papier, Papiergeld, sowie fuer die Bezahlung der *oegŏ nobi* 外居奴婢	*kongjak* 工作		
Öffentliche Arbeiten	Chojisŏ 造紙署 (6B)	*kongjo* 工造		entfällt
	Abteilung für die Herstellung und Verwaltung von Papier sowie den Literaturaustausch mit China	*kongjak* 工作		
Öffentliche Arbeiten	Sangŭiwŏn 尙衣院 (3A)	*kongjo* 工造	1	1
	Abteilung für die Bekleidung des Königs und weitere Accessoires	*kongjak* 工作	3	3
Öffentliche Arbeiten	Sŏn'gonggam 繕工監 (3A)	*kongjo* 工造	4	4
	Abteilung für Bau- und Reparaturwesen, Holz und Kohle	*kongjak* 工作	4	4
Militär	Kun'gisi 軍器寺 (3A)	*kongjo* 工造	2	2
	Abteilung für den Bau von Waffen, Kampfgerät sowie Flaggen, Möbel und diverse andere Dinge	*kongjak* 工作	2	2

Die Ämter verteilten sich auf diverse Abteilungen mit einem Übergewicht auf diejenigen des Ministeriums für Öffentliche Arbeiten. Bis auf eine Ausnahme handelte es sich um hochrangige Abteilungen, die durch die Staatsräte in ihrer Funktion als Superintendenten geleitet wurden. Über die beiden oben betrachteten Ämter im Rang 8b und 9B hinaus existierten in diesen Abteilungen weitere namentliche Handwerksämter, denen offizielle Ränge zugeordnet waren, und die in Tabelle 11 aufgeführt werden.

Tabelle 11: Ranginnehabende Handwerksämter gemäß den Kodizes.

Abteilung	Amt	Rang	Spezialisierung	KGTJ	TJTP
Sangŭiwŏn 尙衣院	kongje 工製	7B	nŭngnajang 綾羅匠 Handwerker für Seide yajang 冶匠 Schmiede hwandojang 環刀匠 Messerschmiede	4	4
	kongjo 工造	8B	okchang 玉匠 Handwerker für Jade hwajang 和匠 Gürtelschnallenmacher ŭnjang 銀匠 Silberschmiede	1	1
	konjak 工作	9B	chesaek 諸色 diverse Gewerke	3	3
Sŏn'gonggam 繕工監	kongjo 工造	8B	mokchang 木匠 Holzhandwerker sŏkchang 石匠 Steinmetze yajang 冶匠 Schmied	4	4
	kongjak 工作	9B	mokchang 木匠 Holzhandwerker chesaek 諸色 diverse Gewerke	4	4
Kun'gisi 軍器寺	kongje 工製	7B	kungin 弓人 Bogenmacher siin 矢人 Pfeilmacher kabjang 甲匠 Rüstungsschmiede yajang 冶匠 Schmiede	5	5
	kongjo 工造	8B	kungin 弓人 Bogenmacher siin 矢人 Pfeilmacher chujang 鑄匠 Messingschmiede mokchang 木匠 Holzarbeiter	2	2
	kongjak 工作	9B	chesaek 諸色 diverse Gewerke chagyŏkchang 自擊匠 Handwerker für Uhren	2	2

Mindestens diese 25 Personen waren in den Abteilungen in Ämtern beschäftigt, die von ihrer Bezeichnung her mit Handwerksspezialisten besetzt wurde. Sie waren als sogenannte Turnusämter *ch'eajik* 遞兒職 angelegt, deren Inhaber nur für ihre aktuelle Amtszeit vergütet wurden und deren Besetzung in bestimmten Abständen wechselte, in der Regel viermal pro Jahr. In dieser Weise waren nicht alle Ämter ständig besetzt und es bedurfte unterschiedlicher Handwerker, wollte man die Ämter nach beruflicher Qualifikation besetzen.

Hinweise darauf, dass es sich tatsächlich um handwerkliche Spezialisten gehandelt hat, finden sich in den *SJW*. Im Jahr 1623 bat das Kwansanggam darum, einen gewissen Chŏng Kŭmi 鄭金伊 aufgrund seiner technischen Fähigkeiten aus seinem Sklavenstatus herauszulösen und ihm den sozialen Status eines *yangin* 良人 zu verleihen. Er sollte dann als Handwerker im Bereich des Uhrenbaus im Kwansanggam angestellt werden. Das wurde vom König erlaubt.[134] Im Jahr 1651 findet sich ein Eintrag beinahe gleichen Wortlauts, bei dem es sich ebenfalls um eine Throneingabe des Kwansanggam handelte. Es wurde auch hier angefragt, ob einer Person namens Chŏng Kimae 鄭其每 erlaubt werde, in den Status eines *yangin* aufzusteigen, um in der Abteilung ebenfalls als Uhrmacher zu arbeiten.[135] In beiden Einträgen wird jeweils auf Präzedenzfälle verwiesen, in denen zwei andere Personen namens Chŏn Yunam 全有男 (全有南) und Chŏng Sugong 鄭守公 ihren sozialen Aufstieg erkauft und daraufhin ein Amt erlangt haben sollen. Keine dieser vier Personen kann jedoch in den offiziellen Schriften weiter nachverfolgt werden. Die Einträge sind darüber hinaus nicht in die Regesten aufgenommen worden. Schließlich findet sich keine Entsprechung in den in der obigen Tabelle aufgeführten Abteilungen, sodass für das Kwansanggam möglicherweise aufgrund seiner zentralen Bedeutung für die Staatsführung besondere Ausnahmeregeln angenommen werden können.

Es lag gemäß ihrer Bezeichnungen nahe, in die betrachteten Ämter Handwerker mit ihren jeweiligen technischen Spezialkenntnissen einzusetzen. Die für diese Ämter in Frage kommenden Personen stammten in Bezug auf ihre soziale Schicht aus den Reihen der *yangin*. Handwerker waren in der Regel der sozialen Gruppe der *yangin* zugeordnet. Für die erwähnten zwei Fälle werden sogar Mitglieder der Sklavenschicht in die Gruppe der *yangin* aufgewertet, damit sie die entsprechenden Posten übernehmen können. Die Ausnahme stellte hier nicht die Übernahme der Ämter, sondern vielmehr der soziale Aufstieg dar. Weiterhin legen die beiden Einträge nahe, dass technisches Wissen auf dieser Ebene von

---

134 Vgl. *SJW*, Injo, Jahr der Thronbesteigung (1623), Monat 7, Tag 4. Zur Praxis der Befreiung oder Erhebung von Sklaven siehe die Behandlung des *Ilsŏngnok* in Kapitel vier.
135 Vgl. *SJW*, Hyojong, Jahr 2 (1651), Monat 10, Tag 20.

Person zu Person direkt, möglicherweise innerhalb einer Familie, weitergegeben wurde. Die Etablierung von Familienlinien in Bezug auf derartige Wissensspezialisierungen würde zwar mit dem gleichen Phänomen in Reihen der *chungin* in der späten Chosŏn-Zeit korrespondieren, lässt sich aber zu diesem Zeitpunkt noch nicht erhärten.[136] Ein Blick in die Reihen der Handwerker des Ministeriums gibt dazu weiter Aufschluss.

Dem Kongjo unterstanden direkt 261 Handwerker, deren Zahl in den Kodizes festgelegt worden war und über deren Zusammensetzung Tabelle 27 im Anhang Auskunft gibt. Die unterschiedlichen Berufsgruppen sowie ihre Zuordnung zum Kongjo bzw. den einzelnen Abteilungen aller Ministerien werden tabellarisch im sechsten Kapitel der Kodizes unter dem Absatz „Handwerker" („Kongjang" 工匠) aufgeführt, während das ranginnehabende Personal in diversen Absätzen des Kapitels „Personalkodex" gelistet ist. Diese Gruppierung in Personen von Rang und diejenigen, die die praktischen Arbeiten der einzelnen Institutionen ausführten, spiegelt sowohl deren soziale Unterscheidung als auch die pseudo-hierarchische Gliederung der Ministerien und der in ihnen arbeitenden Menschen wider.[137]

Alle Personen mussten unter Angabe von Heimatort, Bezirk und Provinz sowie der Institution ihrer Anstellung in Listen dokumentiert werden.[138] Es handelte sich der Art nach um Turnusämter, die nur bis zu einem Alter von 60 Jahren ausgeführt werden durften. Die Fachgebiete lassen sich nur schwer gruppieren, sodass sich nur vermuten lässt, in welcher Form ausgerechnet diese Handwerker in dieser Ebene angestellt waren. Es wird jedoch deutlich, dass die Zahl der Handwerker im Verhältnis zum Umfang der Arbeiten, die sie auszuführen hatten, gering ist. Vergleicht man die Ausstattung des Kongjo mit der der übrigen Institutionen, in denen ebenfalls Handwerker angesiedelt waren, wird deutlich, dass beispielsweise die gleichen Handwerksstellen für viele Arbeiten im Bereich von Bekleidung und Accessoires ebenfalls in der Abteilung für die Bekleidung des Königs (Sangŭiwŏn 尙衣院) existierten. Darüber hinaus gab es weitere Überscheidungen mit anderen Abteilungen vor allem in Bezug auf das Bearbeiten von Metallen. Viele der Handwerker des Kongjo können im Bereich der Herstellung von Schmuck bzw. Gegenständen repräsentativer Natur verortet werden. Diese Gegenstände dienten vornehmlich zur Anzeige des Status des jeweiligen Trägers.

---

136   Vgl. hierzu z.B. Yu, Kuunmong *und die koreanische Literaturwissenschaft*: S.110.
137   Vgl. Hwang, *Beyond birth*: S.48.
138   Diese in den Kodizes festgeschriebenen Listen sind nach heutigem Kenntnisstand nicht mehr erhalten. Weder lassen sie sich in den Datenbanken digitalisierter Dokumente noch in den Archiveinträgen der großen Institute finden. Die Kodizes geben neben dieser Anweisung keine Angaben zu Form, Benennung oder Archivierung der Listen.

Der Schluss liegt daher nahe, dass diese Handwerker ausschließlich für die Aufgaben der selektiven Produktion oder Instandhaltung für die kleine Gruppe hochgestellter Beamter in den Ebenen der Ministerien oder höher tätig waren und nicht für das allgemeine Tagesgeschäft des gesamten Staatsapparats. Dafür spricht auch die Tatsache, dass dem Kongjo als Ministerium selbst keine Aufgaben zugeordnet waren, sondern dass es lediglich Leitungs- und Überwachungsfunktion auszuüben schien. Zur Bedienung der täglichen Aufgaben waren in vielen Abteilungen über alle Ministerien hinweg eigene Handwerker beschäftigt, die genau deren Anforderungen bedienten. Neben dieser spezifischen Aufgabenstellung scheint wie für die ranginnehabenden Handwerksposten im Ministerium ebenfalls möglich, dass diese wenigen Handwerker ranglose Aufsichtsposten innehatten und als Spezialisten die Arbeit in den Abteilungen überwachten.

Da allein anhand der Kodexeinträge zum Ministerium selbst keine weiteren Hinweise zu erhalten sind, soll ein Blick in die einzelnen Abteilungen des Ministeriums den bürokratischen Kontext beleuchten. Nach einer kurzen allgemeinen Erläuterung wird eine detailliertere Untersuchung ihrer Aufgaben und Ausstattung Aufschluss über den Charakter der in den unterschiedlichen institutionellen Ebenen und ihren beruflichen wie sozialen Status geben.

2.4.1 Die Abteilungen des Kongjo: Das Sŏn'gonggam im Fokus

Dem Kongjo waren sieben Abteilungen angegliedert, deren Ränge sich zwischen 3B und 6B bewegten. In der Reihenfolge ihrer Nennung im *TJTP* werden diese in der folgenden Tabelle 12 aufgeschlüsselt:

Tabelle 12: Abteilungen des Kongjo

Sangŭiwŏn (3A)	尚衣院	Abteilung für die Bekleidung des Königs
Sŏn'gonggam[139] (3A)	繕工監	Abteilung für Bau- und Reparaturwesen
Susŏng kŭmhwasa[140] (4A)	修城禁火司	Abteilung für die Hauptstadtmauer, Straßen, Brücken und Feuerkämpfung

---

139 Als interne, gesonderte Büros existierten im Sŏn'gonggam noch das Punsŏn'gonggam und das Chamun'gam. Über einen kurzen Eintrag im *HMMTS* oder im *CWSS* hinaus finden sich keine weiteren belastbaren Informationen. Daher soll ihre Existenz an dieser Stelle zwar erwähnt werden, es wird aber für die weiteren Ausführungen nicht ausdrücklich unterschieden.

140 Die Abteilung wird im *TJTP* zwar noch erwähnt, wurde aber Mitte des 17. Jahrhunderts aufgelöst, da es als nicht mehr notwendig angesehen wurde. Seine Aufgaben wurden dezentralisiert. vgl. *CWSS* sowie Eintrag 825 im RAHC.

Chŏnyŏnsa (4B)[141]	典涓司	Abteilung für Palastreinigung und Ausbesserungen
Changwŏnsŏ (6A)	掌苑署	Abteilung für Gärten, Obst und Gemüse
Chojisŏ (6B)	造紙署	Abteilung für Papier sowie Literaturaustausch mit China
Wasŏ (6B)	瓦署	Abteilung für die Herstellung von Dachziegeln und Ziegeln

Analog zu anderen Zusammenhängen impliziert die Reihenfolge eine Sortierung nach Wichtigkeit, bestätigt auch durch die Angabe der Ränge. Wie durch die Benennung anhand der Kernaufgaben deutlich wird, waren lediglich zwei der ursprünglich sieben Abteilungen mit Tätigkeiten im Bereich des Bau- und Reparaturwesens betraut. Der Fokus dieses Kapitels wird auf dem Sŏn'gonggam liegen. Diese Abteilung trug offenbar nicht nur die Hauptlast des Bauwesens der Chosŏn-Zeit. Gemeinsam mit den Handwerkern des Kongjo war es zunächst allein zuständig für alle Bau- und Reparaturprojekte der Paläste sowie der Hauptstadt und ihrer näheren Umgebung, zu der auch die umgebende Provinz Kyŏnggi gehörte.[142] Owen Miller hat in seinen Arbeiten zu den Händlergilden verdeutlicht, in welcher Weise sie Frondienste im Rahmen ihrer steuerlichen Verpflichtungen zu leisten hatten. Diese Frondienste umfassten ebenfalls die Durchführung bestimmter Reparaturarbeiten an den Gebäuden und Einrichtungen des Palastes. Sie wurden auf Anfrage erbracht, konnten jedoch durch Geldzahlungen abgelöst werden. Millers Arbeiten legen nahe, dass niedrigrangige Händler der Gilden bestimmte Arbeiten persönlich zu erbringen hatten, geben aber keine deutlichen Hinweise darauf, ob es ihnen gestattet war, diese durch Sklaven oder

---

141 Die Abteilung wird im *TJTP* zwar noch erwähnt, seine Arbeiten werden jedoch 1744 mit denen des Chamun'gam im Sŏn'gonggam zusammengelegt, sodass es im Laufe der späten Chosŏnzeit aufgelöst wurde. Seine letzte Erwähnung findet es in den Regesten im Jahr 1612, in den Aufzeichnungen des Sekretariats im Jahr 1882. Der Abteilung war neben einigen niedrigrangigen Beamten ein Superintendent zugewiesen, der gleichzeitig Superintendent im Sŏn'gonggam war. Es besaß niemals eigene Handwerker, sondern lediglich eine Reihe von Sklaven, sodass professionelle Handwerksarbeiten entweder durch Personal des Sŏn'gonggam selbst ausgeführt oder zumindest beaufsichtigt worden sein mussten. Vgl. *CWSS* sowie Eintrag 192 im RAHC.

142 Dies lässt sich aus der Zahl der Handwerker schlussfolgern, die der Provinz laut der Kodizes zugewiesen waren. Deren Anzahl und Professionen waren so gering, dass nicht davon ausgegangen werden kann, dass Sie die tatsächliche Arbeitslast zu tragen hatten.

private Handwerker verrichten zu lassen, er erwähnt lediglich Ablösung durch Geldzahlungen. Auch konzentrieren sich seine Artikel auf das späte 19. Jahrhundert, sodass daraus abgeleitete Aussagen zu früheren Perioden mit Vorsicht zu genießen sind. Das große Maß an Kontinuität, das dem allgemeinen Steuer- wie Handelsgildensystem der Chosŏn-Zeit innewohnte, lässt derartige Rückschlüsse zu einem gewissen Grad jedoch zu.[143]

Die konkreten Aufgaben des Sŏn'gonggam werden in den Kodizes nur skizziert. Diese oft nur aus einem kurzen Satz bestehende Festlegung findet sich in den jeweiligen Personalkapiteln, in denen den Abteilungen die ranginnehabenden Ämter zugewiesen werden. Das Kapitel „Kongjŏn" enthält dagegen keine Informationen zu den einzelnen Abteilungen, sondern lediglich zu den allgemeinen Aufgabenbereichen des gesamten Ministeriums. Da die Kodizes somit keine ausreichenden Informationen geben, kann das Aufgabenspektrum möglicherweise anhand anderer Quellen dargestellt werden. Im *Yukchŏn chorye* 六典條例 (*Bestimmungen und Beispiele zu den Sechs Abteilungen des Kodex*), das mit der dritten und letzten Novelle des Kodex, dem *Taejŏn hoetong* 大典會通 (*Comprehensive Collection of Dynastic Code*)[144] zwischen 1865 und 1867 herausgegeben wurden, werden detailliert die Aufgaben der einzelnen Ministerien und Abteilungen dargestellt. Es handelt sich um eine Art Regel- und Leitfaden, in den die Strukturen und Aufgaben der Institutionen, die gesetzlichen Grundlagen sowie Teile der Rechtsprechung Eingang gefunden haben.[145] Die Veröffentlichung fällt zwar in einen Zeitraum, der nicht mehr im Hauptfokus dieses Buches liegt, sodass die Arbeitsbeschreibungen möglicherweise nicht im Detail mit den Gegebenheiten des 17. und 18. Jahrhunderts übereinstimmen. Nichtsdestoweniger handelt es sich bei diesem Werk um eines der wenigen, das sich einer offiziellen, einigermaßen detaillierten Arbeitsbeschreibung widmet. Daher können seine Angaben unter den genannten Bedingungen durchaus zur Annäherung an die Abteilungen herangezogen werden. Im Vergleich zu den Kodizes ist das *Yukchŏn chorye* in seinen Kapiteln nach Institutionen gegliedert, sodass für das Sŏn'gonggam ein eigenes, gleichlautendes Kapitel existiert. Zu Beginn wird auch hier lediglich festgehalten, dass die Abteilung zuständig ist für Bau- und Instand-

---

143 Vgl. Owen Miller, „The Myŏnjujŏn Documents: Accounting Methods and Merchants' Organisations in Nineteenth Century Korea," *Sungkyun Journal of East Asian Studies* 7, Nr.1 (2007); Owen Miller, „Ties of Labour and Ties of Commerce: Corvée among Seoul Merchants in the Late 19th Century," *Journal of the Economic and Social History of the Orient* 50, Nr.1 (2007).
144 Nach *KHG*. Es existiert kein Eintrag zum *Yukchŏn chorye*.
145 Vgl. *HMMTS*.

haltungsarbeiten (*tomok yŏngsŏn* 土木 營繕). Diese Hauptaufgabe wird in Form eines Kommentars weiter erläutert, der im Laufe des Kapitels ausgearbeitet wird. Zehn Kategorien (*saek* 色) dienen der detaillierteren Bestimmung der Aufgaben (siehe Tabelle 13). Diese sind im Einzelnen:[146]

Tabelle 13: *Aufgabenbereiche des Sŏn'gonggam in Bezug auf „Bau- und Instandhaltung"* anhand der Angaben des Yukchŏn ch'orye.[147]

Kurzbeschreibung		Detailliertere Ausführung im Kapitel
tansaek	炭色	Materialien für die Herstellung von Holzkohle und Farben
aptosaek	鴨島色	Material für Vorhänge, Bambusmatten, Besen usw. von der Flussinsel Apto
ch'ŏlmulsaek	鐵物色	Metallgegenstände
kongjaksaek	工作色	Möbel- und Holzgegenständeherstellung
chuksaek	竹色	Bambus
changmoksaek	長木色	Bauholz
saksaek	索色	Seile
chaemoksaek	材木色	Holz
hwanhasaek	還下色	Lagerung und Rückgabe von Provinztributen
changinsaek	匠人色	Handwerker; Handwerker für spezielle Aufgaben

Tatsächlich finden sich grundsätzliche Punkte wieder, die man für ein Baubüro vermuten würde. Grundständige Bauarbeiten, Werkzeuge und Hilfsmittel, Malerei, aber auch Materialwirtschaft sind zu finden. Es fehlt das Arbeitsfeld Stein, sowohl bei den handwerklichen als auch bei den materialwirtschaftlichen Angaben. Einen Grund dafür nennt die Quelle nicht, zumal im entsprechend aktuellen Kodex, dem *Taejŏn hoet'ong*, ebenfalls Steinmetze für die Abteilung gelistet sind. Um weitere Einsicht in die detaillierte Struktur zu erhalten, soll eine Aufstellung des Personals in Tabelle 14 Aufschluss über die bürokratische Bedeutung sowie die tätigkeitsbezogenen Möglichkeiten der Abteilung zur Mitte des 18. Jahrhunderts geben.

---

146 Die Bezeichnung *saek* kann auch personal als Assistent interpretiert werden. Der Text selbst gibt dazu keine eindeutige Auskunft. Diese Verwendung war gebräuchlich für Posten der niedrigen lokalen Ebene: vgl. Hwang, *Hwang Beyond birth*, S.171.

147 Die Angaben des *Yukchŏn ch'orye* wurden ergänzt durch die Informationen der entsprechenden Einträge im RAHC. Maurice Courant verstand *saek* als frz. *division* im Sinne von Abteilungen des Sŏn'gonggam. Ich kann dies anhand der Quelle zu diesem Zeitpunkt weder bestätigen noch ausschließen.

Tabelle 14: Rangämter des Sŏn'gonggam nach KGTJ und TJTP.

Rang	Amtsbezeichnung		Personenzahl	Anmerkungen
1A-2B	chejo Superintendent	提調	2	einen Posten erhält ein Beamter im Amt eines *p'an'gwan* oder höherrangig.
3A	chŏng Assistent	正	1	
3B	pujŏng Vizeassistent	副正	1	
4B	ch'ŏmjŏng Zweiter Vizeassistent	僉正	1	
5B	p'an'gwan Sekretär	判官	1	
6B	chubu Archivar	主簿	1	
7B	chikchang Oberster Aufseher	直長	1	
8B	pongsa Kopist	奉事	1	im *TJTP* 2 Beamte.
9A	pubongsa Vizekopist	副奉事	1	
9B	ch'ambong Aufseher	參奉	1	
9B	kamyŏkkwan Arbeitsaufseher	監役官	3	im *KGTJ* nicht existent.
9B	kagamyŏkkwan Interimsaufseher	假監役官	3	im *KGTJ* nicht existent.

Die Einrichtung zweier *Superintendenten* zeugt von der Bedeutung der Abteilung für den Staat.[148] Einer der beiden Amtsinhaber musste sich im Rang eines

---

148 In den Kodizes ist festgeschrieben, dass ein *p'an'gwan* 判官 Beamter oder höher einen der Posten erhalten musste. Es existierte im Sŏn'gonggam selbst ein *p'an'gwan* genannter Posten, allerdings lediglich im Rang 5B. Wahrscheinlicher ist allerdings, dass das Zeichen *kwan* 官 hier als allgemeine Amtsbezeichnung verwendet wurde und vielmehr das Amt eines *p'ansŏ* 判書 gemeint war, das mindestens den Rang 2B besaß und normalerweise den Ministerposten vorbehalten war. Als Beispiel dafür steht Min Sin 閔伸 (?-1453), der gleichzeitig Minister für Militärische Angelegenheiten (*pyŏngjo p'ansŏ* 兵曹判書) und Superintendent im Sŏn'gonggam (*sŏn'gonggam chejo* 繕工監提調) war. Vgl. Na Young Hun, „Chosŏn ch'ogi Sŏn'gonggam-ŭi unyŏng-gwa

Ministers befinden und war klassischerweise aus dem Ministerium für Militärische Angelegenheiten. Dies hängt mit der engen Verbindung der Aufgabengebiete mit dem Ministerium für Öffentliche Arbeiten zusammen. Als etwas Einzigartiges stellen sich die beiden niedrigstrangigen Ämter *kamyŏkkwan* und *kagamyŏkkwan* dar, die jeweils mit drei Personen besetzt wurden. Diese beiden Ämter existierten zur Zeit der Publikation des *KGTJ* noch nicht. Erst im *Soktaejŏn* bzw. im *TJTP* werden sie als permanent gelistet mit dem Kommentar *chŭngch'i* 增置 (in etwa: hinzugefügt). Auch im chinesischen Kontext finden sich keine direkten Entsprechungen dieser Positionen in der zentralen Administration. Es lassen sich lediglich eine kleine Zahl von Ämtern identifizieren, die mit dem Schriftzeichen *yŏk* 役 (chin. *yi*) gebildet werden, und die in der Regel mit niederen Hilfsarbeiten oder zwangsverpflichteten Arbeitern (Soldaten oder Zivile) in Zusammenhang stehen.[149]

Zumindest ein *kamyŏkkwan* existierte bereits im 15. Jahrhundert als temporäres Amt, das zur Betreuung von Bauprojekten eingerichtet wurde. Erstmalig erwähnt wurde es im Jahr 1474 als ein Amt im Sŏn'gonggam. Es bleibt allerdings unklar, welcher Rang ihm zu der Zeit zugeordnet worden ist. Der erste in den Aufzeichnungen erwähnte Amtsinhaber war ein gewisser Song Kwan 宋觀 (?–?), den das Ministerium für Personal in das Amt eines militärischen Provinzbeamten (*hyŏn'gam* 縣監 6B) in Puan (扶安) an der Südwestküste berufen hatte. Das Zensorat meldete Bedenken ob der Integrität von Song an und forderte, ihn vorläufig in das Amt eines *sŏn'gong kamyŏk* (繕工監役) zu versetzen, das nicht höher einzuordnen war als das Militäramt *manho* (萬戶 3B), bevor er dann eine andere niedrige Führungsposition in den Provinzen erhalten sollte.[150] Dieser Eintrag legt nahe, dass es sich gegen Ende des 15. Jahrhunderts bereits um ein *ch'amsang*-Amt (Rang 3–6) gehandelt hat, das darüber hinaus aus Sicht der Literatenbeamten nur zweitrangigen, militärischen Charakter innehatte.

Wie Na Young Hun in seiner ausführlichen Untersuchung zum Sŏn'gonggam gezeigt hat, spricht sehr viel dafür, dass zu Beginn der Chosŏn-Zeit dieses Amt potentiell mit Personen besetzt werden konnte, die als Handwerker eine gewisse Expertise in den entsprechenden Arbeiten vorzuweisen hatten. So verfolgte er den Fall eines im Sŏn'gonggam angestellten Holzhandwerkers/Tischlers namens

---

kwanwŏn-ŭi sŏnggyŏk." [Das Management des Sŏn'gonggam und der Charakter der Beamten in der frühen Chosŏn-Zeit]. *The Journal of Choson Dynasty History* 62 (2012): S.152.

149 Vgl. z.B: Hucker, *A dictionary of official titles in Imperial China*: Einträge *yi* 役, *chai* 差役.

150 Vgl. *Sŏngjong sillok*, kwŏn 45, Jahr 5 (1474), Monat 7, Tag 8, 4. Eintrag.

O Tŏkhae (吳德海), dem für ein spezifisches Bauvorhaben die Aufsicht über eine Einheit von 600 Marinesoldaten in der Provinz Kangwŏn beim Fällen der benötigten Bäume übertragen wurde.[151] Das Amt eines *kamyŏk* bzw. *kagamyŏk* wird in der Quelle zwar nicht explizit benannt, zwei wichtige Beobachtungen lassen sich an diesem Beispiel jedoch festhalten: In der Abteilung angesiedelte Handwerker konnten offenbar als temporäre Amtsinhaber mit einer spezifischen Aufgabe im administrativen Bereich betraut werden. Weiterhin wurden für Arbeiten wie dem Fällen von Bäumen oder dem Transport von Steinen Soldaten herangezogen, die das Ministerium für Militärische Angelegenheiten stellte. Allerdings muss auch Na eingestehen, dass es über diesen einen Fall hinaus keine weiteren aufgezeichneten Beispiele zu geben scheint.

Das Sŏn'gonggam selbst hielt unter den Abteilungen eine der breitesten Zusammensetzungen von Handwerkern vor, um seine Aufgaben im Baubereich vollkommen eigenständig ausführen zu können (siehe Tabelle 15).

Tabelle 15: Handwerker des Sŏn'gonggam.

Bezeichnung		Beschreibung	KGTJ	TJTP
磨造匠	*majojang*	Mahlsteinehersteller	8	8
彫刻匠	*chogakchang*	Graveur	10	10
竹匠	*chukchang*	Bambusholzhandwerker	20	20
木匠	*mokchang*	Holzhandwerker	60	60
石匠	*sŏkchang*	Steinmetz	40	40
冶匠	*yajang*	Schmied	40	40
蓋匠	*kaejang*	Dachdecker/Dachziegelhandwerker	20	20
泥匠	*ijang*	Verputzer	20	20
磚匠	*chŏnjang*	Ziegelleger	20	20
塗彩匠	*toch'aejang*	Maler/Streicher/Zeichner	20	20
埃匠	*tolgong*	Fußbodenheizungsbauer	8	8
車匠	*ch'ajang*	Wagenbauer	10	10
雨傘匠	*usanjang*	Schirmhersteller	10	10
簟匠	*chŏmjang*	Bambusmattenhersteller	10	10
把子	*p'ajajang*	Bambuskorbhersteller	10	10
簾匠	*yŏmjang*	Vorhangmacher	14	14

---

151 Vgl. *T'aejong sillok*, kwŏn 35, Jahr 18 (1418), Monat 6, Tag 14, 1. Eintrag; Angabe nach Na, „Chosŏn ch'ogi Sŏn'gonggam-ŭi unyŏng-gwa kwanwŏn-ŭi sŏnggyŏk": S.131f.

Bezeichnung		Beschreibung	KGTJ	TJTP
床花籠匠	sanghwanongjang	Blumenkorbmacher/Hersteller bemusterter Körbe	4	4
石灰匠	sŏkhoejang	Kalkhersteller	6	6
馬尾篩匠	mamisajang	Pferdehaarsiebmacher	4	4
桶匠	t'ongjang	Fassbinder	10	10
阿膠匠	agyojang	Eselshufklebstoffmacher	2	2
		Summe	346	346

Das Errichten von repräsentativen Gebäuden und Palästen war eine der Formen, den Herrschaftsanspruch der Dynastie öffentlich darzustellen und durchzusetzen und damit die Beständigkeit und Größe der Herrscherfamilie wie auch des Reiches zu verdeutlichen. Diese vielfach betriebene Instrumentalisierung von Bauwerken zur Symbolisierung des Machtanspruchs einer bestimmten Gruppe oder Person findet sich in unterschiedlichen historischen Kontexten, aber nach sich wiederholenden Mustern, und ist insbesondere für die europäische Geschichte von der Frühzeit bis zur Moderne intensiv untersucht worden. Beispielhaft und öffentlich sichtbar noch in den modernen Ballungszentren stehen dafür nicht zuletzt religiös-sakrale Bauwerke wie Kathedralen, aber auch Schlösser und Burgen, die jeweils Autoritätsansprüche sich oftmals im Widerstreit befindlicher Gruppen in einem synchronen wie diachronen Gefüge spiegeln.[152]

Im Jahr 1395 wurde als eine der ersten Baumaßnahmen der neuen Dynastie der Palast Kyŏngbokkung 景福宮[153] fertiggestellt, dessen Gebäude auf Befehl König T'aejos (reg. 1392–1398) von Chŏng Tojŏn selbst benannt wurden.[154] Ein weiteres Beispiel stellt die Errichtung des als Nebenpalast (igung 離宮) bezeichneten Palasts Ch'angdŏkkung 昌德宮 dar, dessen Bau vom dritten König T'aejong (reg. 1400–1418) veranlasst wurde.[155] Die Anzahl der Handwerker erscheint im Verhältnis zu dieser kontinuierlichen, intensiven Bautätigkeit in unterschiedlichem Rahmen klein. Na Young Hun zählt anhand der Einträge in den Regesten für die Zeit von 1394 bis 1494 mindestens 49 Bau- und Reparaturprojekte allein

---

152 Vgl. z.B. Dinzelbacher, Peter, Hrsg., *Symbole der Macht? Aspekte mittelalterlicher und frühneuzeitlicher Architektur* (Frankfurt am Main: Lang, 2012).
153 Zu Deutsch in etwa „Palast des strahlenden Glücks." Gebäude- und Palastnamen werden im Rahmen dieser Arbeit nicht übersetzt, sondern als Eigennamen behandelt. Das in der Regel letzte Zeichen, das den Charakter des Bauwerks ausweist, hier *kung* 宮, wird dagegen zur flüssigeren Lesbarkeit in Übersetzung angegeben.
154 Vgl. *T'aejo sillok*, kwŏn 8, Jahr 4 (1395), Monat 10, Tag 7, 2. Eintrag.
155 Vgl. *T'aejong sillok*, kwŏn 10, Jahr 5 (1405), Monat 10, Tag 25, 2. Eintrag.

von kleinen und mittleren Gebäuden.[156] Hinzu kommt eine Anzahl an Großprojekten, wie beispielsweise der Palastbauprojekte, die nicht vom Sŏn'gonggam, sondern von eigens eingerichteten temporären Sonderbüros, sogenannten *togam* (都監) realisiert wurden.

Über diese Bautätigkeit hinaus war die Abteilung ebenfalls für die Bevorratung entsprechender Materialien, Hilfsmittel und Personal zuständig, was den Personalbedarf noch weiter erhöht haben muss. Es unterstützte in dieser Funktion weiterhin die Arbeiten der Großprojekte und führte bei Bedarf zusätzlich Bauarbeiten in den Provinzen aus. Im Abschnitt „Bau- und Reparatur" („Yŏngsŏn" 營繕) des Kapitels „Arbeitenkodex" im *TJTP* wird das Sŏn'gonggam, explizit sein Unterbüro Chamun'gam (紫門監), als verantwortlich für die sogenannten Neun Bauarbeiten (*kuyŏngsŏn* 九營繕) genannt.[157] Dabei handelte es sich um detailliert aufgelistete Gebäude und Anlagen innerhalb und außerhalb der Paläste, für deren Instandhaltung das Chamun'gam zuständig war. Erste Erwähnung finden diese Arbeiten in den Regesten in einem Eintrag aus dem Jahre 1743, in dem König Yŏngjo (reg. 1724–1776) befiehlt, diese Arbeiten aufgrund einer Dürre zu stoppen.[158] In keinem weiteren der Abschnitte, die das Aufgabenspektrum des Ministeriums bestimmen, wird das Sŏn'gonggam erwähnt, sodass davon ausgegangen werden kann, dass es ausschließlich für den Bau- und Instandhaltungsbereich von Gebäuden und Gebäudekomplexen zuständig war und dass darüber hinaus keine weitere Abteilung diese Aufgaben wahrnahm.

Wenn die Zahl der Handwerker im Verhältnis zu den stattfindenden Bauarbeiten gering erscheint, welche Aufgaben standen ihnen dann zu bzw. wofür und in welcher Form wurde eine derart geringe Zahl von handwerklich ausgebildeten Spezialisten angestellt? Es lassen sich Einträge in den Regesten finden, nach denen die Handwerker des Sŏn'gonggam tatsächlich selbst Arbeiten auf Baustellen ausführten. So befahl König Sejong, dass das Sŏn'gonggam Holzhandwerker und Steinmetze zur Reparatur eines buddhistischen Tempels stellen musste, den Aufsichtsposten *kamyŏkkwan* allerdings lieferte das Chosŏng togam 造成都監.[159] Man muss jedoch bei den Einträgen dieser Zeit bedenken, dass

---

156 Na, „Chosŏn ch'ogi Sŏn'gonggam-ŭi unyŏng-gwa kwanwŏn-ŭi sŏnggyŏk": S.140f.
157 Diese Aufstellung findet sich bereits im 1746 veröffentlichten *Soktaejŏn*. Sie ist noch nicht Bestandteil des *KGTJ*.
158 Vgl. *Yŏngjo sillok*, kwŏn 57, Jahr 19 (1743), Monat 4, Tag 10, 3. Eintrag.
159 Vgl. *Sejong sillok*, kwŏn 43, Jahr 11 (1429), Monat 2, Tag 5, 2. Eintrag. Der Terminus *chosŏng togam* beschreibt jedes temporäre Büro, das für bestimmte Bauaufgaben projektbezogen eingerichtet und nach Beendigung wieder aufgelöst wurde. Es handelt sich eigentlich um eine koryŏzeitliche allgemeine Bezeichnung, die offenbar

bis zur Publikation des *KGTJ* viele Ämter der zentralen Bürokratie noch nicht vollkommen ausgestaltet waren. Im Laufe des 15. Jahrhunderts kam es zu einer Verschlankung der Verwaltung, bei der viele redundante Ämter wegfielen. Die beiden Ämter *kamyŏkkwan* und *kagamyŏkkwan* des Sŏn'gonggam wurden als permanente Ämter aus einer Vielzahl temporärer Ämter mit ähnlichen Aufgaben geschaffen. Das *CWSS* nennt in diesem Zusammenhang zum Beispiel die Ämter *kunggwŏl chosŏng kamyŏkkwan* 宮闕 造成 監役官 und *tosŏng kamyŏkkwan* 都城 監役官. In dieser Form muss die Erwähnung eines *kamyŏkkwan* nicht zwangsläufig ein Amt bezeichnen, sondern kann auch lediglich in seiner Grundbedeutung als „Zuständige Institution" verstanden werden.

Na Young Hun kommt in seiner Studie allerdings auch zu dem Schluss, dass in den Anfängen der Chosŏn-Zeit Handwerker als Spezialisten mit temporären, projektbezogenen Aufsichtsaufgaben betraut werden konnten, die den niedrigstrangigen Beamtenposten gleichkamen. Er schränkt dabei anhand seines Beispiels ein, dass sich diese Aufgaben auf das Materialmanagement konzentriert zu haben scheinen, deutet aber an, dass sie auch für Bauprojekte, die dem Sŏn'gonggam als ausführendem Organ übertragen wurden, das Management für ihren jeweiligen Spezialbereich in den unterschiedlichen Stufen von Materialbeschaffung bis Leitung ihres Gewerks auf der Baustelle geleistet haben könnten.[160] Na Young Hun stützt diese Annahme auf die Tatsache, dass das Sŏn'gonggam selbstverantwortlich Bauprojekte kleineren Ausmaßes planen und durchführen durfte, anfangs zwar in enger Abstimmung mit dem Ministerium für Öffentliche Arbeiten, ab dem späten 15. Jahrhundert jedoch bereits ohne direkte Anweisung.

Wie im oben erwähnten Beispiel deutlich wird, kamen sehr detaillierte Dekrete bezüglich Bauvorhaben zunächst direkt vom Herrscher an das Ministerium bzw. die Abteilung. Dabei wurde zwischen fünf unterschiedlichen Arten von Bau- und Reparaturaufgaben unterschieden, in die jeweils unterschiedliche Ebenen von Entscheidungsträgern, Abteilungen und Ministerien involviert waren. Die letzte Entscheidung oblag jedoch immer dem König direkt. Da sich das Verfahren offenbar als zu langwierig und kompliziert herausstellte, wurde dem Ministerium für Öffentliche Arbeiten bzw. dem Sŏn'gonggam das Recht übertragen, intern über kleine Bauvorhaben zu entscheiden. Die Befugnis erhielten die

---

gelegentlich auch in der späteren Chosŏnzeit noch Verwendung fand. In der Regel wurden sie in Kombination mit dem jeweils projektierten Objekt verwendet, so z.B. das Samso chosŏng togam 三蘇造成都監, das mit der Errichtung von Palastgebäuden in den drei die Hauptstadt umgebenden Gebieten (*samso*) betraut war. vgl. *HMMTS*, Eintrag *chosŏng togam*.

160 Ebd.: S.134–136.

jeweiligen Minister bzw. Superintendenten. Dies gab ihnen auch die Befugnisse, Personen für die einzelnen Ämter und Aufgaben einzusetzen.[161] Diese direkte Personalverantwortung hatte im Weiteren zur Folge, dass derartige Einsetzungen nicht mehr zwangsläufig in den Regesten oder den Aufzeichnungen des Sekretariats zu finden sind. Sie spielten sich in den darunter liegenden Ebenen ab, zu denen nach heutigem Kenntnisstand keine detaillierten Protokolle erhalten sind, auch wenn es sie nachweislich gegeben hat, beispielsweise in detaillierten Handwerkerlisten. In den Hofaufzeichnungen tauchen diese Amtsinhaber erst in Zusammenhang mit Throneingaben oder Edikten und Befehlen des Königs auf. Dies kam vor allem bei schweren Verfehlungen vor, die nicht nur aufgrund von Kompetenzfragen in die höheren Ebenen berichtet werden mussten, sondern auch aus machtpolitischen Erwägungen mitunter detailliert festgehalten wurden.

Zwei Fälle aus dem 17. Jahrhundert zeigen beispielhaft, dass vor allem Verfehlungen bzw. Inkompetenzen aus den niedrigsten Ämtern gemeldet und geahndet wurden, und somit ihren dokumentarischen Niederschlag fanden, nicht aber Amtsberufungen. Sie geben zugleich Hinweise darauf, dass auch zu dieser Zeit Handwerksspezialisten mit verantwortungsvollen Ämter und Aufgaben betraut wurden. Keine der beiden genannten Personen, weder Kwŏn Kŭngyu 權克有 noch Kim Chagŏn 金自鍵, lässt sich eindeutig zurückverfolgen. Für Kwŏn findet sich in der Personendatenbank der AKS ein Eintrag, wonach er im Jahr 1608 geboren und die *saengwŏn* Prüfung im Jahr 1652 bestanden hatte. Laut Sekretariatseintrag vom 17. Januar 1656 wurde er in das Amt *ch'amp'an* im Sŏn'gonggam berufen, und in dem obigen Eintrag vom 9. Mai des gleichen Jahres für seine Inkompetenz kritisiert und entlassen. Genau dieser Eintrag deutet aber auch an, dass er aus einer Handwerksfamilie gestammt haben könnte.[162] Für Kim findet sich in der Personendatenbank kein Eintrag. Der einzige Eintrag dieses Namens in den Regesten betrifft einen Fall von Verrat (*yŏk* 逆, chin. *ni*), der offenbar auch gemeldet und geahndet wurden.[163] Über die Ausbildung von Kim ist nichts, über seine Beamtenlaufbahn nur sehr wenig bekannt. Im *HMMTS* finden sich Hinweise darauf, dass er im Amt *pyŏlchwa* angestellt war, das in verschiedenen Abteilungen im Rang 5 existierte. Er soll aufgrund seiner kalligraphischen Fähigkeiten für sein Amt vorgeschlagen worden sein. Nach dem obigen Sekretariatseintrag vom 8. August 1656, sollte Kim im Amt *kamyŏk* im Sŏn'gonggam aufgrund seiner Faulheit und Verfehlungen im Amt und der daraus resultierenden Verzögerung bestraft werden.

---

161 Ebd.: S.136–139.
162 Vgl. *SJW*, Hyojong, Jahr 7 (1656), Monat 5, Tag 9, Eintrag 23/25.
163 vgl. *Injo sillok*, *kwŏn* 37, Jahr 16 (1638), Monat 12, Tag 18, 1.Eintrag.

Yi Jin [im Amt eines *ch'amwi* im Kongjo] macht folgende Eingabe für das *suri togam*: Die Reparaturarbeiten werden mit jedem Tag dringender. Obwohl die entsandten Männer ihre Aufgaben in vollem Umfang erfüllt haben, sind sie immernoch nicht entsprechend der festgelegten Art und Weise [fertiggestellt]. Aber was den *kamyŏk* für die *pyŏlgongjak* Kim Chagŏn betrifft, [so ist er bereits] für vier Tage im Amt, aber noch ist nicht eine Sache bereitet oder geregelt. Herbeigerufen und befragt zu den Aufgaben seines Postens ist er vollkommen ahnungslos. […] Wenn man ihm trotzdem den Posten gibt, dann werden in Zukunft alle Arbeiten vernachlässigt werden […].[164]

2.4.2 Soziale Stratifikation und ihre Auswirkungen auf die Bürokratie

Auch wenn es für Handwerker möglich war, derartige Posten zu erhalten, so änderte sich der soziopolitische Kontext im Laufe des 15. Jahrhunderts bereits zum Vorteil der *yangban*-Beamten und ihrer Familien. Vor allem der Einfluss der Literatenbeamten stieg im Laufe der Zeit zusehends. Immer mehr Ämter wurden mit der Zeit so umgewandelt, dass sie an ihre Ansprüche angepasst waren. Im Zuge einer Reihe von Veränderungen im gesamten Amtsgefüge forderten sie, das Amt des *kamyŏkkwan* von einem nach militärisch-bürokratischen Prinzipien organisierten Posten in einen nach literarisch-bürokratischen Prinzipien organisierten Posten umzuwandeln: es handelte sich damit um ein bezahltes Amt, dessen Amtsdauer von 12 auf 30 Monate (bzw. 900 Tage) verlängert wurde inklusive einer anschließenden Beförderung.[165] Diese Forderung wurde offensichtlich umgesetzt, zunächst realpolitisch, spätestens im 18. Jahrhundert auch in den Kodizes niedergeschrieben. Die realpolitische Umsetzung stand dabei im engen Zusammenhang mit den Anforderungen an die Staatsführung durch den Herrscher im Zuge der sich abzeichnenden gesellschaftlichen Stratifikation.

Zum Ende des 15. Jahrhunderts stieg die Zahl der Absolventen der *mun'gwa* erheblich an, immer mehr literarisch-konfuzianische ausgebildete Personen drängten in die entsprechenden Ämter, deren Zahl in den Jahren vor der Veröffentlichung des *KGTJ* durch eine Verschlankung der Verwaltung erst reduziert worden war. Ämter wie das *kamyŏkkwan*, die offensichtlich an für den Arbeitsbereich spezialisierte Personen gegeben werden sollten, wurden nun auch dazu genutzt, Prüfungsabsolventen die ihnen zustehenden Stellen innerhalb der zentralen Administration zu verschaffen. Dieser Trend war offenbar nicht auf die

---

164 *SJW*, Hyojong, Jahr 7 (1656), Monat 8, Tag 8: „李瑨, 以修理都監言啓曰, 修理之事, 一日爲急, 差任之人, 雖十分盡職, 猶慮其不及定限, 而別工作監役金自鍵, 設局四日, 尙無一物措辦, 招問職事, 茫然不知 […] 此而置之, 則凡事將無以成形. […]."

165 Vgl. *Sŏngjong sillok*, *kwŏn* 125, Jahr 12 (1481), Monat 1, Tag 15, 2. Eintrag.

Periode der frühen Chosŏn-Zeit beschränkt, in der sich das neue Reich gefestigt und stabile Strukturen entwickelt hatte, durch welche sich die Literaten als aristokratische Elite zu etablieren begannen.

Der Druck von Literaten in die Ämter wirkte sich offenbar auch auf Ämter niedrigen Ranges aus. So kritisierte bereits Mitte des 17. Jahrhunderts der unter anderem zum Minister für Personal und zum Obersten Staatsrat ernannte Ch'oe Myŏnggil 崔鳴吉 (1586–1647), dass alle sechs *kamyŏk*-Ämter lediglich durch Meriten und das korrumpierte Empfehlungswesen besetzt seien.[166] In ähnlicher Weise argumentierte ca. 150 Jahre später noch Chŏng Yagyong, dass Personen ohne Prüfungsabschluss überhaupt durch Empfehlungen oder Beziehungen und angeblichen Meriten in Ämter gelangten. Dadurch würde Spezialistenwissen insbesondere aus den niedrigrangigen Ämtern gedrängt, explizit dem *kamyŏkkwan* und *kagamyŏkkwan*. Anders als Ch'oe machte er seine Kritik jedoch nicht offiziell, sondern formulierte sie innerhalb seines Werkes *Kyŏngse yupyo* 經世遺表.

> Ich möchte nochmals darauf hinweisen, dass ursprünglich im *Kodex* die Posten von *chubu* und *pongsa* mit insgesamt vier Personen, *kamyŏk* und *kagamyŏk* mit insgesamt sechs [Personen besetzt sind]. Dies ist [nun] der Weg für *paektu* (Personen ohne Abschluss der Beamtenprüfungen) zum Eingang in die Beamtenlaufbahn [geworden] und sie steigen [in ihrer Zahl] weiter an.[167]

Die gesellschaftliche Stratifikation intensivierte sich in der späten Chosŏn-Zeit. Die großen Zerstörungen der Invasionen durch die Japaner und Mandschu, die sich auf allen Ebenen von z.B. Politik, Gesellschaft oder Wirtschaft ereigneten, hatten keine nachhaltige bzw. fortdauernde Veränderung des Gesellschaftssystems initialisiert. Ganz im Gegenteil wurden die vorherigen Strukturen in großem Umfang restauriert, Schichtengrenzen begannen sich zu verhärten. Insbesondere die Abgrenzung der Aristokratie der *yangban* von den niedrigeren gesellschaftlichen Schichten wurde nun mit Nachdruck vorangetrieben. Innerhalb der *yangban* kam es darüber hinaus zu einer strikteren Trennung bestimmter Familienlinien, sodass sich eine Differenzierung anhand von Machtpositionen mit verwandtschaftlicher Nähe zum Königshaus, Wohlstand und Zahl an Prüfungsabsolventen herausbildete, die sich nicht zuletzt in Fraktionszugehörigkeiten widerspiegelte.

Im Allgemeinen wird in diese Nachkriegszeit auch der Beginn des Aufstiegs einer mittleren sozialen Statusgruppen, den sogenannten *chungin* 中人, verortet.

---

166 Vgl. *Injo sillok*, *kwŏn* 28, Jahr 11 (1633), Monat 7, Tag 12, 1. Eintrag.
167 Chŏng Yagyong, *Kyŏngse yupyo*, *kwŏn* 2, *tonggwan kongjo*, *kwanjiksok sŏn'gonggamjo*: „[...] 又按原典主簿奉事共四人監役假監役共六人 此爲白徒入仕之路而增設之也. [...]".

In der koreanistischen Forschung werden unterschiedliche soziale Gruppen mit diesem Begriff zusammengefasst, der nur beschränkt mit dem heutigen allgemeinen Verständnis einer Mittelschicht gleichgesetzt werden kann.[168] Gemeinsam ist der Forschung jedoch, dass sich diese Mittelschicht aus den Inhabern technischer Berufe zusammensetzte, die die Gemischten Prüfungen absolviert hatten und somit als Spezialisten einer der vier Fachrichtungen für ein Rangamt qualifiziert waren. Hwang Kyung Moon erweiterte dieses Verständnis, indem er nicht nur die *chungin* in den sogenannten *secondary status groups* verortete. Darüber hinaus schloss er die unehelichen Söhne der *yangban*, die Militärs, die Lokalbeamten, die die Tagesgeschäfte führten (*hyangni* 鄉吏) sowie die marginalisierten Eliten der Nordregionen, denen traditionell ein gewisses Stigma anhaftete, in seine Definition mit ein.[169] Damit zeichnete er ein Bild der gesellschaftlichen Verhältnisse der späten Chosŏn-Zeit, das sich aufgrund unterschiedlicher Entwicklungen wegbewegte von zwei grundsätzlichen Schichten (*yangin* 良人 und *ch'ŏnmin* 賤民), durch eine Phase der internen Differenzierung und Ausbildung von Gruppen, die keiner der beiden Schichten eindeutig zuzuordnen waren, hin zu einem Gesellschaftssystem, in dem sich die Mitglieder unterschiedlicher Schichten ihres Status und ihrer Möglichkeiten bewusst waren und dadurch als eigene Schicht verstanden und agierten.

Hwang macht jedoch ebenfalls deutlich, dass die Mittelschicht, und in ihrem „Kielwasser" zu einem gewissen Grad auch die Gemeinen und Niederen, in ihren bourdieuschen Eigenschaften dem Ideal der *yangban* nacheiferten und stets bestrebt waren, durch unterschiedliche Maßnahmen offiziellen *yangban* Status zugesprochen zu bekommen. Das Selbstverständnis als eigene soziale Schicht erzeugte unter der Mittelschicht kein entsprechendes Selbstbewusstsein für die eigene Klasse und ihre gesellschaftlichen Möglichkeiten. Es wurde vielmehr als

---

168 In dieser Hinsicht erscheint der englische Begriff *secondary status groups* angemessener. Mit ihm wird in einer quasi-feudalen Gesellschaft eine Schicht unterschiedlicher sozialer Gruppen bezeichnet, die in politischer und gesellschaftlicher Sicht unter den Aristokraten, aber über den Gemeinen (*commoners*) und den Unfreien/Niederen (*low-born*) rangierte. „Zweitrangiger Status" ist insofern eine passende Bezeichnung, als dass die Mitglieder dieser Schicht zwar ebenfalls bis zu einem gewissen Grad in den konfuzianischen Klassikern ausgebildet waren, deren Inhalt das gewissermaßen erstklassige Wissen darstellte. Sie waren aber vor allem Spezialisten in den vier technischen Gebieten Astronomie, Medizin, Recht und Fremdsprachen, deren Inhalte zwar zur Staatsführung wichtig, aber nicht für die höchsten Ämter qualifizierend waren. Vgl. Hwang, *Beyond birth*: S.108f.

169 Ebd.: S. 32–37.

Stigma angesehen, das es durch eine Anerkennung als *yangban* abzulegen galt.[170] Nichtsdestoweniger wurde die gesellschaftliche Zugehörigkeit jeweils vererbt, sodass sich analog zu *yangban* Familienlinien innerhalb der Mittelschicht ausbildeten, die durch entsprechende klasseninterne Heiratspolitik über Generationen Bestand hatten und in der Regel ihre jeweiligen Berufstraditionen pflegten. Das Führen äußerst detaillierter Genealogien (*chokpo* 族譜) sicherte den Nachweis der Clanzugehörigkeit einer Familie und die Rückführbarkeit auf einen bedeutenden Gründer. Sie halfen darüber hinaus, die Verbindungsfähigkeit von Familien durch Heirat zu verifizieren und, wie oben dargestellt, die Qualifikation für die höchsten Staatsämter nachzuweisen.[171] Geburt wurde somit das entscheidende Kriterium für die eigene gesellschaftliche Zugehörigkeit in der späten Chosŏn-Zeit.

> Such was the power of birth that status was accredited not through an individual but through his or her ancestral lineage over several generations. Likewise, for the social elite, a person's life was measured largely by his ability to sustain or increase the prestige of his lineage.[172]

Die Existenz dieser Abstammungslinien sowohl in den Reihen der *yangban* als auch in den Reihen der Mittelschicht, und die gleichsame Undurchdringlichkeit der Klassengrenzen durch strikte Heirats- und auch Berufspolitik legt nahe, dass sich auch in der niedrigeren gesellschaftliche Schicht der Gemeinen, zu denen Handwerker und Händler zählten, ein ähnliches Muster etablierte.

Wie in den Zusammenhängen von gesellschaftlichem Status und Prüfungssystem bereits ersichtlich geworden ist, war das bürokratische System gleichsam ein Abbild der sozialen Verhältnisse. Die askriptive Zuordnung von politischen und beruflichen Möglichkeiten entwickelte sich zu einem nahezu unveränderlichen System, das bis zu den *kabo*-Reformen Ende des 19. Jahrhunderts Bestand hatte. Dies erscheint umso passender für die späte Chosŏn-Zeit, deren Entwicklungen im obigen Zitat von Chŏng Yagyong zeitgenössisch dargestellt worden war. Das Aufkommen der vermögenden und nach politischer Partizipation sowie gesellschaftlicher Anerkennung strebenden Mittelschicht stellte für die etablierten Familienlinien von Literatenbeamten eine Bedrohung ihrer Vormachtstellung dar, der sie begegnen mussten. Die Sicherstellung ihrer familiären und sozialen Integrität durch das Führen der Genealogien war eine Maßnahme der Begrenzung bzw. Abgrenzung. Diese wurde darüber hinaus vor allem durch die Aristokratie

---

170   Ebd.: S. 17–32.
171   Park, Eugene Y., „Old Status Trappings in a New World: The ‚Middle People' (Chungin) and Genealogies in Modern Korea." *Journal of Family History* 38, Nr.2 (2013): S.169–173..
172   Hwang, *Beyond birth*: S.21.

aktiv in die Beamtenstruktur hineingetragen. Eine Analyse der Ernennungen zu den Führungsämtern des Kongjo zeigt diese Entwicklungen beispielhaft auf.

Tabelle 28 im Anhang listet für ein kurzes aber dennoch repräsentatives Zeitfenster die Amtsnominierungen für das Ministeramt im Kongjo in den zwanzig Regierungsjahren von 1697 bis 1717 unter König Sukchong auf. In dunklem Grau unterlegt sind diejenigen Minister, die das Amt mehrmals bekleiden durften. Leicht grau unterlegt sind für eine bessere Nachverfolgbarkeit die Einträge, die entweder nur in den Regesten oder nur in den *SJW* zu finden sind. Zunächst fällt die große Zahl an Nominierungen auf, insgesamt kam es zu 38 Wechseln im Amt. Die durchschnittliche Amtsdauer betrug 197 Tage, wobei in den Kodizes eine maximale Amtsdauer von 900 Tagen bzw. 30 Monaten festgelegt war. Das durchschnittliche Alter bei Amtsantritt betrug 60 Jahre, wobei die Überschneidung mit der Vervollständigung des 60-Jahre-Zyklus der Himmelsstämme und Erdzweige wohl eher ein Zufall ist. Das relativ hohe Alter lässt jedoch darauf schließen, dass eine lange Dienstzeit zur Entwicklung von Erfahrungen als Beamter in unterschiedlichen Positionen Voraussetzung für die Nominierung zum Ministeramt war.

Lediglich Yi Kiha 李基夏 (1646–1718), in der Tabelle in Fettschrift markiert, entstammte einer Militärlinie und wird in den Aufzeichnungen entsprechend als *muban* deklariert. Alle übrigen Minister hatten die Literatenprüfungen absolviert und bei Amtsantritt bereits eine Reihe von hochrangigen Ämtern innegehabt. Pak Sedang 朴世堂 (1629–1703) beispielsweise trat 1697 das Amt des Ministers für Öffentliche Arbeiten an. Dies war bereits seine einhundertelfte Nominierung in ein Amt, aber sein erster Posten als Minister. Er hatte vorher bereits mehrere Berufungen als Sekretär im Rang 5A, diverse Ämter im Zensorat sowie das Amt des Gouverneurs der Provinz Ch'ungch'ŏngdo (Kongch'ŏng 公淸道 觀察使) durchlaufen. Sŏ Chongt'ae 徐宗泰 (1652–1719), der den Ministerposten in der beobachteten Periode insgesamt fünfmal innehatte, erhielt das Amt des Ministers für Öffentliche Arbeiten als sein einhundertstes Amt, nachdem er bereits Minister für Riten und für Personal war.

Die Besonderheiten, die anhand dieses kurzen Ausschnitts bereits sichtbar werden, sind die kurzen Amtszeiten und damit die stete Rotation durch die unterschiedlichen Ebenen der Bürokratie, das hohe Alter der Amtsinhaber, die wiederholten Nominierungen und die Konzentration auf die Literatenschicht. Sie kennzeichnen einen Trend, der in der späten Chosŏn-Zeit sowohl in synchroner Analyse der einzelnen Herrschaftsperioden wie auch in diachroner Analyse des 17. und 18. Jahrhunderts gleichermaßen beobachtet werden kann. Es ist offensichtlich, dass nicht eine Art von Spezialistenwissen für den jeweiligen Arbeits-

und Zuständigkeitsbereich des Ministeriums notwendig war, um Minister bzw. Ministerialbeamter in hochrangiger Position zu werden. Der durchweg hohe Altersdurchschnitt sowie die langen Dienstjahre lassen vielmehr den Schluss zu, dass in den beobachteten Ausschnitten Amtserfahrung und Managementfertigkeiten, vor allem aber ein bestimmter sozialer Hintergrund ausschlaggebend waren. Dies galt in gleichem Maße für die hochrangigen Posten in den Abteilungen und, wie die obige Kritik von Chŏng Yagyong bereits andeutete, immer mehr auch für niedrigrangige Posten.

Diese Beobachtung in der Ämtervergabe hat ihr Pendant bereits in der Phase der Beamtenprüfungen. Offenbar gelang es wenigen einflussreichen Familien, sowohl die Prüfungspositionen als auch die hochrangigen Ämter für sich zu beanspruchen und durch bestimmte Instrumente der Abgrenzung für andere gleichsam unzugänglich zu machen. Die folgenden Tabelle 16 und 17 zeigen, wie sich diese Konzentration darstellen und nachweisen lässt und zu welchen Teilen sie jeweils beobachtet werden kann:[173]

Tabelle 16: Anteil der Prüfungsabsolventen der mun'gwa im Todangnok.

	1650 Hyojong Jahr 1		1680 Sukchong Jahr 6		1710 Sukchong Jahr 36		1740 Yŏngjo Jahr 16		1770 Yŏngjo Jahr 46		1800 Chŏngjo Jahr 24		1830–1859 Sunjo Jahr 30	
	mun'gwa	Todangnok	mun'gwa	Todangnok	mun'gwa	Todangnok	mun'gwa	Todangnok	mun'gwa	Todangnok	mun'gwa	Todangnok	mun'gwa	Todangnok
A	210	67	260	77	326	102	358	139	408	185	306	176	303	182
	31,90%		29,60%		31,20%		38,80%		45,30%		57,50%		60,10%	
	25,5	40,9	30,1	40,6	32,3	51	31,7	56	33,6	56,6	32	57,3	33,8	47,5
B	283	57	278	78	359	71	344	84	407	117	329	98	323	144
	20,10%		28,10%		19,80%		24,40%		28,70%		29,80%		44,60%	
	33,4	32,3	31,2	39,1	33,5	34,5	29,3	31,9	32,6	34,3	33,6	30,6	34,8	36
C	331	40	325	37	324	27	427	25	400	25	322	33	272	57
	12,10%		11,40%		8,30%		5,90%		6,30%		10,20%		21%	
	40,2	24,4	38,6	19,3	32,1	13,5	37,8	10,1	32,9	7,6	33,6	10,7	30,3	14,9
insg.	824	164	863	192	1009	200	1129	248	1215	327	957	307	897	383
	19,90%		22,20%		19,80%		22%		26,90%		32,10%		42,70%	

---

173 Die Tabellen sind übertragen aus: Yi und Kim, „Kwagŏ chedo-e kwanhan pip'an-jŏk sŏngch'al": S.18. Die Familien sind in der Reihenfolge Clansitz und Name aufgeführt.

Tabelle 17: Sortierung der Familiennamen für Tabelle 20.

Mächtige Großclans in (A)	Chŏnju Yi, Yŏnan Yi, Hansan Yi, Kyŏngju Yi, Andong Kim, Pannam Pak, P'ungyang Chu, Namyang Hong, P'ungsan Hong, Taegu Sŏ, Chŏngsong Sim, P'ap'yŏng Yun, Haengp'yŏng Yun, Tongnae Chŏng, P'yŏngsan Sin (15 Clans)
Mittlere Clans in (B)	Kwangju Yi, Tŏksu Yi, Yŏju Yi, Hamp'yŏng Yi, Yongin Yi, Chŏnŭi Yi, Chinbo Yi, Sŏngju Yi, Chŏngp'ung Kim, Kyŏngju Kim, Yŏnam Kim, Kwangju Kim, Ŭisŏng Kim, Miryang Pak, Yangju Cho, Andong Kwŏn, Chŏngju Han, Chinju Kang, Yŏhŭng Min, P'ungch'ŏn Im, Naju Im, Yŏnil Chŏng, Chŏnju Yu, Chinju Yu, Yŏsan Song, Ŭnjin Song, Kigye Yu, Ch'angnyŏng Cho, Ŭiryŏng Nam, Haeju O, Ch'angnyŏng Sŏng, Sunhŭng An (32 Clans)
Kleine Clans	alle übrigen

In der gemeinsamen Betrachtung bestätigt sich die Abschließungstendenz. Die erste Tabelle gibt einen Überblick über die *mun'gwa* Prüfungsabsolventen zwischen 1650 und 1859 und den Anteil ihrer Aufnahme in das *Todangnok*[174]. Die zweite Tabelle beschreibt die Inhalte der Sortierung der Zeilen, die zuvor mit A, B und C markiert sind. Dabei zeigt sich eine umgekehrt proportionale Tendenz der relativen wie absoluten Zahl der Prüfungsabsolventen zu ihrem Anteil an der Aufnahme in das *Todangnok*. So stellen lediglich 15 Familienlinien (A) 25,5% der *mun'gwa* Absolventen im Jahr 1650, aber 40,9% der Einträge in das Todangnok. Demgegenüber stellen 32 Familienlinien (B) 33,4% der Absolventen und 32,3% der Einträge. Schließlich stellen alle übrigen Familienlinien (C), aus denen Teilnehmer an der Prüfung stammten, zwar 40,2% der Absolventen, aber lediglich 24,4% der Einträge. Diese Tendenz ist über die gesamte Zeitspanne zu beobachten, wobei sich die Unterschiede stetig verstärken zugunsten der

---

174 Beim *Todangnok* 都堂錄 handelte es sich um ein Verzeichnis möglicher Amtskandidaten für das Hongmun'gwan 弘文館, eine Abteilung des Ministeriums für Riten und eine der drei Institutionen, die gemeinsam das Zensorat bildeten. Das Hongmun'gwan war als Nachfolgeinstitution des Chiphyŏnjŏn 集賢殿 mit seinen Beamten unter anderem zuständig für die konfuzianische Ausbildung des Königs und die *kyŏngyŏn* 經筵 genannten Unterrichts- und Konsultationseinheiten. Der Karrierebeginn im Honmun'gwan war derart prestigeträchtig und zentral für zukünftige Spitzenpositionen, dass hieraus eigene Begriffe erwuchsen: *ch'ŏnggwan* 清官 (Reine Ämter) und *t'ongch'ŏng* 通清 (die Reinen Ämter durchlaufen). Daher war eine Listung als Amtskandidat für das Hongmun'gwan eine soziale wie politische Auszeichnung. vgl. z.B. *HMMTS* Eintrag *todangnok* und *CWSS* Eintrag *kyŏngyŏn* und *kyŏngyŏngwan* 經筵官.

wenigen mächtigsten Familien, allen voran der Linie der Herrscherfamilie Yi aus Chŏnju.[175] Ihre Mitglieder hatten somit die größten Chancen, früh in ihrer Beamtenlaufbahn im engen Umfeld des Königs zu arbeiten und so an den für die politische Richtung maßgeblichen Interpretationen der Klassiker zu ihrem eigenen Vorteil mitzuwirken. Diese Monopolisierungstendenz ist bereits in der Zahl der *mun'gwa*-Prüfungsabsolventen selbst deutlich zu sehen, wie Yi und Kim in ihrer Untersuchung gezeigt haben.

Tabelle 18: *Gesamtzahl der* mun'gwa *Prüfungsabsolventen nach Familienlinien*[176]

Sortierung Absolventen	Clans (Summe)	Absolventenzahl nach Clan	Summe (addiert)
> 800 Personen	1	Chŏnju Yi[4] 847	847
300–399 Personen	4 (5)	Andong Kwŏn 358, Pap'yŏng Yun 339, Namyang Hong 322, Andong Kim 310	1329 (2176)
200–299 Personen	7 (12)	Chŏngju Han 284, Miryang Pak 258, Kwangsan Kim 257, Yŏnan Yi 242, Yŏhŭng Min 233, Chinju Kang 221, Kyŏngju Kim 209	1704 (3880)
100–199 Personen	28 (40)	Pannam Pak 197, Tongnyae Chŏng 192, Hansan Yi 189, Ch'ŏngsong Sim 188, Kwangju Yi 188, P'ungyang Cho 181, Kyŏngju Yi 176, Pyŏngsan Sin 175, Chŏnŭi Yi 172, Yŏnan Kim 164, P'ungch'ŏn Im 146, Taegu Sŏ 138, Chinju Yu 133, Munhwa Yu 130, Kimhae Kim 128, Sunhŭng An 123, Ŭiryŏng Nam 123, P'ungsan Hong 122, Ch'angnyŏng Sŏng 121, Yŏnil Chŏng 116, Haep'yŏng Yun 113, Ch'angnyŏng Cho 110, Yŏju Yi 109, Chŏnju Ch'oe 106, Ch'ŏngp'ung Kim 106, Yŏsan Song 103, Sŏngju Yi 101, Haeju O 100	3950 (7830)
90–99 Personen	7 (47)	Kangnŭng Kim 98, Tŏksu Yi 95, Ŭisŏng Kim 94, Yangju Cho 94, Chŏnju Yu 93, Yangch'ŏn Hŏ 92, Hanyang Cho 90	656 (8486)
80–89 Personen	4 (51)	Kigye Yu 86, Yongin Yi 86, Koryŏng Sin 84, Ch'angwŏn Hwang 80	336 (8822)
70–79 Personen	3 (54)	Ŭnjin Song 75, Hamp'yŏng Yi 71, Namwŏn Yun 71	217 (9039)

---

175 Dieses System der Verbindung von Familienname und Stammsitz wird als *sŏnggwan* 姓貫 oder *pon'gwan* 本貫 bezeichnet.
176 Die Tabelle ist übertragen aus ebd.: S.26f.
177 Dies ist der Clan der herrschenden Dynastie.

Sortierung Absolventen	Clans (Summe)	Absolventenzahl nach Clan	Summe (addiert)
60–69 Perseonen	7 (61)	Paekchŏn Cho 69, Hamyang Pak 66, Suwŏn Paek 65, Sŏnsan Kim 63, Indong Chang 60, Wŏnju Wŏn 60, Haeju Chŏng 60	443 (9482)
50–59	9 (70)	Chinbo Yi 59, Hadong Chŏng 59, Sangju Kim 59, Ch'ogye Chŏng 57, Koryŏng Pak 55, Chinju Chŏng 55, Nŭngsŏng Ku 54, Namwŏn Yang 52, Naju Im 50	500 (9982)
49–49 Personen	12 (82)	Naju Chŏng 48, Haeju Ch'oe 47, Pyŏkchin Yi 42, Sunch'ŏn Kim 46, Pyŏnggang Ch'ae 43, Changsu Hwang 42, Chuksan Pak 42, Kwangju An 41, OnyangChŏng 41, Kyŏngju Ch'oe 41, Chuksan An 40, Chinch'ŏn Song 40	516 (10498)

Der Tabelle lässt sich entnehmen, dass die Familienlinie des Herrschergeschlechts die bei weitem größte Zahl an Prüfungsabsolventen stellte. Mit abnehmender Zahl der Absolventen wird die Anzahl der jeweiligen Linien immer größer. Diese Monopolisierung hatte zur Folge, dass immer weniger Familien (potentielle) Amtsinhaber stellten, die aufgrund sowohl der internen Abschottungsbemühungen als auch der Abgrenzung der *yangban* nach außen immer besser untereinander vernetzt waren und dadurch die Blockbildung in den höchsten Staatsämtern immer mehr vorantrieben. Wie aus der Tabelle ebenfalls entnommen werden kann, vergrößerte sich im Laufe der Zeit auch die absolute Zahl der Prüfungsabsolventen, was den Druck auf das bürokratische System noch mehr erhöhte. Diesen Absolventen standen Ränge und Ämter auf Grundlage ihres Abschlusses zu, die naturgemäß begrenzt verfügbar waren. Diese Begrenzung wurde noch verschärft durch die teilweise sehr langen Dienstzeiten der aktuellen Amtsinhaber, die teilweise bis weit über ihr sechzigstes Lebensjahr hinaus in Ämtern tätig waren und dadurch den Nachzug durch jüngere Beamte im System des graduellen Aufstiegs behinderten.

Diese Entwicklung wurde nicht nur von Gelehrten wie Chŏng Yagyong kritisiert, der neben der fachlichen Inkompetenz der Amtsinhaber besonders das korrumpierte System des Emfehlungswesen *munŭm* 門蔭 bemängelte. Dieses war ursprünglich Bestandteil der Kodizes, um fähigen Personen ohne langwierige Prüfung die Möglichkeit zu geben, aufgrund von Empfehlung durch ranghohe Amtsinhaber ihre Fähigkeiten für den Staat einzusetzen. Im Laufe der Zeit war es immer wieder zum Zwecke der Vetternwirtschaft und Beziehungsmissbrauchs instrumentalisiert worden. Aber auch die Könige selber schienen mit der Situation nicht immer zufrieden zu sein, auch wenn es ihnen offenbar schwerfiel, Änderungen herbeizuführen. So schrieb König Chungjon (reg. 1506–1544) bereits:

> "Was nun die Beamten in den Ämtern angeht, diejenigen, die in den Klassikern bewandert sind sollen sie im Sŏnggyun'gwan anwenden, diejenigen, die Kenntnisse haben von Bau und Konstruktion sollen sie im Sŏn'gonggam anwenden, diejenigen, die Kenntnisse vom Handwerk haben, sollen sie im Kongjo und im Sangŭiwŏn anwenden […] In alter Zeit arbeitete Kim Yongu im Sŏn'gonggam und erhielt die Ämter eines *nanggwan* bis *pansŏ*, bevor er sogar *tangsanggwan* wurde, weil er Fähigkeiten und Kenntnisse über die Angelegenheiten des Handwerks besaß."[178]

Es mag kein Zufall gewesen sein, dass Chungjong ausgerechnet mithilfe der Gruppe der Handwerker sein Edikt darüber begonnen hat, dass Ämter mit denjenigen besetzt werden sollen, die für deren Aufgaben befähigt waren. Aufgrund der sich zu seiner Zeit bereits abzeichnenden soziopolitischen Entwicklungen kann man für die späte Chosŏn-Zeit attestieren, dass sogar in den Ämtern, in die ursprünglich handwerklich- technisch versierte Personen eingesetzt werden sollten, mit der Zeit Absolventen der Beamtenprüfungen oder durch das Empfehlungswesen eingebrachte Personen durch das Ausnutzen ihrer Beziehungen und parteipolitische Ränke im Zuge der Fraktionsstreitigkeiten ihre Posten fanden. Die geäußerten Kritiken zeigen, dass sich diese Entwicklungen durchaus auf die Qualität des Tagesgeschäfts, aber auch auf die allgemeine gesellschaftliche Situation sowie die Lage des Staates negativ auszuwirken begann.

Vor allem in Bezug auf das mit Bautätigkeiten betraute Ministerium für Öffentliche Arbeiten schien dieser Entzug von Spezialistenwissen im Kernbereich spürbare Auswirkungen gehabt zu haben. Nicht nur zog er die Kritik angesehener Gelehrter auf sich, in Verbindung mit der gesellschaftlichen Stratifikation und der immer strikter durchgeführten Trennung zwischen den einzelnen Schichten verschärfte sich hier die unabhängig vom notwendigen Wissen vollzogene soziale Degradierung derjenigen, die im Grunde für ein erfolgreiches Ergebnis des Ministerium verantwortlich waren: den Handwerksspezialisten. Technisches Wissen bzw. fachspezifisches Wissen schien somit keine entscheidende Rolle bei der Besetzung der jeweiligen Ämtern zu spielen, genauso wie es im Wissenskanon der Zeit als zweitrangig bzw. minderwertig angesehen wurde.

Nichtsdestoweniger konnten Spezialisten temporär hochrangige Ämter zugesprochen bekommen, um sie für besondere Leistungen zu belohnen oder sie in

---

178 Vgl. *Chungjŏng sillok*, kwŏn 72, Jahr 27 (1532), Monat 2, Tag 5: „[…] 凡各司官員能經術者用之於成均館知營繕者用之於繕工監知工匠者用之於工曹尚衣院 […] 前者金靈雨自繕工監郎官至爲判事以至于堂上官能知工匠之事故也. […]".

Positionen zu bringen, die es Ihnen erlaubten, bestimmte Aufgaben wie zum Beispiel die Teilnahme an einer Gesandtschaft überhaupt erst ausführen zu dürfen. In diesem Zusammenhang ist besonders zu erwähnen, dass neben den Bautätigkeiten des Ministeriums und des Sŏn'gonggam eine projektbezogene Struktur existierte, deren temporärer Charakter einen gewissen freieren Umgang sowohl mit den administrativ-bürokratischen als auch den angeschlossenen sozialen Strukturen zulassen konnte. Wie bereits erwähnt wurden für Großzeremonien, aber auch Bauprojekte bestimmter Natur, spezielle Projektbüros, sogenannte *togam* 都監 gegründet, die zeitlich begrenzt institutionsübergreifend die Abwicklung dieser Ereignisse leiteten.[179] Ihre Arbeiten wurden in einer erst kürzlich für die Forschung wiederentdeckten Quelle festgehalten, den *ŭigwe* 儀軌. Im folgenden Kapitel wird anhand einer Analyse der Bauŭigwe untersucht, inwiefern technisches Fachwissen eine Rolle für die Ämtervergabe in diesen Großprojekten spielte, und welchen Stellenwert handwerkliches Spezialistenwissen im Vergleich zur regulären Bürokratie erhalten hat.

---

179 vgl. *CWSS*, Eintrag *togam*.

3. *Ŭigwe*: eine Primärquelle der Wissenslokalisierung

3.1 Zur Herausbildung eines Genres

Ŭigwe 儀軌 stellen als Publikation einen Teil der chosŏnzeitlichen Hofaufzeichnungen dar, in denen in mehr oder weniger detaillierter Weise die Planung, Organisation und Durchführung von Zeremonien unterschiedlichster Art dokumentiert wurde. Das wissenschaftliche wie öffentliche Interesse an ihnen begann erst vor relativ kurzer Zeit zu wachsen. Die koreanische Historikerin Pak Pyŏngsŏn (1923–2011) veröffentlichte im Jahr 1985 eine erste kurze Abhandlung der in Paris verwahrten *ŭigwe*, während sie als Bibliotherkarin in der französischen Nationalbibliothek arbeitete.[180] Seitdem wurde eine Vielzahl von Aspekten dieser Quelle aus unterschiedlicher Perspektive beleuchtet. Großes öffentliches Interesse erregte darüber hinaus die Anerkennung als Welterbe durch die Vereinten Nationen im Jahr 2007, und die Rückgabe der von der französischen Armee 1866 erbeuteten Ausgaben an Korea im Jahr 2011.

Die Bezeichnung *ŭigwe* wird anhand der chinesischen Zeichen als eine verkürzte Zusammensetzung aus den Begriffen *ŭisik* 儀式 (Ritus, Zeremonie) und *kwebŏm* 軌範 (Modell, Beispiel, Standard) verstanden.[181] Mit Hilfe des *HYDCD* lässt sich das Kompositum bis in die chinesische Song-Zeit, möglicherweise die Zeit der nördlichen und südlichen Dynastien zurückverfolgen. Allerdings sollte es hier nicht als schriftliches Werk, sondern vielmehr als Sammelbegriff für die konfuzianischen Riten in Abgrenzung zu, in diesem Fall, Buddhismus und Daoismus, verstanden werden.[182] Die erste Erwähnung für die Chosŏn-Zeit findet sich im *T'aejong sillok*.

---

180 Pak Pyŏng-sŏn, *Chosŏn-jo-ŭi ŭigwe: Pari sojangbon-gwa kungnae sojangbon-ŭi sŏjihak-chŏk pigyo kŏmt'o*. Han'guk chŏngsin munhwa yŏn'guwŏn, (1985); Pak Pyŏngsŏn, *Règles protocolaires de la cour royale de la Corée des Li (1392–1910): d'après l'exemplaire de la Bibliothèque nationale de Paris et les manuscrits coréens provenant de Oegyujanggak*. Kyujanggak archives, université nationale de Séoul, (1992).
181 Vgl. z.B. Shin, „Chosŏn sidae *ŭigwe* (儀軌) p'yŏnch'an-ŭi yŏksa": S.271.
182 Vgl. *HYDCD*, Eintrag *yigui*, Bedeutung „Gesetz, Ritus, Etikette.": „{Südliche Dynastien} {Song} {Liu Yiqing [403–444]}, {*Shishuo xinyu, rendan*}: Der {Pei} sagt: Die {Ruan} sind Buddhisten und Daoisten, daher achten sie nicht die Etikette. Wir sind normale Mensch, daher werden die Wege der Etikette in Betracht gezogen [von uns]. […] *Sanguozhi, shuzhi*, Kommentare zu Zhuge Liang [181–234]: Was die Staatsführung des

> „Befehl aus dem Ministerium für Riten zur Untersuchung der Regelung der Agraropfer *chŏnsinpŏp* und eines Berichts darüber. Der König befiehlt: [In Bezug auf das] Kirschopfer im Chongmyo ist im *ŭigwe* [schriftlich] festgehalten, dass man das Ritual am ersten und fünfzehnten Tag durchführen soll. Wenn man es am ersten Tag durchführt, sind die Kirschen noch nicht reif. Aber wenn man bis zum fünfzehnten Tag wartet und doppelt ausführt, dann sind [sie] wahrlich fest und hart und entsprechen nicht den menschlichen Gefühlen. Die Reifezeit der Kirschen ist angemesser [zum Zeitpunkt des] *tano* [Fests]. Von jetzt an folgen wir dem Tag, an dem wir sie ernten [können] und opfern sie [dann], und wir beschränken uns nicht auf den ersten und fünfzehnten."[183]

Kurz darauf wird in Bezug auf die Staatsriten erneut auf die *ŭigwe* Bezug genommen.

> „Das Ministerium für Riten berichtet: Die großen Staatsriten werden reformiert, da deren *ŭigwe* fehlen. Das, was nicht reformiert [werden muss], sind die [Riten der] staatlichen Schamanen."[184]

Diese beiden frühesten Einträge in den Regesten zeigen, dass bereits zu Beginn der Chosŏn-Zeit Dokumente existiert haben mussten, die *ŭigwe* genannt wurden und in denen staatswichtige Riten in einer Weise aufgezeichnet worden waren, dass man im Zweifelsfall auf sie zurückgreifen konnte. Das älteste uns mit einem tatsächlichen Titel bekannte *ŭigwe* der Chosŏn-Zeit wird im *Sŏngjong sillok* unter der Bezeichnung *Kyŏngbokkung chosŏng ŭigwe* 景福宮造成儀軌 erwähnt, bezeichnenderweise sogenanntes Bauŭigwe:

Zhuge Liang angeht, er umsorgte das Volk, zeigte ihm die Wege der Etikette, ordnete die Beamten und Ämter und zeigte ihnen das System der Autorität. [...]." („礼法規矩。{南朝}{宋}{刘义庆}《世说新语·任诞》：“{裴}曰：‘{阮}方外之人，故不崇禮制； 我輩俗中人，故以儀軌自居。[...]》《三国志·蜀志·诸葛亮传》：“{諸葛亮}之治國也，撫百姓，示儀軌，約官職，示權制。”). Die erwähnte Song-Dynastie ist die sogenannte Kleine oder Frühe Song-Dynastie (420–479).

183 *T'aejong sillok*, kwon 21, Jahr 11 (1411), Monat 5, Tag 11, 2. Eintrag: „命禮曹稽考薦新之法以聞。 上曰：, 宗廟薦櫻桃, 儀軌所載, 必於五月朔望祭兼行。 若於朔祭, 不及成熟, 則待望祭兼行, 實爲固滯, 不合人情。 櫻桃成熟之候, 端午適中, 自今隨所得之日而薦之, 勿拘朔望." Das Kompositum *kuch'e* 固滯 (chin. *guzhi*) wird lt. einer Recherche in den Regesten in der Mehrzahl der Fälle als Charaktereigenschaft verwendet. Bei *tano* 端午 (chin. *duanwu*) handelt es sich um ein traditionell am fünften Tag des fünften Monats nach dem Mondkalender stattfindendes Fest. Seine Ursprünge gehen möglicherweise auf schamanistische Rituale aus der *samhan*-Periode vor dem 5. Jhd. zurück. In der Chosŏn-Zeit unterlag es aus China kommenden Einflüssen des *duanwu*-Festes und wurde eng mit den konfuzianischen Ahnenriten verknüpft. Zum Überblick siehe z.B. Pratt, Rutt und Hoare, *Korea*: S.464.

184 *T'aejong sillok*, kwŏn 22, Jahr 11 (1411), Monat 7, Tag 15, 2. Eintrag: „禮曹且啓：, 革大國祭, 以儀軌所無也, 所不革者, 國巫堂耳."

[Der Beamte des] Chungch'ubu Yi Kŭkpae machte die folgende Throneingabe: Ich habe das *Kyŏngbokkung chosŏng ŭigwe* gewissenhaft gelesen, für die Bedeutung seiner Errichtung und Bezeichnung ist ein Vorwort verfasst worden, sodass alle Palasthallen und Tore die ihnen angemessenen Namen tragen […][185]

Die ersten beiden Zitate zeigen allerdings auch, dass die zu dieser Zeit für staatswichtig erklärten Inhalte noch nicht oder nicht vollständig in den *ŭigwe* enthalten waren und erst schriftlich fixiert bzw. selbst erst entwickelt oder angepasst werden mussten.

3.1.1 Die Übernahme von Koryŏ nach Chosŏn

Zwei wichtige Punkte sollen an dieser Stelle verdeutlichen, in welcher Form die Entwicklung und Implementierung staatswichtiger Riten auf Grundlage des Konfuzianismus generell und ihre Dokumentation in Form von *ŭigwe* zu Beginn der Dynastie ein Problem gewesen ist. Shin Myŏng-ho hat in seiner Untersuchung aus dem Jahr 2011 gezeigt, dass bereits während der Koryŏ-Zeit Texte existierten, die als *ŭigwe* bezeichnet wurden und aus dem buddhistischen Kontext stammten.[186] Sie können ihm zufolge im Kontext des tangzeitlichen Chan-Buddhismus nachgewiesen werden und sind aller Wahrscheinlichkeit nach in der frühen Koryŏ-Zeit auf die koreanische Halbinsel gelangt. Anders als im konfuzianischen Kontext stellte der Begriff im Buddhismus bereits eine Textgattung dar. Sie lässt sich anhand des koryŏzeitlichen buddhistischen Kanons, des aus 81.258 Holzdruckplatten bestehenden Tripitaka aus der Mitte des 13. Jahrhunderts, in ihrer tatsächlichen Verwendung nachweisen.

Der Buddhismus gilt als Staatsreligion des Koryŏ-Reiches und kann in Verbindung mit der umfassenden Durchdringung im Volk, aber auch seiner institutionellen Verankerung in den Regierungsebenen durchaus als Teil der Staatsideologie verstanden werden. In diesem Sinne waren buddhistische Riten sowohl für die staatliche Legitimation als auch die persönliche Identifikation sehr viel wichtiger als die des Konfuzianismus, der zwar parallel existierte, aber keine derart staatstragende Bedeutung innehatte, wie er sie in der Chosŏn-Zeit

---

185 *Sŏngjong sillok*, kwŏn 172, Jahr 15 (1484), Monat 11, Tag 4, 1. Eintrag: „領中樞府事李克培來啓曰:‚臣觀景福宮造成儀軌, 其建立命名之意, 作文以序之, 至於殿堂門名, 亦皆有義 […]'."
186 Vgl. Sin Myŏng-ho, „Chosŏn ch'ogi ŭigwe p'yŏnch'an-ŭi paegyŏng-gwa ŭiŭi." [Hintergrund und Bedeutung der Kompilation von *ŭigwe* in der frühen Chosŏn-Zeit] *The Journal of Choson Dynasty History* 59 (2011): S.14–18.

erhalten sollten.[187] Buddhistische Ritentexte und zeremonielle Vorschriften waren in schriftlicher Form als ŭigwe bzw. ŭimun 儀文 daher weit verbreitet.[188] Eine weitgehende Deckung der Bedeutungen des Begriffs zum chosŏnzeitlichen Zusammenhang zeigt sich durch die Einträge zu ŭigwe im *Digital Dictionary of Buddhism*.[189] Sie geben für den Begriff in unterschiedlichen Zusammenhängen die Bedeutungen Ritenkommentar bzw. Kommentar, definieren ihn aber auch als gleichbedeutend mit *zuofa* 作法 (Betragen und Etikette, Zeremonie), *faze* 法則 (Beispiel, Muster, Präzedenzfall) und *shidian* 式典 (offizielle Zeremonie).

Die Bedeutung des Buddhismus kam im Laufe des 14. Jahrhunderts zu einer Zeit in die Kritik, in der eine neue Elitenschicht, die konfuzianisch ausgebildeten Gelehrtenbeamten (*sadaebu* 士大夫), ihren politischen Einfluss zu erweitern versuchten. Während auf dem chinesischen Kontinent im Jahr 1368 die Ming Dynastie ausgerufen wurde, zeigten sich in Koryŏ in den politischen und gesellschaftlichen Feldern immer mehr Verfallserscheinungen. Die Herrschaft der Könige im 14. Jahrhundert war nicht nur überschattet von den Einfällen und der letztlichen Invasion der Mongolen, sondern auch von Diskussionen um die Legitimation und Thronfolge, Machtstreitigkeiten zwischen Thron und Aristokratie und der Bildung unterschiedlicher Loyalitätsgruppen, speziell nach dem Abzug der Mongolen.[190]

Mit der Neuerrichtung der Konfuzianischen Akademie unter König Kongmin (reg. 1351–1374) im Jahr 1367 formierte sich die unter konfuzianischen bzw. neokonfuzianischen Vorgaben ausgebildete neue Elitenschicht, die schließlich gemeinsam mit dem Militär unter Führung des Generals Yi Sŏnggye das neue Reich Chosŏn gründen sollte. Man darf den Umstand nicht außer Acht lassen, dass Buddhismus und Konfuzianismus in Koryŏ mehr oder weniger ohne größere Reibungspunkte nebeneinander existiert haben. Als Grund dafür gilt die jeweils ausgefüllte Funktion. Während der Buddhismus vor allem das spirituell-religiöse Leben der Menschen bestimmte, lieferte der Konfuzianismus die Grundlagen zur Staatsführung. Vereinbarkeit von Buddhismus und Konfuzianismus in einem Staatssystem bzw. in einer Person waren offenbar nicht fundamental angezweifelt worden. Mit dem aufkommenden Neokonfuzianismus

---

187 Siehe dazu z.B. Sem Vermeersch, *The Power of the Buddhas: The @Politics of Buddhism During the Koryo Dynasty (918–1392)*, [ACLS Humanities E-Book edition] (Cambridge, Mass.: Distributed by Harvard University Press, 2008), http://hdl.handle.net/2027/heb.09208.0001.001.
188 Ebd.: S.18.
189 Erreichbar unter www.buddhism-dict.net/ddb/. Letzter Zugriff [16.04.2016].
190 Vgl. Deuchler, *The Confucian transformation of Korea*: S.92–107.

änderte sich diese liberale Einstellung, wenn auch nur allmählich. Aus Sicht der neuen konfuzianischen Elite der Chosŏn-Zeit war der Buddhismus Ursache des Niedergangs Koryŏs, was schließlich zu seiner intensiven Unterdrückung ab dem 16. Jahrhundert führte. Diese Argumentation hinderte die neuen Machthaber allerdings nicht daran, gewisse Instrumente zur Herrschaftslegitimation zu übernehmen. Die Verwendung dieser Texte kann dabei als weiterer Hinweis dafür gesehen werden, dass in der Übergangsphase der Dynastien und noch bis ins 16. Jahrhundert hinein eine antibuddhistische Einstellung und Politik nicht in dem Maße stattgefunden hat, wie die traditionelle Forschung suggerierte. Auch muss strikter getrennt werden zwischen dem persönlichen Glauben der Machtinhaber in ihrem privaten Umfeld und ihrer offiziellen, öffentlichen Haltung.[191] Die entsprechenden buddhistischen Riten bzw. grundlegenden Inhalte wurden gegen ihr konfuzianisches Pendant ausgetauscht, wobei vor allem die Interpretationen Zhu Xis sowie die Institutionen, die der Zeit der mythischen Kaiser Yao und Shun zugeschrieben wurden, Pate standen für die neu zu errichtende Dynastie.[192]

Diese Gemengelage aus Idealismus und pragmatischen Überlegungen im Zuge der alltäglichen Staatsführung führte zu einer Art Experimentierphase in den Anfangsjahren der neuen Dynastie. Die als staatstragend und herrschaftslegitimierend verstandenen Riten mussten in die Praxis überführt und handhabbar gemacht werden, wofür es keine Modelle gab. So wie Martina Deuchler diese Phase teilweise verantwortlich macht für die erst späte Publikation und Inkraftsetzung des Gesetzeskodex, kann sie ebenfalls für die Notwendigkeit einer Modellbildung für die Staatsriten und andere staatstragende und herrschaftslegitimierende Symbole herangezogen werden.[193] Die korrekte Durchführung bestimmter Riten nach konfuzianischen Maßstäben war für die Legitimierung der Herrschaft notwendige Bedingung, auch wenn in diesem Zusammenhang beachtet werden muss, dass erst die Anerkennung durch den chinesischen Kaiser die ideologischee Legitimation darstellte.[194] Nichtsdestoweniger beriefen sich die

---

191 Siehe z.B. Duncan, „Confucianism in the Late Koryŏ and Early Chosŏn."
192 Für eine kurze Zusammenfassung der Zeit des Dynastiewechsels siehe z.B. David M. Robinson, *Seeking Order in a Tumultuous Age: The Writings of Chŏng Tojŏn, a Korean Neo-Confucian*, Korean Classics Library v.1 (Honolulu: University of Hawaii Press, 2016), S.1–36; Deuchler, *The Confucian transformation of Korea*: 103–122.
193 Ebd.: S.122.
194 Tatsächlich war eine der ersten Amtshandlungen Yi Sŏnggyes nach der Machtübernahme, eine Tributmission an den chinesischen Hof zu entsenden mit der Bitte um offizielle Anerkennung des Reiches und Investitur seiner selbst als König. vgl. z.B. Larsen, *Tradition, treaties, and trade*: S.29–31. Zwar akzeptierte der Hongwu Kaiser

koreanischen Könige in der Legitimationsfrage auf das Mandat des Himmels und die entsprechenden konfuzianischen Riten, um sowohl die Herrschaft des Yi-Clans als auch die Legitimation des Reiches gegenüber der Aristokratie wie auch dem Volk zu untermauern.[195]

Die *ŭigwe* erschienen der Staatsführung offenbar geeignet, dies zu dokumentieren und als Modell für die Nachwelt zu archivieren. Während beispielsweise das *Kukcho oryeŭi* 國朝五禮儀, herausgegeben 1474, die allgemeine Ausgestaltung der fünf Staatsriten enthält, handelt es sich bei den *ŭigwe* um fallweise Dokumentationen zu jeweils einer bestimmten Zeremonie. Sie werden jedoch oftmals anhand der fünf Staatsriten sortiert, in Anlehnung an den Ritenkodex *Datang kaiyuanli* 大唐開元禮 der Tang Dynastie. Dies entspricht allerdings nicht dem inhaltlichen Umfang und ist daher in gewisser Weise irreführend, da darüber hinaus noch weitere Inhalte in den *ŭigwe* festgehalten sind. Diese weiteren Inhalte werden entweder als Sonstige zusammengefasst oder als Einzelausgaben beschrieben. Der Kyujanggak der Seoul National University sortiert demnach wie folgt: Auspizien (*killye* 吉禮), Hochzeiten (*karye* 嘉禮), Gesandtschaftsempfänge (*pillye* 賓禮), Militärriten (*kullye* 軍禮), Begräbnisriten (*hyungnye* 凶禮), Sonstige (*kit'a* 其他). Unter Sonstige wiederum finden sich Bau- und Publikationsprojekte (*yŏnggŏn ch'ansu* 營建撰修), wobei Publikationen unterteilt sind in Regesten (*sillok* 實錄) und Genealogien (*poch'ŏp* 譜牒), sowie nochmals Sonstige.[196]

(reg. 1368–1398) ihn als defacto Herrscher und Chosŏn als angemessene Reichsbezeichnung, das Siegel blieb Yi Sŏnggye jedoch verwehrt und wurde erst seinem Sohn und Nachfolger T'aejong verliehen. Charles Roger Tennant, *History of Korea* (London: Routledge, Taylor & Francis Group, 2010), S.138f. Diese Notwendigkeit der Investitur durch den chinesischen Kaiser entfiel erst mit der Ausrufung des koreanischen Kaiserreiches im Jahr 1897.

195 Kim, „Politics of Royal Rituals and Banchado Illustrations of Uigwe in the Late Joseon": S.74–76. Zur allgemeinen Diskussion um die zentrale Bedeutung der konfuzianischen Riten und Zeremonien für die Etablierung der königlichen Autorität siehe z.B. Han Hyŏng-ju, „The Establishment of National Rites and Royal Authority during Early Chosŏn." *International Journal of Korean History,* Nr.9 (2005). In Bezug auf die Ausgestaltung einer konfuzianischen Herrschaft insbesondere nach der Etablierung der Qing-Dynastie und die zentrale Bedeutung der fünf Staatsriten darin siehe JaHyun Kim Haboush, *A heritage of kings: One man's monarchy in the Confucian world,* Studies in Oriental Culture 21 (New York: Columbia University Press, 1988), S.35ff.

196 Stand 29.06.2018. Es finden sich in den Datenbanken mittlerweile auch weitere Auswahlmöglichkeiten der Sortierung, was der technischen Entwicklung zu verdanken

3.1.2 Zur Eigenständigkeit des Genres

Im Vergleich zum übrigen Bereich der Hofaufzeichnungen, beispielsweise den Regesten oder den *SJW*, handelt es sich bei den *ŭigwe* nicht um ein reines Textformat sortiert nach Datum, sondern um eine Zusammenstellung unterschiedlicher Textsorten, die im Zuge der jeweiligen Zeremonie entstanden sind, und die zu ein- oder mehrbändigen Publikationen zusammengefasst wurden. Über die schriftlichen Aufzeichnungen hinaus enthalten viele *ŭigwe* detaillierte, oftmals farbige Darstellungen von Prozessionszügen (*panch'ado* 班次圖), Zeichnungen von für die Zeremonie notwendigen Gegenständen oder arbeitsnotwendigen Geräten, Lagepläne von Palästen und Gärten sowie Zeichnungen für die zu bauenden Gebäude und Anlagen (*tosŏl* 圖說). Insbesondere die farblichen Abbildungen der großen Prozessionen haben die *ŭigwe* in und außerhalb von Korea bekannt gemacht. Sie können und werden heutzutage zur Nachstellung dieser Zeremonien verwendet. Diese Tatsache mag möglicherweise dazu verleiten, die *ŭigwe* ausschließlich für reine Dokumentationen zu halten.[197] Diese Interpretation ist jedoch möglicherweise zu kurz gegriffen.

Vor allem der Umstand, dass *ŭigwe* als ein Aufzeichnungsformat herrschaftslegitimierender Riten aus der vorherigen Dynastie übernommen und nach konfuzianischen Gesichtspunkten angepasst wurden, in Verbindung mit den Abbildungen und detaillierten Listen von Personen, Gegenständen, Materialien und Kosten, und schließlich ihre kostspielige Ausgestaltung tragen mehrere Merkmale in sich, die die Funktion einer einfachen Dokumentation übersteigen. Sie wurden offensichtlich aus zwei Gründen kompiliert: Sie sollten die korrekte Ausführung der konfuzianischen Riten als Nachweis für die Legitimität der Dynastie dokumentieren. *Ŭigwe* repräsentierten darüber hinaus die ideologische Abkehr von der Koryŏ-Dynastie und dem Buddhismus, indem die legitimierenden Texte nun im Kontext der neuen Ideologie mit entsprechendem Inhalt gefüllt und verwendet wurden. In dieser Interpretation folgt dieses Buch Shin Byung-ju und anderen. Da sie sich in dieser Weise von den übrigen Hofaufzeichnungen absetzen, kann durchaus von einem eigenen Genre *ŭigwe* sprechen, das sowohl Dokumentationsfunktion als auch selbst Ritencharakter besitzt.

---

ist. Die Organisation nach den fünf Staatsriten ist jedoch weiterhin die klassische Einteilung in der Literatur.
197 Vgl. z.B. Shin Byung-ju, „Court Life and the Compilation of Uigwe during the Late Joseon." *Korea Journal* 48, Nr.2 (2008): S.37.

3.1.2.1 Dokumentationsfunktion

Mehrere Hinweise in den Regesten legen nahe, dass *ŭigwe* tatsächlich nach ihrer Publikation verwendet wurden, um Zeremonien gleicher Art nach ihrem Vorbild durchzuführen. Zwei Textstellen finden sich in den Einträgen des Jahres 1600, die beide in Verbindung mit dem Tod der Königin Ŭiin (1555–1600) stehen. In einer Throneingabe des Ministeriums für Militärische Angelegenheiten heißt es:

> Was die königliche Grabstätte betrifft, sollten 3.000 Hilfsarbeiter des Militärs [eingesetzt werden], ausgenommen der Polier- und Gravierarbeiten. Dazu gibt es bereits einen königlichen Beschluss. Die *ŭigwe* eines jeden Jahres sind [allerdings] ohne Ausnahme verloren. Was die Anzahl der Hilfsarbeiter des Militärs betrifft, auch wenn man sich nicht [auf die *ŭigwe*] berufen kann, wenn wir ihre Arbeit unter Einbezug dessen, was wir hören, kalkulieren, dann wird die Zahl derer, die wir einsetzen sollten, möglicherweise bis zu 6.000 zusätzliche Mann [betragen].[198]

In einem weiteren Eintrag des gleichen Jahres wird wie folgt berichtet:

> Was den *kŏmyŏl* Chŏng Ip betrifft: für die Prozedur zur Posthumtitelverleihung an die verstorbene Königin gibt es nichts, auf das man sich berufen [kann]. Um zu prüfen und zurückzuberichten, ob diese Ereignisse im Einklang stehen mit den *sillok* und den *ŭigwe* der früheren Dynastien, erhielt [Chŏng Ip] den Befehl, zum Berg Myohyang zu gehen.
>
> Kommentar: Am Berg Myohyang gibt es das Kloster Pohyŏn, das ist der Ort, wo die *sillok* verwahrt werden.[199]

Aus beiden Einträgen geht hervor, dass für die Arbeiten und Zeremonien zur Bestattung der verstorbenen Königin versucht wurde, ihre korrekte Ausführung sicherzustellen und dazu auf vorherige Beispiele zurückzugreifen, indem man in den Unterlagen nach entsprechendem Wissen suchte. Es wird weiterhin deutlich, dass diese Unterlagen während der japanischen Invasionen vollständig verloren gegangen waren:

---

198 *Sŏnjo sillok*, *kwŏn* 127, Jahr 33 (1600), Monat 7, Tag 1, 1. Eintrag: „兵曹啓曰: 山陵應役軍三千名, 從略磨鍊, 已爲啓下矣。 各年儀軌, 散失無存, 役軍多少, 雖無可據, 計其功役, 參以所聞, 則應入之數, 或稱多至六千餘名。" Mit *yŏkkun* 役軍 sind nicht notwendigerweise Soldaten gemeint, sondern auch generell Arbeiter an einem Bauprojekt. Ihre Unterscheidung ergibt sich aus den Zusätzen, die ihre Arbeiten beschreiben. Diese wiederum sind kein eindeutiger Hinweis auf ihre Berufe, sondern können auch aus der Ableistung bestimmter Frondienste im Rahmen der Steuererbringung stammen. Vgl. z.B. Miller, „Ties of Labour and Ties of Commerce".

199 *Sŏnjo sillok*, *kwŏn* 127, Jahr 33 (1600), Monat 7, Tag 27, 1. Eintrag: „檢閱鄭岦, 以大行王妃徽號節次, 無所據, 依先王朝實錄儀軌考來事, 承命往香山。 (Kommentar): 【香山有普賢寺, 乃實錄所藏處。】。"

Das Ministerium für Riten berichtet, dass nach der Invasion alle *ŭigwe* der Drei Büros des Ministeriums ohne Ausnahme verloren sind. Obwohl [die Riten] normalerweise hergebrachte Praxis sind, gibt es [nun] für Nachweis und Kontrolle nichts, auf das wir zurückgreifen [könnten]. [...][200]

Bereits direkt nach der Erkenntnis, dass ein Großteil der Hofaufzeichnungen im Zuge der japanischen Invasion vernichtet worden waren, war dem Ministerium für Riten bewusst, dass dies unweigerlich Auswirkungen auf die Durchführung der Riten und in der Folge auf die legitimatorische Grundlage der Herrschaft haben musste. In erster Linie die Ahnenriten, die als wichtigster Bestandteil des konfuzianischen Ritenkanons betrachtet wurden, standen hier in einem Maße im Vordergrund, dass zu ihrer Aufrechterhaltung sogar auf die staatlichen Reserven für den Notfall zurückgegriffen werden sollte. Diese drei Einträge bestätigen darüber hinaus, dass bereits kurz nach dem Einfall der japanischen Invasionsarmee, spätestens aber im Jahr 1600 bekannt war, dass alle *ŭigwe* aus der Zeit vorher verloren waren. Das älteste erhaltene *ŭigwe* ist somit das im Jahr 1601 in drei Teilen erstellte *ŭigwe* zum erwähnten Begräbnis der Königin Ŭiin, das im Jahr 1600 stattfand. Von diesen drei Teilen sind zwei bis heute erhalten geblieben, das *Ŭiin wanghu yurŭng sallŭng togam ŭigwe* 懿仁王后裕陵山陵都監儀軌 (*Ŭigwe des Projektbüros für das königliche Grab* yurŭng *der Königin Ŭiin*) und das *Ŭiin wanghu pinjŏn honjŏn togam ŭigwe* 懿仁王后殯殿魂殿都監儀軌 (*Ŭigwe des Projektbüros für die Sarghalle und die Ahnentafelhalle der Königin Ŭiin*).

3.1.2.2 Ritenfunktion

Der ritusgleiche Status des Genres lässt sich aus der Entwicklung ableiten, die es im Laufe der Chosŏn-Zeit genommen hat. Unglücklicherweise sind weder die Titel, noch die Inhalte der *ŭigwe* der frühen Chosŏn-Zeit bekannt. Es erscheint jedoch unwahrscheinlich, dass keiner der Beamten, die im Jahr 1600 für die Kompilation der *ŭigwe* verantwortlich waren, nicht bereits vorher an einem ähnlichen Projekt mitgewirkt hat, zumal von Seiten des Hofes und der Administration dem Genre ein so hohe Bedeutung beigemessen wurde.[201] Unter dieser Voraussetzung sollten die nach 1600 kompilierten Werke in Struktur und Inhalt

---

200 *Sŏnjo sillok*, kwŏn 43, Jahr 26 (1593), Monat 10, Tag 4, 2. Eintrag: „禮曹啓曰:"經亂以後, 曹中三司儀軌, 蕩失無餘, 雖尋常恒式, 憑考無據。 [...]."
201 Meine Recherche in den zur Verfügung stehenden Quellen konnte diese Annahme nicht bestätigen. Aufgrund der Tatsache, dass hohe Beamte in der Regel über eine lange Amtszeit verfügten, und nach dem Abzug der japanischen Truppen das System schnell wiederhergestellt wurde, halte ich die Wahrscheinlichkeit für hoch.

zunächst im Großen und Ganzen denen des späten 16. Jahrhunderts entsprechen.[202] Betrachtet man diese genauer, so lassen sich große Unterschiede zwischen diesen ersten *üigwe* und denen des späten 17. Jahrhunderts ausmachen. Wie Han bereits betont, wirken die frühen Publikationen in gewisser Weise ungeordnet. Sie enthalten kein Inhaltsverzeichnis, die Korrespondenzen innerhalb eines Projekts sind mehr oder weniger nach Datum sortiert gebunden, die handschriftlich verfassten Dokumente wirken oftmals nachlässig verfasst und es sind insgesamt wenig Zeichnungen oder Bildmaterial enthalten. Im Laufe des 17. Jahrhunderts lässt sich aber eine umfangreiche Weiterentwicklung beobachten.

Aus der Herrschaftsperiode König Sŏnjos sind lediglich sechs *üigwe* bekannt, die jeweils aus einem Band mit einer Stärke von 43 bis 158 Doppelseiten bestehen. Es wurde immer nur ein Exemplar handschriftlich hergestellt, das im Gebäude des Staatsrates aufbewahrt wurde. Bereits mit der Herrschaft Kwanghaeguns (reg. 1608–1623) änderte sich diese Praxis. Es wurden mehrere Exemplare pro *üigwe* erstellt, die an unterschiedlichen Orten im Reich aufbewahrt wurden. Auch die Themenvielfalt nahm stark zu, wobei ein besonderer Fokus auf Landesverteidigung, der Auszeichnung der verdienstvollen Untertanen (*kongsin* 功臣) sowie diplomatischen Beziehungen zu China lag.[203] Die Qualität vor allem im Schriftlichen blieb jedoch unverändert. Auch strukturell blieben die *üigwe* bis zum späten 17. Jahrhundert weitgehend ähnlich, auch wenn sie inhaltlich an Umfang zunahmen und thematisch zwischen den einzelnen Herrschern sehr große Unterschiede existierten. Mit der Herrschaft König Sukchongs lässt sich

---

202 Ich folge in dieser Argumentation ausdrücklich nicht den Annahmen von Han Yŏng-u. Ihm zufolge sind die wenigen erhaltenen *üigwe* aus der Regierungszeit Sŏngjongs von sehr viel niedrigerer Qualität im Vergleich zu den vorherigen Werken. Die formale Struktur sei ungeordnet, der Inhalt beschränke sich auf die Korrespondenzen zwischen den an einem Ereignis beteiligten Institutionen der Bürokratie. Darüber hinaus seien die Zeichnungen und Abbildungen wenig detailreich und farbig, und schließlich sei die Schrift qualitativ ungenügend. Han Yŏng-u, „Chosŏn sidae *üigwe* p'yŏnch'an simal." [Beginn und Ende der Kompilation der *üigwe* in der Chosŏn-Zeit] *Hankuk hakpo* 28, Nr.2 (2002): S.16f. und Han, *Chosŏn wangjo* üigwe (儀軌): S.45f. Ich stimme mit Han insoweit überein, als dass die verwendeten Materialien aufgrund der schwierigen Situation nach den Verwüstungen der Invasionen nicht dem Standard entsprachen, den die *üigwe* vorher erreicht haben mochten. Ich gehe aber davon aus, dass es bezüglich der Struktur und Vollständigkeit keine inhaltlichen Abstriche gegeben hat. Zudem betont Han, dass es bei der Erstellung der *üigwe* offenbar keinen Kompetenz- bzw. Erfahrungsmangel gegeben hat.

203 Vgl. Shin, „Chosŏn sidae *üigwe* (儀軌) p'yŏnch'an-ŭi yŏksa": S.277–280.

jedoch ein gewisser Umbruch feststellen, der den besonderen Status des Genres, aber auch die historischen und politischen Entwicklungen widerspiegelt.

Die Eroberung des chinesischen Reiches und die Ausrufung der Qing-Dynastie durch die Mandschu erschütterten das Weltbild der koreanischen Eliten. Mit den Mandschu hatte ein als barbarisch geltendes Volk das zivilisatorische Zentrum der Welt in Besitz genommen und die Ming als rechtmäßige Machthaber vertrieben. Die Machtergreifung der Barbaren erzeugte unter den Gelehrten eine Art Weltuntergangsstimmung und stieß eine Diskussion um den Status des eigenen Landes an.[204] Sie wurde zwischen den sich ideologisch gegenüberstehenden Fraktionen der *namin* 南人 und der *sŏin* 西人 in einem Streit um die korrekte Auslegung der Klassiker in aller Heftigkeit ausgetragen bis dahin, dass es in der jeweils unterlegenen Fraktion zu blutigen Säuberungen kam, die unter dem Stichwort Fraktionskämpfe (*sasaektangjaeng* 四色黨爭) in die koreanische Geschichte eingegangen sind.[205] Diskussionen um eine Nordexpedition (*pukpŏl* 北伐) zur Rückeroberung Chinas führten tatsächlich zu einer Verstärkung des Militärs unter König Hyojong 孝宗 (1619–1659, reg. 1649–1659).[206] Während diese Bemühungen allerdings fruchtlos blieben, rangen die Gelehrten um eine neue Sichtweise auf die sich ihnen bietenden politischen Realitäten, die nicht mehr mit ihrem Weltbild übereinstimmten. Die Herausforderung, die Kim Haboush sogar als epistemischen Wandel bezeichnete, lag darin, die faktische Herrschaft der Mandschu in der politischen Realität in Einklang zu bringen mit dem Ideal von China als kulturellem Zentrum und Korea als direkt daran angeschlossen und vom Zentrum legitimiert.[207]

Das Problem war, dass Korea, um seine hergebrachte Eigenständigkeit zu wahren, politisch wie rituell den Qing untergeben sein musste, aber zugleich dem konfuzianischen Weltbild treu bleiben wollte. Verhandelt wurden demnach zwei Punkte: *Erstens* hatte sich die Welt so verändert, dass vom konfuzianisch-kulturellen

---

204 Vgl. Kim Haboush, JaHyun, „The Ritual Controversy and the Search for a New Identity." in *Culture and the state in late Chosŏn Korea,* hrsg. von JaHyun Kim Haboush und Martina Deuchler, S.68f.
205 Für einen Überblick über die Geschichte der Fraktionskämpfe und die ideologischen Hintergründe siehe z.B. Setton, Mark, „Factional Politics and Philosophical Development in the Late Chosŏn." *Journal of Korean Studies* 8, Nr.1 (1992).
206 Diese Expeditionen wurden in der Weise nie durchgeführt. Allerdings entsandte Chosŏn auf Ersuchen der Qing in zwei Fällen Musketiere zur Unterstützung der Qing-Armee gegen russische Truppen.
207 Vgl. Kim Haboush, JaHyun, „The Ritual Controversy and the Search for a New Identity", S.74.

Ideal nach der Machtergreifung der Mandschu nichts mehr übrig war außer Korea als letztem Bollwerk gegen die Barbaren. Daraus entwickelte sich die Idee des Kleinen China (*sojunghwa* 小中華), als welches Korea nun den Kern der konfuzianischen Welt darstellte und bewahren musste.[208] *Zweitens* musste ein Weg gefunden werden, die Legitimität des koreanischen Throns sicherzustellen, ohne dass es der Investitur durch die Ming bedurfte. Diese Frage führte zur Diskusion darüber, was als Orthodoxie und was als Heterodoxie in der Interpretation der Klassiker galt. Über diese beiden Punkte entbrannten Teile der angesprochenen Fraktionskämpfe.[209] Sie ebbten erst mit der Herrschaft der sogenannten starken Könige Yŏngjo und Chŏngjo ab, die es vermochten, mehr Macht auf sich zu vereinen und ihre Herrschaft zu beruhigen, indem sie die Fraktionen durch ihre als *t'angp'yŏng* bezeichnete Politik des Ausgleichs im Großen und Ganzen unter Kontrolle halten konnten. In das 18. Jahrhundert fällt darüber hinaus der Versuch, sich in ritueller Anlehnung an die Ming und Qing als entsprechend eigenständig bzw. legitimiert darzustellen.[210]

Die epistemische Veränderung schlug sich auch in den *ŭigwe* nieder und festigt die Annahme, dass sie selbst gewissen Ritualcharakter besaßen. Gegen Ende des 17. Jahrhunderts erfuhr das Genre eine umfangreiche, unübersehbare Formgebung und Standardisierung auf mehreren Ebenen.[211] Die Materialien waren nun allgemein von höherer Qualität, ebenso die Zeichnungen und Abbildungen, und insbesondere die als *panch'ado* 班次圖 bezeichneten Prozessions- und Aufstellungsabbildungen. Allein deren Benennung als *Plan zur Ordnung der Gruppen* ist Ausdruck einer Neubesinnung auf die konfuzianische soziopolitische bzw. kosmische Ordnung und ihre weltliche Abbildung in den Zeremonien.

---

208 Anders als für die Han-Chinesen war es für die Koreaner nicht Pflicht, sich dem Frisuren- und Modestil der Mandschu anzugleichen. Auch diese äußere Abgrenzung trug zu einer gewissen staatlichen Identitätsbildung und einem *othering* der Mandschu bei.

209 Vgl. ebd., S.52–71. Zur Diskussion um Orthodoxie und Heterodoxie siehe Deuchler, Martina, „Despoilers of the Way – Insulters of the sages: Controversies over the classics in seventeenth-century Korea." in *Culture and the state in late Chosŏn Korea*, hrsg. von JaHyun Kim Haboush und Martina Deuchler.

210 Vergleiche hierzu die Studie zur Dokumentation von bestimmten Staatsriten durch Hofmalerei in McCormick, Sooa, „Comparative and cross-cultural perspectives on chinese and korean court documentary painting in the eighteenth century." (Dissertation, University of Kansas, 2014), Lawrence.

211 Vgl. Kang Mun-sik,„Kyujanggak sojang ŭigwe-ŭi hyŏnhwang-gwa t'ŭkching." [Situation und Charakteristika der im Kyujanggak archivierten *ŭigwe*] *Kyujanggak*, Nr.37 (2010): S.146.

Ŭigwe wurden nach der Herrschaft König Injos grundsätzlich in zwei unterschiedlichen Versionen hergestellt, die unterschiedlichen Zwecken dienten. Eine Version diente zur Vorlage an den König und wird als Königsausgabe (*ŏrambon* oder *ŏramyong* 御覽本/用) bezeichnet. Eine zweite Version war zur Archivierung bestimmt und wird als Archivausgabe (*punsangbon* bzw. *punsangyong* 分上本/用) bezeichnet.

Die Königsausgabe wies einige Besonderheiten gegenüber vorherigen *ŭigwe* auf. So waren die Beschläge der Bindung aus teurem Messing und die fünf Nieten als Chrysanthemenblüten geformt, der Einband aus grüner oder blauer Seide. Sowohl die Materialien als auch die übrige Gestaltung repräsentierte symbolisch traditionell den Himmelssohn.[212] *Ŭigwe* wurden auch in dieser Zeit handschriftlich hergestellt, folgt man den Angaben des Kyujanggak sowie der anderen Archive. Holzdruck wurde lediglich für die *panch'ado* Abbildungen verwendet und nach dem Druck koloriert. Im späten 18. Jahrhundert kam vereinzelt auch eine Kombination aus Druck mit beweglichen Metallettern für die Texte und Holzdruckplatten für die Abbildungen vor. Strukturell wurden die *ŭigwe* nun nach einheitlichen, durch Hochstellung und honorative Pausen markierte Überschriften in Kapitel eingeteilt, ein Inhaltsverzeichnis wurde ab etwa den 1680er Jahren an den Anfang gesetzt.[213] Alle *ŭigwe* waren ab diesem Zeitpunkt in gleicher Weise aufgebaut, mit Unterschieden je nach Art und Umfang des jeweiligen Projekts.

Insgesamt wurden die Ausgaben nun nach den sie herausgebenden Projektbüros (*togam* 都監) publiziert und alle zugehörigen Unterlagen einsortiert. Vorher hatte jede Abteilung (*pang* 房) und jedes Gewerk (*saek* 色) durchaus seine individuelle Ausgabe herausgebracht. Auch waren für ein Ereignis unterschiedliche *togam* zuständig, die jeweils eigene *ŭigwe* kompilierten. Weiterhin lässt sich auch eine inhaltliche Standardisierung beobachten. Themen wie Kanonenbau lassen sich seit der Herrschaft König Sukchongs nicht mehr finden.[214] Sie beschränken sich tatsächlich auf die erwähnten Riten sowie insbesondere das Bauwesen. Darüber hinausgehende Inhalte sind zwar vereinzelt vorhanden,

---

212 Han, „Chosŏn sidae *ŭigwe* p'yŏnch'an simal": S.18f.
213 Der genaue Zeitpunkt für den Beginn des Holzplattendrucks oder das erste derart hergestellte *ŭigwe* sind nicht eindeutig zu bestimmen. Das früheste *ŭigwe* mit Inhaltsverzeichnis und farbigen *panch'ado*-Abbildungen, das ich bei meiner Recherche finden konnte, war das *Hyŏnjong kukchang togam ŭigwe* 顯宗國葬都監儀軌 von 1675. Es wurde nach Angaben des Kyujanggak handschriftlich hergestellt. Es finden sich immer wieder vereinzelte *ŭigwe*, die von dieser Standardisierung abweichen, insbesondere in den Archivausgaben. Einen genauen Grund konnte ich dafür nicht bestimmen.
214 *Hwagi togam ŭigwe* 火器都監儀軌 (*Ŭigwe des Büros für Feuerwaffen*) von 1614/15.

stehen aber immer im engen Zusammenhang mit der Legitimierung der Herrschaft nach konfuzianischen Gesichtspunkten.[215]

Diese Standardisierungsmaßnahmen symbolisierten die konfuzianisch ausgebildeten Strukturen der Gesellschaft und untermauerten dadurch die Legitimation nicht nur der Herrscher, sondern auch der weiterreichenden Schicht der Gelehrtenbeamten und darüber hinaus des reorganisierten Weltbilds. Im folgenden Kapitel wird daher für das ausgehende 17. sowie das 18. Jahrhundert dargestellt, wie dieses Genre tatsächlich ausgestaltet wurde, wie es sich im Laufe der Zeit weiterentwickelte, und welche Rolle die Dokumentation von Bauprojekten in diesem Genre spielte.

3.1.3 Allgemeine Charakteristika des Genres

Da die *ŭigwe* durch ihre Verfasser nicht nach Kriterien wie z.B. den fünf Staatsriten oder den sechs Ministerien kategorisiert wurden, stellt die Aufteilung in Königsausgaben und Archivausgaben das offensichtlichste sowie einzig originäre Unterscheidungsmerkmal dar. Mit der Herstellung von Königsausgaben wurde erst nach der Ausrufung der Qing-Dynastie begonnen.[216] Inhaltlich waren sie nahezu identisch, unterschieden sich aber vor allem in der Qualität der Materialien, der Textstruktur und der allgemeinen Gestaltung, sodass die Band- und Seitenzahl zwischen beiden Ausgaben durchaus abweichen konnte. Neben den Unterschieden bei den verwendeten Materialien wurden im Schriftbild Ehrbezeichnungen, insbesondere für den Herrscher, durch Hochstellung der Spalten um ein oder zwei Zeichen realisiert. Der Text insgesamt wurde in den Königsausgaben rot umrandet.[217] Die Unterschiede in Material und Verarbeitung lassen sich anhand der Abbildungen 1 und 2 gut nachvollziehen. Die Königsausgaben waren im Gegensatz zu den Archivausgeben mit entsprechend teuren und hochwertig verzierten Messing- oder Kupferbeschlägen versehen. Die Archivausgaben besaßen darüber hinaus Angaben zu Titel und Aufbewahrungsort direkt auf dem Umschlag. Die Umschläge der Königsausgaben wurden darüber hinaus mit feinen Wolken- und Blütenmustern gestaltet und hatten auch dadurch einen insgesamt höheren künstlerischen wie materiellen Wert (vergleiche Abbildungen 3 und 4).

---

215 So finden sich während der Regentschaft Yŏngjos Ŭigwe, die seine gelegentlichen Treffen mit dem Volk außerhalb des Palastes sowie sein rituelles Pflügen der Felder und Viehtreiben dokumentieren. vgl. z.B Han, *Chosŏn wangjo* ŭigwe (儀軌): S.257ff.
216 Auch meine Recherchen ergaben kein Ergebnis bei der Suche nach Königsausgaben oder Archivausgaben von vor diesem Zeitpunkt.
217 Han, „Chosŏn sidae ŭigwe p'yŏnch'an simal": S.17ff.

Abbildung 1: Umschlag der Königsausgabe des Mongnŭng hwirŭng hyerŭng pyosŏk yŏnggŏnch'ŏng ŭigwe 穆陵徽陵惠陵表石營建廳儀軌, *herausgegeben 1747.*

Abbildung 2: Umschlag der Archivausgabe des Sindŏk wanghu chŏngnŭng yŏnggŏnch'ŏng ŭigwe 神德王后貞陵營建廳儀軌, *herausgegeben 1770, laut Aufschrift zur Archivierung im Ministerium für Riten.*

Abbildung 3: Einband der Königsausgabe des Hyŏnjong sungnŭng sallŭng togam ŭigwe 顯宗崇陵山陵都監儀軌（上）, *Oberer Band, herausgegeben 1674, mit Blütenmuster.*

Abbildung 4: Detailansicht des Einbands der Königsausgabe des Hyŏnjong pinjŏn togam ŭigwe 顯宗殯殿都監儀軌, *herausgegeben 1675, mit Wolkenmuster.*

Von der Königsausgabe wurde ein Exemplar hergestellt, das dem König vorgelegt und dann im Ministerium für Riten oder explizit an anderer Stelle archiviert wurde. Bis zu acht Exemplare wurden von den Archivausgaben angefertigt. Diese wurden an unterschiedliche Orte verbracht, beispielsweise in die vier Bergarchive, das Ch'unch'ugwan 春秋官, das Ministerium für Riten oder das Gebäude des Staatsrates[218]. Der Aufbewahrungsort wurde nicht selten auf dem Umschlag der *ŭigwe* notiert. Der Grund für die Vielzahl an Kopien war die Erfahrung der großen Verwüstungen durch die Invasionen und der damit einhergegangene Verlust einer Vielzahl von Aufzeichnungen, allen voran aller *ŭigwe* und fast aller Kopien der *sillok*. König Chŏngjo allerdings nahm an dieser Druck- und Verteilungspraxis einige weitreichende Veränderungen vor. So verbot er zunächst die Herstellung von Königsausgaben, da sie ihm offenbar zu kostspielig waren und er sie scheinbar als überflüssig ansah.

> Anordnung, dass die Königsausgaben der *ŭigwe* nicht mehr vorgehalten werden sollen:
>
> Die Anordnung lautet: Auch wenn es von den *ŭigwe* Palastausgaben gibt, so sind sie doch nur nutzloses Papier im Inneren [des Palasts]. Falls man sie aufzubewahren wünscht, soll man sie lediglich auf [die Insel] Kanghwa transportieren und [dort] lagern. Was [die Insel] Kangwha angeht, sie besitzt ein Lagerhaus und die Archivversionen [der *ŭigwe*] sind nicht sehr drängend. Von nun an werden die Palastausgaben der *ŭigwe* nicht mehr [im Palast] vorgehalten. Diese Angelegenheit soll an jedes *togam* weitergegeben und auch zur standardisierten Vorgehensweise werden. Die Aufsicht über die Befolgung der Angelegenheit soll an das Ministerium für Finanzen weitergegeben werden.[219]

Im Jahr 1782 befahl er die Gründung des Äußeren Kyujanggak (Oekyujanggak 外奎章閣) auf der Insel Kangwha an der Mündung des Flusses Han, und die Auslagerung der Königsausgaben aus den Gebäuden der Hauptstadt dorthin.[220] Im Jahr 1866 wurden aus dem Äußeren Kyujanggak 297 Ausgaben von der französischen Armee erbeutet und nach Frankreich verschifft.[221] Dies geschah

---

218 Die Archivierung in den Gebäuden des Staatsrates wurde im Jahr 1757 beendet.
219 *Ilsŏngnok*, Yŏngjo 52 (1776), Monat 7, Tag 29: „命儀軌御覽件勿爲磨鍊定式. 教曰 儀軌雖有御覽件不過爲自內之休紙 如欲藏置又不過移藏江華 江華則自有史庫分上件不緊甚矣 此後儀軌御覽件勿爲磨鍊事分付各都監亦爲定式 遵行事分付戶曹." Han Yŏng-u und andere geben für die zeitliche Einordnung das Jahr Chŏngjo null als Jahr seiner Trohnbesteigung an. In der Datenbank des Kyujanggak ist der Eintrag jedoch unter Yŏngjo 52 einsortiert, da das Jahr Chŏngjo null hier nicht existierte: vgl. ebd.: S.22.
220 Trotz der Anordnung des Königs wurden die Königsausgaben weiterhin hergestellt. Der Grund dafür ist unklar. Möglicherweise wurde durch die Auslagerung ins Äußere Kyujanggak das Müllproblem genügend entschärft.
221 Die jeweilige Zahl an Königsausgaben und Archivausgaben ist nicht bekannt.

im Zuge einer Strafexpedition zur Vergeltung der Hinrichtung mehrerer französischer Missionare, die unter der Bezeichnung *pyŏngin yangyo* 丙寅洋擾 bekannt geworden ist.[222]

Von Beginn der Herrschaft König Sukchongs an findet man farbige Abbildung nicht nur der Prozessionszüge, sondern auch symbolhafter Darstellungen im Rahmen der jeweiligen Riten. Die sogenanten vier himmlischen Tiere dienten primär nicht der allgemeinen Dekoration, sondern besaßen eigene rituelle Bedeutung. Weißer Tiger[223], Grüner Drache, Schwarze Schildkröte und Schlange sowie Roter Vogel, zierten diverse Begräbnisŭigwe bereits seit der Zeit König Hyŏnjongs und symbolisierten durch ihre qualitativ hochwertige Darstellung und die leuchtenden Farben die Macht und Legitimität der Herrscher und darüber hinaus die Signifikanz des Genres und des Ereignisses (siehe Abbildungen 5 und 6). Keines dieser Motive wurde für andere Hofaufzeichnungen verwendet. Darüber hinaus finden sich die in den Riten verwendeten Gegenstände mit ihrer Bezeichnung und Verwendung (siehe Abbildung 7). Die Archivausgaben schließlich enthalten häufig eine Seite mit den Angaben der Standorte aller Archivausgaben des jeweiligen *ŭigwe* (siehe Abbildung 8). Die hier beispielhaft herangezogenen Ausschnitte finden sich sowohl in den Königs- als auch Archivausgaben der Grabŭigwe (*sallŭng ŭigwe* 山陵儀軌)[224] aus der Zeit König Sukchongs.[225] Grabŭigwe selbst existierten bereits seit mindestens 1600, insgesamt sind 28 Ausgaben bekannt.[226]

---

222 Ein Großteil der von mir untersuchten *ŭigwe* sind mit dem Siegel der Bibliothéque Imperiale versehen. Diese wurde 1877 in Bibliothéque Nationale umbenannt. Die *ŭigwe* müssen daher gleich nach ihrem Raub nach Frankreich verschifft und dort zeitnah katalogisiert worden sein.

223 Hier dargestellt ist ein aufrecht tänzelnder Tiger. Diese Art der Darstellung findet sich erst ab der Zeit König Sukchongs. Bis dahin wurden die Tiger sitzend dargestellt.

224 Das Changsŏgak, welches einen Großteil der Archivausgaben dieser *ŭigwe* besitzt, klassifiziert sie unter diesem Terminus. Das Kyujanggak bzw. Äußere Kyujanggak führen ihre Ausgaben unter dem vollständigen Titel, sodass eine vergleichende Suche möglicherweise erschwert ist.

225 Die Überstände über die roten bzw. schwarzen Umrandungen habe ich aus Gründen der Platzersparnis ausgeschnitten. Dies gilt ebenso für alle weiteren Abbildungen, wenn nicht explizit anders erwähnt.

226 Vgl. *HMMTS* [2015.10.22].

Abbildung 5: Königsausgabe des Hyŏnjong sungnŭng sallŭng togam ŭigwe 顯宗崇陵山陵都監儀軌（上）, *Oberer Band, herausgegeben 1674, S.8f.*

Abbildung 6: Königsausgabe des Hyŏnjong sungnŭng sallŭng togam ŭigwe 顯宗崇陵山陵都監儀軌（上）, *Oberer Band, herausgegeben 1674, S.9f.*

Abbildung 7: Ausschnitt aus der Archivausgabe des Hyŏnjong pinjŏn togam ŭigwe 顯宗殯殿都監儀軌, *herausgegeben 1675.*

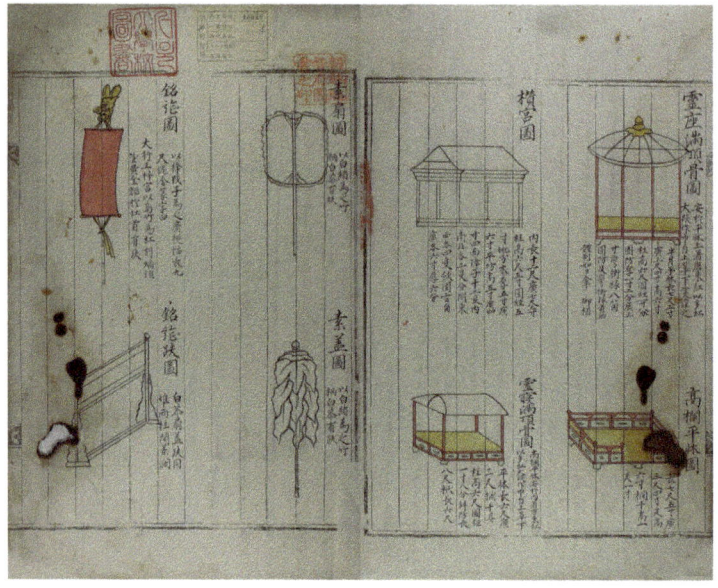

Abbildung 8: Verzeichnis der Exemplare des Sukchong inhyŏn wanghu myŏngnŭng kaesu togam ŭigwe 肅宗仁顯王后明陵改修都監儀軌, *herausgegeben 1744.*

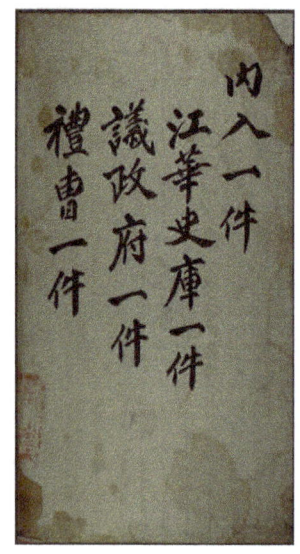

Sehr viel populärer und zahlreicher sind demgegenüber heutzutage die *panch'ado* Abbildungen, die für die generationsübergreifende Dokumentation und die Nachstellung chosŏnzeitlicher Riten auch und gerade im heutigen Korea von großer Bedeutung sind. Sowohl in den Königsausgaben als auch in vielen Archivausgaben sind diese Abbildungen farbig ausgestaltet. Dies ermöglichte es neben der symbolischen Bedeutung von Farbe im Allgemeinen, die Funktion und hierarchische Stellung der teilnehmenden Gruppen zu identifizieren sowie ihre Position in der allgemeinen Aufstellung (siehe Abbildungen 9 und 10). *Panch'ado* waren bereits seit 1604 Bestandteil der *ŭigwe*, entwickelten sich aber im Laufe der Zeit in Art und Umfang weiter. So wurden die Zeichnungen der Personen immer feiner und lebensechter, sodass sie nicht nur die Darstellungen lebhafter erscheinen lassen, sondern das tatsächliche Verhalten der Teilnehmer oder ihren individuellen Charakter widerzuspiegeln scheinen.

Auch wurden die Zeremonien und mit ihnen auch die Abbildungen immer umfangreicher, sodass auf einer Abbildung mehr Details zu erkennen waren und die Fülle an Abbildungen pro Ereignis zunahm. Dies diente sowohl der immer detaillierteren Vorplanung derartiger Großereignisse, als auch der umfangreicheren Dokumentation. Auffallend ist, dass spätestens in der zweiten Hälfte des 18. Jahrhunderts nicht nur die Amtsbezeichnungen der Teilnehmer, sondern teilweise auch ihre Namen in den Zeichnungen eingetragen wurden, sodass der Standort dieser Personen exakt lokalisiert werden konnte, entweder im Vorfeld oder im Nachhinein. Aus der Zeit vor der Herrschaft König Sukchongs sind 18 *ŭigwe* bekannt, die *panch'ado* enthalten. Bis zum Ende der Herrschaft König Chŏngjos im Jahr 1800 entstanden weitere 56 *ŭigwe* mit darin enthaltenen *panch'ado*.[227] Während sich Umfang und Detailgrad der Zeichnungen erhöhten, blieb die ungewöhnliche perspektivische Darstellung gleich, was ebenfalls auf eine Nichtveränderbarkeit in ritueller Manier schließen lässt.

Wie aus einem Vergleich der beiden *panch'ado* in Abbildungen 9 und 10 zu erkennen ist, stimmen sie im Umfang der Darstellung und Bezeichnungen größtenteils überein. Sie zeigen allerdings große Unterschiede in der detaillierten Ausgestaltung der dargestellten Personen, der Sänften und der allgemeinen Feinheit bis hin zum Schriftbild. Gut zu erkennen sind die Bezeichnungen der Teilnehmer, die sich in den schriftlichen Aufzeichnungen wiederfinden lassen, sowie der rote Rahmen, der die Königsausgaben markiert.

---

227 Vgl. Kim, „Politics of Royal Rituals and Banchado Illustrations of Uigwe in the Late Joseon": S.77f.

Abbildung 9: Panch'ado *aus der Königsausgabe des* Insŏn wanghu pumyo togam ŭigwe 仁宣王后祔廟都監儀軌, *herausgegeben 1676, S.424f.*

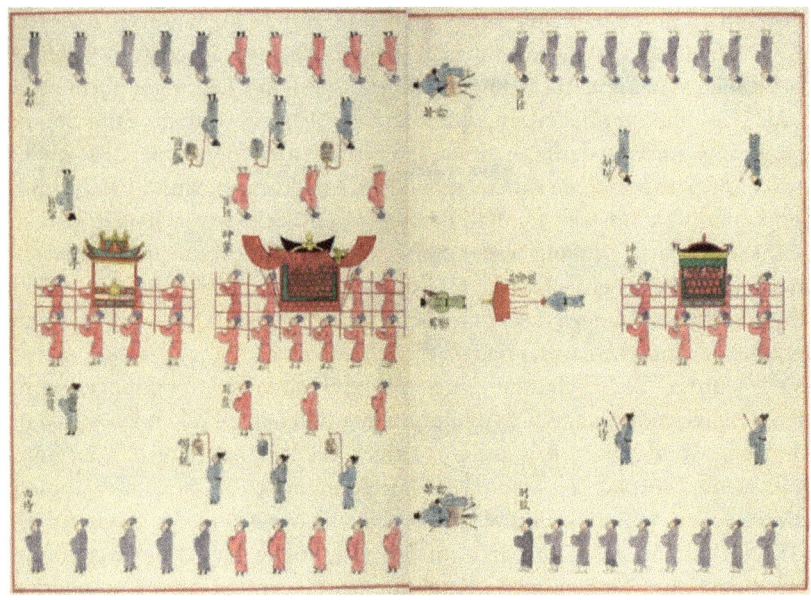

Abbildung 10: Panch'ado *aus der Archivausgabe des* Insŏn wanghu pumyo togam ŭigwe 仁宣王后祔廟都監儀軌, *herausgegeben 1676, S.202f.*

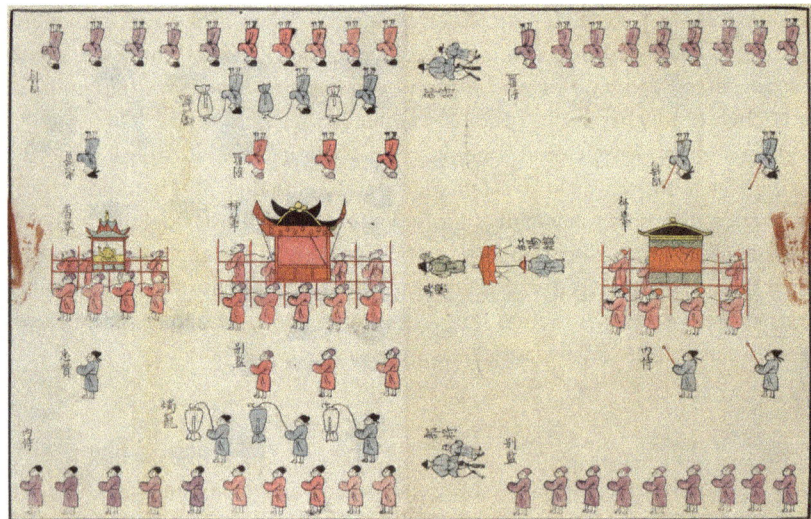

Zur Zeit König Chŏngjos hatte sich zwar an der grundlegenden Gestaltung der *panch'ado* nicht viel geändert, die Szenen wurden jedoch lebhafter und der Detailgrad höher. Dies äußerte sich sowohl vor allem in der Länge der Prozessionsabbildungen, die dadurch nun eine viel größere Seitenanzahl einnahmen, als auch in der Menge an Abbildungen und Szenen, die die Zeremonien in einem sehr viel größeren Ausmaß an Genauigkeit beschrieben.[228] So war die erste *panch'ado* im *Sŏnjo ŭiin wanghu inmok wanghu chonsung togam ŭigwe* 宣祖 懿仁王后 仁穆王后 尊崇都監儀軌 (*Ŭigwe des Projektbüros zur Verehrung der Königinnen Ŭiin und Inmok des Königs Sŏnjo*) gerade sechs Seiten lang, während sie zum Ende des 19. Jahrhunderts auf über 100 Seiten anwuchsen.[229] Höhepunkt stellen die farbigen, überaus detaillierten Abbildungen von Zeremonien, Ritualen und Feiern im Zuge der 1795 stattgefundenen Prozession König Chŏngjos und seiner Mutter Königin Hyegyŏng zum Grab seines Vaters in der Festung Hwasŏng. Diese Prozession ist im *Wŏnhaeng ŭlmyo chŏngni ŭigwe* 園幸 乙卯 整理儀軌 (*Ŭigwe über die Ordnung der Grabprozession am Tag ŭlmyo*) festgehalten.

In diesem Genre, dessen Existenz selbst demnach als symbolhaft für die Herrschaftslegitimation der Könige angesehen werden kann, finden sich ebenfalls Kompilationen, die sich mit der Planung, Organisation und Umsetzung von Bauprojekten befassen. Diese erfahren einen ähnlich hohen Detailgrad wie die ritenbezogenen *ŭigwe*. Wenn allerdings das gesamte Genre selbst den dargestellten Ritencharakter besitzt, stellt sich die Frage, ob die eher technischen Informationen als Aussage im Sinne eines Diskurses gewertet werden können.

3.2 Bauŭigwe

Es mag im ersten Moment erstaunen, dass in einem Genre, das derart mit der rituellen Legitimierung der Herrschaft verzahnt ist etwas so profanes wie die Dokumentation von Bauprojekten ihren Platz gefunden hat. Dabei war ausgerechnet das erste uns mit Titel bekannte *ŭigwe* dasjenige über den Bau des Palasts Kyŏngbokkung. Es steht allerdings außer Frage, dass öffentliche Bauprojekte zu allen Epochen und in Kulturräumen weltweit auch dazu dienten, die Legitimation der Herrschenden in unterschiedlicher Weise zu bestätigen und ihren Machtanspruch zu untermauern. So ließen beispielsweise die römischen Kaiser

---

228 Anhand der Teilnehmerzahlen in den *ŭigwe* nahmen die Prozessionen allgemein an Größe zu, was sich in ihren Abbildungen niederschlägt.

229 Vgl. die Untersuchung in ebd.. Selbstverständlich variiert die Zahl der Seiten mit der Länge der Prozessionen, die abhängig vom jeweiligen Ereignis sind. Die Tendenz ist jedoch unübersehbar.

prachtvolle öffentliche Nutzbauten wie Thermen errichten, um ihr Ansehen im Volk zu erhöhen, sowie Symbolbauten wie die zahllosen Triumphbögen zur Erinnerung an historische Ereignisse. Durch Tempelbauten und entsprechende Rituale, die sie entweder selbst durchführten oder durchführen ließen, sicherten sie ihre Herrschaft darüber hinaus in einem kosmologischen Zusammenhang.[230]

Die in den *üigwe* behandelten Bau- und Reparaturprojekte befassen sich in der Regel mit Bauwerken, denen eine besondere staatliche Bedeutung beigemessen werden kann. Sie besaßen darüber hinaus die gleiche öffentliche Wirksamkeit wie die großen Zeremonien, die die Herrschaft der Könige aus dem Palast hinaus nach außen in das Volk trugen. Während der König wie auch die obersten Beamten ihre Arbeit bzw. ihr Leben tendenziell weigehend abgeschirmt von der Öffentlichkeit verbrachten, gaben die großen Prozessionen ihnen die Möglichkeit, sich nach außen zu präsentieren und ihre Herrschaft in dieser Weise vor dem Volk zu legitimieren. Sie gaben dem Volk wiederum die Möglichkeit, durch derartige Veranstaltungen an den Staatsriten teilzuhaben und sich der Legitimität des Königs zu versichern und ihn andererseits dadurch selbst zu legitimieren. Sie mögen darüber hinaus dazu gedacht gewesen sein, in gewisser Weise eine Identifikation des Einzelnen mit den sie Regierenden herbeizuführen. In ungleich stärkerem Maße galt diese Annahme für Bauwerke, die qua ihrer Existenz in der Öffentlichkeit sichtbar waren und dadurch ein permanentes Symbol der königlichen Herrschaft darstellten. Eine Liste der für die spätere Analyse relevanten, uns bekannten und in den Datenbanken verfügbaren Bauüigwe zeigt gewisse Merkmale, die bei der Einordnung behilflich sein können.[231]

---

230 Schuler, Christofer, „Fernwasserleitungen und römische Administration im griechischen Osten." in *Infrastruktur und Herrschaftsorganisation im Imperium Romanum: Akten der Tagung in Zürich, 19. – 20.10.2012*, hrsg. von Anne Kolb, S.105f.

231 Vgl. Tabelle 29 im Anhang. Im weiteren Verlauf werden die behandelten *üigwe* nicht mit vollem Titel, sondern abgekürzt mit der Jahreszahl ihrer Publikation zitiert. Vergleiche dazu auch Tabelle 19. In meiner Auswahl folge ich nicht in erster Linie den Einordnungsprinzipien der Bibliotheken, deren Datenbanken die *üigwe* bereitstellen, und konzentriere mich neben den explizit als Bauüigwe (*yŏnggŏn üigwe* 營建儀軌) gekennzeichneten Exemplaren auch auf solche, die nicht in dieser Kategorie eingeordnet wurden. Einschränkend muss jedoch gesagt werden, dass z.B. Staatsbegräbnisse in der Regel ebenfalls einen gewissen Anteil an Bautätigkeit beinhalteten, diese aber nicht Hauptgrund für die Zeremonie und ihre Dokumentation waren. Nichtsdestoweniger wurden auch hier Bauarbeiten ausgeführt, die repräsentativen Zwecken dienten und die in Umfang und Anforderungen an die Ausführenden anderen Bauprojekten sicher in nichts nachstanden. Es wurden somit alle Titel aufgenommen, die folgenden Kategorien zuzuordnen sind: Reparatur/Instandsetzung: *suri* 修理,

Der bei weitem größte Anteil an Bauprojekten, die in *ŭigwe* festgehalten wurden, findet sich in der Regierungsperiode König Yŏngjos. Diese Tatsache mag insofern nicht verwunderlich sein, als dass er mit 52 Jahren die längste Amtszeit aller chosŏnzeitlichen Herrscher innehatte. Bei mehr als der Hälfte der Bauvorhaben handelte es sich darüber hinaus um Reparaturen von Grabanlagen früherer Herrscher und Königinnen sowie der Errichtung von Grabstelen. Diese Arbeiten, die durchaus unter dem Gesichtspunkt der Herrschaftslegitimation in den Rahmen der konfuzianischen Pietät eingeordnet werden können, stehen damit im engen Zusammenhang mit König Yŏngjos weiteren derartigen Anstrengungen, wie zum Beispiel seiner Hinwendung zum Volk im Rahmen öffentlicher Zeremonien.[232] Demgegenüber fällt für die Zeit König Chŏngjos auf, dass ein wesentlicher Teil der *ŭigwe* in Bezug auf Zeremonien zur Verehrung seiner Mutter und vor allem seines Vaters erstellt wurde. Die Errichtung und regelmäßige Reparatur der Grabanlagen sowie mehrmalige Prozessionen und Ahnenzeremonien zeugen von dem Fokus, den Chŏngjo auf die Wiederherstellung des Rufes seines Vaters und die permanente Legitimierung seiner Herrschaft bzw. Linie legte.

3.2.1 Organisation von Text und Projekt

Die Kompilation der *ŭigwe* oblag dem für das jeweilig Projekt zuständigen temporären Projektbüro (*togam* 都監). Die für die Publikation verantwortlichen Personen wurden aus unterschiedlichen Ebenen des Projekts rekrutiert und hatten somit genügend interne Kenntnisse zur Aufbereitung und Abschrift der zugrundeliegenden Unterlagen. Die Publikationsgruppe wurde im Kapitel „Ŭigwe" jeder Ausgabe benannt.[233] Diese Organisation spiegelt sich auch in der inhaltlichen Struktur wider, indem eigene Kapitel für eigene Organisationseinheiten existierten. *Togam* wurden entsprechend ihres temporären Charakters für viele unterschiedliche Zwecke eingerichtet, weswegen ihre organisationale Ausgestaltung von Ereignis zu Ereignis variierte. Eine intensivere Untersuchung ihrer genauen Funktionsweisen fehlt allerdings bis heute. Sie wurden hauptsächlich im Rahmen der Forschung zu *ŭigwe* mitbetrachtet, sodass vergleichsweise geringe Detailkenntnisse vorliegen. Während man zumindest in Bezug auf die

---

chungsu 重修, *sugae* 修改, *kaesu* 改修, Neukonstruktion bzw. –bau: *chunggŏn* 重建, *yŏnggŏn* 營建, darüber hinaus *ŭigwe*, die eindeutig Bauprojekten entstammten.

232 Vgl. ebd.: S.232f.
233 Neben den *togam* existierten vier weitere institutionelle Formen, die eigenständig oder als Abeilung eines *togams* Arbeiten ausführten: *chŏng* 廳, *so* 所, *saek* 色, *pang* 房.

frühe Chosŏn-Zeit vereinzelte Artikel findet, existiert lediglich eine einzige umfangreichere Studie zur Struktur und Charakteristika von *togam* für die späte Chosŏn-Zeit. Na Yŏng-hun hat insgesamt 239 *ŭigwe* aus dem Zeitraum von 1605 bis 1863 ausgewertet und vornehmlich anhand dieser Quellen die besonderen Strukturen der *togam*, die er für ein repräsentatives Merkmal der Chosŏn-Zeit hält, analysiert.[234]

Im *Zentralkatalog der Zehntausend Geräte* (*Mangi yoram* 萬機要覽, 1808) wird eine einheitliche Organisation von *togam* unterstellt. In ihrer dreigeteilten Struktur gebe es eine Aufsichtsebene (*toch'ŏng* 都廳), eine ausführende Ebene mit drei Abteilungen (*pang* 房) und eine Hilfsebene für Zuarbeiten (*pyŏlgongjak* 別工作).[235] Na zeigt in seiner Analyse, dass dies nur bedingt den realen Gegebenheiten entsprochen hat. Zwar könne die generelle Organisation in drei Ebenen beibehalten werden, jedoch unterscheide sich diese teilweise erheblich voneinander, wobei in diesen Unterschieden gewisse Muster auszumachen seien.[236] Neben der strukturell über die Zeit stabilen Aufsichtsebene existierte eine Arbeitsebene mit einer variablen Zahl von Abteilungen, die jeweils für unterschiedliche Aufgaben innerhalb des Projekts zuständig waren. Diese Abteilungen wurden nicht durchgängig mit dem Begriff *pang* 房 bezeichnet, sondern auch als *so* 所 oder *pyŏn* 邊. Die dritte Ebene (*pyŏlgongjak*) wurde, wenn notwendig, wiederum in Abteilungen unterteilt, für die die gleichen Begriffe verwendet wurden. Gemäß den in ihnen verorteten Aufgaben können sie in Aufsichtsebene (*toch'ŏngbu* 都廳部), Leitungsebene (*nangch'ŏngbu* 郎廳部) und Ausführungsebene (*pyŏlgongjak* 別工作) unterschieden werden. Die folgende Beispiele in den Abbildungen 11 und 12 stehen repräsentativ für diese Form der Organisation.[237]

---

234 Na, „Ŭigwe(儀軌)-rŭl t'onghae pon chosŏn hugi togam(都監)-ŭi kujo-wa kŭ t'ŭksŏng": S.240.
235 Zusammengefasst nach ebd.: S.241.
236 Ich folge in der weiteren Darstellung der Struktur der Bauŭigwe im Großen und Ganzen der Analyse von Na Young Hun. Wo ich mit den Schlussfolgerungen und Darstellungen nicht einverstanden bin, markiere ich eigene abweichende Sachverhalte gesondert.
237 In diesem Fall handelt es sich beim Projektbüro nicht um ein *togam*, sondern um ein *ch'ŏng*. Möglicherweise hat dies mit dem Gesamtumfang des Projekts zu tun. Das hier abgebildete Projekt war von eher kleiner bis mittlerer Größe, auf die Organisationsstruktur hatte dies offenbar keinen Einfluss.

Abbildung 11: Inhaltsverzeichnis des T'aejo kŏnwŏllŭng chungsu togam ŭigwe 太祖健元陵重修都監儀軌, *herausgegeben 1764.*

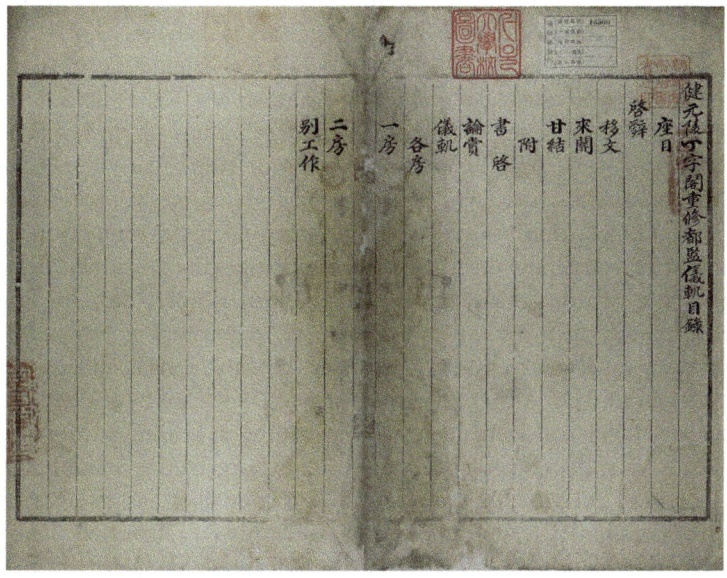

Abbildung 12: Auszug aus dem Personalverzeichnis des T'aejo kŏnwŏllŭng chungsu togam ŭigwe 太祖健元陵重修都監儀軌, *herausgegeben 1764.*

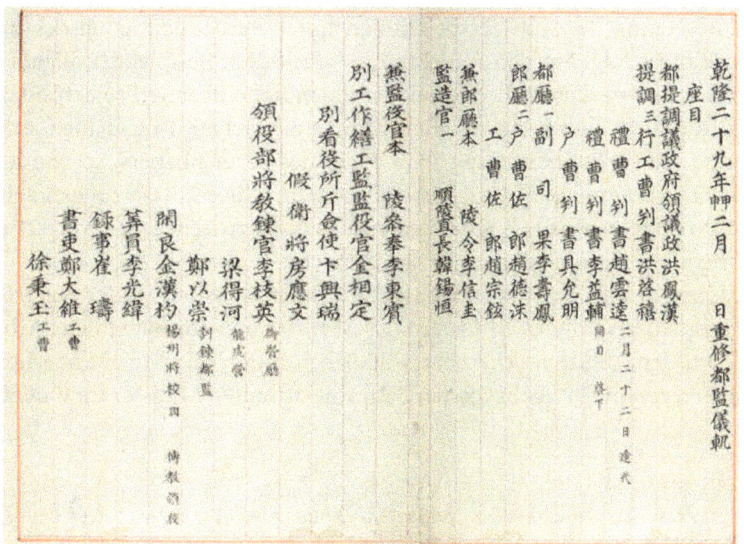

3.2.1.1 Zur Aufsichtsebene: tochŏngbu

Die Beamten der Aufsichtsebene waren in der Regel Beamte im Rang 3A oder höher. Dies wird bereits durch die Benennung im Personalverzeichnis der *togam* 都監 mit *tangsang* 堂上 als Sammelbegriff deutlich gemacht. Die Projektleitung oblag normalerweise zugleich mehreren Beamten im Rang eines Ministers (*p'ansŏ* 判書). Für einige Bauprojekte wurden darüber hinaus ein Haupt-Superintendent als *tojejo* 都提調 eingesetzt, dessen Amt vom Staatsrat selbst, selten durch den Staatsrat zur Linken oder zur Rechten oder durch Minister übernommen wurde. Da lediglich in den Fällen, in denen auch ein Haupt-Superintendent eingesetzt wurde, die übrigen Aufsichtspositionen explizit als *chejo* 提調 gekennzeichnet wurden, kann davon ausgegangen werden, dass im Regelfall die Aufsichtspositionen als *chejo* angesehen werden können.[238] Im Laufe des Projekts kam es gelegentlich vor, Mitglieder dieser wie auch anderer Ebenen auszuwechseln und die Ämter neu zu vergeben. Die Gründe für diese Wechsel sowie die jeweiligen Amtszeiten wurden regelmäßig in Kommentarform jeweils unter dem Namen der entsprechenden Personen festgehalten. Somit hatte nicht eine Person oder ein Ministerium allein die Führung über das gesamte Projekt. Die Reihenfolge in der Nennung in den Verzeichnissen folgte stets dem gleich Muster: Auf das temporäre Amt im Projektbüro folgen in der gleichen Spalte das derzeitige Amt und der Name, danach falls notwendig der Kommentar mit der Amtsperiode im Projektbüro. Hochstellungen kategorisieren die Ebenen und die Ränge der Amtsinhaber sowie den Stellenwert der jeweiligen Ämter.

Die Besetzung der Aufsichtspositionen unter Berücksichtigung des individuellen Ranges folgte in den Projektbüros somit dem Beispiel der allgemeinen Bürokratie. In einzelnen Fällen konnten jedoch hohe Beamte Projektposten bekleiden, die nicht ihrem eigentlichen Rang entsprachen. Unterschied sich das temporäre Amt in seinem Rang vom Rang des Amtsinhabers, so wurde dies gemäß dem *haengsubŏp* 行守法 System markiert.[239] Diese Besetzungspraxis galt für alle Projekte, es wurde hierbei keine Ausnahme zwischen Bauprojekten und den übrigen zeremoniellen Ereignissen gemacht.

In diesem Sinne ist auffallend, dass die Führungspositionen der Bauprojekte nicht automatisch von den Ministern des Ministeriums für Öffentliche Arbeiten besetzt wurden, sondern scheinbar willkürlich durch alle Ministerien hinweg. Lediglich in einem der beobachteten Bauprojekte hatten Minister für Öffentliche

---

238   vgl. ebd.: S.244f.
239   Vgl. Personalverzeichnis des *Nambyŏljŏn chunggŏnch'ŏng ŭigwe* 南別殿 重建廳儀軌 (1677).

Arbeiten die alleinige Projektleitung von Beginn an inne.[240] Ganz im Gegenteil wurden Bauprojekte auch vollkommen ohne Führungsbeteiligung aus dem Kongjo durchgeführt.[241] Diese Tatsache korrespondiert mit der Beobachtung, dass bei der Besetzung der regulären Ämter eine spezifische Ausbildung im jeweiligen Fachgebiet keine notwendige Bedingung war. Dieses Muster findet sich in der Besetzungspraxis der Bauprojekte, soweit sie in den *ŭigwe* festgehalten sind, demnach ebenfalls.

Keines der Projekte wurde von einer Person allein geleitet. Mindestens zwei Beamte gleichen Ranges teilten sich die Führungsposition und waren zeitgleich, möglichst über die gesamte Projektzeit, für die Durchführung verantwortlich. Diese Gleichzeitigkeit wurde in der Regel nicht gesondert im Personalverzeichnis festgehalten. Möglicherweise sah man dazu keine Notwendigkeit, da es einer allgemeinen Konvention entsprach. Zur Kompetenzverteilung folgert Na Young Hun, dass die Projektleiter nie zeitgleich anwesend waren, sondern sich in ihren Anwesenheitszeiten abwechselten.[242] Dies entspricht einem Eintrag im *Tagebuch des Kwanghaegun* (*Kwanghaegun ilgi* 光海君 日記), demzufolge feste Zeiten zwischen den Beamten ausgemacht worden waren, da sie die Projektleitung zusätzlich zu ihren eigentlichen Aufgaben übernommen hätten. Aufgrund fehlender weiterer Quellen ist es jedoch schwierig, Rückschlüsse auf andere Zeitperioden zu schließen. Die Möglichkeit derartiger Regelungen bestand allerdings offensichtlich. Gelegentlich wird in den Personalverzeichnissen der Bauŭigwe der jeweiligen Person das Zeichen *kyŏm* 兼 (chin. *jian*) vorangestellt, was anzeigte, dass dieser Beamte die Projektposition zusätzlich zu einem weiteren Amt wahrnahm. Dies geschieht jedoch in nur drei Fällen in den betrachteten *ŭigwe*, was sowohl darauf hindeuten kann, dass es sich um einen nur im Sonderfall zu erwähnenden Usus handelte oder dass es tatsächlich nur wenige Sonderfälle dieser Art von Doppelbeschäftigung gab.

Verschiedenartige Kommentare zu Personalwechseln erscheinen vergleichsweise häufig. Im *Nambyŏljŏn chunggŏnch'ŏng ŭigwe* findet sich die Bemerkung *hoedong* 會同, um die gleichzeitige Besetzung von drei *tangsang* Ämtern in diesem Projekt zu markieren, auch dies war aber im Vergleich mit anderen Projekten eine Ausnahme. Die Kommentierung stand in diesem Fall mit der Tatsache in Verbindung, dass der zunächst berufene Minister für Riten Chang Sŏnjing 張善澂 aufgrund einer Petition des Generalzensorats (*sahŏnbu* 司憲府) unehrenhaft entlassen

---

240 Vgl. *Munhŭimyo yŏnggŏnch'ŏng tŭngnok* 文禧 廟營建廳謄錄 (1790). Dieses Projekt wurde allerdings vom Staatsrat als *tojejo* beaufsichtigt.
241 Vgl. *Ŭisomyo yŏnggŏnch'ŏng ŭigwe* 懿昭廟 營建廳儀軌 (1753).
242 Vgl. ebd.: S.245.

wurde (*p'ajik* 罷職) und daraufhin während der Projektlaufzeit die beiden auf ihn folgenden Minister für Riten den Posten in der Projektleitung übernahmen. Dagegen waren zwei andere Minister über die Laufzeit hinweg durchgängig in der Projektleitung eingesetzt, sodass sie stets aus drei Personen bestand. Weitere Begriffe, die je nach Umstand mit Datum bzw. Amtsperiode vervollständigt wurden sind reguläre Amtswechsel (*ibae* 移拜), irreguläre Amtswechsel oder Entlassung (*ch'edae* 遞代/遆代), Einsetzung oder Wechsel auf königlichem Befehl (*kyeha* 啓下 [243] bzw. *chesu* 除授), aber auch Einkerkerung (*nasu* 拿囚).

Stellt man die Amtsperioden der leitenden Beamten den Arbeiten gegenüber, in die das Projekt unterteilt war, so lassen sich keine besonderen Korrelationen feststellen. Weder die Reihenfolge der Arbeitsschritte, die einzelnen Abteilungen (*so* 所) zugewiesen waren, noch die Zeiträume, in denen sie stattfanden, können mit der Besetzung der Führungsposten eindeutig in Verbindung gebracht werden. Allerdings lässt sich beobachten, das bei Neubesetzungen, die aus Wechseln im Hauptamt der jeweiligen Person resultieren, deren jeweilige Nachfolger die Position im Projektbüro übernahmen. Das oben genannte Beispiel des Ministers für Riten Chang Sŏnjing aus dem Jahr 1677 findet seine Entsprechung ebenso im *Kyŏngdŏkkung suriso ŭigwe* (1693) oder im *T'aejo kŏnwŏllŭng chungsu togam ŭigwe* (1764). Nachdem etwa einen Monat nach Beginn der Reparaturarbeiten im Palast Kyŏngdŏkkung der Minister für Öffentliche Arbeiten Yu Haik 俞夏益 (1631–1699) Anfang des vierten Monats zum Minister für Justiz und Strafen ernannt wurde,[244] wurde er aus dem Projekt entlassen (*ibae*) und sein Nachfolger im Ministeramt Chŏng Yuak 鄭維岳 (1632–?) führte das Projekt gemeinsam mit dem bereits von Beginn an beteiligten Minister für Finanzen Yu Myŏngch'ŏn 柳命天 (1633–1705) zuende.

Im zweiten Beispiel dagegen wurde der Minister für Riten Cho Un'gyu 趙雲逵 (1714–1774) nach einer Verfehlung im Amt zum Minister für Justiz und Strafen ernannt.[245] Er verlor damit etwa zur Mitte der Projektlaufzeit die Position im Projektbüro (*ch'edae*), welche von seinem Nachfolger im Ministeramt Yi Ikpo 李益輔 (1708–1767) übernommen wurde. Kontinuität herrschte bei aller Kürze der Projektlaufzeit demnach lediglich in den beteiligten Ministerien, nicht aber zwangsläufig bei den beteiligten Personen der Leitungsebene. Bis zu diesem Punkt bleibt festzustellen, dass ein persönlicher wissensspezifischer Hintergrund zur Durchführung von Bauprojekten nicht ausschlaggebend bei der Besetzung dieser Posten war.

---

243 Zu *kye* 啓 und *kyeha* 啓下 vgl. CWSS, Eintrag *kye* 啓.
244 Vgl. *Sukchong sillok*, kwŏn 25, Jahr 19, Monat 4, Tag 5, 2. Eintrag.
245 Vgl. *Yŏngjo sillok*, kwŏn 103, Jahr 40, Monat 2, Tag 22, 1. Eintrag: […] 以國有大慶, 而禮曹不請賀, 罷判書趙雲逵職, 以李益輔代之. […].

Noch deutlicher wird diese Erkenntnis, wenn man die Laufbahnen der in der Projektleitung eingesetzten Spitzenbeamten beleuchtet (siehe Tabell 19). In der Regel waren die Führungsposten der Bauprojekte mit Personen mindestens im Rang eines Ministers besetzt, lediglich in Einzelfällen wurden hierarchisch niedriger angesiedelte Beamte eingesetzt.[246] Selbst in diesen Einzelfällen jedoch lässt sich ein durchgängiges Muster beobachten. Alle Projektleiter waren bereits in der späten Phase ihrer Karriere angelangt. Die wenigsten Projektleiter wurden vor ihrem fünfzigsten Lebensjahr berufen. Sie hatten mit wenigen Ausnahmen die Literatenprüfung durchlaufen und bereits eine große Zahl von Ämtern innegehabt. Darüber hinaus waren die eingesetzten Minister bereits in unterschiedlichen Ministerämtern tätig gewesen, bevor sie die Leitung von Bauprojekten übernahmen. Die folgende Tabelle gibt einen repräsentativen Überblick über Personen und Positionen in der betrachteten Periode.

Tabelle 19: Übersicht der Führungspersonen in den ausgewählten üigwe[247]

üigwe/Jahr	Person/ Geburtsjahr	Amt bei Übernahme Projektleitung	Alter[248]	erste Ernennung zum Minister/Jahr[249]
Nambyöljön chunggönch'ŏng üigwe 南別殿重建廳儀軌 1677	Chang Sŏnjing 張善澂 1614	Yejo pansŏ 禮曹判書	63	Kongjo pansŏ 工曹判書 1672
	O Chŏngwi 吳挺緯 1616	Yejo pansŏ 禮曹判書	61	Yejo pansŏ 禮曹判書 1677
	Min Hŭi 閔熙 1614	Yejo pansŏ 禮曹判書	63	Kongjo pansŏ 工曹判書 1670
	Yu Hyŏkkyŏng 柳赫然 1616	Kongjo pansŏ 工曹判書	61	Hyŏngjo pansŏ 刑曹判書 1671
	O Sisu 吳始壽 1632	Hojo pansŏ 戶曹判書	45	Hojo pansŏ 戶曹判書 1676

---

246 Vgl. z.B. *Kyŏngmogung kaegŏn togam üigwe* 景慕宮改建都監儀軌 (1777); In diesem Fall übernahm ein Beamter namens Ku Yunok 具允鈺 (1720–1792), der im militärischen Amt eines *sajik* 司直 im Rang 5B angestellt war, die Führung des Projekts, nachdem der eigentliche Projektleiter im Rang eines Vize-Ministers ein neues Amt erhalten hatte.
247 Im weiteren Textverlauf werden diese *üigwe* jeweils mit ihren Jahreszahlen bezeichnet und abgekürzt, so z.B. *Üigwe 1677* für das *Nambyöljön chunggönch'ŏng üigwe*.
248 Errechnet sich aus der Differenz des Geburtsjahres und des Projektjahres.
249 Anhand der Angaben des Königlichen Sekretariats. Mit Sternchen markierte Daten sind nicht mit Sicherheit nachzuweisen.

ŭigwe/Jahr	Person/Geburtsjahr	Amt bei Übernahme Projektleitung	Alter	erste Ernennung zum Minister/Jahr
Kyŏngdŏkkung suriso ŭigwe 慶德宮修理所儀軌 1693	Yu Myŏngchŏn 柳命天 1633	Hojo pansŏ 戶曹判書	60	Kongjo pansŏ 工曹判書 1689
	Yu Haik 俞夏益 1631	Kongjo pansŏ 工曹判書	62	Kongjo pansŏ 工曹判書 1689
	Chŏng Yuak 鄭維岳 1632	Kongjo pansŏ 工曹判書	61	Hyŏngjo pansŏ 刑曹判書 1690
Ŭisomyo yŏnggŏnchŏng ŭigwe 懿昭廟營建廳儀軌 1753	Kim Sangsŏng 金尙星 1703	Hojo pansŏ 戶曹判書	50	Hojo pansŏ 戶曹判書 1750
	Cho Yŏngguk 趙榮國 1698	Hojo pansŏ 戶曹判書	55	Hojo pansŏ 戶曹判書 1752
T'aejo kŏnwŏllŭng chungsu togam ŭigwe 太祖健元陵重修都監儀軌 1764	Hong Ponghan 洪鳳漢 1713	Ŭijŏngbu yŏngŭijŏng 議政府領議政	53	Yejo pansŏ 禮曹判書 1753
	Hong Kyehŭi 洪啓禧 1703	Kongjo pansŏ 工曹判書	61	Yijo pansŏ 吏曹判書 1754
	Cho Un'gyu 趙雲逵 1714	Yejo pansŏ 禮曹判書	50	Hyŏngjo pansŏ 刑曹判書 1759
	Yi Ikpo 李益輔 1708	Yejo pansŏ 禮曹判書	56	Hyŏngjo pansŏ 刑曹判書 1757
	Ku Yunmyŏng 具允明 1711	Hojo pansŏ 戶曹判書	53	Kongjo pansŏ 工曹判書 1763
Kyŏngmogung kaegŏn togam ŭigwe 景慕宮改建都監儀軌 1777	Kim Hwajin 金華鎭 1728	Hojo ch'amp'an 戶曹參判	49	Hojo pansŏ 戶曹判書 1782*
	Ku Yunok 具允鈺 1720	Sajik 司直	57	Hyŏngjo pansŏ 刑曹判書 1772
Munhŭimyo yŏnggŏn tŭngnok 文禧廟營建廳謄錄 1790	Yi Sŏngwŏn 李性源 1725	Ŭijŏngbu chwaŭijŏng 議政府左議政	65	Hyŏngjo pansŏ 刑曹判書 1780
	Ku Yunok 具允鈺 1720	Yejo pansŏ 禮曹判書	70	Hyŏngjo pansŏ 刑曹判書 1772
	Sŏ Yurin 徐有隣 1738	Yejo pansŏ 禮曹判書	52	Hyŏngjo pansŏ 刑曹判書 1782
	Yun Sidong 尹蓍東 1729	Yijo pansŏ 吏曹判書	61	Yejo pansŏ 禮曹判書 1786
Durchschn. Alter			57,52	

Ausgenommen der Fälle, in denen die Aufsichtspersonen aus dem Staatsrat stammten, existierte in der Auswahl lediglich ein Projekt, welches nicht von Beamten im Ministerrang geleitet worden ist. Eine Recherche der Karrieren der beiden Personen zeigte jedoch auf, dass sie entweder kurze Zeit später oder bereits vorher zu Ministern ernannt worden waren, womit das Muster auch hier zum Tragen gekommen ist. Welche weiteren Feststellungen lassen sich machen?

1. Ein persönlicher Hintergrund im Baubereich kann keinem der Beamten attestiert werden, jedoch ein organisationeller Hintergrund in dem Amt, das sie zum jeweiligen Zeitpunkt innehatten. In Bezug auf die reine Bautätigkeit und Innenausstattung wäre zwar eine Konzentration auf die Beamten des Ministeriums für Öffentliche Arbeiten zu erwarten gewesen, die Kombination in der Projektführung war jedoch vor dem inhaltlichen Hintergrund der jeweiligen Projekte sinnvoll gewählt. So gibt es in der Regel einen Posten für das Ministerium für Öffentliche Arbeiten, einen Posten für das Ministerium für Finanzen und/oder einen Posten für das Ministerium für Riten, gelegentlich auch einen Posten für das Ministerium für Personal. Während Kompetenzen in den Bereichen Bau und Finanzen für Bauprojekte offensichtlich notwendig erscheinen, erschließt sich die Sinnhaftigkeit des Einbezugs des Ministeriums für Riten erst in Verbindung mit den Auspizien für die Projekttermine sowie die geomantische Berechnung der Gebäude. Handelte es sich um Arbeiten an Palastbauten, war das Yejo nicht regelmäßig involviert. Bei Arbeiten an Grabanlagen war auch stets das Yejo eingebunden, mit Ausnahme des Grabbaus für den 1753 im Alter von drei Jahren verstorbenen Enkel König Yŏngjos bzw. Erstgeborenen des Kronprinzen Sado (1735–1762). Einzig die Tatsache, dass weder das Ministerium für Justiz und Strafen noch das Ministerium für Militärische Angelegenheiten eingebunden waren, wirkt konsistent, auch wenn man die Tatsache nicht außer Acht lassen sollte, das oftmals Soldaten für Handlangerarbeiten in großem Umfang eingesetzt wurden.

2. Eine deutlichere Tendenz zeigt sich demgegenüber bei der ersten Ernennung der betrachteten Personen zu einem Ministeramt. In über 50 Prozent der Fälle war das erste Ministeramt in den Ministerien für Justiz und Strafen oder für Öffentliche Arbeiten angesiedelt. Sie scheinen dementsprechend ein gutes Übungsfeld oder Einstiegsamt gewesen zu sein, waren sie doch auch am Ende einer imaginären Hierarchie bzw. Prestigeskala verortet. Die große Mehrzahl der Minister rotierte in ihren Karrieren immer wieder durch diese Ämter, wie aber bereits gezeigt, waren die jeweiligen Amtszeiten so kurz, dass sie nicht ausreichend gewesen sein wird, um fachspezifisches

Wissen aufzubauen. Vielmehr bestand die Fachkompetenz in dieser Ebene der Hierarchie in der Kenntnis der Strukturen der Bürokratie und in der Etablierung eines persönlichen Beziehungsnetzwerks, ohne das viele von vornherein nicht in diese Ämter gelangt wären. Diese Schlussfolgerung korrespondiert mit den Erkenntnissen von Yi Sŏn-yŏp und Kim To-hyŏn in Bezug auf die Monopolisierung der hohen Ämter durch wenige mächtige Familien im Lauf der späten Chosŏn-Zeit.[250]

3. Sie wird weiterhin durch die individuellen Karrierewege bestärkt, die für die aufgeführten Personen nachweisbar sind. Alle besaßen im Großen und Ganzen ähnliche Laufbahnen in ihren Ämtern. In der Regel begann der Einstieg in die „höhere Beamtenlaufbahn" nach dem Bestehen der *mun'gwa* Prüfungen in einem Amt mit dem Rang 6. Viele wurden direkt in einem der Ministerien als einer von drei *chwarang* 佐郎 eingesetzt. Darauf folgte in vielen Fällen eine Reihe von Anstellungen in den drei Institutionen des Zensorats oder im Sŏnggyun'gwan. Es lässt sich beobachten, dass die Minister offenbar alle Ebenen der Ministerin durchlaufen haben mussten, bevor sie zu Ministern ernannt werden konnten. Eine große Zahl von Karrieren zeigt, dass Wechsel aus dem Ministerium ins Zensorat und zurück durchaus üblich gewesen sind. Auch füllten viele im Laufe ihrer Amtszeit diverse Funktionen als Superintendenten aus. Die Wenigsten hatten allerdings Ämter auf Ebene der Abteilungen durchlaufen. In dieser Hierarchieebene wurde, wenn überhaupt dann nur kurzzeitig gearbeitet. Die Besetzung der Posten der Superintendenten bzw. Haupt-Superintendenten durch aktuelle oder ehemalige Minister unterstützte die allmähliche Monopolisierung der höchsten politischen Ämter, folgt man den Studien von Yi Chae-chŏl zum Grenzsicherungsamt.[251]

4. Letztlich scheint es in der Besetzungspraxis innerhalb der betrachteten Periode keine entscheidenden beobachtbaren Veränderungen gegeben zu haben, auch wenn möglicherweise der politische Wille von Seiten der Könige Yŏngjo und Chŏngjo groß war. Das leichte Absinken des Altersdurchschnitts kann hier sicherlich nicht als beweiskräftig genug für einen Politikwechsel angesehen werden. Die Besetzung der Aufsichtspositionen nicht mit fachspezifisch ausgebildetem Personal, sondern mit generalistischen Spitzenbeamten folgte offensichtlich dem Muster der Besetzung der regulären Ämtern

---

250 Vgl. Yi und Kim, „Kwagŏ chedo-e kwanhan pip'an-jŏk sŏngch'al."
251 Yi, *Chosŏn hugi Pibyŏnsa yŏn'gu*: S.44–50.

mit Personen bestimmter sozialer Gruppen und der Konzentration hierbei auf eine kleine Zahl von Familien innerhalb der Schicht der *yangban*.

Abschließend soll eine inhaltliche Betrachtung der gewählten Textmaterialen zeigen, welche Aufgaben den Aufsichtsbeamten tatsächlich zugewiesen wurden. Na Young Hun identifiziert drei Hauptaufgaben: königliche Befehle an die unteren Hierarchieebenen weiterzugeben, den König über den Projektverlauf zu unterrichten, dessen Befehle anzunehmen und Detailfragen zu erörtern, und schließlich insgesamt für einen reibungslosen Projektablauf zu sorgen.[252] Diese Aufgaben entsprächen sicherlich dem allgemeinen Verständnis von Aufgaben der Spitzenbeamten, denen es als einziger exklusiver Gruppe erlaubt war, an den Audienzen teilzunehmen und den König direkt anzusprechen. Inwiefern stützen nun die in den *ŭigwe* enthaltenen Informationen diese Annahmen?

Die Renovierung des Nambyŏljŏn (*Ŭigwe 1677*) war offenbar bereits Mitte des Jahres 1676 beschlossen, wie aus einem Eintrag im *Sukchong sillok* aus diesem Jahr hervorgeht. Demnach sollten die Arbeiten im Frühling des Folgejahres beginnen, nachdem sie offenbar Jahr für Jahr wegen schlechter Ernten und daraus resultierendem Mangel an Ressourcen aufgeschoben worden waren, nun aber aufgrund des Alters des Gebäudes nicht mehr länger warten konnten.[253] Tatsächlich wird in einem Eintrag Anfang 1677 nochmals auf die Dringlichkeit der Arbeiten hingewiesen.[254]

Das *ŭigwe* beginnt mit dem Personalverzeichnis, aus dem bereits die Aufteilung der Arbeiten in drei Abteilungen (*so* 所) und damit die umfangreichen Anforderungen an die Ausführung hervorgehen. Die Projektleitung oblag zugleich den drei Ministern für Riten, Öffentliche Arbeiten und Finanzen, wobei die Stelle des Erstgenannten aufgrund von Amtswechseln der jeweiligen Personen zweimal neu vergeben wurde. Im anschließenden ersten inhaltlichen Kapitel von *Ŭigwe 1677* mit dem Titel „Zur Entscheidung an den König" („Kyesa" 啓辭) findet sich ein Bericht des Ministeriums für Riten darüber, welche Probleme bei dem Gebäudekomplex bestünden und dass man diese bei einem Vororttermin erörtern müsse. Man schlug darin vor, dass dies gemeinsam mit den Ministern für Finanzen und für Öffentliche Arbeiten geschehen solle. Darauf folgt ein Bericht über die diversen Schäden und Vorschläge zu ihrer Behebung. Der König entschied schließlich, dass die drei genannten Minister entsprechende Planungen

---

252 Vgl. Na, „Ŭigwe(儀軌)-rŭl t'onghae pon chosŏn hugi togam(都監)-ŭi kujo-wa kŭ t'ŭksŏng": S.244f.
253 *Sukchong sillok, kwŏn* 5, Jahr 2 (1676), Monat 7, Tag 24, 2. Eintrag.
254 *Sukchong sillok, kwŏn* 6, Jahr 3 (1677), Monat 1, Tag 28, 3. Eintrag.

übernehmen sollen.²⁵⁵ Es folgt direkt die Ernennung weiterer Beamter für die nächsten Hierarchiestufen und die Zuweisung ihrer Aufgaben.²⁵⁶

Ein ähnlicher Ablauf ergibt sich für *Ŭigwe 1693*. Auch hier stellt das Kapitel „Kyesa" das erste inhaltliche Kapitel im Anschluss an das Personalverzeichnis dar. Es beginnt mit einer Eingabe datiert auf Tag 12n Monat 3 des Jahres 1693. Auch hier wird direkt auf den schlechten Zustand diverser Gebäude des Palasts Kyŏngdŏkkung sowie auf die Dringlichkeit der Reparaturarbeiten verwiesen. Offenbar wurde diese im Vorfeld als wenig dringend oder wenig aufwändig eingestuft, da lediglich eine namentlich nicht genannte Person als Verantwortlicher bestimmt worden war. Die drei Ministerien für Finanzen, Justiz und Strafen sowie Öffentliche Arbeiten werden daraufhin beauftragt, jeweils einen Vertreter zur Baustelle zu entsenden und zur Aufsicht der offenbar bereits beschäftigten Handwerker einzusetzen, da es von deren Seite offenbar zu Verfehlungen gekommen war. An Tag 26 entschied der König schließlich, dass doch eine Gruppe hochrangiger Beamter unter Führung der Minister für Finanzen und für Öffentliche Arbeiten die Projektleitung übernehmen soll, sodass ab diesem Zeitpunkt eine den anderen Projekten entsprechende Organisation etabliert wurde. Gründe für diese Entscheidung nennt das *ŭigwe* nicht, benennt jedoch explizit die Audienz an Tag 25, in der sowohl die *tangsang*-Beamten des Grenzsicherungsamts als auch die drei Staatsräte zugegen sind.²⁵⁷ In dieser wurde die Entscheidung nach Vortragen eines entsprechenden Vorschlags offenbar direkt gefällt, wie aus dem entsprechenden Eintrag des Sekretariats vom Folgetag hervorgeht (*tabchŏn hagyo* 榻前下教).²⁵⁸

Ein wenig anders stellt sich die Situation in *Ŭigwe 1753* über den Bau der Grabhalle des bereits im Alter von zwei Jahren verstorbenen Yi Chŏng 李琔 (1750–1752) dar. Er war der Erstgeborenen des zu der Zeit noch als Thronfolger geltenden Changhŏn seja 莊獻世子 (1735–1762) und seiner Frau Prinzessin Hong (1735–1815). Das *ŭigwe* wurde 1753 herausgegeben, die Bauarbeiten fanden bereits im Jahr davor statt. Laut dem Eintrag im Personalverzeichnis begann die Amtszeit des Ministers für Finanzen Kim Sangsŏng 金尙星 (1703–1755) an

---

255 Vgl. *Ŭigwe 1677*, Abschnitt *kyesa*, Eintrag Monat 2, Tag 15.
256 Vgl. *Ŭigwe 1677*, Abschnitt *kyesa*, Eintrag zum Arbeitsplan des gleichen Tages (*tongil samok* 同日事目).
257 Zu dieser Audienz existiert ebenfalls ein Eintrag im *Sukchong sillok*, kwŏn 25, Jahr 19 (1693), Monat 3, Tag 25, 3. Eintrag. Inhalt des *sillok* ist jedoch nicht die Vergabe der Ämter im Bauprojekt, sondern die Bestrafung zweier Sicherheitskräfte wegen Vergehen während ihrer Wachzeit.
258 *SJW*, Sukchong, Jahr 19 (1693), Monat 3, Tag 25, Eintrag 9/12.

Tag 24, Monat 5. Er übergab sein Amt an den auf ihn folgenden Minister Cho Yŏngguk 趙榮國 (1698–1760) an Tag 12, Monat 6, der die Leitung bis Projektende innehatte. Die Daten der Ernennung gehen jedoch lediglich aus dem Verzeichnis hervor. Im ersten inhaltlichen Eintrag *kyesa* wird kein Name erwähnt, auch wenn dieser genau auf Tag 24 in Monat 5 datiert ist. Festgelegt wird an dieser Stelle lediglich, dass *tangsang*-Beamte des Ministeriums für Finanzen die Aufsicht über die Bauarbeiten übernehmen sollten.

Für diesen Tag existiert zwar ein Eintrag in den *SJW*, der allerdings auch keine Namen beinhaltet, die mit einer Ämtervergabe für das Projekt in Verbindung stünden. Einige Einträge in den Regesten geben demgegenüber Aufschluss darüber, dass bereits zu diesem Zeitpunkt der Minister für Finanzen als Projektleiter festgestanden hat. Er wurde gemeinsam mit dem Minister für Riten an Tag 23 zum König gerufen, um eine Erklärung zu den Finanzen der Bauarbeiten zu geben.[259] Bereits an Tag 4 machte er beim König eine Eingabe mit der Bitte, erst dann im Distrikt Kwandong mit den Baumfällarbeiten beginnen zu dürfen, wenn die Umstände es zulassen. Die Lage sei derzeit für das Volk nicht einfach, es wäre schwierig, Arbeitskräfte zu Frondiensten heranzuziehen, und für dieses Bauprojekt solle man daher insgesamt auf die Ressourcen der Hauptstadt zurückgreifen.[260] Erst in einem *ŭigwe*-Eintrag zwischen Tag 18, Monat 6 und Tag 9, Monat 7 werden die Beamten der Aufsichtsebene mit Namen und Position benannt.[261] Für die Zwischenzeit finden sich Einträge, in denen im Vergleich zur Grabhalle des Erstgeborenen des amtierenden Königs, der ebenfalls jung verstorben war, und an der offensichtlich auch Arbeiten vorgenommen werden mussten, die Bauformen und Farben des Gebäudes diskutiert werden.[262]

Ŭigwe 1764 dokumentiert bereits durch sein Personalverzeichnis ein Projekt von besonderer Wichtigkeit bzw. Größe. Es wurde vom amtierenden Staatsrat Hong Ponghan 洪鳳漢[263] (1713–1778) in der Funktion eines Haupt-Superintendenten geleitet. Die nächste Ebene der Projektleitung wurde folgerichtig nicht

---

259 Vgl. *Yŏngjo sillok*, *kwŏn* 76, Jahr 28 (1752), Monat 5, Tag 23, 2. Eintrag.
260 Vgl. *Yŏngjo sillok*, *kwŏn* 76, Jahr 28 (1752), Monat 5, Tag 4, 1. Eintrag.
261 In den verfügbaren *ŭigwe* fehlt die Zahlenangabe vor dem Tag, stattdessen ist hier eine Leerstelle. Möglicherweise handelt es sich um Tag 1, diese Vermutung lässt sich aber nicht durch Querverweise in anderen Quellen verifizieren.
262 Der ältere Bruder Changhŏn Sejas wird im *ŭigwe* mit seinem Posthum-Namen Hyojang 孝章 erwähnt. Er lebte von 1719–1728.
263 Hong Ponghan war der Vater der Frau des Kronprinzen und späteren Königinmutter Hyegyŏng, die bereits als Prinzessin Hong im Rahmen des *Ŭigwe 1753* erwähnt wurde.

als *tangsang* sondern als *chejo* bezeichnet. Sie bestand aus den drei Ministern für Öffentliche Arbeiten, Riten und Finanzen, wobei der Minister für Riten Cho Un'gyu 趙雲逵 (1714–1774) an Tag 22, Monat 2 aufgrund einer Verfehlung versetzt und durch Yi Ikpo 李益輔 (1708–1767) ersetzt wurde. Wie bereits in den vorherigen Beispielen gesehen nennt auch hier das Kapitel „Kyesa", datiert auf Tag 12, Monat 2, keine Namen für die zu vergebenden Ämter, sondern beginnt mit einem Bericht zur Reparaturbedürftigkeit des T-förmigen Ritualgebäudes des Grabes des Gründers der Chosŏn-Dynastie T'aejo Yi Sŏnggye. Der Bericht kommt zu dem Schluss, dass das zu Beginn der Dynastie errichtete Gebäude jetzt bereits 400 Jahre alt sei und in sich zusammenstürzen könnte, wenn man noch länger mit den Baumaßnahmen warte. Daraufhin befahl der König, dass die höchsten Beamten gemeinsam eine Besichtigung des Bauwerks vornehmen und am Folgetag wieder erscheinen sollten. Noch am gleichen Tag formulierte das Ministerium für Riten eine Eingabe, in welcher entweder Tag 25 oder Tag 26 des zweiten Monats als glückverheißende Tage für den Arbeitsbeginn vorhergesagt werden, worauf der König Tag 25 für den Arbeitsbeginn festlegte. Tatsächlich findet an Tag 13 eine Audienz statt, in der der König die Einrichtung des Projektbüros (*chungso togam* 重修都監) unter Leitung des Staatsrats und Führung der Minister für Riten, Finanzen und Öffentliche Arbeiten. Diese Entscheidung findet sich ebenfalls in einem entsprechenden Eintrag im *Yŏngjo sillok*.[264]

Das Bauŭigwe zur Renovierung des Palasts Kyŏngmogung im Jahr 1777 schließlich beginnt mit einer Reihe von Zeichnungen (*tosŏl* 圖說), zuerst einem Übersichtsplan über den betreffenden Palastkomplex gefolgt von Abbildungen des Ahnentafelschreins (*sinjang* 神欌) und des Ahnenthrons (*sintap* 神榻). Daraufhin finden sich die Auspizien für die einzelnen Arbeitsschritte, anschließend erst das Inhalts- und Personalverzeichnis. Aus dem Personalverzeichnis geht hervor, dass der Vizeminister für Finanzen Kim Hwajin 金華鎮 (1728–1803) die Leitung des Projekts von Tag 22, Monat 4 an übernahm. Er wurde an Tag 20, Monat 6 durch einen gewissen Ku Yunok 具允鈺 (1720–1792)[265] ersetzt. Das folgende Kapitel „Kyesa" beginnt mit einer Audienz an Tag 8, Monat 4, in der beschlossen wird, die Gebäude in der Nähe des Palastes käuflich zu erwerben, da diverse Gebäude neu errichtet werden müssten. Der Minister für Finanzen erklärt im nächsten Eintrag, einer Audienz von Tag 20, Monat 4, dass durch den Abriss anderer Gebäude Materialien verfügbar seien, die für den Neubau zur

---

264 Vgl. *Yŏngjo sillok*, kwŏn 103, Jahr 40 (1764), Monat 2, Tag 12, 1. Eintrag.
265 Dessen älterer Bruder Ku Yunmyŏng 具允明 (1711–1797) war lt. *Ŭigwe 1764* bereits Aufsichtsbeamter bei der Reparatur des Grabes Kŏnwŏllŭng.

Verfügung gestellt werden könnten. Da es bis dahin niemanden gegeben zu haben schien, der mit den Bauarbeiten betraut worden war, beschloss der König am Folgetag, dass der Vizeminister für Riten Kim Hwajin zum Vizeminister für Finanzen ernannt werden und zugleich die Projektleitung übernehmen sollte. Noch am gleichen Tag machte das Ministerium für Personal eine Eingabe, in der es diverse weitere Beamte zur Arbeit für das Projekt vorschlug, was der König bewilligte. Im Laufe dieses Tages besuchte er darüber hinaus aus rituellen Gründen den Palast (*chŏnbae* 展拜 bzw. *ch'ambae* 參拜)[266].

In ähnlicher Weise beginnt *Ŭigwe 1790*, welches den Bau des Munhŭimyo dokumentiert, mit dem Inhaltsverzeichnis, an welches eine Reihe von Zeichnungen anschließen, angefangen mit einem detailliert beschrifteten Gebäudeplan. Darauf folgt das Personalverzeichnis, aus dem bereits die vielschichtige Struktur des Projekts hervorgeht. So stand ihm der als *kamdong* 監董 bezeichnete Staatsrats zur Linken Yi Sŏngwŏn 李性源 (1725–1790) vor. Ihm unterstanden drei *tangsang*-Beamte, die mit kleineren Unterbrechungen gemeinsam während der gesamten Projektlaufzeit verantwortlich waren. An das dreiseitige Verzeichnis schließt der Arbeitsplan (*samok* 事目) an, datiert auf Tag 27, Monat 5, 1787 und vom König bestätigt. Es wird an dieser Stelle zwar angegeben, aus welchen Institutionen und in welcher Zahl die niedrigeren Beamten entsendet werden sollten, aber nicht, wer die Projektleitung zugeschrieben bekommen sollte. Die folgenden Auspizien (*siil* 時日) bestimmen die Zeitpunkte für den Beginn der jeweiligen Bauabschnitte, wobei der Baubeginn (*Legen des Fundaments*) für Tag 25, Monat 12, 1788 bestimmt worden war. Darauf folgt das Kapitel „Die durch das Sekretariat weitergegebenen Entscheidungen des Königs" („Sŭngjŏn" 承傳). Spätestens an dieser Stelle wird deutlich, dass die Planungen zum Bau bereits Anfang 1787 begannen, datiert doch der erste Eintrag auf Tag 10, Monat 1 dieses Jahres. Doch weder hier noch in den korrespondierenden Textstellen der Regesten und den *SJW* werden die Führungsspitzen namentlich benannt. Lediglich aus den im Text angesprochenen Institutionen lässt sich die spätere Verantwortlichkeit der drei Ministerien für Öffentliche Arbeiten, Riten und Finanzen schließen.

Offenbar wurden den Beamten der Ränge 1A bis 3A mit Aufsichtspositionen keine spezifischen Aufgaben erteilt. Das verwendete Vokabular ist in dieser Hinsicht ebenfalls unspezifisch und wenig kodifiziert. Dies entspricht den Ergebnissen Na Young Huns, die Projektleiter hätten ausschließlich repräsentative Aufgaben und weniger den direkten Kontakt zum Alltagsgeschäft. In diesem Projekt lassen sich keine durchgehenden Muster bei der Vergabe der

---

266 Vgl. *Chŏngjo sillok*, *kwŏn* 3, Jahr 1 (1777), Monat 4, Tag 21, 1. Eintrag.

Positionen erkennen. In einigen Fällen wurde den Beamten explizit der Aufsichtsposten erteilt (z.B. *Ŭigwe 1677*) mit den Formulierungen *pongsim* 奉審 (Anordnungen erhalten und ihre Durchführung gewissenhaft überwachen), *kugwan* 勾管 (Überwachen und Kontrollieren) oder *kangŏm* 看檢 (Betreuen und Überwachen). In anderen Fällen schienen die Aufgaben mehr aus dem Zusammenhang hervorzugehen oder war nicht in den Aufzeichnungen fixiert, wobei Formulierungen wie *haenghoe* 行會 (Versammlung, in der Anweisungen an untere Ebenen weitergeben und deren Ausführung festgelegt wird)[267], *ch'a* 差 (Authorisierung), *ch'ach'ul* 差出 (Beauftragung) oder *tongsol* 董率 (Aufsicht und Kontrolle) verwendet wurden (z.B. *Ŭigwe 1790*). In der Mehrzahl der Fälle hatten letztlich die Ministerien die Projektverantwortung inne, die das Bauvorhaben initiiert hatten, wobei eine deutliche Tendenz hin zu den drei Ministerien für Riten, Finanzen und Öffentliche Arbeiten auszumachen ist. Statt persönlicher Kompetenzen im Bereich des Bauwissens sind in dieser Ebene vielmehr Amtskompetenzen in der Repräsentation der Projekte gegenüber dem König und der Weitergabe königlicher Befehle an die mittleren Hierarchieebenen zu verorten.

3.2.1.2 *Zur Leitungsebene:* nangch'ŏngbu

Eine zweite Ebene, besetzt mit Beamten mittleren Ranges, identifiziert Na Young Hun unter dem Terminus *nangch'ŏngbu*. Er ordnet dabei allerdings das Projektamt des *toch'ŏng* 都廳 mit in die Aufsichtsebene ein, argumentiert mit dem Aufgabenbereich dieses Amts, angeblich der Anleitung bzw. Führung der *nangch'ŏng*-Beamten. Im Bereich der Bauŭigwe ist dieses Amt eher selten eingerichtet worden. Darüber hinaus besaßen die beiden betreffenden Beamten die Ränge 6B bzw. 5A, gehörten damit in die Gruppe der *tangha*-Beamten (3B–6A). Dies wiederum korrespondiert mit der allgemeinen Definition von *nangch'ŏng*, nämlich als Bezeichnung für befristete Beamtenposten, die als Arbeitsebene für das Tagesgeschäft verantwortlich waren.[268] Der Begriff der Leitungsebene ist daher angemessener, da diese Beamten nicht mit den tatsächlich auf den Baustellen arbeitenden Personen in direkten Kontakt gekommen zu sein scheinen, sondern Weisungsbefugnisse bzw. Befugnisse im Rahmen der Organisation hatten. Dies geht aus den Wortlauten hervor, mit denen Sie den Projekten zugewiesen wurden und die der für die Aufsichtsebene verwendeten Wortwahl entsprechen. Ihre Tätigkeit in der mittleren Hierarchie lässt darüber hinaus Vergleiche mit ihren Pendants innerhalb der Ministerien zu, aus denen sie generell entsendet wurden.

---

267 Vgl. *HKYS*.
268 Vgl. *HMMTS* und *CWSS*.

Auch hier führten sie Aufgaben im Bereich der höheren Verwaltung aus und besaßen eine gewisse Scharnierfunktion zwischen der Führung (Minister) und den ausführenden Ebenen. Die Einträge in den Kapiteln „Schriftverkehr von hohen zu niedrigen Institutionen" („Naegwan" 來關) und „Schriftverkehr von niedrigen zu hohen Institutionen" („P'ummok" 稟目) in den ŭigwe geben unglücklicherweise keinen Aufschluss über die Personen der Adressaten und Adressanten. Neben dem Datum werden lediglich in einigen wenigen Fällen die Institutionen benannt. Dies lässt aber kaum einen Rückschluss auf die betreffenden Personen und damit auf deren Aufgaben- und Wissensumfang zu. Eine Annäherung ist allerdings möglich. Eine tabellarische Darstellung der in den ŭigwe dokumentierten Beamten soll erste Hinweise auf deren Charakter geben:

Tabelle 20: *Übersicht der Leitungspersonen in den ausgewählten ŭigwe.*

ŭigwe/Jahr	**Person (Geburtsjahr)**	**Amt bei Übernahme Projektposten**	**Projektposten**	**Alter**[269]
Ŭigwe 1677	Kim Mansŏng 金萬成 1631	Hojo chŏngnang 戶曹正郎	Ilso nangch'ŏng 一所郎廳	46
	Yi Hŭich'ae 李熙采 1634	Hojo chŏngnang 戶曹正郎	Ilso nangch'ŏng 一所郎廳	43
	Yun Chŏnghwa 尹鼎和 1648	Yejo chwarang 禮曹佐郎	Ilso nangch'ŏng 二所郎廳	29
	Yi Saik 李四翼 1626	Yejo chwarang 禮曹佐郎	Isŏ nangch'ŏng 二所郎廳	51
	Sin P'ilhwa 申弼華 (1626)	Kongjo chŏngnang 工曹正郎	Samso nangch'ŏng 三所郎廳	51
Ŭigwe 1693	Kwŏn Set'ae 權世泰 1659	Hojo chŏngnang 戶曹正郎	Nangch'ŏng 郎廳	34
	Pak Myŏngŭi 朴明義 1651	Pyŏngjo chŏngnang 兵曹正郎	Nangch'ŏng 郎廳	42
	O Sijŏk 吳始績 1657	Kongjo chwarang 工曹佐郎	Nangch'ŏng 郎廳	36
Ŭigwe 1753	Kim Ch'igong 金致恭 (1717)	Hojo chwarang 戶曹佐郎	Nangch'ŏng 郎廳	36

---

269 Errechnet sich aus der Differenz des Geburtsjahres und des Projektjahres.

ŭigwe/Jahr	Person (Geburtsjahr)	Amt bei Übernahme Projektposten	Projektposten	Alter
Ŭigwe 1764	Yi Subong 李壽鳳 1710	Pusakwa 副司果	Toch'ŏng 都廳	54
	Cho Tŏksu 趙德洙 1714	Hojo chwarang 戶曹佐郎	Ilso nangch'ŏng 一所郎廳	50
	Cho Chonghyŏn 趙宗鉉 1731	Kongjo chwarang 工曹佐郎	Iso nangch'ŏng 二所郎廳	33
	Yi Singyu 李信圭 ?	Pollŭngnyŏng 本陵令	Kyŏm nangch'ŏng 兼郎廳	?
Ŭigwe 1777	Hong Wŏnsŏp 洪元燮 1744	Hojo chŏngnang 戶曹正郎	Nangch'ŏng 郎廳	33
Ŭigwe 1790	Kim Isŏng 金履成 1739	Yejo chwarang 禮曹正郎	Toch'ŏng 都廳	51
	Chŏng Tonggyo 鄭東敎 1754	Hojo chŏngnang 戶曹正郎	Nangch'ŏng 郎廳	36
	Yi Mansu 李晩秀 1752	Kongjo chŏngnang 工曹正郎	Nangch'ŏng 郎廳	38
Durchschn. Alter				41,44

Zunächst wird durch Tabelle 20 sichtbar, dass das Durchschnittsalter der Beamten dieser Stufe etwa zehn Jahre jünger ist als das der Beamten der Aufsichtsebene. Der Großteil der Leitungsbeamten war 35 bis 40 Jahre alt. Lediglich die beiden *toch'ŏng*-Beamten fallen mit ihren 54 bzw. 51 Jahre aus dem Rahmen. Ob ihr relativ hohes Alter und die damit möglicherweise einhergehende Erfahrung in der Leitung derartiger Projekte mit dem temporären Amt in Verbindung steht, lässt sich auch nach Hinzuziehung anderer Quellen nicht mit Bestimmtheit sagen. Die Textstellen in den *ŭigwe* geben weder für die *toch'ŏng*- noch für die *nangch'ŏng*-Beamten eindeutige Angaben über deren Aufgabengebiete. Es lassen sich jedoch einige Rückschlüsse aus den Lebensläufen der aufgeführten Personen ziehen.

Der Großteil der Beamten findet sich in den Absolventenlisten der staatlichen Prüfungen. Zehn der siebzehn Beamten hatten die *mun'gwa* abgeschlossen. Die übrigen hatten entweder die *chinsa*- oder *saengwŏn*-Prüfungen bestanden und somit zumindest die Qualifikation für die mittleren Beamtenränge erworben. Unter allen wurde lediglich Yi Mansu 李晩秀 (1752–1820) in seiner Karriere zum Minister berufen, in seinem Fall für Öffentliche Arbeiten. Zwei weitere Beamte stiegen bis zum Amt des Vizeministers auf. Für die weiteren Absolventen der *mun'gwa* waren Ämter mit Rang 3A die höchste erreichte Stufe der Hierarchie, die übrigen Beamten kamen nicht über Ämter im Rang 5A hinaus, in der

Regel waren dies die Ämter eines *chŏngnang* oder *chwarang* in den Ministerien. Da diese Ämter eine Kombination aus Leitungs- und Verbindungsfunktion zu den Abteilungen in der Verwaltungsebene darstellten, befähigte sie ihre Expertise dazu, in diesem Bereich der Projektleitung eingesetzt wurden. Hier zeigt sich ein bemerkenswerter Trend dahingehend, dass nach der Arbeit im Projekt keine weiteren Beförderungen in der Bürokratie mehr erfolgten. Die Mitarbeit in den Projekten war nicht dazu gedacht, Erfahrung in diesen Tätigkeitsfeldern zu sammeln, wie dies bei den Beamten in *tangsang*-Rängen beobachtet werden konnte. Die hier eingesetzten Personen waren bereits erfahren in ihren Arbeitsgebieten oder zumindest soweit kompetent, dass sie für diese Arbeiten bereits in einer frühen Phase ihrer Karriere in Frage kamen. Ihr relativ geringes Alter stellt somit nicht eine frühe Phase eines andauernden bürokratischen Aufstiegs dar, sondern bezeichnet vielmehr das frühe Erreichen des für sie maximal Möglichen, ähnlich einer Gläsernen Decke.

Analog zur Aufsichtsebene finden sich in der Leitungsebene überwiegend Beamte aus den Ministerien, mit einem leichten Übergewicht des Ministeriums für Finanzen. Allerdings lassen sich auch einige Beamte identifizieren, die zur Zeit ihrer Projektarbeit nicht aus den Ministerien, sondern aus anderen Institutionen auch außerhalb der zentralen Bürokratie entsendet wurden. In *Ŭigwe 1764* ist ein gewisser Yi Subong 李壽鳳 (1710–1785) als *toch'ŏng* im Projekt zu finden. Er war im Hauptamt ein Militär (*pusagwa* 副司果, Rang 6B[270]) in der Abteilung der Fünf Hauptstadtgarnisonen (Oŭi 五衛). Obwohl er die Literatenprüfung absolviert hatte, hatte er im Laufe der Zeit mehrere militärische Ämter inne, allerdings in der Regel zivile Ämter im Ministerium und nicht in einer militärischen Laufbahn. Über Yi Sin'gyu 李信圭, dessen Projektarbeit im gleichen *ŭigwe* dokumentiert ist, lassen sich keine Lebensdaten noch Prüfungseinträge finden. Der erste Nachweis eines Amtes stammt aus dem Jahr 1754 und bezeichnet ein Amt im Rang 8B, was auf einen mittelmäßigen Abschluss in einer der niedrigeren Prüfungen hinweist. Vor Projektbeginn war ihm die Zuständigkeit für die Grabstätte von König T'aejo zugewiesen worden, da er im *ŭigwe* entsprechend ausgewiesen wird (*ponnŭngnyŏng* 本陵令). Soweit bekannt ist, waren diese Ämter trotz der rituellen Bedeutung der Königsgräber wenig prestigeträchtig, da ihr Arbeitsplatz in der Nähe der Gräber und damit außerhalb der Zentren lag. Das Aufgabenspektrum mag wenig herausfordernd gewesen sein und hat sich womöglich auf die Organisation der Grabpflege und die Vorbereitung gelegentlicher Besuche

---

270 Laut dem *KHG* war diesem Amt der Rang 5B zugeteilt. Die Angaben weichen ab vom *CWSS*.

beschränkt, sodass die Einbindung in Bau- und Reparaturprojekte als Experte für die Örtlichkeit eine der bedeutendsten Aufgaben in dieser Position gewesen sein wird.[271] Eine Arbeitsplatzbeschreibung existiert allerdings nicht, lediglich der Versuch einer Aufwertung dieses Amts aus dem Jahr 1741 zeugt davon, es gewissermaßen prestigevoller auszugestalten, als es in der allgemeinen Sichtweise der Beamten erschien.[272]

Betrachtet man die Laufbahnen dieser Beamten der mittleren Ebene auf ihre Heimatinstitutionen hin, so lässt sich feststellen, dass sie in ähnlicher Weise wie die Spitzenbeamten nie in einer der Abteilungen tätig waren, die den größten Teil des Tagesgeschäfts der zentralen Administration zu leisten hatten. Der Großteil der Posten war in den Ministerien oder anderen Institutionen vergleichbarer Ebenen angesiedelt, beispielsweise dem Zensorat. Die Vergabe erfolgte nur an Absolventen der *mun'gwa*. Selbst zu Beginn ihrer Beamtenlaufbahn waren offenbar die wenigsten dieser Beamten für eine längere Zeit in Posten der Ränge sieben bis neun tätig. So finden sich unter den mehrfach auftauchenden Posten beispielsweise Ernennungen zu Lehrern in einer der vier hauptstädtischen Schulen oder den Provinzschulen (*tongmong kyogwan* 童蒙教官), zu Hilfssekretären im königlichen Sekretariat (*kajusŏ* 假注書) und zu Wachen oder Aufsehern für die Königsgräber (*hŭirŭng ch'ambong* 禧陵參奉). Von den in dieser Ebene veranschlagten maximal 900 Tagen Amtszeit waren weniger als die Hälfte der Beamten viel mehr als ein Jahr beschäftigt, sondern wurden auf andere Posten versetzt. Ihre weitere Laufbahn fußte jedoch nicht auf den Inhalten ihrer ersten Ämter, sodass es in dieser Form keine Art von Spezialisierung gegeben hat.

Vergleicht man weiterhin die Amtszeiten dieser Beamten mit denen der Aufsichtsebene, so fällt die wesentlich geringere Fluktuation auf. Lediglich in *Ŭigwe 1677* wurden zwei der Beamten im Laufe des Projekts ausgetauscht, offenbar, da sie in ihren Hauptämtern versetzt wurden. Dies zeigt zum einen, dass die grundsätzliche Besetzungspraxis derjenigen der Aufsichtsebene entsprach: die Projektstelle war an das Hauptamt gebunden, nicht an die Person. Zum anderen waren die Stellen der mittleren Hierarchieebene offenbar weniger volatil in ihrer Besetzung, sodass die Beamten dort über einen längeren Zeitraum relativ stabil eingesetzt waren und dadurch eine entsprechende Expertise aufbauen konnten. Schließlich lässt sich bei der Anzahl der Personen der Aufsichts- und Leitungsebene keine Korrelation feststellen. Es gibt keine allgemeinen Tendenzen, dass

---

271 Zu Königsgräbern und deren Management vgl. z.B. Shin Myung-ho, „Sŏnjŏngnŭng-ŭi yŏksa-wa kwalli chedo." [Geschichte und Managementsystem der Grabstätten Sŏllŭng und Chŏngnŭng]. Yŏksa-wa sirhak, Nr.12 (2006).
272 Vgl. *Yŏngjo sillok*, *kwŏn* 53, Jahr 17 (1741), Monat 1, Tag 3, 1. Eintrag.

entweder die eine oder andere Gruppe mit mehr Personen im Projekt vertreten war. Auffallend sind zwei Beobachtungen in Bezug auf die Hauptämter: 1) Die Beamten der Leitungsebene wurden zumeist aus den drei Ministerien für Finanzen, Riten und Öffentliche Arbeiten rekrutiert. 2) Allerdings finden sich in der Leitungsebene auch Beamte, die in Institutionen arbeiteten, die mit dem jeweiligen Projekt in einem direkten inhaltlichen Zusammenhang standen, wie bereits weiter oben in Bezug auf Arbeiten an Gräbern angesprochen.

3.2.1.3 Zur Ausführungsebene: pyŏlch'ŏngbu

Die letzte Ebene, die mit ranginnehabenden Beamten besetzt war, wird von Na Young Hun als *pyŏlch'ŏngbu* bezeichnet, ebenfalls ein Terminus, der so in den Quellen nicht wiederzufinden ist. Na Young Hun beschreibt die Arbeit dieser Ebene als lediglich die Führung unterstützend, auch wenn er einräumt, dass die Aufgaben und Strukturierungen noch zu wenig erforscht seien, um abschließende Aussagen treffen zu können.[273] In den erwähnten Bauŭigwe lassen sich tatsächlich Beobachtungen machen, die konkretere Aussagen in Bezug auf Aufgaben und Struktur der *pyŏlch'ŏngbu* zulassen. Na Young Hun zieht die Begründung für sein Verständnis einer Unterstützungsfunktion aus der Tatsache, dass der Großteil der *ŭigwe* der Dokumentation ritueller Zeremonien gewidmet ist, in denen ebenfalls vergleichsweise kleine Bautätigkeiten wie das Herstellen von Tischen und Schränken oder der Aufbau von Zelten und Baldachinen zu finden sind. Diese dienen dem zweckmäßigen Gebrauch und besitzen lediglich mittelbare Verbindung zur Zeremonie. In den Bauprojekten dagegen stehen Bautätigkeiten in unmittelbarem Zusammenhang mit dem Kern des Projekts. Auch wenn sich einige Parallelen in der Zusammensetzung der Projektbüros zeigen, so kann doch bereits hier gefolgert werden, dass die in dieser Ebene erwähnten Beamten wie auch im weiteren Verlauf die gelisteten Handwerker, im Kern weniger unterstützend als vielmehr zentral tätig waren. Der koreanische Terminus *pyŏlch'ŏngbu* wird folglich in Anlehnung an die darin zusammengefassten Ämter, die als *pyŏlgongjak* 別工作, *kamyŏkkwan* 監役官 und *kamjogwan* 監造官 bezeichnet wurden, belassen, sind im Deutschen aber als ausführende Ebene zu verstehen.[274]

---

273 Vgl. Na, „Ŭigwe(儀軌)-rŭl t'onghae pon chosŏn hugi togam(都監)-ŭi kujo-wa kŭ t'ŭksŏng": S.260f.
274 Nicht einbezogen sind die in den *ŭigwe* aufgeführten Schreiber, militärischen Aufsichtsbeamten oder Boten.

Die Darstellung der entsprechenden Beamten in den ausgewählten ŭigwe (siehe Tabelle 21) gibt Aufschluss darüber, um welche Personengruppen es sich in dieser Ebene handelte.

Tabelle 21: Übersicht der ausführenden Personen in den ausgewählten ŭigwe.

ŭigwe/Jahr	Person/ Geburtsjahr	Amt bei Übernahme Projektposten	Projektposten	Alter[275]
Ŭigwe 1677	Hong Manun 洪萬運 (1640)	Sŏn'gonggam kamyŏkkwan 繕工監 監役官	pyŏlgongjak 別工作	33
Ŭigwe 1693	Chŏng Yojung 丁呂重 (1653)	Sŏn'gonggam pongsa 繕工監 奉事	kamyŏkkwan 監役官	40
	Yi Hyŏng 李瀅 (?)	Sŏn'gonggam kagamyŏkkwan 繕工監 假監役官	kamyŏkkwan 監役官	?
Ŭigwe 1753	Yi Seik 李世翼 (1707)	Sŏn'gonggam pubongsa 繕工監 副奉事	kamyŏkkwan 監役官	46
Ŭigwe 1764	Han Sŏkhang 韓錫恒 (1709)	Sullŭng chikchang 順陵 直長	Kamjogwan 監造官	55
	Yi Tongbin 李東賓 (1720)	Kŏngwŏllŭng ch'ambong 健元陵 參奉	Kamjogwan 監造官	44
	Kim Sangjŏng 金相定 (1722)	Sŏn'gonggam kamyŏkkwan 繕工監 監役官	Pyŏlgongjak 別工作	44
Ŭigwe 1777	Hong Kyehak 洪啓學 (1726)	Sŏn'gonggam pongsa 繕工監 奉事	Kamjogwan 監造官	51
Ŭigwe 1790	Cho Chin'gyu 趙鎭奎 (1748)	Sŏn'gonggam kagamyŏkkwan 繕工監 假監役官	Kamjogwan 監造官	42
	Sim In 沈鏔 (?)	Kun'gisi p'an'gwan 軍器寺 判官	Pyŏlk'anyŏk 別看役	?
	Ch'oe Kyedo 崔誠道 (?)	P'aejang changyongyŏng kip'aegwan 牌將 壯勇營 旗牌官	K'anyŏk 看役	?
	Hwang Inhyŏk 黃仁爀 (?)	P'aejang changyongyŏng kip'aegwan 牌將 壯勇營 旗牌官	K'anyŏk 看役	?
Durchschn. Alter				42,86

---

275 Errechnet sich aus der Differenz des Geburtsjahres und des Projektjahres.

Bei der Prüfung der Daten fallen bestimmte Punkte ins Auge, insbesondere im Vergleich mit den bereits untersuchten Ebenen.
1. Bei mehreren der aufgeführten Personen sind weder die Lebensdaten noch weitere Angaben beispielsweise zu den erreichten Abschlüssen bekannt. Selbst in den Fällen, in denen das Geburtsjahr in den Datenbanken angegeben wurde, fehlt mit nur einer Ausnahme das Todesjahr, auch weitere Daten zur Familie sind nur spärlich bekannt. Diese historische Sichtbarkeit nimmt über das Beispiel hinaus grundsätzlich mit den Rängen der Beamten ab.
2. Die überwiegende Mehrheit der auffindbaren Personen hatte die *chinsa*- oder *saengwŏn*-Prüfung absolviert. Lediglich Kim Sangjŏn 金相定 und Cho Chin'gyu 趙鎭奎 stellen hier mit ihren Abschlüssen in der *mun'gwa* eine Ausnahme dar. Dies spiegelt sich auch in ihren Karrierewegen wider, in denen sie immer wieder Ämter im Zensorat, Ministerium und anderen, ihren Abschlüssen entsprechenden, Institutionen und Hierarchieebenen innehatten. Die Karrieren der übrigen Beamten verliefen demgegenüber zumeist auf Ebene der Abteilungen, von Provinzadministrationen oder militärischen Posten in und außerhalb der Hauptstadt.
3. Die Häufigkeit der Erwähnungen der Personen in den Regesten sowie in den *SJW* zeigt in Analogie zu Punkt 1, dass mit niedrigerer Hierarchieebene ihr Auftauchen in den Quellen stetig abnimmt. Mit wenigen Ausnahmen besitzen die Beamten der Aufsichtsebene im Durchschnitt ein Vielfaches an Erwähnungen der Beamten der Leitungsebene, und diese wiederum ein Vielfaches der Erwähnungen der Beamten der Ausführungsebene. Dies mag mit dem einfachen Umstand erklärt werden können, dass der Rang der *tangsang*-Beamten aufgrund ihrer Nähe zum Thron allgemein für eine häufigere Erwähnung verantwortlich war. Darüber hinaus bestätigt diese Tendenz auch, dass sowohl die Möglichkeiten der politischen Teilhabe als auch die offizielle Anerkennung von Leistung mit den Prüfungsabschlüssen und den damit verbundenen Ämtern im engen Zusammenhang standen. Selbst die Dokumentation der Vergabe von Ämtern, die in einem derart bürokratisierten Staatswesen einen hochoffiziellen Akt dargestellt haben muss, lässt in den niedrigeren Rängen große Lücken erkennen, sodass die Karrierewege der *ch'amha*-Beamten (Rang 7–9) nicht mehr lückenlos nachvollziehbar sind.
4. In allen Fällen bleibt die Tatsache bestehen, dass auch diese niedrigsten Posten mit Leitungsfunktion, die regelmäßig in den Projekten eingerichtet wurden, an ranginnehabende Beamte vergeben wurden. Dabei wurde die Hälfte der Posten an Beamte des Sŏn'gonggam vergeben und damit an die Abteilung, die auf Bauwesen und damit in direktem Zusammenhang stehende Arbeiten

spezialisiert war. Zudem waren es zumeist die beiden niedrigsten Ämter des Sŏn'gonggam, *kamyŏk* und *kagamyŏk*, die mit diesen Projektposten betraut wurden.

Anders als in der frühen Chosŏn-Zeit, in der es sich bei den Personen der beiden niedrigsten Ämter des Sŏn'gonggam auch um beförderte Handwerker gehandelt haben kann, finden sich in den beobachteten Fällen der späten Chosŏn-Zeit ausschließlich Ranginhaber. Bei ihnen hat es sich nicht um Handwerker gehandelt. Offensichtlich hat sich diese Praxis im Übergang von der frühen zur späten Chosŏn-Zeit und im Zuge der sich verschärfenden soziopolitischen Grenzen geändert. Es lassen sich an dieser Stelle aber eine Reihe weiterführender Beobachtungen der Vita einiger Beamter anführen.

Hong Manun 洪萬運 (1640–?) hatte 1675 die *chinsa*-Prüfung bestanden, kurz bevor er 1676 das Amt eines *kamyŏkkwan* im Sŏn'gonggam erhielt. In dieser Position wurde er 1677 für die Arbeiten am Nambyŏljŏn abgestellt. Es ist nicht bekannt, ob er noch weitere Prüfungen ablegte, er stieg jedoch bis mindestens zum Rang 5A in der Hierarchie auf. Dies hing auch mit der hohen Position zusammen, die sein Vater Hong Chusam 洪柱三 (1621–1682) erreicht hatte. Dieser war Absolvent der *mun'gwa* und in Ämtern bis ins Zensorat und Sekretariat beschäftigt, war sogar zum Gouverneur der Provinz Chŏlla berufen worden.

Yi Hyŏng 李瀅 ist nicht in den Datenbanken der Prüfungsabsolventen aufzufinden, ein starkes Indiz dafür, dass er keine erfolgreiche Prüfung abgelegt hatte. Er wurde allerdings als *kamyŏkkwan* für die Reparaturen am Palast Kyŏngdŏkkung (*Ŭigwe* 1693) eingestellt, zu der Zeit im Amt eines *kagamyŏkkwan* (9B) im Sŏn'gonggam. Der Grund dafür, dass Yi Hyŏng trotz fehlender Prüfung ein Rangamt innehaben konnte, war nicht etwa, dass er sich durch eine besondere Spezialisierung im Fachgebiet ausgezeichnet hätte, sondern dass er mit dem König verwandt war. Aus einem Eintrag im *Hyojong sillok* geht hervor, dass er ein Konkubinensohn des Yi Po 李俌 (1598–1656) war, was die fehlende Prüfungsleistung erklärt. Auch wenn bei näherer Betrachtung das Verwandtschaftsverhältnis nicht besonders eng gewesen ist,[276] reichte diese familiäre Nähe zum König zu der Zeit aus, dass Yi Hyŏng bereits früh in seiner Karriere auf Geheiß des Königs, doch gegen den Einwand des Ministeriums

---

276 Yi Hyŏng war einer der Konkubinensöhne von Yi Po, der wiederum der zweite Sohn des *chŏngwŏn'gun* 定遠君 Wŏnjong 元宗 (1580–1619) war, dabei im Übrigen selbst illegitimer Sohn. Er hatte die gleiche Mutter wie König Injo, der Erstgeborene Wŏnjongs.

für Personal, als Vize-Superintendent (*pujejo* 副提調) Saongwŏn mit dem zugehörigen Rang 3A eingesetzt worden war.[277]

Yi Seik 李世翼,[278] dessen erster Eintrag in den *SJW* im Jahr 1734 nach seiner im Jahr zuvor bestandenen *saengwŏn*-Prüfung zu finden ist, wurde zunächst als Aufseher unterschiedlicher Gräber eingesetzt, bevor er seine ersten Ämter in der Zentrale im Sŏn'gonggam antrat. Dort wechselte er zwischen 1751 und 1753 zwischen den Ämtern *kamyŏkkwan* (9A) und *pubongsa* (9A), bevor er beim Bau der Grabanlage für Kronprinz Ŭiso (*Ŭigwe 1753*) mitarbeitete. In diesem Fall spielte die fachlich Eignung Yis eine gewisse Rolle. So mag ihm seine vorherige Beschäftigung bei der Administration diverser Gräber sowie seine Anstellung in den der Projektarbeit entsprechenden Stellen im Sŏn'gonggam eine Kompetenz in beiden Bereichen bescheinigt haben. Der Umstand, dass Yi Seik in über 20 Jahren seiner Laufbahn nicht über Rang 9 hinausgekommen war, spricht tatsächlich für eine rein fachliche Eignung, die im Wissenskanon kein Faktor im Aufstieg in einer Beamtenlaufbahn war. 1754 bricht die Dokumentation in den Aufzeichnungen ab, offenbar wird Yi Seik aufgrund von Gesetzesbrüchen ins Exil geschickt.

Han Sŏkhang 韓錫恒 wurde 1709 geboren, hat die *chinsa* Prüfung jedoch erst im Jahr 1740 vergleichsweise spät abgelegt. In den Regesten existiert kein Eintrag unter seinem Namen, die Informationen aus den *SJW* zeigen jedoch, dass er zu Beginn seiner Karriere, nach Erlangung des Abschlusses, unter anderem lange Jahre für das Grab König Tanjongs 端宗 (1441–1457, reg. 1452–1455) im Amt eines *ch'ambong* sowie das Grab des zweiten Königs der Koryŏ Dynastie (918–1392) Hyejong 惠宗 (reg. 943–945) und seiner Frau im Amt eines *chikchang* verantwortlich war. Nachdem er bei den Reparaturarbeiten am Grab Taejos mitgearbeitet hatte, wurde auch Han Sŏkhang nach 1764 ins Exil geschickt, die Aufzeichnungen über ihn enden 1770. Sein Vater hatte zwar noch die *mun'gwa* absolviert, allerdings nie ein Amt im *tangsang*-Rang inne, über seine beiden Söhne ist nichts bekannt.

Kim Sangjŏng 金相定, der im gleichen Projekt als *pyŏlgongjak* tätig war, hatte bereits mehrere Ämter inne, darunter im Jahr 1764 das des *kamyŏk* im Sŏn'gonggam, bevor er 1771 erfolgreich die *mun'gwa* ablegte und daraufhin hochrangige Ämter erhielt. In den 1760er Jahren war er für eine Reihe von Abteilungen, darunter auch im Sangŭiwŏn tätig, hatte also Erfahrung mit der Arbeit

---

277 Vgl. *Hyojong sillok, kwŏn* 7, Jahr 2 (1651), Monat 10, Tag 12, 1. Eintrag.
278 Sein Vater Yi Sŏnso 李善素 hatte ebenfalls die *saengwŏn* Prüfung absolviert. Weder über ihn noch über Yis Sohn Yi Sejŏk 李世適 lassen sich weitere Informationen in den einschlägigen Datenbanken finden.

in handwerklich ausgerichteten Bereichen. Nachdem er 1777 zwischenzeitlich aus allen Ämtern entlassen wurde, da er eine gewisse Nähe zu der Gruppe der Gegner der Thronbesteigung König Chŏngjos besaß, enden die Aufzeichnungen schließlich 1788 mit seiner Ernennung zum Magistrat der Präfektur Uljin.[279]

Hong Kyehak 洪啓學 erlangte seinen Abschluss der *chinsa*-Prüfung erst mit 48 Jahren 1773. Bereits 1752 wird er jedoch als *sŏnggyun saengwŏn* in den *SJW* erwähnt, der Bezeichnung für jemanden, der die *saengwŏn*-Prüfung bestanden und sich in der Sŏnggyun'gwan eingeschrieben hatte. Nur wenige weitere seiner Ämter sind uns bekannt, der höchste mutmaßliche Rang, den er innehatte, war 5B im Amt eines *tosŏ* 都事. Über seinen Vater, Hong Uhŭm 洪禹欽 (1704–?) ist zwar bekannt, dass er die *chinsa*-Prüfung bestanden und einige Ämter in *ch'amha*-Rängen innehatte, diese hatten aber keinen Bezug zu Bautätigkeiten, sodass nicht von einer Art fachspezifischer familiärer Linie ausgegangen werden kann.

Im letzten der beispielhaft behandelten Projekte (*Ŭigwe 1790*) war Cho Chin'gyu 趙鎮奎 als einziger Beamter im Sŏn'gonggam und damit in einer mit Bauvorhaben vertrauten Abteilung beschäftigt. Er hatte 1774 die *mun'gwa* abgeschlossen und war wahrscheinlich 1787, im Jahr des Beginns des Bauvorhabens, zum *kagamyŏkkwan* im Sŏn'gonggam ernannt worden. Nach Ende der Bauphase erhielt er andere höherrangige Ämter, so wurde er zum Beispiel 1789 zum Zweiten Sekretär im Ministerium für Finanzen ernannt. Er war danach nicht wieder für Bauprojekte tätig. Die drei letzten Offiziellen der tabellarischen Auflistung, Sim In 沈鏔 (?–?), Ch'oe Kyedo 崔誡道 (?–?) und Hwan Inyŏk 黃仁爀 (1761–?) waren militärische Beamte unterschiedlicher Positionen der Zentrale. Sie dienten vermutlich als Verbindungsmänner zwischen dem Militär und dem Projektbüro, um militärische Hilfsarbeiter zu organisieren. Möglicherweise wurden die Baustelle jedoch auch bewacht, da Ch'oe und Hwan aus dem Büro der königlichen Leibgarde (Changyongyŏng 壯勇營) abgestellt wurden.[280]

Die Lebensläufe bzw. Karrierewege auch der Beamten der Ausführungsebene lassen somit keinen direkten Hinweis darauf finden, ob und inwiefern sie persönlich fachspezifisches Wissen im Bereich des Bauwesens in das Projekt einbringen konnten. Im Einzelfall scheint dies vorgekommen zu sein, gute Beziehungen waren jedoch auch hier jedesmal ein Faktor. Einzige aufschlussreiche Gemeinsamkeit ist ihnen die Tatsache, dass sie fast alle aus dem Sŏn'gonggam rekrutiert wurden, und damit aus der Abteilung des Ministeriums für Öffentliche Arbeiten, das im Kerngeschäft mit Bauwesen beschäftigt war. Nicht also die individuelle fachliche Eignung aufgrund vergangener Leistungen, sondern

---

279 Vgl. *HMMTS* sowie *KHG* für die Amtsbezeichnung.
280 Vgl. *KHG*.

vielmehr ihre Zugehörigkeit zum Ministerium für Öffentliche Bauten bzw. zum Sŏn'gonggam zum Zeitpunkt der Projekte waren für ihre Auswahl ausschlaggebend. Diese Erkenntnis wird dadurch erhärtet, dass die Laufbahnen der Beamten weder vor noch nach den Projekten einen Fokus auf Bauwesen besaßen. Analog zu den bisherigen Beobachtungen in den höheren Hierarchieebenen wechselten auch die niedrigrangigen Beamten in den ihnen offenstehenden Ebenen durch die Institutionen. Weshalb aber ausgerechnet diese Personen und nicht andere im gleichen Amt gewählt wurden,[281] geht weder aus den *ŭigwe* noch aus den übrigen Quelleneinträgen hervor.

Da die Quellen keine Tätigkeitsbeschreibungen der einzelnen Beamten im Projekt enthalten, gibt womöglich eine direkte Betrachtung der in Frage kommenden Projektämter Aufschluss über ihre Aufgabenbereiche. Weder das *KHG* noch das *CWSS* oder das *RAHC* geben für das Amt eines *kamjogwan* eine Definition. Bei Hucker findet sich das Amt des *chien-tsao* 監造 (Pinyin: *jianzao*) mit der allgemeinen Übersetzung *work superintendent*, wobei mehrere Angaben gegeben werden.[282] Huckers Erläuterung nach Brunnert und Hagelstrom als *overseer of works* erscheint in diesem Zusammenhang am Geeignetsten, wobei auch diese Übersetzung nicht zwangsläufig mit Bauarbeiten in Verbindung stehen muss, wird sie doch von den Autoren selbst mit dem Amt des *Librarian-in-Chief* in Verbindung gebracht. Bei der Suche in den chosŏnzeitlichen Regesten finden sich zum Suchwort *kamjogwan* insgesamt 163 Einträge. Für die fraglichen Regierungszeiten sind es lediglich neun unter König Sukchong, 23 unter König Yŏngjo und ein Eintrag unter König Chŏngjo. Die ersten Erwähnungen datieren jedoch bereits aus der Zeit König Sejongs. Unter anderem wird das Amt in einem Eintrag zur Verwendung von Wasserrädern erwähnt.

> „[…] In den Handbüchern für die *kamjogwan* für Wasserräder [heißt es], was die japanischen Wasserräder [betrifft], wenn man sie für ein Feld, das nicht vollständig trocken ist, verwendet, dann können zwei Männer mit einem Tag [Fron]Arbeit ein Feld mit einer gewissen Zahl von *mu* bewässern […]."[283]

---

281 Die Ämter *kamyŏkkwan* und *kagamyŏkkwan* wurden zeitgleich mit drei Personen besetzt.
282 Hucker, *A dictionary of official titles in Imperial China*: Eintrag Nr.870.: „Work Superintendent. (1) SUNG: 2, rank not clear, in the Armaments Office (*chŭn-ch'l so*) of the Ministry of Works (*kung'pu*). SP: *surveiUant* [sic] *de fabrication*. (2) CHWG: one, rank 6 or 7, in the Imperial Printing Office (*hsiu-shu ch'u*) in the Hall of Military Glory (*wu-ying tien*). BH: overseer of works. P37."
283 Vgl. *Sejong sillok*, *kwŏn* 54, Jahr 13 (1431), Monat 11, Tag 18, 3. Eintrag: „[…] 水車監造官手本內, 倭水車, 若於田未盡乾時用之, 則二人一日之役, 可灌數畝之田 […]."

Einige Jahre später findet sich ein Eintrag zu Bauarbeiten am Tempel Chin'gwansa 津寬寺. Im ersten Jahr König Munjongs wurden mehrere hohe Beamte, darunter Minister und Vizeminister, zur Kontrolle der Arbeiten an diesem staatswichtigen Tempel entsandt.[284] Kurz darauf berichtete der *kamjogwan* des Tempels, dass die Handwerker und Lohnarbeiter keine Bezahlung erhalten hätten. Der Beamte, dessen Namen leider nicht genannt wird, war für das Management der Arbeiter tätig, nicht aber für die Durchführung der Bezahlung. Der *kamjogwan* berichtet weiter, dass er täglich im für die Zahlung zuständigen Büro Kwanghŭngch'ang 廣興倉 war, um dieser Situation abzuhelfen, offenbar ohne Erfolg.[285]

Zu Anfang der Herrschaft König Sukchongs wurde eines der Königinnengräber aus der Koryŏ-Zeit offenbar durch Wetterumstände derart beschädigt, dass alle Beamten des für das Management der Gräber zuständigen Projektbüros (Sallŭng togam 山陵都監) zu dem Vorfall befragt wurden. Die Personen der Aufsichts- und Leitungsebene wurden im Eintrag mit Namen genannt, die Beamten der Ausführungsebene hingegen nur mit ihrem Amt. Dies deutet nochmals ihre untergeordnete Rolle in den offiziellen Aufzeichnungen an.[286] Nichtsdestoweniger wurden Verfehlungen in ihren Aufgaben durchaus geahndet, was auf ihre tatsächliche Wichtigkeit hinweist. In einem Eintrag aus dem Jahr 1718 wird berichtet, dass einem im Projektbüro für die Grabstätten der Kronprinzen und Prinzessinnen (Myoso togam 墓所都監) als *kamjogwan* tätigen Beamten namens Kim Seyŏn eine Auszeichnung verliehen wurde. Aus dem Eintrag geht hervor, dass die Aufsicht über bestimmte Arbeiten, ihre Fertigstellung und regelmäßige Berichterstattung an die Vorgesetzten zu seinen Aufgaben gehörte. Eine gewisse Eigenverantwortlichkeit im Rahmen eines zugewiesenen Projektabschnitts scheint somit für dieses Amt bestanden zu haben, sofern man diese Angaben auf andere Kontexte übertragen kann.[287] Ein Eintrag aus der Zeit König Yŏngjos zeigt, dass Beamte als *kamjogwan* durchaus auch die Möglichkeit hatten, sich durch gute Arbeit auszuzeichnen. So wurden die entsprechenden Beamten der *samdogam* 三都監[288] nach ihrer Arbeit von Rang sieben auf Rang sechs befördert. Doch auch in diesem Eintrag werden die hohen Beamten zwar

---

284 Vgl. *Munjong sillok, kwŏn* 2, Jahr 0 (1450), Monat 7, Tag 10, 1. Eintrag.
285 Vgl. *Munjong sillok, kwŏn* 2, Jahr 0 (1450), Monat 7, Tag 26, 4. Eintrag: „[…] 津寬寺監造官, 告于承政院曰 工匠及役徒, 未受月俸, 日立廣興倉, 因致廢事. […]."
286 Vgl. *Sukchong sillok, kwŏn* 6, Jahr 3 (1677), Monat 2, Tag 28, 1. Eintrag.
287 Vgl. *Sukchong sillok, kwŏn* 61, Jahr 44 (1718), Monat 4, Tag 28, 1. Eintrag.
288 Zusammenfassende Bezeichnung der drei Projektbüros, die für Staatsbegräbnisse eingerichtet wurden: Pinjŏn togam 殯殿都監, Kukchang togam 國葬都監, Sallŭng togam 山陵都監.

namentlich, die *kamjogwan* jedoch nur mit ihrem Amt benannt.[289] Weitere Passagen dieser Art lassen sich in unterschiedlichen Kontexten finden, so zum Beispiel in einem Eintrag aus dem Jahr 1739, wobei die *kamjogwan* hier wiederum auf Rang 6 befördert wurden.[290]

Ähnlich stellt sich die Situation für den Posten des *pyŏlgongjak* 別工作 dar. Während in den Regesten lediglich acht Treffer angezeigt werden, sind es in den Sekretariatsaufzeichnungen 539, ein Verhältnis von 0,014. Legt man den Umstand zugrunde, dass die Regesten einen Auszug aus die Letzteren darstellen, kann in gewisser Weise auf die Bedeutung des Amtes und seine Dokumentationswürdigkeit geschlossen werden. Das Verhältnis der Erwähnung des Amts *kamjogwan* ist allerdings in dieser einfachen Rechnung etwas besser. So stehen den 163 Erwähnungen in den Regesten 2680 Einträge des Sekretariats entgegen, was ein Verhältnis von 0,06 ergibt. Der Fakt aber, dass das Amt in den *ŭigwe* stets nach den *pyŏlgongjak* gelistet wird, spricht wiederum dafür, dass es tendenziell weniger bedeutend war. Letztlich sind die Ränge der Beamten beider temporärer Ämter ähnlich niedrig. Aus diesen ambivalenten Beobachtungen lassen sich somit nur schlecht belastbare Rückschlüsse ziehen.

In den Regesten sind jeweils zwei Erwähnungen für die Zeit König Yŏngjos und König Chŏngjos verzeichnet, kein Eintrag für die Periode König Sukchongs. Dabei handelt es sich ausschließlich um die Vergabe von Belohnungen nach Abschluss eines Projekts. Wie im Falle der *kamjogwan* wurden die *pyŏlgongjak* nicht mit Gütern, sondern mit Beförderungen für ihre Arbeit belohnt. So erhielten die Beamten der Aufsichts- und Leitungsebene Pferde oder Bögen, während die niedrigeren Beamten um einen Rang befördert wurden.[291] Auch in diesen Fällen wurden sie nicht namentlich benannt.

In den Aufzeichnungen des Sekretariats finden sich 70 Einträge für die Zeit König Sukchongs, 102 Einträge für die Zeit König Yŏngjos und 76 Einträge für die Zeit König Chŏngjos. Im Gegensatz zu den Regesten sind diese Einträge sehr detailliert und enthalten in der Regel die Namen aller Amtsinhaber. Sie stehen im Zusammenhang mit Projektarbeiten, sind aber nicht beschränkt auf Bauprojekte, sondern umfassen das gesamte Spektrum der durch *ŭigwe* dokumentierten Ereignisse. Für die Zeit König Sukchongs stehen lediglich sechs Einträge nicht

---

289 Vgl. *Yŏngjo sillok*, kwŏn 21, Jahr 5 (1729), Monat 2, Tag 3, 2. Eintrag.
290 Vgl. *Yŏngjo sillok*, kwŏn 49, Jahr 15 (1739), Monat 4, Tag 15. 1. Eintrag.
291 Vgl. *Yŏngjo sillok*, kwŏn 32, Jahr 8 (1732), Monat 8, Tag 12, 1. Eintrag; *Yŏngjo sillok*, kwŏn 75, Jahr 28 (1752), Monat 1, Tag 29, 4. Eintrag; *Chŏngjo sillok*, kwŏn 12, Jahr 5 (1781), Monat 7, Tag 6, 3. Eintrag; *Chŏngjo sillok*, kwŏn 18, Jahr 8 (1784), Monat 8, Tag 2, 4. Eintrag.

in direktem Zusammenhang mit den Ämtern *kagamyŏkkwan*, *kamyŏkkwan*, *pubongsa* oder *pongsa* des Sŏn'gonggam, also der vier niedrigsten Ämter. Für die Zeit König Yŏngjos sind es 33, für die Zeit König Chŏngjos 27 Einträge. Nichtsdestoweniger besitzen alle Einträge einen inhaltlichen Zusammenhang zu einem Projektbüro (*togam*) oder einer der untergeordneten Abteilungen (*so* 所 oder *pang* 房). Diese Beobachtung wiederum korrespondiert mit den Erkenntnissen aus der Studie Na Young Huns, der das Amt des *pyŏlgongjak* als das wichtigste Amt der Ausführungsebene und als in praktisch allen Projektbüros vorhanden bezeichnet.[292] Er führt dies darauf zurück, dass die *pyŏlgongjak* Beamten sich um diverse Belange der Handwerker und Arbeiter gekümmert hätten. Er schreibt ihnen dabei eine aktiv-handwerkliche Rolle zu, in welcher Sie selbst Gegenstände hergestellt hätten, die für die Arbeit und das Leben der ihnen Unterstehenden notwendig gewesen wären. Die Interpretation stützt sich auf ein Zitat aus den Aufzeichnungen des Sekretariats aus dem Jahr 1724, in dem es heißt:

> Kim Dongpil aus dem Honchŏn togam berichtet in [seiner] Throneingabe: Die Fertigstellung der rituellen Utensilien dauerte sehr lange, jedwede Art von Arbeit am Honjŏn [wurde aber] nun als beendet berichtet. Die *pyŏlgongjak* haben auch Dinge wie Serviertischchen und dergleichen allesamt hergestellt, dann lackiert, und auch alle Reparaturarbeiten und dergleich im Gebäudeinneren wurden schon beendet. Was die Handwerker angeht, abgesehen von einer gewissen Zahl, die für später [zur Verfügung] gehalten wird, sind sie gemeinsam mit den arbeitsverpflichteten Soldaten [nach Hause] zurückgeschickt worden [...][293]

Diese Textstelle legt nahe, dass die *pyŏlgongjak* tatsächlich selbst derartige handwerkliche Arbeiten ausgeführt haben. Sie findet sich in dieser Form auch in der Übersetzung des *National Institute of Korean History*.[294] Kim Dongpil spricht jedoch in seiner Eingabe davon, dass ihm selbst berichtet wurde, dass die Arbeiten beendet seien. Die Ambivalenz des schriftchinesischen Textes lässt ebenso den Schluss zu, dass die *pyŏlgongjak* von der Fertigstellung der ihnen zugeschriebenen Arbeiten berichteten, anstatt sie selbst ausgeführt zu haben. Dies muss allerdings nicht zwangsläufig einen Widerspruch bezüglich der Qualifikation der jeweiligen Personen darstellen.

---

292 Vgl. Na, „Chosŏn ch'ogi Sŏn'gonggam-ŭi unyŏng-gwa kwanwŏn-ŭi sŏnggyŏk": S.263.
293 Vgl. *SJW*, Yŏngjo, Jahr 0 (1724), Monat 10, Tag 29, Eintrag 11/17: „金東弼, 以魂殿都監言啓曰, 祭器鑄成畢役已久, 魂殿各樣役事, 今又告訖, 別工作床卓等物, 亦皆造作, 方爲着漆, 殿內各處修理等事, 亦已完畢。工匠若干留待之外, 竝與募軍而放送 [...]."
294 *Kuksa pyŏnch'an wiwŏnhoe* http://www.history.go.kr/.

Die Häufigkeit der kombinierten Begriffe *pyŏlgongjak* und Honjŏn sowie Honjŏn und *sangtak* ist mit 35 bzw. 37 Treffern in den Jahren 1674/1681 und 1894/1776 überschaubar gering. Darunter sind mehrere Passagen beinahe wortgleich, als hätte der erste Eintrag als Folie für die übrigen Einträge gedient. Tatsächlich findet sich für das Jahr 1684 das *Myŏngsŏn wanghu pinjŏn honjŏn togam ŭigwe* 明聖王后 殯殿魂殿 都監儀軌, welches die Errichtung der beiden Gebäude Pinjŏn und Honjŏn für das Begräbnis der Königin Myŏngsŏn dokumentiert. Die für die *pyŏlgongjak* genannten Hauptämter sind ausschließlich *pongsa*, *kamyŏkkwan* oder *kagamyŏkkwan*, was den bisherigen Beobachtungen entspricht. Dies gilt auch für die nicht wortgleichen Einträge des 19. Jahrhunderts. Interpretiert man das obige Zitat so, dass die Amtsinhaber selbst die Arbeiten ausgeführt hatten, dann besaßen sie selbst handwerkliche Kenntnisse, waren somit möglicherweise selbst Handwerker, die zumindest temporär in diese Ämter gelangten. Nur in wenigen Einträgen allerdings sind die Namen der Personen zu finden. Sie stammen bis auf eine Ausnahme aus dem 19. Jahrhundert. Im Jahr 1724 wird ein gewisser Yi Kyoungsin (1674–?) erwähnt, der 1715 die *chinsa* Prüfung bestanden hatte. Alle anderen erwähnten Beamten waren empfohlene Beamte (*ŭmgwan* 蔭官) ohne Prüfungseintrag, deren weitere Karrieren nicht aus den Quellen hervorgehen. Dies korrespondiert mit den Erkenntnissen von Yi und Kim, gemäß derer die *mun'gwa* und in dem Zuge die höchsten Beamtenpositionen monopolisiert wurden und das Prüfungssystem durch die inflationäre Besetzung auch der niedrigstrangigen Ämter durch das Empfehlungswesen unterlaufen wurde.[295]

Es ist somit sehr wahrscheinlich, dass eben diese Ämter in der späten Chosŏn-Zeit nicht mehr von Handwerkern, sondern ebenfalls von Mitgliedern der *yangban* Aristokratie besetzt wurden. Dies bedeutet im Gegenzug, dass handwerkliches Fachwissen kein Bestandteil der Auswahlkriterien bei der Ämtervergabe mehr war, aber offenbar auch nicht zwangsläufig notwendig bei der Ausführung der Aufgaben im Projektbüro.

3.2.2 Handwerk, eine marginalisierte Basis

Da handwerkliches Fachwissen offensichtlich kein integraler Bestandteil oder eine notwendige Bedingung der aufgeführten drei Ebenen der Projektleitung war, kann dieses Wissen nur noch in der Ebene der tatsächlich handwerklich Tätigen zu finden sein. Auch wenn die Möglichkeit besteht, dass einige Beamte zumindest in der Ausführungsebene ein gewisses Maß an Kenntnissen in der Form von persönlichem, internem Wissen bezüglich Bauarbeiten besaßen, sind

---

295 Vgl. Yi und Kim, „Kwagŏ chedo-e kwanhan pip'an-jŏk sŏngch'al":

die Indizien stark, dass in der späten Chosŏn-Zeit keine Handwerker mehr in Rangämter berufen worden waren. In den Bauŭigwe existiert kein eigenes Hauptkapitel zu den Arbeiten der Handwerker. Entsprechende Abschnitte, sortiert nach Gewerken, werden in den Kapiteln der jeweiligen Bauabschnitte eingefügt. Aus diesem Grund werden sie auch hier strukturell losgelöst von den drei administrativen Ebenen betrachtet.

Ungeachtet der Ebene befinden sich die Kapitel zu Handwerkern jeweils weit am Ende des jeweiligen Abschnitts. In *Ŭigwe 1677* und *Ŭigwe 1693* existieren keine Inhaltsverzeichnisse. In den sie eröffnenden Personalverzeichnissen gibt es keine eigene Erwähnung von Handwerkern, sondern nur der sie administrierenden Ebenen. In *Ŭigwe 1677* finden sich so drei Kapitel „Auflistung der Handwerker" („Kongjangjil" 工匠秩), jeweils am Ende der Kapitel zu den drei Bauabschnitten (*so* 所). In *Ŭigwe 1693* finden sich zwei Kapitel zu Handwerkern, jeweils im Zusammenhang mit den zwei Hauptgebäuden, zu deren Reparatur sie eingesetzt worden waren. Im Laufe des 18. Jahrhunderts etablierten sich zwar Inhaltsverzeichnisse, die die Struktur der *ŭigwe* wiedergaben. Ein eigenes Hauptkapitel erhielten die Handwerker jedoch erst ab *Ŭigwe 1790*.[296]

Ungeachtet ihrer Zuordnung war die innere Aufteilung des Kapitels „Handwerker" stets an den vorhandenen Gewerken ausgerichtet. Viele Gewerke fanden sich in allen Bauprojekten, je nach dessen Dimension unterschieden sie sich jedoch in der Zusammensetzung und der Anzahl der Handwerker. Eine Übersicht über die entsprechenden Kapitel der sechs aufgeführten *ŭigwe* findet sich in Tabelle 30 des Anhangs und soll einen ersten Blick auf die Struktur dieses Teils geben. In den Handwerkerlisten sind in der Regel die Gewerke sowie die vollständigen Namen aller Handwerker verzeichnet. Lediglich *Ŭigwe 1777* und *Ŭigwe 1790* bilden hier Ausnahmen, da in ihnen nur die Zahl der Handwerker pro Gewerk sowie jeweils nur ein Name aufgeführt sind.[297] Bezüglich der Reihenfolge lässt sich kein generelles Muster ausmachen abgesehen davon, dass

---

296 Chang Kyŏng-hŭi, „Chosŏn wangsil *ŭigwe*-rŭl t'onghan changsik yŏn'gu-ŭi hyŏnhwang-gwa kwaje." [Momentane Situation und Themen der Studien über Handwerker anhand der königlichen *Ŭigwe* der Chosŏn-Zeit]. *Yŏksa minsokhak*, Nr.47 (2015): S.93f. Chang listet der Vollständigkeit halber in ihrer Studie weitere Orte der Erwähnung von Handwerkern innerhalb der *ŭigwe* auf, die meines Erachtens nach jedoch Einzelfälle oder Ausnahmen bilden.

297 Der Eintrag für die Holzhandwerker in *Ŭigwe 1790* lautet zum Beispiel: „Zimmerleute wie Pyo Sŏnggi usw. 59 Personen" (木手 表聖起等 五十九名).

Holz- und Steinhandwerk stets zu Beginn gelistet werden.[298] Dies sind auch die beiden Arbeitsbereiche, die man für gewöhnlich für alle Bauprojekte erwarten würde. Doch bereits bei diesen einfach anmutenden Bezeichnungen stellen sich gewisse Probleme bei der Charakterisierung der jeweiligen Arbeiten.

3.2.2.1 Gewerke in Bauŭigwe[299]

In Zusammenhang mit Holz lassen sich mehrere Arbeiten gruppieren. Zimmerleute (*moksu* 木手) und Tischler (*somokchang* 小木匠) sind die Berufe, die direkt über das Zeichen für Holz identifiziert werden können, deren Produkte jedoch unspezifisch sind.[300] Die Produkte von Holzschumachern (*mokhyejang* 木鞋匠), Holzkammmachern (*moksojang* 木梳匠), Herstellern von Serviertischchen (*sobanjang* 小盤匠) und Bogenmachern (*kungjang* 弓匠) sind dagegen direkt aus den Berufsbezeichnungen erkennbar. Darüber hinaus finden sich Berufe, die nicht in erster Linie ersichtlich in diesem Gewerk angesiedelt waren. Personen, die die angelieferten Baumstämme spalteten und das Holz zu Balken, Brettern und weiter verwendbaren Teilen verarbeiteten, wurden in die zwei groben Kategorien Holzspalter und Holzsäger bzw. –zuschneider unterteilt.

---

298   Die Tabelle ist absichtlich in der Reihenfolge gehalten, in der die Gewerke in vielen der untersuchten *ŭigwe* genannt werden. Da es an einem Muster gemäß einer Gewichtung nach Arbeitsphase oder offiziellem Ansehen der Handwerker mangelt, treten von Text zu Text entsprechende Abweichungen auf.

299   Abweichend vom heutigen Verständnis von Gewerk als einer abgeschlossenen Bauleistung soll der Begriff hier die Arbeiten in einer Material- oder Werkzeuggruppe beschreiben. Dies kommt der zeitgenössischen Sortierung der Handwerker am Nächsten.

300   Die Berufsbezeichnung Tischler für den Begriff *somokchang* soll anzeigen, dass die entsprechenden Handwerker in der Herstellung und Bearbeitung von kleineren Gegenständen und Möbeln tätig waren. Für die dem Tischler gegenüberstehende Berufsgruppe wird hier demgemäß die Bezeichnung Zimmerleute verwendet. Diese fertigten und verarbeiteten Großbauteile für Bauprojekte, beispielsweise in der Dach- oder Fachwerkskonstruktion. Der Begriff *sumok* 手木 wird im *CWSS* in diesem Sinne verstanden. Ein korrespondierender Begriff *taemokchang* 大木匠 ist in den Quellen in diesem Zusammenhang nicht zu finden, auch wenn Lee ihn in seiner Arbeit gebraucht: vgl. Lee Yeon-Ro, „Chosŏn hugi changgin-ŭi tamdang kongjong-e kwanhan yŏn'gu: Yŏnggŏn ŭigwe kirok-ŭl chungsim-ŭro." [Untersuchung der Gewerke der Handwerker der späten Chosŏn-Zeit – Mit Fokus auf die Aufzeichnungen der Bauŭigwe]. *Taehan kŏnch'uk hakhoe nonmunjip*, Nr.8 (2009): S.199; Vgl. dazu auch weiter unten in diesem wie im Folgekapitel die Erläuterungen zu den Begriffen *top'yŏnsu* 都邊首 und *p'yŏnsu* 邊首.

Die Einzelbegriffe *kigŏjang*, *kŏlgŏjang*, *taein'gŏjang* und *soin'gŏjang* richteten sich nach den verwendeten Werkzeugen und den daraus abgeleiteten Arbeiten.[301]

Das Gewerk Holz stellte in der Regel den Großteil der Facharbeiter, war Holz doch der Hauptbaustoff für die große Mehrheit der in den *ŭigwe* dokumentierten Bauwerke. Ausgenommen waren in den Listen der *ŭigwe* die für das Fällen der Bäume zuständigen Gruppen. Das Fällen wurde von Arbeitern der jeweiligen Provinz durchgeführt, aus der das Holz geliefert wurde. Die Aufsicht über das Fällen übernahm ein entsandter Fachmann, ebenso wie über das Flößen der Stämme, die nach Lee bevorzugte Transportmethode. Die Fällarbeiten und das Entasten der Stämme sowie ihr Transport wurden als Frondienst, häufig auch von Soldaten durchgeführt, die als *chagyegun* 斫曳軍 bezeichnet wurden. Diese Arbeiten waren nicht in den Projektbüros integriert und damit auch nicht in den *ŭigwe* festgehalten.[302]

Etwas anders stellte sich dies im Gewerk Stein dar. Zu den in diesem Arbeitsfeld tätigen Personen zählten in erster Linie Steinmetze (*sŏksu* 石手). Anders als im Gewerk Holz wurden hierbei auch diejenigen in die *ŭigwe* aufgenommen, die in die Steinbrüche entsendet worden waren, um die dortigen Arbeiten zu überwachen. Dies galt insbesondere für den Transport, der, anders als bei Baumstämmen, nicht über die Flüsse, sondern über Land erfolgte. Aus diesen Gründen wurden zur Anleitung der Arbeiten offenbar sowohl Beamte als auch Handwerker zu den Steinbrüchen entsendet. Für sie wurden vor Ort extra Wohngelegenheiten angefertigt. Das dafür benötigte Holz sollte in der Nähe der Steinbrüche geschlagen werden. Die für diese Arbeiten eingerichtete Abteilung vor Ort wurde *pusŏkso* 浮石所 genannt.[303] Die Einträge in den Quellen sowie im *CWSS* legen nahe, dass diese Einrichtungen lediglich bei Neubauten von Grabanlagen existierten, Lee macht diese Einschränkung nicht. Je nach Art der Steine, die sie bearbeiteten, wurde demnach in *taebusŏkso* 大浮石所, verantwortlich für die Steine des Grabes direkt, und *sobusŏkso* 小浮石所, verantwortlich für die Steine

---

301 Vgl. ebd.: S.197f.
302 Vgl. ebd.: S.197; Unter dem Begriff *chagye* finden sich in den Regesten lediglich acht Einträge aus der Zeit des Kwanghaegun 光海君 (1575–1641, reg. 1608–1623), die jeweils auf Bauprojekte verweisen. In den Aufzeichnungen des Sekretariats taucht lediglich ein Eintrag aus dem Jahr Yŏngjo 32 (1756) auf, der Bezug nimmt auf Materialien für den Bootsbau.
303 Vgl. *Yŏngnyŏngjŏn kaesu togam ŭigwe* 永寧殿 改修都監儀軌 (1667), Kapitel „Iso" 二所, Angabe nach ebd.: FN21.

der zugehörigen Gebäude, unterschieden.[304] Steinbruch- und schneidearbeiten werden in fast allen *ŭigwe* erwähnt, auch die Anstellung und Bezahlung von Steinmetzen ist dokumentiert. Zusätzlich werden Hersteller von Mühlsteinen (*majojang* 磨造匠) direkt im Gewerk Stein verortet.

Weiterhin lässt sich noch das Gewerk Metallarbeiten identifizieren. Hierunter fallen Schmiede (*yajang* 冶匠), Drahtzieher (*tongsajang* 銅絲匠), Messingschmiede (*tusŏkchang* 豆錫匠), Hersteller von Scharnieren und Beschlägen für Türen (*pakpaejang* 朴排匠), Zinnlöter (*napjang* 鑞匠), Messerschmiede (*tojajang* 刀子匠), Goldschmiede (*pugŭmjang* 付金匠), Silberschmiede (*ŭnjang* 銀匠), Kleinofenbauer (*sorojang* 小爐匠), Schloss- und Schlüsselmachen (*soeyakchang* 鎖鑰匠), Lötzinneinleger (*napyŏmjang* 鑞染匠) und Nadelarbeiterinnen (*ch'imsŏnbi* 針線婢).[305]

Schließlich existierten noch die zwei Gewerke Kunst- und Erdarbeiten. Dabei wurden unter Malerei sowohl tatsächliches Malen und Lackieren als auch Gravuren gefasst, die beide einen künstlerischen wie praktischen Zweck erfüllten. Das Gewerk Kunst umfasst somit Maler (*hwawŏn* 畵員), Fassadenmaler (*pangoe hwawŏn* 方外畵員), Lackmaler (*ch'iljang* 漆匠, *chinch'iljang* 眞漆匠) und Grundierer bzw. Schutzlackierer (*kach'iljang* 假漆匠). Die zweite Gruppe setzt sich zusammen aus Graveuren (*chogakchang* 雕刻匠), Feingraveuren (*ipsajang* 入絲匠), Schnitzern (*kaksujang* 刻手匠) und Polierern (*magyŏkchang* 磨鏡匠). Das Gewerk Erdarbeiten beinhaltet Maurer bzw. Verputzer (*ijang* 泥匠), Dachdecker (*kaejang* 盖匠/蓋匠) und Ziegler (*wajŏnjang* 瓦甎匠)[306], somit Arbeiten mit verschiedenen Erden als Rohstoff.

Sowohl in den dargestellten Gewerken als auch darüber hinaus finden sich Handwerker, die auf den ersten Blick zumindest nicht in Bauprojekten vermutet werden würden. Dazu gehören beispielsweise die bereits erwähnten Holzschuhmacher und Hersteller von Mühlsteinen, aber auch Sattler (*anjajang* 鞍子匠), Seiler (*chuljang* 乧匠) oder Weber von Weiden- oder Grasmatten (*nojŏmjang* 蘆簟匠 bzw. *injang* 茵匠). Viele diese Handwerker wurden nicht für die sie bezeichnenden Arbeiten eingesetzt. Vielmehr benötigte man ihre Kenntnisse, um

---

304 Vgl. Eintrag *pusŏkso* 浮石所 im *CWSS* sowie z.B. *SJW*, Yŏngjo, Jahr 0 (1724), Monat 9, Tag 25, Eintrag 50/51.

305 Die einzigen Handwerker, die explizit aus den verwendeten Zeichen *pi* 婢 (Konkubine, Sklavin) heraus als Frauen identifiziert werden können, sind die Nadelarbeiterinnen. Dies trifft für keine andere Gruppe von Handwerkern zu. Ich vermeide jedoch aufgrund des zu sehr verengten Arbeitsbezugs den Begriff Näherin zugunsten von Nadelarbeiterinnen.

306 Vereinzelt zu finden als *panwajang* 燔瓦匠.

spezielle Aufgaben auszuführen, die zu ihren originären Arbeitsbereichen gehörten.[307] Graveure, Schnitzer und Holzschuhmacher wurden beispielsweise eingesetzt, um, mehr noch als die nur spärlich vorhandenen Verzierungen im Inneren der Gebäude, die feinen Aussparungen der Dachkonstruktion zu bearbeiten, durch die vor allem die komplizierten Steckverbindungen der Kapitelle (*kongp'o* 栱包) passgenau ineinandergriffen. Diese Kapitelle wiederum trugen nicht nur die unterschiedlichen Dachbalken, sondern besaßen in sich einen künstlerischen Aspekt, der durch ihre farbige, feinteilige Ornamentmalerei (*tanch'ŏng* 丹青) noch verstärkt wurde. Ihre Fähigkeiten im Umgang mit den entsprechenden feinen Werkzeugen zur Holz- und Metallbearbeitung prädestinierte diese Handwerker für derartige Arbeiten, auf deren Exaktheit die Tragfähigkeit und Stabilität des Daches und damit des Gebäudes selbst beruhte. Auf diese Tatsache macht Nerdinger im chinesischen Kontext eindrücklich aufmerksam. Er stellt fest, dass die Handwerker zu dieser Zeit mit ihren Werkzeugen das Holz am Ort der Gewinnung nicht so fein bearbeiten konnten, dass die Steckverbindungen gehalten hätte und die Konstruktion dadurch sicher gewesen wäre. Somit war eine Feinbearbeitung der Aussparungen vor Ort unbedingt notwendig.[308]

In ähnlicher Weise wurden Handwerker, die eigentlich Mühlsteine herstellten, eingesetzt, um Steine in runde Formen zu bearbeiten, und um Löcher in Steine zu bohren. Sattler wurden ebenfalls benötigt, um Löcher zu bohren, allerdings in die konkaven oder konvexen Dachziegel, die an den Traufen der Dächer angebracht waren und mithilfe von durch diese Löcher geschlagenen Nägeln befestigt werden konnten. Darüber hinaus bohrten sie Löcher für das Binden von Büchern. Die von den Seilern hergestellten Seile hingegen wurden tatsächlich bei den Bauarbeiten verwendet, beispielsweise beim Transport der Steine und des Holzes.

Manche Professionen erscheinen für heutige Maßstäbe äußerst kleinteilig spezialisiert. Die Unterschiede der Holzsäger und -zuschneider wurden in diesem Zusammenhang bereits angesprochen. Diese feine Spezialisierung insbesondere in den Bereichen der Innenausstattung existiert auch im chinesischen Kontext.[309] Im Bereich der Graveure wird sowohl der allgemeine Beruf des Graveurs mit unterschiedlichen Werkstoffen (*chogakchang* 雕刻匠) dokumentiert, aber darüber hinaus auch die Binnenspezialisierung des Feingraveurs, dessen Spezialfähigkeit

---

307 Für die folgenden Ausführungen vgl. ebd.: S.199–204.
308 Vgl. Nerdinger, Winfried und Glahn, Else, *Die Kunst der Holzkonstruktion: Chinesische Architekturmodelle* (Berlin: Jovis, 2009): S.38f.
309 Vgl. Schnell, Welf H., „Typology and Structure of the Handicraft Regulations on the Yuanming Yuan", S.208f.

darin bestand, dass er die ausgravierten Muster mit Einlagen füllte bzw. Gravuren an kleinen Gegenständen wie Essgeschirr vornahm. Ähnlich feine Spezialisierungen lassen sich für Holzkammmacher (*moksujang* 木梳匠) annehmen, die vermutlich keine Kämme herstellten, sondern im Rahmen des Bauprojekts äquivalente Feinarbeiten durchführten, oder für die Handwerker, die ausschließlich für das Anpassen und Anbringen von Ösen und Beschlägen an Fenstern und Türen zuständig waren, nicht aber für deren Herstellung.[310]

Im Teilgewerk der Lackierer finden sich ebenfalls mehrere Spezialisierungen, die auf eine breit und tief gestaffelte Arbeitsteilung hindeuten. Neben der allgemeinen Bezeichnung für Lackmaler (*ch'iljang* 漆匠) finden sich die beiden Bezeichnungen für diejenigen unter ihnen, die mit der Lackgrundierung befasst waren (*kach'iljang* 假漆匠) und für diejenigen, die die tatsächliche Lackierung auftrugen (*chinch'iljang* 眞漆匠). Der Terminus *kach'iljang* im Kontext von Bauprojekten wurde hingegen nicht für Handwerker verwendet, die Gebrauchs- oder Kunstgegenstände lackierten, sondern für diejenigen, die die sichtbaren Holzelemente der Gebäude einfarbig grundierten. Darauf weist die Bezeichnung *kach'il tanch'ŏng* für die schmucklosen, einfarbigen Bemalungen der Dachkonstruktion hin.[311] Darüber hinaus sprechen die aufwendige Lackgewinnung sowie der hohe Preis für die Verwendung von Farbe statt Lack bei der Gestaltung von Bauwerken. Die Quellentexte geben für die Bezeichnung *kach'il tanch'ŏng* keine eindeutige Definition. Auch wenn es der sinokoreanischen Lautung nach ebenfalls möglich ist, dass *kach'il* für „zusätzliche Lackierung" (加漆) anstatt für „falsche Lackierung" (假漆) steht, so kann in gewisser Weise auch eine Verwendung analog zum europäischen Begriff des *Trompe-l'œil* stattgefunden haben. Zwar sollte im koreanischen historischen Kontext keine Dreidimensionalität vorgetäuscht werden, aber eine Form von Lackierung, die nicht der mehrfarbigen *tanch'ŏng* Lackierung entsprach, oder die die, vor allem von Kunst- und Gebrauchsgegenständen bekannte, einfarbige Lackierung hier an Gebäudestrukturen imitierte. Dabei sollte diese womöglich eine Echtlack-Lackierung (*chinch'il*) vortäuschen. In *Ŭigwe 1777* beispielsweise werden im Abschnitt über die neu herzustellenden Einrichtungsgegenstände (*sinjojil* 新造秩) vier Tische für Opfergaben (*chesang* 祭床) aufgelistet. Neben den genauen Maßen wird als Farbe schwarzer Echtlack (*hŭkchinch'il* 黑眞漆) dokumentiert.[312] Darüber hinaus werden in *Ŭigwe 1777* in der Auflistung der verwendeten Materialien unterschiedliche Farben bzw.

---

310 Vgl. *HMMTS*.
311 Vgl. z.B. *HMMTS* oder *ASHKYS*, sowie dem Eintrag *tanch'ŏng* im *DPS*.
312 Vgl. *Ŭigwe 1777*, Abschnitt „Sinjojil" 新造秩.

Rohstoffe für Farben für das Lager der Zeremonialgegenstände aufgeführt. Diese umfassten unter anderem Steine vom Berg Noesŏngsan in der Provinz Kyŏnggi (*noerok* 磊碌), bestimmte weiße Farbpigmente (*chŏngbun* 丁粉), roten Erden (*chuto* 朱土, *pŏnjuhong* 磻朱紅) und Eselshufkleber[313] (*agyo* 阿膠).[314]

Im Gegensatz zu den Lackmalern waren die Maler (*hwawŏn* 畫員) nicht für Malerarbeiten im Sinne des Anstreichens zuständig, sondern für die Anfertigung von Zeichnungen und Bildern. Dazu zählten in erster Linie die Darstellungen von Prozessionen sowie Bauwerken und Gegenständen, die Teil der Bauprojekte waren. In *Ŭigwe 1777* wird dementsprechend ein Maler aus der Abteilung für Malerei (Tohwasŏ 圖畫署) angefordert.[315] Im Abschnitt über die Erstellung des *ŭigwe* selbst ist neben Schreibern, Sekretären und Bediensteten von einem Maler die Rede, der für die Publikationsarbeiten herangezogen wurde und dessen Bereitstellung und Bezahlung von den Ministerien für Finanzen sowie für Militärische Angelegenheiten geregelt werden sollte.[316] Ihr Einsatz entsprach letztlich dem Berufsbild eines Malers als Beamter in der Bürokratie, der dafür eine gesonderte Prüfung ablegen musste.

Zusammenfassend wurden Bauprojekte im Rahmen von Palast- wie Grabanlagen, seien es Neuerrichtungen oder Reparaturen, von einer großen Zahl bisweilen sehr fein spezialisierter Handwerker durchgeführt. Je nach Umfang des Projekts wurden benötigte Materialien und Elemente aus der Produktion oder Lagerung unterschiedlicher Abteilungen, insbesondere des Sŏn'gonggam bereitgestellt. Ab einer gewissen Größe wurden mithilfe der entsprechenden Handwerksspezialisten eigene Werkstätten auf der Baustelle eingerichtet, beispielsweise zum Brennen von Ziegeln oder der Herstellung und Reparatur von Werkzeugen durch Schmiede (*yajang* 冶匠).[317] Die gelisteten Handwerker wurden nicht ausschließlich nach den Produkten ausgewählt, die sie ihrer Grundbezeichnung nach herstellten, sondern oftmals nach den spezifischen Fähigkeiten,

---

313 Die Bezeichnung entspricht dem Handwerksberuf, der bereits im Kapitel zum Ministerium für Öffentliche Arbeiten angeführt wurde. Nicht ausschließlich Eselshufe, sondern auch andere Teile wie Haut oder Innereien dienten als Rohstoffe zur Herstellung des Klebers: vgl. Eintrag im *HMMTS*.
314 Vgl. *Ŭigwe 1777*, Abschnitt „Soipjil" 所入秩.
315 Vgl. *Ŭigwe 1777*, Abschnitt „Kamgyŏljil" 甘結秩.
316 Vgl. *Ŭigwe 1777*, Abschnitt *ŭigwejil* 儀軌秩: „[…] ein Maler, drei Schreiber, ein Kopist, ein Lagerist und ein Bote werden vom Ministerium für Finanzen und dem Ministerium für Militärische Angelegenheiten mit Stoffen versorgt […]" ([…] 畫員一人 書吏三人 書寫一人 庫直一名 使令一名 令戶 兵曹給料布 […]).
317 Vgl. Lee, „Chosŏn hugi changgin-ŭi tamdang kongjong-e kwanhan yŏn'gu": S.202.

die sie für ihre Arbeiten mitbrachten, so zum Beispiel das Bohren von Löchern in bestimmte Materialien oder ihre Fähigkeit zu Feinarbeiten. Nur wenige der Handwerker, die durch die *ŭigwe* namentlich bekannt sind, können in den Quellen in ihrer Arbeit nachverfolgt werden. Doch auch diese geringe Dokumentation liefert ein vollständigeres Bild der Handwerker und ihrer Stellung im Bauprojekt in Relation zu den ihnen vorgesetzten Beamten.

Um das Verhältnis zwischen den koreaspezifischen Schreibweisen der Namen und ihrer Verwendung im Kontext der Bauprojekte ein wenig umfangreicher zu beleuchten, wird in einem hinführenden Kapitel kurz auf die Dokumentation der Baumaterialien und Werkzeuge sowie den in den Arbeitsbeschreibungen zu findenden Gebäudeteilen eingegangen. Es gibt hierzu einige wenige Untersuchungen, anhand derer dargestellt werden kann, welche kontextualen Bedingungen bei der Erstellung der *ŭigwe* eine Rolle gespielt haben und wie sich die Verwendung der chinesischen Zeichen zur Verschriftung des Koreanischen im Laufe der späten Chosŏn-Zeit wandelte. Mit diesem weiteren Blickwinkel sollen daraufhin die Handwerker der ausgesuchten *ŭigwe* nähergehend betrachtet werden.

3.2.2.2 Ch'aja p'yogi: *Kurze Bemerkungen zur Terminologie*

Die Wiedergabe der koreanischen Sprache mit Hilfe chinesischer Zeichen diente besonders bei den umfangreichen Dokumentationen von Baumaterialien, Gebäudeteilen und Werkzeugen zur exakten Beschreibung des jeweiligen Gegenstands. Die Verwendung chinesischer Zeichen in der oben dargestellten Weise erlaubte es, koreanische Termini ungeachtet ihrer chinesischen Pendants schriftlich festzuhalten, so es denn solche gegeben hatte. In ihrer Studie zur Verschriftung des Koreanischen mittels chinesischer Zeichen (*ch'aja p'yogi* 借字標記) in den Bauŭigwe untersucht Kim Yeon-ju 251 identifizierte Zeichen, ihr Vorkommen und ihre jeweiligen Funktionen, wobei sie sich auf die Baumaterialien, Werkzeuge und Gebäudeteile beschränkt. Sie kommt darin unter anderem zu folgenden Schlussfolgerungen:[318]

1) Die weitaus häufigste Verwendung chinesischer Zeichen zur Schreibung koreanischer Wörter mit 212 Zeichen ist die als reines Phonogramm (*ŭmgaja*

---

[318] Vgl. Ergebnisse der Untersuchung in Kim, „Yŏnggŏn ŭigweryu ch'aja p'yogi yongja-ŭi tŭksŏng yŏn'gu":

音假字)³¹⁹ gemäß der sinokoreanischen Lesung des entsprechenden Zeichens.³²⁰ Darauf folgt mit 57 Zeichen die Verwendung als sogenanntes Glossogramm (*hundokcha* 訓讀字), d.h. das Zeichen wird gemäß seiner Bedeutung ins Reinkoreanische übersetzt.³²¹ Dann folgen mit 40 Zeichen chinesische Lehnwörter (*ŭmdokcha* 音讀字) in sinokoreanischer Aussprache. Schließlich beschreibt sie mit 20 Zeichen sogenannte Glossophone (*hun'gaja* 訓假字), d.h. Zeichen, die nach ihrer Übersetzung ins Reinkoreanische nur lautwertig verwendet werden.³²²

2) Manche Zeichen kommen wesentlich häufiger vor als andere, je nachdem in wie vielen verschiedenen Verwendungsweisen nach Punkt 1) sie in Erscheinung treten.

3) Im Kontext der Verschriftung reinkoreanischer Wörter mittels chinesischer Zeichen kommt es häufig zu endemischen Zeichen, zusammengesetzt aus zwei Einzelzeichen, komprimiert in ein „ideelles Quadrat" mit der Struktur Silbenkörper oben und Auslaut unten, wie bereits oben beschrieben. Dabei wird der Auslaut stets phonographisch dargestellt mit *ŭl* 乙 für [-l], und (*chil*) 叱 für *non-released final* [-t]. Im Gegensatz zur Verschriftung der Personennamen kommt es bei der Schreibung von Baumaterialien, Werkzeugen und Gebäudeteilen für den Auslaut [-k] zu einer Mischung von chinesischen Zeichen und dem han'gŭl-Graphem ㄱ [k] für den Auslaut, wie z.B. in *kak* 갸 (*ka* 加 + ㄱ) und *kŏk/kkŏk* 극 (*kŏ* 巨 + ㄱ).

Während Kim sich der linguistischen Untersuchung detailliert widmet, sind ihre Schlussfolgerungen zur Entwicklung der Verwendung der Terminologie im Zeitablauf eher knapp. Eine derartige, wenn auch kurze, Studie zur Entwicklung von Fachbegriffen im Bauhandwerk auf Grundlage von Bauŭigwe erschien 1990.³²³ Darin stellen die Autoren fest, dass es zwischen der Mitte des 17. Jahrhunderts und Anfang des 20. Jahrhunderts einen signifikanten Wandel in der

---

319   Zur westlichsprachigen Terminologie der vier möglichen Verwendungen chinesischer Zeichen bei der Verschriftung des Koreanischen siehe Ledyard, Gari, *The Korean language reform of 1446* (Seoul, Korea: Singu Munhwasa, 1998): S.48.

320   Zum Beispiel: Spaten, koreanisch *karae*, verwendete Zeichen *ka-rae* 加乃; vgl. Kim, „Yŏnggŏn ŭigweryu ch'aja p'yogi yongja-ŭi tŭksŏng yŏn'gu": S.13.

321   Vgl. die obige Darstellung zur Verwendung des Zeichens *kŭm* 金 (Geld/Metall) für die reinkoreanische Silbe *soe* (Metall).

322   Zum Beispiel: Tür- und Fensterscharnier, koreanisch *toljyŏgwi*, verwendete Zeichen 石迪耳; vgl. ebd.

323   Vgl. Kim Tong-uk et al.,„„Chosŏn sidae kŏnch'uk yongŏ yŏn'gu: ŭigwesŏ-e kirok-doen pujae myŏngch'ing-ŭi pyŏnch'ŏn-e taehayŏ." [Untersuchung der Bauterminologie der Chosŏn-Zeit] Journal of the Architectural Institute of Korea 6, Nr.3 (1990).

Terminologie über alle Gewerke hinweg gegeben hat. Sie konzentrieren sich dabei auf Gebäudeteile, ohne auf die speziellen Eigenheiten der schrifttechnischen Verwendung chinesischer Zeichen einzugehen. Dabei kommen sie zu dem Ergebnis, dass es zunächst eine große Breite von Termini gegeben hat, großteils in Koreanisch verschriftet durch chinesische Schriftzeichen, die sich nicht nur vom heutigen, sondern auch vom zeitgenössischen chinesischen Katalog unterschieden. Im Laufe des 18. Jahrhunderts verschwanden viele dieser Bezeichnungen zugunsten der chinesischen Entsprechungen, gleichzeitig kam es zu einer Sortierung und Zusammenlegung des Begriffskatalogs, so dass Mehrfachbezeichnungen für ein Bauteil verschwanden. Mit dem späten 18. Jahrhundert tauchten darüber hinaus neue Begriffe speziell im Bereich der Fenster und Türen auf, die ebenfalls im heutigen Sprachgebrauch zu finden sind.

Bedauerlicherweise gehen die Autoren nicht auf die Veränderungen der Schreibweisen ein, sie erläutern auch nicht ihr Verständnis von *ch'aja p'yogi* im Kontext der Untersuchung. Da sie aber schreiben, dass ein Großteil der Fachtermini mit chinesischen Zeichen verschriftet worden ist, ist anzunehmen, dass sich ihre Definition mit der aus dem Artikel von Kim Yeon-ju deckt.[324] Die in beiden Texten behandelte Entwicklung des Terminus für eine bestimmte Art von Tragbalken stützt diese Annahme. Er wurden in den *ŭigwe* des 17. und frühen 18. Jahrhunderts mit dem Zeichen *pok* 栿 verschriftet.[325] Es diente zur Darstellung des koreanischen Wortes *tŭlbo*. Im Laufe des frühen 18. Jahrhunderts wurde es durch das Zeichen *po* 楳 abgelöst. Kim et. al. argumentieren, dass das Zeichen *po* 保 (chin. *bao*) als Phonetikum verknüpft wurde mit dem Klassenzeichen *mok* 木 zur Integration des entsprechenden Baumaterials. Es findet sich nicht alleinstehend, sondern nur in Kombination wie beispielsweise *tŏtpo* 假楳 für den koreanischen Begriff des entsprechenden Tragbalkens. Schließlich wird auch dieses Zeichen durch *yang* 樑 (chin. *liang*) abgelöst, welches in den meisten Fällen als Glossogramm (*hundokcha*) mit der Aussprache *po*, nun aber auch als Lehnwort (*ŭmdokcha*) mit der Aussprache *yang* verwendet, und ebenfalls mit dem Klassenzeichen *mok* als Materialangabe ergänzt wurde.[326] Beide Studien stellen fest, dass besonders im Laufe des 18. Jahrhunderts ein derartiger Wandel der

---

324 Vgl. ebd.: S.4.
325 Dieses Zeichen taucht bei Kim Yeon-ju noch nicht auf.
326 Das Zeichen 樑 ist bereits im *Hunmong chahoe* 訓蒙字會 von 1527 in Korea mit der sinokoreanischen Lesung *ryang* und der reinkoreanischen Entsprechung *po* belegt. Auch das heutige Wort *tŭlbo* erscheint bereits in diesem Eintrag. Vgl. Han'gŭl hakhoe, *Urimal kŭnsajŏn* (Seoul: Ŏmun'gak, 1992): Eintrag *tŭlbo*, Band 4, Seite 5015.

verwendeten Zeichen stattgefunden hat, weg von den endemischen, hin zu aus China übernommenen Zeichen.[327]

Bisher existiert keine zufriedenstellende Erklärung dafür, aus welchen Gründen es zu diesem Wandel gekommen sein könnte. Die Untersuchung von Kim et al. zeigt auf, dass es ab der zweiten Hälfte des 18. Jahrhunderts zu einer Sortierung der Termini kam. Die Verwendung mehrerer Begriffe für das gleiche Bauteil nahm ab, so dass beispielsweise einerseits die 12 verwendeten Termini für Tragbalken zu fünf neuen, in sich stimmigeren Begriffen zusammengeführt wurden, unter Verwendung des „neuen" Zeichens *yang* 樑.[328] Auch Kim Yeonju stellt diese Veränderung der Zeichen im Rahmen eines allgemein sichtbaren Wandels weg von in Korea entstandenen, hin zu aus China übernommenen Zeichen fest, bleibt aber eine Begründung schuldig. Auf der anderen Seite wurde der Terminus für einen Gebäudetyp des *kongp'o* Stils mit einer einfachen, auskragenden Dachkonstruktionen (*ikkong* 翼工) in dieser Zeit aufgefächert in drei Termini, die tatsächlich mit Abstrichen auch heute noch gebräuchlich sind.[329] Es kam somit zu einer Form von Standardisierung, die möglicherweise der sich ähnelnden Bauweise von Gebäuden unterschiedlicher Kontexte geschuldet war, so zum Beispiel Palast-, Tempel- oder Schulgebäuden (*sŏwŏn*).

3.2.2.3 Die Dokumentation der Handwerker

Der Detailreichtum der *ŭigwe* zeigt sich in besonderer Weise in der Art, wie die am Bauprojekt beteiligten Handwerker dokumentiert wurden. In vielen *ŭigwe* sind nach Gewerken sortierte Namenslisten der Handwerker überliefert, deren Inhalt und Gestaltung als Aussage ihrer soziopolitischen Position interpretiert

---

327 Vgl. Kim, „Yŏnggŏn ŭigweryu ch'aja p'yogi yongja-ŭi tŭksŏng yŏn'gu": S.17f.
328 Vgl. Kim et al., „Chosŏn sidae kŏnch'uk yongŏ yŏn'gu": S.11.
329 Diese sind nach ebd.: *ch'oikkong* 初翼工, *chaeikkong* 再翼工 und *muikkong* 無翼工 bzw. *murikkong* 物翼工. Es existieren aber dennoch offensichtlich unterschiedliche Grade der Ausdifferenzierung in der modernen Architektur. Der Eintrag zu *ikkong* im *HMMTS* beispielsweise gibt zwei andere Begriffe. Zum Problem der Terminologie siehe z.B. Ryu Seong-Lyong und Joo Nam-Chull, „Ch'ulmok ikkong kiwŏngwa pyŏnch'an-e kwanhan yŏn'gu." [Untersuchung zum Ursprung und Wandel der *chulmok ikkong*] *Journal of the Architectural Institute of Korea* 13, Nr.4 (1997); Zum Terminologievergleich zwischen dem 18. und 20. Jhd, siehe z.B. auch Kim Do-Kyoung und Joo Nam-Chull, „Hwasŏng sŏngyŏk ŭigwe-rŭl t'onghan kongp'o pujae-ŭi yongŏ-e kwanhan yŏn'gu." [Untersuchung des Systems der Terminologie des Klammersystems der Kapitelle anhand des Hwansŏng sŏngyŏk ŭigwe] *Journal of the Architectural Institute of Korea* 10, Nr.1 (1994).

werden können. Einige Aufstellungen sind dabei weniger detailliert als andere, sodass in einigen Fällen lediglich die Zahl der Handwerker pro Gewerk mit Anführung eines repräsentativen Namens, möglicherweise einer Art Vorarbeiter oder Meister zu finden ist. Vor dem Hintergrund der Weiterentwicklung der Wissensbestandteile in den Bauŭigwe, wie sie aus der Verwendung spezieller Termini für Werkzeuge und Materialien hervorgeht, und mit der Verknüpfung ihrer koreanisierten Schreibweise, werden im Folgenden die Handwerker untersucht, die offensichtlich koreanische bzw. oftmals für die Schicht der Sklaven charakteristische Namen besaßen.

Tabelle 22: Zimmerleute im Bauabschnitt eins in Ŭigwe 1677.[330]

Kim Ŭngsŏn	金應善	Cho Ilgŭm	曺一金	Kim Isŏn	金伊先
Kang Mallyong	姜㐫龍	Min P'ilsŏn	閔弼先	Pak Wŏndong	朴厚同
Kang Somallyong	姜小㐫龍	Pae Tolsi (Tolsoe)	裵石乙屎	Kim Sŏn	金善
Ch'u Aenam	秋愛男	Kim Taeil	金大日	Yi Taebok	李大福
Ta Hyogŏn	池孝建	Kim Kyŏngnip	金景立	Kim Toni	金頓伊
Sin Kiyŏng	申起英	An Hŭiyŏng	安喜永	Kim Ŭihyŏn	金義賢
Kim Sŭngsŏn	金承善	Yang Myŏngch'un	梁命春	Sŏng Imsŏn	咸壬善
Cho Yugi	趙六伊	Kim Mujak	金無作	Pak Myŏnggil	朴命吉
Kim Kirhyŏn	全吉賢	Kim Tŭksaeng	金得生	No Yŏngnip	魯永立
Chŏng Kŭngmyŏng	鄭克明	Yi Kŭmsil	李今實	Chin Tŏkpu	陳德福
Yi Chinsŏn	李進善	Yi Tolsŏng	李乭成	Chŏng Sŏni	鄭先伊

Tabelle 23: Handwerker mit auffälliger Schreibweise in Ŭigwe 1753.

Steinmetze	石手		
Kwŏn Kwiburi	權貴夫里	Kim Tolsan	金乭山
Mun Kangsoe (Tŏngsoe)	文加應金	Yi Ŭlsŏn	李乙先
Zimmerleute	木手		
Ch'oe Yudol	崔有乭		
Holzsäger	乷鋸匠		
Ch'oe Ŏsson	崔㐚孫	Kim Ŏndong	金彦同
Holzfeinspalter	小引鋸		

---

330 In Hellgrau sind Namen mit auffälliger Schreibweise markiert, die im Text aufgegriffen werden. In Dunkelgrau sind über die AKS Personendatenbank nachverfolgbare Personen gekennzeichnet. Diese Codierung gilt in gleicher Weise für alle folgenden Tabellen sowie den Anhang.

Sŏng Tori	成乭伊		
Graveur/Schnitzer	雕刻匠		
Yi Ŏttong	李旕同		
Dachdecker	蓋匠		
Ch'oe Nomi	崔老味	Kim Maktol	金莫乭
Maurer/Verputzer	泥匠		
Kim Nomi	金老味	Sŭng Kaedoch'i	承介都致
Türschlosser	鎖鑰匠		
Kim Chŏmdol	金占乭		
Silberschmied	銀匠		
Sŏ Chŏnghan	徐廷漢		
Weidenmattenweber	蘆簟匠		
Yun Palwŏlgŭm	尹八月金	Pak Nomi	朴老味
Han Tugŏbi	韓斗巨非	Pak Chŏmdol	朴占乭

Tabelle 24: Handwerker beider Bauabschnitte mit auffälliger Schreibweise in Üigwe 1764.

Zimmerleute	木手		
Chŏng Nomi	丁老味		
Dachdecker	蓋匠		
Yi Nomi	李老味	Kim Nomi	金老味
Maurer/Verputzer	泥匠		
Pak Nomi	朴老味	Yi Nomi	李老味
Grundierer/ Schutzlackieren	假漆匠		
Sŏng Nomi	咸老味		
Hersteller roter Vorhänge	朱簾匠		
Han Ŏttong	韓旕同		
Weidenmattenweber	蘆簟匠		
Kim Chŏmdol	金占乭		
Totengräber	莎土匠		
Pak Nütch'i	朴蕊赤	Kim Ildol	金一乭

Die hellgrau unterlegten Namen in den Tabellen 22, 23, undd 24 weisen eine spezifische Schreibweise auf. In ihnen finden sich lautwertig verwendete chinesische Zeichen sowohl für den Silbenkörper (Anlaut plus Vokal) als auch für den Silbenauslaut, oft kombiniert in einem „ideellem Quadrat" mit dem Silbenkörper oben und dem Auslaut unten, beispielsweise das Zeichen *ŏt* 旕, das sich zusammensetzt aus dem chinesischen Zeichen ŏ 於 sowie dem Zeichen (chil) 叱, das in Korea seit dem Altertum sowohl zur wortinternen Spannlautschreibung als auch zur Schreibung des *non-released finals* [-t] umfangreich Verwendung fand.[331] Dabei spielen auch sogenannte *hun'ga*-Lesungen (訓假) eine wichtige Rolle, d.h. ein chinesisches Zeichen wird nicht gemäß seiner sinokoreanischen Aussprache verwendet, sondern seine Bedeutung wird zunächst ins Reinkoreanische übersetzt und dieses Wort dann lautwertig benutzt. Um diese Lesung anzuzeigen, wird in der Regel der Auslaut nochmals phonographisch wiedergegeben, z.B. *tol* 乭 bestehend aus *sŏk* 石 (Stein), auf Koreanisch *tol*, sowie dem Auslaut *ŭl* 乙 zur Anzeige der *hun'ga*-Lesung. In den obigen Tabellen findet sich sowohl die in ein „ideelles Quadrat" komprimierte Form 乭 als auch die Schreibung in Einzelzeichen 石乙, wobei der Unterschied in senkrechter Schreibung weniger augenfällig ist.

Der Name Pae Tolsi/Tolsoe 裵石乙屎 enthält eine weitere Spielart der Verwendung chinesischer Zeichen zur Schreibung koreanischer Namen. Das letzte Zeichen *si* 屎 (Fäkalien, chin. *shi*) wird von einigen Autoren mit der koreanischen Aussprache *si* sowie *soe* interpretiert. *Soe* wiederum ist das reinkoreanische Pendant für *jin* 金 (Gold/Metall, sinokorean. *kŭm*).[332] Das Zeichen *kŭm*/*soe* findet sich ebenfalls in den *ŭigwe* des 19. Jahrhunderts gelegentlich an letzter Stelle eines Namens, oftmals ist ihm dabei *tol* (石乙 bzw. 乭) vorangestellt.[333] In dieser Weise kann der gesamte Name als reinkoreanisch verstanden werden, wodurch sich das koreanische Wort *tolsoe* ergibt. Dies ist auch heute noch eine umgangssprachliche, pejorative Bezeichnung für ein tumbes, ungebildetes bzw. unzivilisiertes Mitglied der unteren sozialen Schichten.[334] Nicht alle in dieser Weise verschrifteten Namen sind pejorativ zu verstehen. Im Allgemeinen wird lediglich die Lautung des koreanischen Namens wiedergegeben, die einen

---

331 Vgl. Traulsen, Thorsten, *Die lexikologischen und phonologischen Grundlagen der inneren Rekonstruktion im Mittelkoreanischen* (Hamburg: Staats- und Universitätsbibliothek Hamburg, 2012).

332 In seiner zweiten koreanischen Aussprache *kim* ist es einer der häufigsten Nachnamen in Korea, während der Chosŏn-Zeit vor allem unter den *yangban*, aber auch in den niedrigeren Schichten inklusive der Gruppe der Handwerker.

333 In den *ŭigwe*, die der Auswertung für diese Arbeit zugrundeliegen, taucht diese Kombination noch nicht auf, hier findet sich lediglich die Kombination 乭屎. Schon im *Hwasŏng sŏngyŏk ŭigwe* allerdings, das den Schlusspunkt des Zeithorizonts dieser Arbeit markiert, findet sich die Kombination aus 乭 und 金, beispielsweise im Namen des Steinmetzes Ko Tolsoe 高乭金. Sie ist dann im 19. Jahrhundert häufiger zu finden.

334 Vgl. Eintrag *tolsoe* im *HHMCT*.

deutlichen Unterschied zu den chinesischen beeinflussten Vornamen der oberen und mittleren sozialen Schichten aufweist. Insgesamt findet sich eine Vielzahl von Handwerkern in allen Arten von Quellen, die mit derartig pejorativen Namen gelistet werden.

Unter den in den Tabellen 31 bis 37 des Anhangs genannten weiteren Handwerkern sind nur die wenigsten in den Quellen nachverfolgbar. Niemand von ihnen mit Ausnahme der in dunkelgrau unterlegten Malern hatte eine der Beamtenprüfungen absolviert. Sie sind teilweise in unterschiedlichen Zusammenhängen in den Regesten und den *SJW* zu finden. Zumeist geht aus den wenigen Einträgen hervor, dass ihnen ein bestimmter Posten zugewiesen wurde. So kamen Hŏ Isun und Ch'oe Sŏgŭi in die Position eines *sujong hwawŏn* 隨從畫師, der bei den Königsportraits speziell für die Darstellung der Garderobe und der Farben verantwortlich war. Zwei weitere Personen, Kim Sŭngŏp und Kim Hyogŏn, werden in den Prüfungsaufzeichnungen als Absolventen der Militärischen Prüfungen des Jahres 1672 gelistet. Aufgrund der vielfachen Namensüberschneidungen kann allerdings nicht mit letzter Sicherheit gesagt werden, ob es sich bei den beiden tatsächlich auch um die genannten Prüfungsabsolventen gehandelt hat.

Bei zwei Handwerkern zeigt der Name eindeutig eine niedrigere Herkunft an. Sowohl Pak Ŏtnam, dessen Vornamen man als „irgendein Mann" verstehen kann, als auch Yi Kit'ori tragen Vornamen, die in den Quellen stets in Verbindung mit persönlichen Sklaven der *yangban*, sogenannten *sano* 私奴 bzw. *panno* 班奴,[335] oder staatliche Sklaven, sogenannten *kwanno* 官奴, Verwendung fanden.[336] Pak Ŏtnam und Yi Kit'ori selbst sind nicht in weiteren Quellen zu finden, sodass über ihren persönlichen Lebenslauf keine Detailaussagen getroffen werden können. Auch in den anderen Bauprojekten finden sich weitere Handwerker, die vormals Sklaven gewesen sein könnten.

Da die Listen der Handwerker in *Ŭigwe 1693* sehr viel umfangreicher sind als in den übrigen Beispielen, sollen lediglich die Namen der betreffenden Handwerker aus dem *ŭigwe* mit ihren Gewerken im Anhang tabellarisch dargestellt werden, sofern ihre Namen Auffälligkeiten in der Schreibweise aufweisen. Unter ihnen finden sich Namen, die durch einen Abgleich mit den Regesten und den *SJW* zweifelsohne in der Gruppe der Sklavennamen verortet werden können.

---

335 Zur Verwendung des Begriffs *panno* 班奴 als Bezeichnungen für private Sklaven der *yangban*: vgl. *Sŏnjo sillok*, kwŏn 71, Jahr 29 (1596), Monat 1, Tag 29, 3. Eintrag.

336 Vgl. zum Beispiel auch *SJW*, Hyŏnjong, Jahr 2 (1661), Monat 11, Tag 8, Eintrag 7/8; hier wird die Befragung mehrerer Sklaven erwähnt, die Ihren Besitzer umgebracht haben sollen, unter anderem zwei Sklaven mit den Namen Ŏtnam und Kit'ori.

Insgesamt stellt diese Gruppe einen Anteil von ca. sieben Prozent der Handwerker dieses Projekts dar, demgegenüber etwa sechs Prozent in *Ŭigwe 1677*. Während ihre Nachnamen stets mit denselben chinesischen Schriftzeichen wiedergegeben wurden, die auch in höheren sozialen Schichten Verwendung fanden, weisen auch in diesem *ŭigwe* die Vornamen die dargestellten Besonderheiten der oben skizzierten Schreibweise auf. Die sinisierte Namensgebung mit ein oder zwei Silben (Zeichen) fand offensichtlich in den niedrigeren sozialen Schichten der Handwerker, Händler und Bauern noch statt, nicht aber in bestimmten Bereichen der Sklaven. Nichtsdestoweniger wurden chinesischen Zeichen verwendet, um ihre „reinkoreanischen" Namen in eben dieser Weise zu verschriften. Auch wenn dies mit der Verwendung des zu diesem Zeitpunkt bereits seit über 250 Jahren bekannten *han'gŭl* wesentlich einfacher gewesen wäre, so entsprach es offensichtlich weder den Bedingungen des Genres noch der Arbeitsweise der Beamten, die die Namen zu dokumentieren hatten.

Betrachtet man die Namen der Handwerker der *ŭigwe* des 18. Jahrhunderts, entsprechen ihre Merkmale den bereits behandelten *ŭigwe* des 17. Jahrhunderts. Der Anteil der vermuteten Sklaven betrug 11,3% bzw. 7,3% der Gesamtzahl der Handwerker im jeweiligen Projekt, bewegte sich somit in einem ähnlichen Rahmen. Bei näherer Betrachtung der Verteilung lässt sich keine besondere Tendenz in Richtung eines bestimmten Gewerks ausmachen, weder bei den einfach anmutenden Arbeiten wie dem Ausheben von Löchern oder dem Sägen und Spalten von Baumstämmen, noch bei den gemeinhin weiterreichende Kenntnisse erfordernden Arbeiten von Graveuren oder Steinmetzen.

Bezüglich der Anzahl der Nennung bestimmter Namen taucht die Bezeichnung *nomi* 老味 besonders häufig auf, was in etwa als „Kerl" oder „Mann" verstanden werden kann. Sie besitzt heute eine eher negative Konnotation. Diese ist offenbar für die späte Chosŏn-Zeit noch nicht derart belegt. Auffallend ist dagegen die Häufung zur Mitte des 18. Jahrhunderts. Diese wird durch die Funde aus anderen Quellen gestützt. Betrachtet man die Einträge in den Regesten genauer, so stellt sich heraus, dass es sich zumeist um die Dokumentation von Verfehlungen bestimmter Personen handelt, in den wenigen eindeutig identifizierbaren Fällen Personen aus dem Militär. Er findet sich in unterschiedlichen Kombinationen als Yi Tullomi 李旵老味 ohne klare Konnotation, Yi Chagŭn-nomi 李者斤老味, was als „kleiner Kerl" verstanden werden kann, oder Kae-nomi 介老味, in etwa „Hundekerl". In den *SJW* finden sich darüber hinaus aber auch weniger negativ konnotierte Kombinationen wie Ch'a Ŏrin-nomi 車乽仁老味 („junger Kerl"), und Kim Kwi-nomi 金貴老味, möglicherweise in der Bedeutung „wertvoller"- oder „ausgezeichneter", womöglich auch „niedlicher Kerl". Eine

153

eindeutig pejorative Bezeichnung lässt sich somit nur schwerlich nachweisen. Darüber hinaus gibt es keine eindeutige Bezugnahme auf eine Zugehörigkeit des Namensträgers zu einer bestimmten sozialen Schicht oder Berufsgruppe.

Eindeutig herabwürdigend ist dagegen der Vorname Kaetong bzw. Kaettong 尒同 mit der Bedeutung Hundekot. In den Regesten finden sich über die gesamte Chosŏn-Zeit verteilt ca. 50 Erwähnungen, in den *SJW* etwa 40. Gerade für das 18. Jahrhundert allerdings besteht eine Lücke in beiden Quellen. In den Einträgen findet sich die Verwendung als Name und als tatsächliche Bezeichnung, beispielsweise für Glühwürmchen (*kaettong pŏllae* 螢 chin. *ying*). Die namentlichen Nennungen treten in sehr verschiedenen Kontexten auf. So bezeichnet der Name sowohl einen Musiker des Hŭngch'ŏngak 興清樂,[337] einen in den Militärdienst eingetretenen Sklaven,[338] und einen privaten Sklaven (*sano*).[339] In ähnlich pejorativer Weise können die Namen Tolsoe bzw. Tolsi 乭屎 aufgefasst werden. So lassen sich auch Namen wie Pak Ŏtnam 朴旕男 verstehen als „irgendein Mann."

Die Eigenart der breiten Verwendung von bestimmten Zählwörtern, deren Nutzung auch eine Charakterisierung des gezählten Gegenstands zulässt, wird bei der Darstellung der Handwerker nach *Ŭigwe 1777* und *Ŭigwe 1790* deutlich. Da in den vorherigen *ŭigwe* die Handwerker jeweils namentlich genannt wurden, bestand keine Notwendigkeit, ihre Gesamtzahl mit einem entsprechenden Zählwort zu markieren. Hier wird demgegenüber deutlich, dass bestimmte Handwerker nicht nur in besonderer Weise angesprochen wurden, sondern möglicherweise auch einen besonderen hierarchischen Charakter besaßen. So wird in den meisten Gewerken das allgemeine Zählwort für Personen *myŏng* 名 verwendet. In *Ŭigwe 1777* findet sich in bestimmten Gewerken das Zählwort *p'ae* 牌, das unterschiedlich gedeutet werden kann. Es fungiert, korrespondierend mit dem chinesischen Kontext, als Bezeichnung für die unterste Stufe der militärischen Hierarchie.[340] Es wurde ebenfalls für Gruppen verwendet, beispielsweise von Wandermusikern und besaß im Allgemeinen eine ins Negative reichende

---

337 Vgl. *Yŏnsan'gun sillok*, kwŏn 58, Jahr 11 (1505), Monat 7, Tag 6, 5. Eintrag. Beim Hŭngch'ŏngak handelte es sich um eine kurzlebige Hofinstitution zur Zeit der Herrschaft des Yŏnsan'gun 燕山君 (1476–1506, reg. 1494–1506), in der Musiker und Tänzer ausgebildet und beschäftigt waren, die ausschließlich der Belustigung des Herrschers dienten. Sie wurde unter seinem Nachfolger König Chungjong 中宗 (1488–1544, reg. 1506–1544) wieder abgeschafft. vgl. Eintrag im *CWSS*.
338 Vgl. *Sŏngjong sillok*, kwŏn 54, Jahr 6 (1475), Monat 4, Tag 13, 9. Eintrag.
339 Vgl. *Myŏngjong sillok*, kwŏn 26, Jahr 15 (1560), Monat 2, Tag 15, 1. Eintrag.
340 Vergleiche die Einträge von *p'ae* 牌 im *HYDCD* und im *P'yojun kugŏ taesajŏn* (*Großes Wörterbuch des Standard Koreanisch*) des National Institute of Korean Language.

Konnotation. In den gelisteten *ŭigwe* ist der Hintergrund der Verwendung nicht eindeutig. In den unterschiedlichen Textstellen wird es beispielsweise zur Zählung von Schmieden eingesetzt, die in der Liste der Gewerke auch mit *no* 爐 gezählt werden. Ferner findet sich kein eindeutiger Beleg dafür, dass die mit *p'ae* gezählten Steinmetze sich aus Soldaten rekrutiert hätten, was wiederum ein Beleg für die niedrige Position dieser Arbeiten gewesen wäre. Im Gegenteil erscheint die frühe Nennung der Steinmetze in der Liste ein Indiz für die hohe Wertschätzung innerhalb der Reihen der Handwerker.

Die Zählung von Malern mit dem Zeichen *in* 人 sticht dagegen heraus und scheint zunächst der gehobenen Stellung von Malern im Kreis der Handwerker geschuldet zu sein. Anders als auch am Hof angestellte Handwerker, mussten sich Maler einer entsprechenden Ausbildung bzw. offiziellen Prüfung unterziehen. Im Bereich des (Bau)Handwerks dagegen ist nicht klar, nach welchen Kriterien das entsprechende Personal tatsächlich ausgewählt wurde. Nichtsdestoweniger wurden Maler nicht an erster Stelle, sondern an unterschiedlicher Position in den Lister der Handwerker aufgeführt. Die Tatsache, dass sie überhaupt bei den Handwerkern gelistet waren, relativiert ihre ansonsten herausgehobene Stellung. Selbst Schreiber und Sekretäre sind in den *ŭigwe* im Personalverzeichnisses zu finden, wobei es sich hier um Mitglieder der Verwaltung handelte (z.B. *sŏri* 書吏), die mit dem Erstellen von schriftlicher Korrespondenz und letztlich auch der *ŭigwe* selbst betraut waren.

Desweiteren werden Handwerker an unterschiedlichen Textstellen der *ŭigwe* in ihrer Anzahl erwähnt. So ist in einigen der Dokumente davon die Rede, in bestimmten Baubereichen tätig gewesenen Handwerkern Zahlungen in Form von Reis und Stoffen, aber auch Prämien zukommen zu lassen. Ein Eintrag in Ŭigwe 1777, datiert auf Tag 17, Monat 8 des Jahres 1777, dokumentiert eine Mitteilung des Ministeriums für Finanzen. Demnach sollten diejenigen Handwerker, die während des Besuchs des Königs besonders fleißig gearbeitet hatten, eine Sonderzahlung erhalten. Zu diesem Zweck wurde eine Namensliste angefordert, die unter diesem Eintrag eingefügt wurde. Es hat den Anschein, dass die Originaldokumente, die beim Schreiben des *ŭigwes* als Vorlage dienten, falsch sortiert, oder der Originaleintrag nachträglich erstellt wurde, da vor diesem bereits ein Eintrag zu Tag 23, Monat 8 steht. Aus Abbildung 13 kann man entnehmen, dass ohne besondere Strukturierung Handwerker in unterschiedlicher Zahl aufgeführt wurden, die eine Bezahlung bekommen sollten oder bekommen hatten. Einen Grund für die scheinbar unsortierte Dokumentation, die sich auch in anderen *ŭigwe* findet, nennt die Quelle nicht.

Abbildung 13: Eintrag Monat acht, Tag 17 aus Ŭigwe 1777.

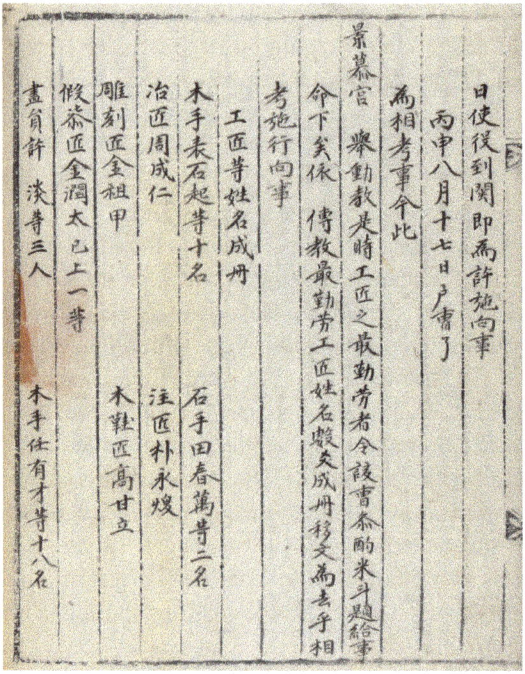
日使役到閱即爲許施向事
丙申八月十七日戶曹了
爲相考事令此
景慕宮 擧動敎是時工匠之最勤勞者令該曹斎酌米斗題給事
命下矣依 傳敎最勤勞工匠姓名數爻成冊移文爲去乎相
考施行向事
工匠等姓名成冊
木手表石起等十名　石手田春萬等二名
冶匠周成仁　注匠朴永煥
雕刻匠金祖甲　木鞋匠高甘立
假漆匠金潤太 已上一等
畫員許 淡等三人　木手仕有才等十八名

Der Eintrag lässt erkennen, dass für die angesprochene Zahlung an zwei Stellen Maler aufgeführt werden, einmal unter dem Namen Hŏ Tam 許淡 mit zwei weiteren Personen, hier allerdings anders geschrieben als im Handwerkerregister, ein weiteres Mal unter dem Namen Kim Sugyu 金壽奎 mit 13 weiteren Personen[341], der an anderer Stelle als 金壽圭 verschriftet nochmals erwähnt wird. Hierin zeigt sich nicht nur die Schwierigkeit, koreanische Namen und Personen durch die Inkonsistenz ihrer Schreibweise durch die Quellen hindurch verfolgen zu können. Möglicherweise gibt das *ŭigwe* gerade durch diese scheinbare Unregelmäßigkeit in einem ansonsten sehr strikt rituell gehaltenen Genre einen kleinen Einblick in den Erstellungs- und Aufzeichnungsalltag. So kann man sich mit ein wenig Phantasie gut vorstellen, dass jeweils mehrere verantwortliche Beamte bei ihrem Rundgang über die Baustelle das aufgezeichnet hatten, was sie gerade inspizierten, in diesem Fall den Maler Kim Sugyu gemeinsam mit

341 Es lässt sich nicht mit Bestimmtheit sagen, ob es sich um insgesamt drei bzw. 14 Personen handelte, oder ob es drei bzw. 14 weitere Personen waren.

dreizehn weiteren, sowie an anderer Stelle den Maler Hŏ Tam mit zwei weiteren, und dass ihre so erstellten handschriftlichen Notizen ihren Niederschlag in den *ŭigwe* fanden. Da uns diese grundlegenden Notizen bedauerlicherweise nicht zur Verfügung stehen, kann dieser Erklärungsversuch lediglich Spekulation bleiben.

Einträge zu Belohnungen für Handwerker finden sich in jedem der behandelten *ŭigwe*. Diese Sonderrationen an Reis wurden beispielsweise mit der Begründung ausgegeben, dass die entsprechenden Personen zu einem bestimmten Zeitpunkt besonders fleißig bzw. motiviert gearbeitet hatten (*kŭllo* 勤勞). So erscheint in *Ŭigwe 1777* an Tag 26, Monat 8 die Anweisung, dass den fleißigsten Personen, zu denen nicht nur Handwerker, sondern auch die Mitglieder der Administration gerechnet werden, nach gründlicher Prüfung eine Sonderration Reis in der Menge eines *tu* 斗 ausgegeben werden solle.[342] Regelmäßig wurden so Handwerker prämiert, stets waren aber auch Personen der Projektverwaltung involviert, ohne dass deutlich gemacht wird, wer welche besondere Leistung erbracht hatte. Hinweise liefert das Kapitel über die Bezahlung des Projektpersonals. Diese wurde in Form von Reis durch das Ministerium für Finanzen, in Form von Baumwolle durch das Ministerium für Militärische Angelegenheiten vorgenommen, woraus sich die Ausdrücke *horyo* 戶料 bzw. *pyŏngbo* 兵布 ableiten, die in den *ŭigwe* wiederzufinden sind.

Abschließend soll ein Blick in die Kapitel über die Erstellung der *ŭigwe* selbst helfen, eine mögliche Beteiligung von Handwerkern als primärer Träger handwerklichen Wissens bei der Dokumentation der Bauprojekte nachzuweisen. Diese Kapitel, in der Regel betitelt „Ŭigwejil" 儀軌秩, sind in jedem *ŭigwe* enthalten und beinhalten Informationen zu den Personen, Materialien und Schritten zur Kompilation, zur Anzahl und Art der Ausgaben sowie den Ort, an dem sie gelagert werden sollten. Trotz der teilweise sehr detaillierten Aufzeichnungen der Bauarbeiten, der einzelnen Arbeitsschritte, der bearbeiteten Gebäudeteile, sowie der verwendeten Materialien und Werkzeuge, ist kein Handwerker an der Erstellung der *ŭigwe* beteiligt. Einzig eine Art Buchbinder (*inch'uljang* 印出匠) wird erwähnt, und dies auch lediglich in *Ŭigwe 1764*. Verantwortlich für die Erstellung der *ŭigwe* nach Beendigung des Projekts waren in der Regel mehrere Beamte aus der Aufsichts- und Leitungsebene, selten auch aus der Ausführungsebene. Hinzu kamen andere direkt am Prozess beteiligte niedrige Beamte und Angestellte. So listet *Ŭigwe 1777* beispielsweise einen Maler (畫員一人), drei Schreiber (書吏三人),

---

342 Um welche Menge es sich bei einem *tu* handelt, ist nicht sicher belegbar für diese Zeit. In den sinologischen Quellen findet sich ein Maß von 10 Litern. Die Einträge in unterschiedlichen koreanischen Enzyklopädien geben für die späte Chosŏnzeit Angaben zwischen 18 und 20 Litern (kor. *mal*).

einen Kopisten (書寫一人), einen Lageristen (庫直一名) und einen Boten (使令一名), die offensichtlich an der direkten Erstellung des *ŭigwe* mitwirkten. In *Ŭigwe 1677* werden ein Maler, ein Reinschreiber (寫字官一人), zwei Kopisten, drei Schreiber, ein Lagerist und ein Bote eingesetzt. Zwar werden die genauen Vorgänge für das Erstellen der *ŭigwe* nicht deutlich, aber die Indizien sprechen dafür, dass sie, wie oben angedeutet, aus unterschiedlichen Vorlagen zusammengestellt und zu einem zusammenhängenden, sortierten Text kompiliert wurden.

3.2.3 Beurteilung der Rolle der Handwerker und des handwerklichen Wissens

Die breite Verwendung von Glossogrammen im Bereich der Baumaterialien, Gebäudeteile und Werkzeuge lässt in Kombination mit den Ergebnissen der Studien von Kim Yeon-ju und Kim et.al., die im Übrigen die einzigen umfangreicheren Untersuchungen ihrer Art auf Basis der *ŭigwe* sind, eine Reihe von Schlussfolgerungen zu, die für die weitere Betrachtung der Handwerker selbst von Bedeutung sind.

1. *Ŭigwe* wurden von in den Projektbüros angestellten Beamten geschrieben. Sie waren nicht einfach nur Sammlungen von Originaldokumenten, sondern detaillierte Abschriften. Sie enthalten eine große Zahl spezieller Fachtermini, deren Kenntnis zumindest nach heutigem Standard nicht als Allgemeinwissen vorausgesetzt werden konnte. Dies galt sicherlich für die große Zahl spezieller Begriffe, die die einzelnen Gebäudeteile und Werkzeuge detailliert benannten, und von denen zumindest im 17. und im beginnenden 18. Jahrhundert oftmals mehrere Begriffe parallel existierten.
2. In den *ŭigwe* sind diese Fachtermini in ihrer reinkoreanischen Version mithilfe von Glossogrammen verschriftet worden. Dies bedeutet, dass es für die Dokumentation von Bauprojekten in Form von *ŭigwe* offenbar nicht ausschließlich Vorlagen gab, die auf sino-koreanischem Vokabular beruhten. Auch wenn die Verwendung von *han'gŭl* das Aufschreiben möglicherweise vereinfacht hätte, wurden entsprechende chinesische Zeichen zur Verschriftung verwendet. Die Abneigung gegenüber *han'gŭl* mag sich zum einen aus dem Charakter des Genres, zum anderen aus dem Habitus der Schreiber gespeist haben, die als Mitglieder der höheren soziopolitischen Schichten die chinesischen Zeichen bevorzugten.
3. Eine große Zahl von Indizien spricht dafür, dass Handwerker oder zumindest in den entsprechenden Handwerken erfahrene Beamte an der Erstellung der *ŭigwe* mitgearbeitet haben. Die umfangreichen Kenntnisse der Fachtermini in Kombination mit ihrer Umschreibung in chinesischen Zeichen sprechen

dafür, dass es zumindest eine gewisse Art von Kooperation zwischen den einzelnen, an den Bauprojekten beteiligten Gruppen gegeben haben muss. Darüber hinaus ist keiner der Termini, die in Glossogrammen in gewisser Häufigkeit in den *ŭigwe* auftauchen, in einer der anderen offiziellen Quellen zu finden, sodass davon ausgegangen werden kann, dass sie nicht zu den alltäglich problematisierten Themen am Hof gehörten.[343]

Die Restrukturierung der Termini ab der Mitte des 18. Jahrhunderts und die Einführung von Begriffen, die teilweise heute noch gebräuchlich sind, zeigt, dass nicht wahllos bzw. schablonenhaft Informationen von vorherigen Bauprojekten im Sinne einer rituellen Fortführung des Genres kopiert wurden, sondern dass sich dieses im Sinne einer tatsächlichen Dokumentation parallel zur Entwicklung der Handwerkstechniken mitentwickelt hat. Eine gewisse Nähe der Kompilierer zum Handwerk ist damit wahrscheinlich, auch wenn diese nicht persönlicher Natur gewesen sein muss.

Allem Anschein nach genossen Handwerker auch innerhalb von Bauprojekten keine in besonderer Weise hervorgehobene Stellung in Relation zu ihrer sozialen Position, auch wenn sie letztlich die hauptsächlichen Träger des notwendigen Wissens für die tatsächlichen Bauarbeiten gewesen sind. Aus den bis hierhin untersuchten Quellen konnten einerseits keine eindeutigen Belege dafür gefunden werden, dass Handwerker in irgendeiner Phase der Bauprojekte in Rangämter befördert wurden, um entsprechende Aufsichtsaufgaben bzw. Aufgaben mit Leitungsfunktion zu übernehmen, noch dass sie beispielsweise zur Klärung von Sachverhalten oder Detailfragen hinzugezogen worden wären. Auf der anderen Seite konnte hinreichend nachgewiesen werden, dass die eingesetzten Beamten im Laufe ihrer Karrieren keine Spezialisierung in Bezug auf Wissen im Bereich des Bauwesens erfuhren, die sie für ihren Einsatz in den jeweiligen Bauprojekten in besonderer Weise im Vergleich zu anderen Beamten qualifiziert hätte. Letztlich war nicht der spezielle Erfahrungshorizont im Baubereich, sondern die zum Zeitpunkt eines Bauprojekts besetzte Position, hier insbesondere im Sŏn'gonggam des Ministerium für Öffentliche Arbeiten, ausschlaggeben für die Vergabe der Projektposten. Die Leitung dieser Projekte, die über eine derartige Wichtigkeit verfügten, dass sie in Form von *ŭigwe* festgehalten wurden, war auch mit einem gewissen, über die eigentliche Aufgabe hinausgehenden Prestige verbunden. Aus Sicht der Verwaltungspraxis darf jedoch nicht unerwähnt bleiben, dass man Beamte der Ränge 1–3 benötigte, da nur sie direkt beim König

---

343 Vergleiche dazu die beispielhaften Termini bei Kim, „Yŏnggŏn ŭigweryu ch'aja p'yogi yongja-ŭi tŭksŏng yŏn'gu": S.13f.

vorstellig werden durften, ohne eine besondere Aufforderung zu einer Audienz erhalten zu haben. Zumindest in der Aufsichts- und Leitungsebene, zu gewissen Teilen ebenfalls in der Ausführungsebene, besaß Wissen über die Verwaltungsprozesse einen höheren Qualifikationsgrad als Fachwissen zu Bauprojekten bzw. Bauwerken.

Über die Planungsphase der Bauprojekte unterschiedlicher Größen und Thematiken gehen aus diesen Quellen keine Informationen hervor. Weder geben sie detaillierte Einsicht in die Art und Weise der Konstruktion von Gebäuden oder die Planung von Gebäudekomplexen, noch lässt sich aus ihnen ableiten, wie die Organisation der Baustellen funktionierte und wer für das reibungslose Ineinandergreifen der Prozesse verantwortlich war, deren komplizierte Organisation auch in heutigen Großbauprojekten oftmals zu Schwierigkeiten führt. Dies ist umso bemerkenswerter, als dass beispielsweise der Bau aller Einzelgebäude der Festung Hwasŏng trotz ihres Gesamtumfangs in weniger als sechs Monaten abgeschlossen war.[344] Die teilweise vorhandenen Zeichnungen zeigen zwar die Anordnung der Gebäude im Komplex, geben jedoch darüber hinaus keine Informationen zu bautechnischen Details, die dagegen im Text, insbesondere in den bautagebuchartigen Kapiteln „Subonjil" 手本秩 und „Kongjakchil" 工匠秩, durchaus verbreitet sind. Hier finden sich teils äußerst detaillierte Bezeichnungen der Gebäudeteile, Baumaterialien und Werkzeuge, die von einem sehr spezifischen Wissen bei der Abfassung der Kapitel, oder zumindest bei der Erstellung der den Schreibern zur Verfügung stehenden Unterlagen zeugen.

Aus den *ŭigwe* sowie den Regesten und dem *SJW* sind lediglich zentrale Bausteine bzw. Meilensteine der Bauprojekte ersichtlich, die aufgrund ihres ritenbezogenen Charakters für das Genre angemessen erscheinen. Dies betrifft vor allem die Auspizien für die einzelnen Bauabschnitte. Hier wiederum besaß baupraktisches Wissen keine zentrale Rolle, sofern man die Festlegung der glückverheißenden Daten nicht als solches definiert. Für die *ŭigwe* als Quelle lässt dies keine eindeutige charakterliche Zuschreibung zu. Sie erscheint in den Fällen der Auspizien und der graphischen Darstellungen normativ, in den erwähnten Detailbeschreibungen durchaus deskriptiv. Den Charakter eines Handbuches besitzen sie in der heutigen Auffassung von Bauhandbüchern eindeutig nicht, auch wenn sie immer wieder als solche bezeichnet werden. Grund dafür mag auch die häufig auftauchende Formulierung sein, dass bestimmte Dinge gemäß früheren

---

344 Kim Kyoon-Tai, „Chosŏn sidae hwasŏng sŏngyŏk-ŭi kongjŏng kwalli sarye punsŏk." [Fallstudie zum Zeitmanagement des Bauprojekts der Festung Hwasŏng in der Chosŏn-Zeit] *Han'guk kŏnch'uk sigong hakhoe*, Nr.6 (2008).

Beispielen ausgeführt werden sollten.[345] Diese Aussagen besitzen jedoch mit Blick auf den Gesamteindruck des Genres eine normative Tendenz.

Nichtsdestoweniger wurden Handwerker, folgt man den aufgeführten Quelleneinträgen, auch nicht ungewöhnlich herabwürdigend behandelt oder dargestellt. Sie waren als Teil der Bauprojekte namentlich in den Quellen gelistet, wurden für ihre Arbeiten offenbar bezahlt und für besondere Verdienste sogar mit Sonderzahlungen belohnt, unter dem Vorbehalt, dass es sich bei diesen Teilen der *ŭigwe* nicht um normative, sondern dokumentierte Informationen handelt. Die namentliche Erwähnung der an Bauprojekten beteiligten Handwerker erfolgte ab der zweiten Hälfte des 18. Jahrhunderts sogar mit einem gewissen, wenn auch eingeschränkten, Sinn für Details. So finden sich in *Ŭigwe 1753* Angaben dazu, aus welchen Abteilungen die jeweiligen Handwerker stammten, aber auch Bezeichnungen wie *sajang* 私匠 zur Kennzeichnung privater, nicht am Hof angestellter Handwerker. Unter den Namen finden sich bestimmte auffällige Namen, deren Bedeutung teilweise pejorativen Charakter besitzt. Diese mögen in manchen Zusammenhängen absichtlich gewählt worden sein. Zum Großteil weisen sie aber eindeutige Bezüge zu Sklavennamen auf. Sklaven wurden von ihren Besitzern zur Ableistung von Frondiensten gesendet worden sein.

Die Restrukturierung der Fachterminologie im Laufe des 18. Jahrhunderts und die breite Verwendung chinesischer anstatt endemischer Zeichen lässt vermuten, dass sich dieser Wandel auf eine vermehrte Verwendung chinesischer Literatur zu Bautechniken als Vorlage zur Erstellung der *ŭigwe* stützte. Eine solche Entwicklung wäre ein weiteres Indiz dafür, dass nicht Handwerker, sondern Literatenbeamte maßgebliches Wissen zumindest für die Erstellung der *ŭigwe* besaßen. Dieses Wissen wäre allerdings nicht einem tatsächlichen handwerklichen Interesse bzw. einer handwerklichen Spezialisierung geschuldet, sondern vielmehr einem Wissen um die entsprechenden chinesischen Bauhandbücher. Eine Recherche in den Quellendatenbanken kann diese Vermutung nicht bestätigen. Selbst das songzeitliche *Yingzao fashi* 營造法式 (*Standards im Bauwesens,* engl. *Building Standards*)[346], das durch den chinesischen Architekten und Beamten Li Jie 李诫 (1065–1110) auf Geheiß des Kaisers geschrieben wurde und dem somit

---

345 So wird an unterschiedlichen Stellen in den *ŭigwe* betont, dass etwas nach vorherigem Muster geschehen solle: „Eingabe aus dem *togam* für die Restaurierung: Das entsprechende *togam* wagt anzufragen, ob man bezüglich des Arbeitsplans auf die vorherigen Beispiele zurückgreifen, sie vorbereiten und schriftlich einreichen solle." (改建都監啓曰本都監事目參考前例磨鍊書入之意敢啓): Vgl. *Ŭigwe 1777*, Kapitel „Throneingaben" („Kyesajil" 啓辭秩), Monat 4, Tag 22.
346 Vgl. Wilkinson, *Chinese history*.

durchaus kanonischer Charakter zugeschrieben werden kann, erscheint bis ins 19. Jahrhundert weder in offiziellen noch in privaten Quellen. Anders als die *ŭigwe* jedoch besitzt das *Yingzao fashi* offensichtlich den Charakter eines Handbuchs, das für die Konstruktion von Gebäuden in jeder Phase des Bauprozesses hinzugezogen werden kann.[347]

Auch der Versuch, das *Yingzao fashi* anhand von Abkürzungen oder Autorennamen im Korea des 18. Jahrhunderts nachzuweisen, lieferte keine Ergebnisse. Allein Yi Kyugyŏng 李圭景 (1788–1856) scheint diesem Werk eine solche Bedeutung beigemessen zu haben, dass es zumindest an drei Stellen seiner Textsammlung (*munjip* 文集) Erwähnung findet. Dies gilt ebenso für weitere chinesische Werke, denen ein entsprechender historischer Stellenwert beigemessen wird, so vor allem für das *Tiangong kaiwu* 天工開物 (*Erschließung der Himmlischen Schätze*) und das *Kaogong ji* 考工记 (*Aufzeichnungen über die Untersuchung des Handwerks*), wobei letzteres im 18. Jahrhundert wenigstens vereinzelt in den Quellen zumindest erwähnt wird. Das *Tiangong kaiwu* behandelt nicht in erster Linie Bauprojekte, aber verschiedene Themen, die mit Bauhandwerk in Verbindung stehen, so zum Beispiel das Brennen von Kalk, Werkzeugherstellung, Metallguß und nicht zuletzt Schiffe und Wagen. Dieses von Konrad Herrmann als Enzyklopädie bezeichnete Werk des ming-zeitlichen Gelehrten Song Yingxing 宋應星 (1587–1666), das er 1637 vollendet hatte, spiegle das handwerkliche Wissen der Ming-Zeit wieder.[348] An vielen Stellen geht Song jedoch über die insgesamt allgemein gehaltenen technischen Aspekte des Beschriebenen hinaus, kritisiert die „Stubengelehrsamkeit" der Konfuzianer und verspottet diese als weltfremd:

> […] Aber selbst wenn sie noch nicht einmal Dattel- und Birnenblüten voneinander unterscheiden können, spekulieren sie nur zu gern über die Wasserlinsen von Chu und selbst wenn sie nichts von den Formen der Bronzekessel verstehen, führen sie doch ständig die Dreifußkessel von Ju im Munde' […].[349]

---

347 Eine detaillierte Betrachtung der chinesischen Quellen würde an dieser Stelle zu weit führen. Zum weiteren siehe z.B. Feng Jiren, „The Song-Dynasty Imperial ‚Yingzao Fashi' (Building Standards, 1103) and Chinese Architectural Literature: Historical Tradition, Cultural Connotations, and Architectural Conceptualization." (Dissertation, Brown University, 2006); Guo, Qinghua, „Yingzao Fashi: Twelfth-Century Chinese Building Manual." *Architectural History* 41 (1998).
348 Song, Yingxing, *Erschließung der himmlischen Schätze* (Bremerhaven: Wirtschaftsverlag NW, Verlag für neue Wissenschaft, 2004): S.301, übersetzt von Herrmann, Konrad.
349 Ebd.: S.311.

Vor dem Hintergrund der dargestellten Funde und der Ambivalenz der *ŭigwe* als Quelle ist eine allgemeingültig zusammenfassende Aussage schwerlich möglich. Direkte, belastbare Aussagen können nur für den Einzelfall im jeweiligen Kontext getätigt werden. Deutlich ist jedoch zu beobachten, dass Handwerker trotz des für sie spezifischen Wissens um Bauprojekte in allen Phasen staatlicher Großprojekte im Grundsatz wenig in den Vordergrund gerückt wurden. Auch wenn ihnen eine zentrale Rolle für die Realisierung dieser Projekte zweifelsohne zugekommen ist, wurden sie zur Erfüllung dieser Aufgaben oder zur Anerkennung ihrer Leistungen weder temporär noch dauerhaft in Rangämter befördert. Die in vorherigen Untersuchungen dahingehend gemachten Beobachtungen aus der frühen Chosŏn-Zeit können somit für die später Chosŏn-Zeit nicht mehr nachgewiesen werden. Damit bestätigen die Ergebnisse allerdings den Trend zur Monopolisierung auch der niedrigsten Beamtenpositionen durch die Mitglieder der *yangban*-Aristokratie und den Trend zur Abschottung der Beamtenposten gegenüber niedrigeren sozialen Schichten, denen diese formal immernoch offenstanden.

Die offensichtliche Grenze zwischen dem spezifischen handwerklichen Wissen und dem spezifischen Beamtenwissen dieser Zeitperiode impliziert hier wie bereits im Kapitel zur bürokratischen Struktur die Existenz einer Art von Mittelsmännern, die zwischen den beiden unterschiedlichen Wissenssphären zu kommunizieren gewusst hätten. Für den Kontext der Bauprojekte würden sich beispielsweise Architekten anbieten, die im modernen Verständnis sowohl über das notwendige Wissen zur Planung und Organisation von Bauprojekten, als auch baupraktische Erfahrung für eine effektive wie effiziente Arbeit verfügen müssen, wie es der chinesische Kontext zeigt. Eine explizit identifizierbare Gruppe, die diesem Profil entspräche, lässt sich aber zu diesem Zeitpunkt innerhalb der Beamtenschaft nicht ausmachen. Für die frühe Chosŏn-Zeit mögen diese Rolle die *kagamyŏk* und *kamyŏk* Beamten ausgefüllt haben. Aus den Reihen der Handwerker erscheinen für die späte Chosŏn-Zeit einzig diejenigen geeignet, die mit den Begriffen *top'yŏnsu* 都邊首 bzw. *pyŏnsu* 邊首 bezeichnet werden, was in etwa die Bedeutung von Meister oder Vorarbeiter besessen haben muss.

In einigen *ŭigwe* werden *pyŏnsu* für bestimmte Gewerke aufgeführt, so zum Beispiel ein gewisser Chang Ilsun für das Gewerk Stein in *Ŭigwe 1777*. Er wird bei der Auflistung der Handwerker namentlich genannt, alle anderen Steinmetze lediglich in ihrer Summe angeschlossen.[350] Da Chang Ilsun im *ŭigwe* nicht weiter namentlich erwähnt wird, sind die daraus ableitbaren Schlussfolgerungen gering.

---

350 Vgl. Tabelle 37: Handwerker in *Ŭigwe 1777*.

Es mehren sich jedoch die Indizien, dass in dieser Art der Auflistungen von Handwerkern, wie sie auch in *Ŭigwe 1790* zu finden ist, die jeweiligen Vorarbeiter bzw. Meister aufgrund ihrer wichtigen Mittlerposition namentlich verzeichnet sind. Da für kein weiteres Gewerk, aber auch kein weiteres der untersuchten *ŭigwe* diese Art der Nennung nachgewiesen werden kann, bleiben die Annahmen zunächst spekulativ. In den Regesten und den *SJW* der späten Chosŏn-Zeit finden sich beide Bezeichnungen mehrfach, ohne dass aber erläutert wird, was die Aufgaben oder Alleinstellungsmerkmale der entsprechenden Person waren. In der Mehrzahl werden sie in Verbindung mit Belohnungen für Bauprojekte genannt, teilweise mit ihrem vollen Namen. Darüber hinaus definiert das *HMMTS* den Begriff *top'yŏnsu* als eine aus der späten Chosŏn-Zeit stammende Bezeichnung für einen Handwerker, der für Bauarbeiten gesamtverantwortlich war und damit der führende Verantwortliche unter allen *pyŏnsu* der beteiligten Gewerke.[351] Es ist allerdings zweifelhaft, ob damit ein Architekt in dem Sinne beschrieben wurde, wie er beispielsweise in der europäischen frühneuzeitlichen Geschichte verortet werden kann.[352]

Nachdem bis an diese Stelle die offiziellen bürokratischen wie projekthaften Strukturen als Manifestation der tradierten Wissensbestände untersucht wurden, wird sich der Fokus nun auf die Versuche richten, diese tendenziell verkrusteten und monopolisierten Strukturen aufzubrechen und die Bewegung, die im Laufe der späten Chosŏn-Zeit aufgrund unterschiedlicher Faktoren in den Wissenskanon kam, aufzunehmen und in die Praxis zu überführen. Dieser Perspektivwechsel soll sowohl private Einblicke in die Sicht- und Handlungsweise des Königs sowie ausgewählter *sirhak*-Gelehrter als Kritiker und potentielle Veränderer des Systems ermöglichen.

---

351 Vgl. Eintrag *top'yŏnsu* im *HMMTS*. Als Quelle für diesen Eintrag werden drei Publikationen aus den Jahren 2007, 1993 und 1963 genannt. Die definitiven Schlussfolgerungen des Eintrags können nicht mit Sicherheit durch eigene Quellenrecherche bestätigt werden. Es lässt sich allerdings feststellen, dass im 19. Jahrhundert die Bezeichnung *top'yŏnsu* vermehrt in den *ŭigwe* zu finden ist.

352 Vgl. dazu die Darstellungen in Jürgen Renn und Matteo Valleriani, „Elemente einer Wissensgeschichte der Architektur," in *Vom Neolithikum bis zum Alten Orient*, hrsg. v. Jürgen Renn, Wilhelm Osthues und Hermann Schlimme, Edition Open Access 3 (Berlin: Max-Planck-Institut für Wissenschaftsgeschichte, 2014), 7–53.

4. Der Umgang mit Handwerk: Praktische Ansichten und Einsichten

Sowohl die Untersuchung der bürokratischen Struktur als auch der *ŭigwe* als Primärquellen zur Lokalisierung baurelevanten Wissens, ihrer Wissensträger und deren Bedeutung im Kontext der chosŏnzeitlichen Hierarchien haben sehr eindeutige Ergebnisse gebracht. In der Bürokratie der späten Chosŏn-Zeit war faktisch kein Platz für diese Spezialisten, auch wenn dies in der ursprünglichen Errichtung des Systems anders angelegt war. Die Ergänzung der Darstellung der Struktur auf Basis der Kodizes mit weiteren Hinweisen aus den Regesten und den *SJW* hat dazu beigetragen, die Konturen der Position von Handwerkern und ihrem Fachwissen innerhalb der offiziellen Kontexte zu schärfen und herauszustellen, dass beidem im staatlich-offiziellen Rahmen, und damit in den Reihen der die Politik der Zeit dominierenden *yangban* und ihrem Habitus, weder strukturell noch argumentativ eine besonders herausgehobene Bedeutung beigemessen wurde. Es war darüber hinaus zu keinem Zeitpunkt Bestandteil des als wahr definierten Wissenskanons. Andererseits existierte zumindest in den Bauprojekten ein gewisses Maß an Würdigung und Belohnung von handwerklichen Leistungen, die aber im Alltag nur einen marginalen Niederschlag fanden.

Im darüber hinausgehenden privaten bzw. nicht-offiziellen Beziehungsgefüge der späten Chosŏn-Zeit mögen demgegenüber mehr Freiheiten bestanden haben, die Leistungen von Handwerkern aus Sicht der Aristokratie und Amtsinhaber zu würdigen, auch wenn eine positiv konnotierte Beschäftigung mit derartigem Wissen und dieser sozialen Gruppe in offiziellen Kontexten allgemein verpönt gewesen war. Den naheliegendsten Ort unorthodoxer Aussagen bildet die sogenannte Praktische Lehre (*sirhak* 實學). Ihr Engagement erstreckte sich nicht nur theoretisch sondern auch zuweilen in der praktischen Umsetzung mit über die direkte Verbindung zu ideologischen Fragestellungen hinausgehenden Alltagsproblematiken. Ihre Vertreter selbst können in unterschiedlichen sozialen Schichten der Gelehrtenschaft verortet werden. Sie setzten sich sowohl aus *yangban* verschiedener Fraktionen als auch aus Mitgliedern der *secondary status groups* zusammen. Darüber hinaus pflegten diese untereinander oft soziale wie professionelle Beziehungen, seien es Lehrer-Schüler-Beziehungen, bisweilen persönliche Freundschaften auch mit dem König, entgegen der im soziopolitischen System manifestierten strengen Abgrenzung.

Der Untersuchung der *sirhak* vorangestellt ist jedoch zunächst der Versuch, dem König als Oberhaupt des Staates und moralischem Vorbild in seinem Alltag zu folgen und Einblicke in seine Sichtweise auf Handwerker zu bekommen. Die ihm zuschreibbaren Aussagen aus den Regesten sind dafür insofern ungeeignet, als dass diese aus unterschiedlichen Quellen im Nachhinein auf Grundlage moralisch-ideologischer Kriterien guter Herrschaft erstellt wurden, sodass seine Aussagen bezüglich handwerklichen Sachverhalten zensiert und verloren gegangen sind. Eine etwas anders gelagerte Quelle kann jedoch diese Lücken füllen helfen.

4.1 Die *Ilsŏngnok*: Reflektion Königlicher Anerkennung

Neben den drei bereits hinzugezogenen Quellen, den Regesten, den *SJW* und den *ŭigwe*, die bestimmte staatliche Aussagen in Bezug auf Handwerker und handwerkliches Wissen darstellen, bietet sich eine weitere Quelle an, die einen in gewisser Weise intimeren Einblick in die Situation am Hof und die Einstellung des Königs zu bestimmten Themen bietet. Die *Aufzeichnungen zur täglichen Reflektion (Ilsŏngnok* 日省錄) reichen von 1760 bis 1910 und umfassen somit auch etwa die Hälfte der Periode, deren Untersuchung sich diese Arbeit widmet. Sie wurden auf Befehl König Yŏngjos angelegt und dienten soweit bekannt der persönlichen Evaluierung des Königs und Verbesserung seiner Herrschaft. Ihren Ursprung hatten sie in den persönlichen Aufzeichnungen König Yŏngjos, die er mit seiner Ernennung zum Kronprinz begonnen hatte. Die Forschung an dieser Quelle kann, im Gegensatz zu den Regesten und den *SJW*, nicht auf eine lange Tradition zurückblicken. Noch 2004 schrieb Yŏn Kapsu in seiner Studie, dass er keine umfassende Untersuchung dieser Quelle habe finden können.[353] Gleichwohl ist sie bereits teilweise ins Koreanische übersetzt und es findet sich eine Reihe von wissenschaftlichen Artikeln zu bestimmten Teilaspekten der *Ilsŏngnok*.

Die Einträge überschneiden sich teilweise mit denen der *SJW*, was möglicherweise dem tagebuchartigen Charakter beider Quellen geschuldet ist. Allerdings sind die *Ilsŏngnok* tatsächlich aus der Ich-Perspektive des Herrschers geschrieben, sodass die aus den *SJW* geläufigen einleitenden Phrasen wie z.B. *sang wal* 上曰 („Der König sagte:") dort in der Regel *yŏ wal* 予曰 („Ich sagte:") lauten. Sie enthalten darüber hinaus belanglos anmutende Passagen, in denen der König berichtet, wo er sich umgezogen hat, welche Kleidung er zu welchem Anlass anlegte und mit welcher Sänfte er auf welchem Weg von einem Ort zum anderen gelangte. Anders als die *SJW* sind die *Ilsŏngnok* zusätzlich zur chronologischen

---

353 Vgl. Yŏn Kap-su, „Ilsŏngnok-ŭi saryo-jŏk kach'i-wa hwalyong pangan." [Der Wert als historische Aufzeichnungen und der Plan zur Anwendung der *Ilsŏngnok*] *The Journal of Korean Classics* 27 (2004): S.37–39.

Sortierung mit Titeln zu den einzelnen Einträgen so strukturiert, dass man sich eine vergleichsweise einfache Übersicht über die Inhalte der einzelnen Tageseinträge verschaffen kann.[354] Am Ende jedes Tageseintrags sind die Namen der Verfasser verzeichnet, was eine Nachverfolgung vereinfachte, da die Einträge nach ihrer Fertigstellung gemeinsam mit den Erstellern diskutiert wurden bzw. werden konnten.[355]

Ein weiterer Unterschied zu den *SJW* ist das fast völlige Fehlen von Einträgen von Wetterlagen und -phänomenen wie Regen oder Hagel oder Donner an einem auspiziösen Tag. Bei einem Vergleich der Einträge zum gleichen Ereignis in beiden Quellen fehlen in den *SJW* oftmals Details, die in den *Ilsŏngnok* enthalten sind und die den festgehaltenen Ereignissen einen persönlicheren, weniger offiziellen Eindruck verleihen. So schildert Yŏn Kapsu beispielsweise den 60sten Geburtstag der Königinmutter Taewang Taebi (Sinjŏng wanghu 神貞王后), der in beiden Quellen dokumentiert wird, wobei aber lediglich der Eintrag im *Ilsŏngnok* auf die Geschenke eingeht.[356] Dieser vergleichsweise privat anmutende Charakter der Quelle lässt sie weniger komponiert wirken und ermöglicht dadurch bestimmte Einblicke über die Regesten und *SJW* hinaus.[357]

Von den 932 Einträgen zum Begriff *kongjang* 工匠 (Handwerker) entfallen lediglich vier auf die Zeit König Yŏngjos, die folgenden 270 Passagen auf die Zeit König Chŏngjos. Aus diesen 274 Einträgen beschäftigt sich die bei weitem größte Zahl mit Bezahlung und Belohnung, somit Aussagen über beispielsweise die bürokratische wie soziale Position von Handwerkern. Darüber hinaus finden sich Einträge zu Bauabläufen und Arbeitsverhalten, aber gelegentlich auch Wohn- und Lebensumstände der Arbeiter auf den unterschiedlichen Baustellen. Weiterhin liefern auch die bereits identifizierten einzelnen Gewerke Treffer in den *Ilsŏngnok*, allerdings in sehr viel geringerem Umfang.[358] In ihrer Gesamtschau

---

354 Da die *SJW* mittlerweile vollständig und die *Ilsŏngnok* zu großen Teilen digital zugänglich und im Volltext durchsuchbar sind, spielt diese Strukturierung heutzutage eine weniger große Rolle als zur Zeit ihrer Erstellung und möglichen Verwendung bei der Bewältigung des Regierungsgeschäfts.
355 Vgl. ebd.: S.41–42.
356 Vgl. ebd.: S.44–46.
357 Viele der Einträge decken sich allerdings mit den Aufzeichnungen insbesondere des Sekretariats. In den Fällen, in denen dies von besonderer Bedeutung ist und beispielsweise zur Klärung bestimmter Sachverhalte dienlich, werden diese Einträge gesondert berücksichtigt und angegeben.
358 Für die beiden zentralen Berufsgruppen der Holz- und Steinhandwerker wurden die Suchbegriffe *moksu* 木手 und *sŏksu* 石手 als allgemeine Bezeichnungen verwendet und auf die ausdifferenzierten Berufsbezeichnungen verzichtet. Zwar kommen auch

lassen sich allgemeingültige Aussagen in Bezug auf den Stellenwert des Handwerks identifizieren und hinreichend belegen.

4.1.1 Materielle Aspekte von Bezahlung und Belohnung

In der Regel wurden Handwerker in Reis und/oder Stoffen bezahlt. Der bei weitem größte Teil der Einträge behandelt dieses Thema. Sie sind nicht beschränkt auf die Handwerker, sondern geben Auskunft über Bezahlung und Belohnung aller an einem Projekt beteiligten Personen. Jeder dieser Einträge gibt somit einen Einblick nicht nur in die Wertehierarchie von Zahlungsmitteln dieser Zeit, sondern auch über die Hierarchien der an Projekten beteiligten Personen, was die aus den *ŭigwe* gezogenen Schlussfolgerungen ergänzt und stützt. Einige Beispiele verdeutlichen, in welcher Form die Einträge geschrieben sind und welche staatlichen, aber auch persönlichen Aussagen des Königs und seiner Beamten diese darstellen.

In einem Eintrag datiert auf Tag 3, Monat 2 des Jahres 1762 werden Belohnungen für die erfolgreiche Durchführung der sechs Riten zur Vermählung des Kronprinzen und späteren Königs Chŏngjo mit der späteren Königin Hyoŭi (孝懿王后 1753–1821) dokumentiert. Der Eintrag ist betitelt „Der König befiehlt, dem für die Zeit der sechs Riten [bestimmten] *chŏngsa*[359] Han Ingmu 韓翼謩 (1703–?) und den ihm Untergebenen jeweils gemäß [ihren] unterschiedlichen [Rängen/Aufgaben] Belohnungen auszugeben."[360] Inhaltlich listet der Eintrag die unterschiedlichen Projektämter und Personen, die für die Organisation der Hochzeit besetzt wurden, und die ihnen zustehenden Belohnungen. So erhielten beispielsweise Han Ingmu im Amt des *chŏngsa* sowie Hong Inhan 洪麟漢 (1722–1776) als sein Stellvertreter jeweils ein Pferd (*sungma* 熟馬), ebenso die Superintendenten Nam Taeje 南泰齊 (1699–1776) und Kim Sangbok 金相福 (1714–1782). Auch die folgenden Mitglieder der Aufsichtsebene erhielten Pferde, mit dem Unterschied, dass Ihnen diese nicht direkt vom König verliehen wurden, sondern über die Institutionen, die sie zum Projekt entsandt hatten. Die Beamten der Leitungsebene erhielten eine Beförderung (*sŭngsŏ* 陞敍) sowie ein

---

diese Bezeichnungen in der Quelle vor, ihre Trefferzahl ist allerdings noch geringer, sodass die Ableitung allgemeingültiger Aussagen unmöglich erscheint.

359 Die Bezeichnung gilt eigentlich einem obersten Gesandten, muss hier aber in Verbindung stehen mit einer besonderen Rolle, die Han bei der Hochzeit des Kronprinzen zukam. Weder die Quellen noch das RHAC geben Informationen zur genauen Ausgestaltung in diesem Zusammenhang.

360 *Ilsŏngnok*, Yŏngjo 38 (1762), Monat 2, Tag 3: „上命六禮時正使韓翼謩以下施賞有差."

kleineres Pferd als die höheren Beamten (*ama* 兒馬). Die ranghöheren Beamten der Ausführungsebene erhielten ebenfalls eine Beförderung, ein *ama*-Pferd und, sollten sie den höchsten Rang im Rahmen ihrer Möglichkeiten bereits erreicht haben, eine Beförderung für ein Familienmitglied (*chagungja taega* 資窮者代加). Die rangniedrigsten Beamten der Ausführungsebene erhielten Bögen und Pfeile. Die Handwerker wurden zum Schluss gemeinsam mit den ranglosen Verwaltungsangestellten und Arbeitern bedacht. Sie erhielten Reis und Stoffe je nach Bewertung ihrer Arbeit, wobei keine Mengen angegeben sind.[361]

Die gleiche Grundstruktur lässt sich bei allen Einträgen zu Belohnungen für besondere Verdienste in einem Projekt bzw. zu besonderen Anlässen beobachten. Analog zu den in den bisher analysierten Quellen gemachten Beobachtungen wurden Handwerker stets am Ende einer solchen Auflistung erwähnt, im Gegensatz zu den ranginnehabenden Beamten in der Regel auch nicht namentlich. Nicht in jedem Fall wurden alle Handwerker für außergewöhnlich gut erbrachte Leistungen belohnt. So wurden in einem Eintrag aus dem Jahr 1778 zur Reparatur des Sŏnwŏnjŏn 璿源殿 (Halle des Ursprungs der wunderschönen Jade), einem Gebäude des Palasts Ch'angdŏkkung, die ranginnehabenden Beamten mit Pferden und Beförderungen bedacht, während von den Handwerker, Verwaltungsangestellten und Malern zunächst lediglich die *pyŏnsu bedacht* wurden.[362] In einem Eintrag zwei Tage später wird deutlich, dass offenbar anhand einer nachträglich gesondert eingereichten Liste auch die anfangs nicht belohnten übrigen Handwerker mit Sonderleistungen bedacht wurden, die Maler mit einer Beförderung, die Verwaltungsangestellten und Handwerker mit Stoffen im Rahmen von einem Ballen (*p'il* 疋) pro Person.

Belohnungen wurden nicht nur im Nachhinein vergeben, sondern auch im Vorfeld bestimmter Arbeiten angekündigt, dies auch für die Handwerker. Im Jahr 1793 befahl König Chŏngjo, wohl im Hinblick auf den 60sten Geburtstag seines Vaters im Folgejahr, für anstehende Reparaturarbeiten an dessen Schrein Kyŏngmogung 景慕宮 entsprechende Belohnungen für die Ausführung dieser Arbeiten vorzuhalten. Für die Handwerker, Angestellten und militärischen Hilfsarbeiter sollten „den generösesten Beispielen folgend" Reis und Stoffe ausgegeben werden.[363] Der Rückgriff auf Beispiele aus der Vergangenheit findet sich

---

361 Vgl. *Ilsŏngnok*, Yŏngjo 38 (1762), Monat 2, Tag 3.
362 Vgl. *Ilsŏngnok*, Chŏngjo 2 (1778), Monat 2, Tag 17.
363 Vgl. *Ilsŏngnok*, Chŏngjo 17 (1793), Monat 12, Tag 24: „[…] Für die Handwerker, Angestellten, Arbeiter und Soldaten usw. soll das zuständige Ministerium Belohnungen an Reis und Stoffen vornehmen gemäß den generösesten Beispielen […]." (工匠及員役使喚軍人等竝令該曹米布從最厚例施賞).

an mehreren Textstellen. Es wird jedoch nur selten erwähnt, auf welche konkreten Beispiele man sich beziehen sollte. Vor dem Hintergrund der bereits gemachten Beobachtungen können *ŭigwe* für gleichartige Projekte durchaus in Frage kommen. Dafür spricht auch, dass gelegentlich auf Projektbüros aus der Vergangenheit verwiesen wird, ohne diese aber genau zu spezifizieren. Explizit benannt wurden vorausgegangene Arbeiten gleicher Art beispielsweise in einem Eintrag aus dem Jahr 1790. Für die Kompilation des *Sŏnwŏn poryak* 璿源譜略, einer Genealogie der königlichen Familie, erhielten die höheren Beamten Pferde, die niedrigen Beamten wurden befördert. Alle Nichtbeamten wie Schreiber oder Handwerker sollten anhand der vorangegangenen Kompilationen aus den Jahren 1735 (*ŭlmyo* 乙卯) und 1752 (*imsin* 壬申) belohnt werden. Allerdings enthalten weder die Regesten noch die *SJW* Angaben zu den in diesen beiden Jahren festgelegten Belohnungen.[364] An anderer Stelle wird lediglich knapp auf die Angaben in den Kodizes verwiesen.[365] Die Beamten, sofern sie keine weiteren Informationen außerhalb der hier dokumentierten erhalten hatten, wussten offensichtlich, worauf genau der König anspielte.

In anderen Fällen war es offenbar weniger einfach, eine angemessene Belohnung festzulegen. So erhielt der für das Begräbnis eines totgeborenen Kindes der Königsfamilie Verantwortliche ein Leopardenfell mittlerer Qualität.[366] Andere beteiligte Beamte, die diese Aufgaben zusätzlich zu ihrem Tagesgeschäft ausgeführt hatten, sollten sehr vage ausgedrückt mit weiteren, ihrer allgemeinen Position entsprechenden, Ämtern ausgezeichnet bzw. befördert werden. Diese vage Ausdrucksweise war womöglich der Tatsache geschuldet, dass es für diesen besonderen Fall keine Beispiele in der Vergangenheit gegeben hatte. Die diversen Handwerker und anderen Niedriggestellten sollten hingegen durch die jeweils für sie verantwortlichen Institutionen gemäß den generösesten Beispielen belohnt werden.[367]

Über die Belohnung mit Reis und Stoffen hinaus findet sich zumindest eine Begebenheit, bei der alle Projektbeteiligten, von der Aufsichtsebene bis hin zu den Handwerkern, an den Feierlichkeiten für die Setzung der Grabstelen zweier Kwanu-Schreine (關羽 chin. Guan Yu) in Seoul teilnahmen. Lediglich diejenigen,

---

364 Vgl. *Ilsŏngnok*, Chŏngjo 14 (1790), Monat 10, Tag 8.
365 Vgl. *Ilsŏngnok*, Chŏngjo 12 (1788), Monat 9, Tag 27; *Ilsŏngnok*, Chŏngjo 9 (1785), Monat 9, Tag 12.
366 *P'yo* 豹 kann sowohl als Leopard als auch als Panther verstanden werden. Aus dem Zusammenhang ist es nicht möglich zu entscheiden, um welche Raubkatze es sich in diesem Falll genau gehandelt hat.
367 Vgl. *Ilsŏngnok*, Chŏngjo 7 (1783), Monat 9, Tag 13.

die beim Bogenschießen erfolgreich waren, wurden ihrem unterschiedlichen Abschneiden gemäß belohnt.[368] Abweichend vom Muster Reis und/oder Stoff lassen sich auch andere Kombinationen von Zahlungsmitteln zur Belohnung finden. So wurde den Handwerkern und Angestellten, die für die Herstellung ritueller Gegenstände für einen Palast im Bezirk Yŏnghŭng im heutigen Nordkorea verantwortlich waren, auf Grundlage einer angeforderten namentlichen Auflistung unterschiedliche Arten von Stoffen, aber keine Nahrungsmittel als Belohnung für ihre Leistungen ausgezahlt. Die in den *Ilsŏngnok* wiedergegebene Auflistung erinnert in ihrer Art an die Namenslisten vieler *ŭigwe* aus der Zeit König Chŏngjos. Für das jeweilige Gewerk wird stets ein Name genannt und darauf folgend die Anzahl der weiteren Arbeiter des Gewerks. So erhielt der Schreiber Yi Sŏnggak 李聖珏 gemeinsam mit zwei weiteren Schreibern jeweils zwei *p'il* Baumwollstoff und ein *p'il* Hanfstoff. In einigen Fällen erhielt lediglich der Vorarbeiter eine Belohnung, so beispielsweise der Vorarbeiter der Messingschmiede (*yujang pyŏnsu* 鍮匠邊首) Kim Chŏnggi 金鼎起, der ebenfalls mit zwei *p'il* Baumwolle und einem *p'il* Hanf belohnt wurde.[369] Auch in diesem Fall wurde auf Beispiele aus der Vergangenheit für die Festlegung der Zahlungen verwiesen, ohne diese genau zu benennen.

Eine besondere Stellung nicht nur bei der Belohnung der Handwerker, sondern auch unter den in *ŭigwe* dokumentierten Großprojekten des 18. Jahrhunderts nimmt der Bau der Festung Hwasŏng ein. Hierzu findet sich eine große Zahl an Einträgen in den *Ilsŏngnok*, von denen sich mehrere mit der Belohnung für herausragende Handwerksleistungen beschäftigen. Eine detailliertere Auflistung der Handwerker, denen Belohnungen ausgezahlt werden sollten, findet sich beginnend mit einem Eintrag aus dem Jahr 1795. An Tag 12, Monat zwei, gab der König bekannt, dass zur weitgehenden Fertigstellung der Hauptgebäude der Festung eine Stele mit den Namen derer, die zu diesem Erfolg beigetragen hätten, errichtet werden sollte. Darüber hinaus wurden die projektverantwortlichen Beamten für ihre Leistungen ausgezeichnet, analog zu den bisherigen Beispielen mit Leopardenfellen, Pferden und Beförderungen. Eine Liste der auszuzeichnenden Offiziere, Angestellten und Handwerker, sortiert nach Graden (*pundŭng* 分等) wurde gesondert angefordert.[370] Als erstes lieferten die militärischen Institutionen Listen der der abkommandierten Handwerker, darunter Schmiede,

---

368 Vgl. *Ilsŏngnok*, Chŏngjo 10 (1786), Monat 1, Tag 10.
369 Vgl. *Ilsŏngnok*, Chŏngjo 19 (1795), Monat 9, Tag 19.
370 Vgl. *Ilsŏngnok*, Chŏngjo 19 (1795), Monat 2, Tag 12.

Spezialisten für Feuerwaffen und Ziegler.[371] Strukturell folgte der Nennung des Gewerks und des Arbeitsgrads ein repräsentativer Name, gefolgt von der Gesamtzahl der hier einsortierten Handwerker (siehe Tabelle 25):

Tabelle 25: Für Belohnungen ausgewählte Handwerker des Bauprojekts der Festung Hwasŏng; Auszug gemäß Ilsŏngnok.[372]

Erster Grad 一等	Schmiede 冶匠	Yi Mansŏk 李萬碩	usw. 2 Personen 等二人
	Holzhandwerker 木手	Kim Poksang 金福尙	usw. 2 Personen 等二人

In dieser Form finden sich für die folgenden Tage weitere Angaben anderer Institutionen, die Handwerker für die Arbeiten entsandt hatten. So berichtete das Grenzsicherungsamt von insgesamt 388 Handwerkern, die je nach Gradeinteilung unterschiedliche Mengen an Hanf- und Baumwollstoffen erhalten sollten.[373] An Tag fünf des dritten Monats reichte der Gouverneur der Provinz Hwanghae eine Aufstellung von 44 Handwerkern ein. In dieser, die vollständigen Namen aller Handwerker enthaltenden, Liste wurden sie in jeweils drei Grade sortiert, die unterschiedliche Mengen an Reis erhalten sollten. Diese Festlegung zitierte der Gouverneur aus einem Schreiben des Ministeriums für Finanzen. So waren für die Handwerker ersten Grades die Menge von einem *sŏk* und fünf *tu* bestimmt, für die Handwerker zweiten Grades ein *sŏk*, für die Handwerker dritten Grades neun *tu*.[374] Darauf folgt eine Liste der Handwerker, sortiert nach Herkunftsort und Gewerken. Die tatsächliche Auszahlung der Belohnungen sollten die jeweiligen Herkunftsorte vornehmen.[375]

Wie der tabellarischen Darstellung zu entnehmen ist, werden auch im *Ilsŏngnok* Handwerker durchaus mit pejorativen Benennungen oder Sklavennamen angeführt, hier grau unterlegt. Die Bezeichnung „Nomi" findet sich

---

371 Es handelte sich hier um das Hullyŏn togam 訓鍊都監, Kŭmwiyŏng 禁衛營 und Ŏyŏngch'ŏng 御營廳.
372 Vgl. *Ilsŏngnok*, Chŏngjo 19 (1795), Monat 2, Tag 25.
373 vgl. *Ilsŏngnok*, Chŏngjo 19 (1795), Monat 2, Tag 26.
374 vgl. *Ilsŏngnok*, Chŏngjo 19 (1795), Monat 3, Tag 5: „[…] Für die Zeit des Baus der Festung Hwasŏng erhalten die Handwerker jeder Stadt in Grade unterteilt Belohnungen. Dazu gibt es [folgenden] Befehl: 1. Grad: ein *sŏk* und fünf *tu* Reis; 2. Grad: ein *sŏk* Reis; 3. Grad: neun *tu* Reis […]." ([…] 華城城役時各邑匠人分等施賞事 有命一等米一石五斗二等米一石三等米九斗 […]).
375 Eine tabellarische Aufstellung dieser Handwerker findet sich in Tabelle 38 im Anhang.

am Häufigsten. Dies war jedoch kein Hinderungsgrund für eine entsprechende Belohnung nach guter Leistung. Im Gegenteil wurde beispielsweise der aus Pyŏngsan stammende Steinmetz namens Ch'oe Taenomi im ersten Grad beurteilt. Leistung wurde somit in einem dem beruflichen und sozialen Stand entsprechenden Maße honoriert. Welche Maßstäbe allerdings hinter der Gradeinteilung stehen, wird nicht definiert. Im Gegensatz dazu wurden beispielsweise Belohnungen für die ranginnehabenden Beamten unter anderem anhand ihrer Ergebnisse beim Bogenschießen festgelegt.[376] Der Umstand, dass nicht alle Herkunftsorte Handwerker stellen konnten, die auch den ersten Grad an Leistung erbrachten, ist ein starkes Indiz für ein in gewisser Weise objektives Bewertungssystem ohne bestimmte Regionalismen, anhand derer die Arbeit bemessen wurde. Zugleich wird deutlich, dass für ein Projekt im Ausmaß des Baus der Festung Hwasŏng in der Hauptstadt und damit in der zentralen Administration selbst nicht genügend Handwerker zur Verfügung standen. Ob diese Handwerker auf der Baustelle arbeiteten, oder ob sie in Steinbrüchen an den jeweils angegebenen Orten tätig waren, lässt sich ohne weitere Informationen nicht eindeutig klären. Die Entsendung aus der Provinz auf die Baustelle erscheint aber am Wahrscheinlichsten, da alle im Projekt tätigen Handwerker unter Angabe ihrer Arbeitstage im *Hwasŏng sŏngyŏk ŭigwe* 華城城役儀軌 (*Ŭigwe über den Bau der Festung Hwasŏng*) detailliert dokumentiert wurden.

Deutlich wird darüber hinaus, dass, auch mit Blick auf die Angaben der übrigen entsendenden Institutionen, hauptsächlich Steinmetze für ihre Arbeiten belohnt wurden. Das *ŭigwe* listet 642 Steinmetze aus verschiedenen Teilen des Landes, die für eine jeweils unterschiedliche Zahl von Tagen am Projekt mitgearbeitet haben. 43 Steinmetze sind in der obigen Tabelle für die Belohnungen aufgeführt, was einem Anteil von ca. 7% entspricht. Laut dem *ŭigwe* waren 74 Steinmetze aus der Provinz Hwanghae an den Bauarbeiten beteiligt. Auf dieser Basis ergibt sich ein Anteil von ca. 57 %, die entsprechende Leistungen erbracht hatten. Man kann diese Zahlen jedoch nur unter zwei Aspekten als eine Tendenz verwenden. Auch wenn die chosŏnzeitlichen Aufzeichnungen teilweise pedantisch genau und redundant waren, so kann nicht mit letzter Sicherheit gesagt werden, dass es nicht noch weitere Eingaben gab, die nicht dokumentiert wurden. Das Fehlen der Angaben der übrigen entsendenden Provinzen deutet auf eine mögliche Lücke hin. Darüber hinaus existiert eine weitere, auf den ersten

---

376 Vgl. *Ilsŏngnok*, Chŏngjo 20 (1796), Monat 9, Tag 10: „[…] Liste der Belohnungen, die nach dem Bogenschießen speziell vorgenommen werden […]." ([…] 試射後別施賞秩 […]).

Blick sehr viel umfangreichere Liste aus dem Jahr 1796. Diese lässt sich nicht vollständig mit den Angaben aus der Tabelle in Einklang bringen, sodass davon ausgegangen werden kann, dass die oben berechneten Anteile nicht auf den vollständigen Zahlen basieren.

Für den Bau der Festung Hwasŏng ist mindestens ein großes Ereignis dokumentiert, bei welchem nicht nur die Beamten, sondern insbesondere die Handwerker und Hilfsarbeiter im Mittelpunkt standen. Im achten Monat des Jahres 1796 sollte vor dem Hintergrund der Fertigstellung der Festung ein großes Fest abgehalten werden. Am ersten Tag erschienen der Projektleiter Cho Simt'ae 趙心泰 (1740–1799) gemeinsam mit anderen ranghohen Beamten zur Audienz, um über eine Ausgabe von Sonderrationen bzw. einer feierlichen Speisung (hogwe 犒饋) für die Handwerker und Hilfsarbeiter zu sprechen.[377] Der König kritisierte, dass es für diejenigen Handwerker, die aus den entfernteren Landesteilen gekommen waren, zu lange dauern würde, wenn man bis zur Fertigstellung der Festung warte.[378] Somit wurden an Tag 12 Alkohol und Reiskuchen an die Projektmitarbeiter unterhalb der ranginnehabenden Beamten verteilt, insgesamt 2148 Personen.[379] Der Titel dieses Eintrags weist jedoch bereits darauf hin, dass an Tag 22 eine große Ausgabe von Sonderrationen erfolgen sollte. Dazu gab der König auf Anfrage Cho Simt'aes seine Erlaubnis.[380]

In einer Audienz an Tag 21 erkundigte sich der König nach dem Ablauf der bisherigen Feierlichkeiten.[381] Auf den kurzen Bericht des verantwortlichen Beamten ergänzte der König:

> Dass die Handwerker, die bereits [in ihre Herkunftsorte] zurückgeschickt wurden, in gleicher Weise mit Belohnungen bedacht wurden ist wahrlich eine gute Sache. Informiert auch sogleich das Büro für die Kompilation des ŭigwe, damit dieses Bescheid weiß. Und die zusätzlich aufgewendeten Mittel für die Feierlichkeiten sollen im Äußeren

---

377 Im *HKYS* wird *hogwe* als Ausgabe von Rationen in Form von Alkohol und Nahrungsmittel an das militärische Personal der mittleren Ebenen, unterhalb der Generäle, oberhalb der einfachen Soldaten bezeichnet. Im betrachteten Kontext umfasst das Ereignis jedoch auch andere Gruppen außerhalb des Militärs, weswegen ein neutraler, aber festlich konnotierter Begriff angemessener erscheint.

378 Vgl. *Ilsŏngnok*, Chŏngjo 20 (1796), Monat 8, Tag 1.

379 Vgl. *Ilsŏngnok*, Chŏngjo 20 (1796), Monat 8, Tag 15.

380 Vgl. *Ilsŏngnok*, Chŏngjo 20 (1796), Monat 8, Tag 15: „[…] Ich befehle eine feierliche Speisung in diesem Monat an Tag 22 durchzuführen." (命大犒饋以今月二十二日舉行).

381 *SJW*, Chŏngjo 20 (1796), Monat 8, Tag 21.

Schatzhaus (Oet'anggo 外帑庫; Anm. des Autors: der Privatschatulle des Königs) abgerechnet werden.[382]

Etwa ein Jahr später finden sich Einträge für eine erneute umfangreiche Belohnungsrunde für die Projektmitarbeiter aller Schichten. So gaben die bereits genannten Institutionen ihre Namenslisten für die zu belohnenden Handwerker ein, in denen wiederum hauptsächlich Steinmetze genannt werden.[383] Schließlich befahl der König, für die Kompilation des *ŭigwe* und zur Einbindung in die *SJW* und die *Ilsŏngnok* eine Gesamtliste aller zugesprochenen Belohnungen zu erstellen. Diese sollte alle Daten der Jahre 1795 und 1796 umfassen, entsprechend lang und detailliert ist dieser Eintrag. In ihm finden sich in unterschiedlichen Formaten auch lange Namenslisten der Handwerker und der sie entsendenden Institutionen und Provinzen. Ungeachtet des Umstands, dass diese Liste nicht mit den oben in tabellarischer Form dargestellten Daten des Jahres 1795 für die Provinz Hwanghae übereinstimmt, zeigt dieser Schritt, dass bis hinunter auf die Ebene der Handwerker und Hilfsarbeiter namentlich dokumentiert wurde und dass diese Daten als Vorlage zur Erstellung der unterschiedlichen offiziellen Aufzeichnungen verwendet wurden. Es wird darüber hinaus aus diesem wie auch den übrigen Einträgen deutlich, dass Handwerker in keinem Fall mit einem bürokratischen oder sozialen Aufstieg belohnt wurden. Während es für ranginnehabende Beamte üblich war, zur Anerkennung ihrer Leistungen befördert zu werden, lässt sich kein einziger Fall finden, bei dem für Handwerker, aber auch andere ranglose Angestellte, eine Möglichkeit geschaffen worden wäre, in ein Rangamt aufzusteigen. Ausschlaggebend erscheinen die enge Verknüpfung von sozialer und bürokratischer Hierarchie sowie die zu dieser Zeit stark ausgeprägte Abschottung der Rangämter durch die Aristokratie. Nichtsdestoweniger lässt sich bis hierhin eine Anerkennung der Leistungen der Handwerker durch eine regelmäßige Belohnung mit Sonderrationen von Reis und/oder Stoffen erkennen. Die Einhaltung dieser Belohnungen und die Einbeziehung aller relevanten Gruppen, beispielsweise der zu einem bestimmten Zeitpunkt bereits in ihre Heimat zurückgeschickten Handwerker, wurden nicht zuletzt durch den König selbst nachdrücklich angemahnt.

Neben der Belohnung war die reguläre Bezahlung von Handwerkern in Bauprojekten ein wichtiges Thema in den *Ilsŏngnok*. Für die Bezahlung wurden von

---

382 *SJW*, Chŏngjo 20 (1796), Monat 8, Tag 21, und *Ilsŏngnok*, Chŏngjo 21 (1796), Monat 8, Tag 21: „[…] 上曰, 先送匠手之一體施賞事, 果好, 即令整理儀軌廳, 以此知委。而今番犒饋用餘物力, 屬之外帑庫會錄, 可也 […]."

383 Vgl. *Ilsŏngnok*, Chŏngjo 20 (1796), Monat 9, Tag 7.

Beginn der jeweiligen Arbeiten an Vorräte bereitgestellt bzw. entsprechende Order an die Projektleitung gegeben. Insgesamt legte der König großen Wert darauf, die Bezahlung der Handwerker im Vorfeld sicherzustellen. So stellte der König in einer Weisung an ein nicht näher spezifiziertes Projektbüro offenbar gereizt fest:

> Dieses Projektbüro soll in allen Angelegenheiten freigiebig sein. Wie können die Beamten dies nicht verstehen? Von den Angestellten und Handwerker bis hin zu den militärischen Hilfsarbeiter dieses Projektbüros, sollen [für alle] Nahrungsmittel und Geldmittel zur Bezahlung entsprechend den generösesten Beispielen vorgehalten und verteilt werden.[384]

Die Sicherstellung der Bezahlung der Handwerker ging zum Teil soweit, dass neben den regulären auch andere Quellen zur Beschaffung der Zahlungsmittel herangezogen wurden. So unterhielt sich der König mit dem Minister für Militärische Angelegenheiten Yi Hwiji 李徽之 (1715–1785) und Hong Naksŏng 洪樂性 (1718–1798), einem hohen Beamten mit Aufgaben zur Verteidigung der Hauptstadt (*suŏsa* 守禦使). Während sie unterschiedlichen Einheiten beim Bogenschießen zusahen, beklagte sich der König über die schlechten Schießfähigkeiten der Soldaten, von denen heute im Gegensatz zu früheren Zeiten kaum jemand drei von fünf Pfeile ins Schwarze bringen würde.[385] In der Diskussion mit den beiden Beamten berichteten diese unter anderem, dass bereits große Anstrengungen unternommen worden seien, die Rüstungen und Helme der Soldaten zu erneuern. Eine große Zahl an Handwerkern sei dafür notwendig gewesen, für die die regulären Zahlungsmittel nicht ausgereicht hätten. So habe man sich der Vorräte zweier Hauptstadtgarnisonen im Rahmen von jeweils 50 *sŏk* Reis bedienen müssen sowie 100 *sŏk* Reis aus der Notreserve entnommen, die eigentlich der Hilfe bei Hungersnöten diente (Chinhyulch'ŏng 賑恤廳), um die Handwerker zu bezahlen. Der König widersprach dem ausdrücklich nicht.[386]

Offenbar gab es aber auch unterschiedliche Auffassungen über die Höhe der Bezahlung von Handwerkern unter den verschiedenen Institutionen. So ist aus dem Jahr 1785 eine Diskussion darüber überliefert, wieviel Lohn in Stoffen den Handwerkern zustand. In diesem Eintrag diskutieren Chŏng Ch'angsŏng 鄭昌聖 (1724–?), hoher Beamter im Hansŏngbu, und der Minister für Militärische Angelegenheiten Cho Sijun 趙時俊 (?–?) über die Höhe der Entlohnung. Chŏng

---

384 *Ilsŏngnok*, Chŏngjo 13 (1789), Monat 7, Tag 16: „[…] 教曰今番都監凡事必欲優厚此意諸臣豈不知之本都監員役工匠以至助役軍糧料工錢竝以最多例磨鍊分給事分付 […]."
385 Vgl. *Ilsŏngnok*, Chŏngjo 2 (1778), Monat 2, Tag 2.
386 Vgl. *Ilsŏngnok*, Chŏngjo 2 (1778), Monat 2, Tag 2.

führte diverse Quellen an, die bestätigen sollten, dass Handwerker mit drei *p'il* Stoff entlohnt werden sollten, wohingegen Cho der Auffassung war, dass das Ministerium für Militärische Angelegenheiten immer schon einen *p'il* Stoff gezahlt hätte.[387] Chŏng betonte dagegen, dass für die anstehenden Aufgaben Handwerker aus den Provinzen rekrutiert worden seien, die auf die Zahlung von 3 *p'il* Stoff angewiesen und nichts anderes gewohnt wären. Der König entschied letztlich, dass aufgrund der Schwere der Arbeit und der Rekrutierung von Provinzhandwerkern eine den „generösen Beispielen folgend" große Menge vorgehalten und verteilt werden solle.[388]

Auch der Modus der Zahlungen war ein Thema, das in den *Ilsŏngnok* thematisiert wurde. So ist die Eingabe eines gewissen Kim Chongsu 金鍾秀 (1728–1799) dokumentiert. Er kritisierte, dass sich die Zahlungsmodalitäten von einer Einmalzahlung zu einer monatlichen Zahlweise verändert hätten. Dies würde zu Problemen mit der Planbarkeit der Zahlungsmittel in den Jahren führen, in denen ein Schaltmonat eingefügt ist. Darum bat er, dass man zum hergebrachten System zurückkehre. Der König gestattet dies. In welcher Weise sich diese Probleme tatsächlich äußerten führte Kim nicht weiter aus. Sollte es sich lediglich um ein Rechenproblem handeln, erschiene dies als Ursache für eine Eingabe an den König allerdings zu banal. Es hat vielmehr den Anschein, dass man die Mehrkosten, die durch die Extrazahlungen für Schaltmonate entstanden, nicht tragen wollte. Die Zahlung des Jahresgehalts entsprechend der hergebrachten Weise als Einmalzahlung pro Jahr hätte somit den Vorteil, dass die Probleme des Schaltmonats auf die Angestellten und Handwerker verlagert würden. Aus dieser Sichtweise stellt sich vielmehr die Frage nach der Verbindung von Zahlung und Moral bei der Versorgung der Arbeiter, wobei das oben zitierte Zurückgreifen auf die Notvorräte durch das Ministerium für Militärische Angelegenheiten kein gewichtiges Problem dargestellt zu haben scheint.

> In der hergebrachten Vorgehensweise des Kyosŏgwan war es so, dass die am Ende des Jahres [eingeholten] Jahrestributleistungen [zur Zahlung] an die Angestellten und Handwerker verteilt wurden. Einmal im Jahr wurden Stoffe jedes Jahr im Gesamten hinunterverteilt. Dadurch hatte man nicht Sorge, dass etwas übrig blieb oder es nicht genügte. In der Zwischenzeit wurde diese Regelung geändert und es gibt jetzt die Regel, dass man etwa am Montagsanfang bezahlt.[389]

---

387 Im Text werden Baumwolle und Hanf (*yop'o* 料布) erwähnt.
388 Vgl. *Ilsŏngnok*, Chŏngjo 9 (1785), Monat 7, Tag 28.
389 *Ilsŏngnok*, Chŏngjo 8 (1784), Monat 4, Tag 10. „[…] 校書館舊例以歲末所捧價布分排於員役工匠一年料布每年都下故元無有餘不足之患矣中間此法變而爲逐朔上下之法 […]"

Die Angemessenheit der Bezahlung von Handwerkern auch in den Provinzen wurde, zumindest in bestimmten Fällen, mit der tatsächlich zu leistenden Arbeit und dem Verhalten der Beamten gegenüber den Handwerkern verbunden. So heißt es in einem langen und ausführlichen Bericht des Geheiminspektors Pak Yunsu 朴崙壽 (1753–1824) auf seinem Weg durch die Provinz Kyŏnggi:

> Wenn man ein Haus baut, [erhalten] die Handwerker an Reis und Geld täglich 3 *sŭng* Reis und 25 *yŏp* Geld, und die militärischen Hilfskräfte werden angeheuert für den Preis von täglich 2 *chŏn* und 5 *pun*. Das ist sicherlich eine unangmessene und ungerechte Sache.[390]

Im Folgenden erläuterte er die schweren Arbeiten des Baumfällens, der qualitativen Beurteilung und des Weitertransports, den die Handwerker für diesen Lohn zu leisten hätten. Er beendete den Abschnitt mit seiner Feststellung, dass die zuständigen Beamten sich während dieser Arbeiten nicht sehen ließen sondern schliefen, dass die meisten es nicht für nötig hielten, zumindest einen Stamm zu fällen oder zu bewegen. Man solle sie daher angemessen bestrafen.[391] Der Eintrag selbst gibt keine weiteren Informationen über das tatsächliche Verhältnis der Löhne zu den Arbeiten oder im Vergleich zu anderen handwerklichen Tätigkeiten. Er stellt aber eine Aussage in Bezug auf die hierarchischen Verhältnisse und das Selbstverständnis selbst niedriger Lokalbeamter, hier in der Position eines ranglosen *igyo* 吏校, in Bezug auf Handwerker und Hilfsarbeiter dar, die sich auf die höheren Ebenen übertragen lassen.[392]

Da viele der Phrasen für Bezahlung und Belohnung wie vorgefertigt oder standardisiert wirken, ist es schwierig nachzuweisen, ob eine entsprechende Behandlung der Handwerker tatsächlich stattgefunden hat. Zum einen fehlen in der Regel detaillierte Angaben zu den Beispielen der Vergangenheit, auf die oftmals verwiesen wird. Übermäßig häufig werden die Phrasen *kurye* 舊例 und *chŏllye* 前例 bemüht, ohne konkrete Daten zu geben. Zum anderen fehlen gesicherte

---

390 *Ilsŏngnok*, Chŏngjo 18 (1794), Monat 11, Tag 16: „造舍時工匠料錢每日米則三升錢則廿五葉而役軍雇價每日爲二錢五分固無稱冤之事." Der Eintrag gibt keine Auskunft darüber, woran Pak Yunsu die Ungerechtigkeit festmacht. Möglicherweise liegt sie in der unterschiedlichen Bezahlung, vor allem in der Zahlung mit Reis nur für die Handwerker. Der Wert von Geld unterlag großen Schwankungen in kurzen Zeitabständen, was eine Verhältnisangabe erschwert. Darüber hinaus könnte die Ungerechtigkeit auch in der Untätigkeit der aufsichtführenden Beamten gelegen haben, was in diesem Fall sehr wahrscheinlich ist.
391 Vgl. *Ilsŏngnok*, Chŏngjo 18 (1794), Monat 11, Tag 16.
392 *Igyo* ist laut HKYS eine Sammelbezeichnung für bestimmte Verwaltungsposten niedriger Stufe.

Angaben über die Höhe und Verhältnismäßigkeit der Zahlungen, sodass keine qualitative Aussage über Begriffe wie „generös" (*ch'oehu* 最厚) oder „freigiebig" (*yogu* 欲優) gemacht werden kann. Letztlich ist es unmöglich, anhand der zur Verfügung stehenden Quellen zu überprüfen, ob eine Zahlung tatsächlich stattgefunden hat. Lediglich nicht gemachte Zahlungen wurden, wenn gemeldet, dokumentiert und sind somit nachverfolgbar. Alles in allem geht aber aus den Formulierungen der *Ilsŏngnok* hervor, dass von Seiten des Königs offiziell die gute bzw. respektvolle Behandlung auch der Handwerker zumindest ideologisch angestrebt war, nicht zuletzt weil Zahlungen auch aus seiner Privatschatulle geleistet werden sollten. Die Umsetzung im Alltag hängt darüber hinaus mit der Art der Quelle zusammen, wobei nicht mit Sicherheit gesagt werden kann, ob die *Ilsŏngnok* deskriptiv-realistischen Charakter besitzen, oder ob auch sie möglicherweise ebenfalls als normative Quelle betrachtet werden müssen.

4.1.2 Immaterielle Aspekte der Anerkennung handwerklicher Leistung

Neben dem Umstand, dass Handwerker in keinem Fall für Beförderungen in Rangämter in Frage kamen, aber dennoch regelmäßig und, zumindest den Aussagen des Königs nach, in generösem Umfang in Naturalien bezahlt und zusätzlich für ihre Leistungen belohnt wurden, geben weitere Einträge Hinweise darauf, wie der König selbst sowie ranginnehabende Beamte sich zu den handwerklichen Spezialisten positionierten, und in welcher Form ihnen neben Zahlungen andere Formen der Anerkennung zukamen.

König Chŏngjo ließ sich vor allem in den ersten Jahren seiner Amtszeit regelmäßig über die Fortschritte auf den unterschiedlichen Baustellen informieren. Dazu rief er die jeweils verantwortlichen Beamten zu Audienzen, besuchte die Baustellen aber auch persönlich. Viele bei diesen Visiten geführte Gespräche thematisierten auch die Arbeitsleistungen der Handwerker und ihre allgemeine Behandlung. Im Regelfall waren die Handwerker bei diesen Gesprächen nicht anwesend, so auch als der König die Reparaturarbeiten am Sŏnwŏnjŏn 璿源殿 begutachtete, in dem in jeweils separaten Räumen die Portraits der vorherigen Könige und ihrer Frauen zur Verehrung verwahrt wurden. In einem Gespräch mit dem Sekretär Hong Kugyŏng 洪國榮 (1748–1781) unterhielt er sich unter anderem über die personelle Einrichtung des Projektbüros und den Ort der Besichtigung. Hong teilte dem König mit, dass der Ort bereits für den Besuch vorbereitet sei. Da der König zunächst zögerte hinauszugehen, versicherte Hong ihm, dass es kein Ort sei, den Handwerker normalerweise betreten würden, dass es aber unumgänglich sei, zumindest die Anwesenheit der Aufseher (*pyŏlganyŏk* 別看役) zu erlauben. Nach kurzer Unterredung entschied der König auf Anraten Hong Kugyŏngs, aufgrund der Größe und Wichtigkeit der Arbeiten zwei statt einen *pyŏlganyŏk* zu benennen. Dies sollten Ch'o Chungbyŏk 趙重璧 (1706–?) und Kim Kusam 金九三 (1696–?) werden, was durch spätere Einträge in den *SJW* bestätigt wird.[393] Aller Wahrscheinlihckeit nach handelte es sich bei ihnen nicht um Handwerker, sondern um zwei militärische Beamte hohen Alters.[394] *Pyŏlganyŏk* waren eigentlich für die direkte Bauaufsicht zuständig analog zu den *kamyŏkkwan* und *pyŏlgongjak*. Sie sollten mit *chapchik* 雜職 Beamten[395] vorzugsweise des Ministeriums für Öffentliche Arbeiten besetzt werden, die wiederum für die Integration von Handwerksspezialisten vorgesehen waren.[396] Der Eintrag im *Ilsŏngnok* legt nahe, dass keine Handwerker in dieses Amt berufen wurden in Anlehnung an die Unerwünschtheit dieser Gruppe bei dem geplanten offiziellen Anlass, zu dem im Übrigen weitere Minister geladen worden waren. Dieses Vorgehen entspricht den bisher gemachten Feststellungen in Bezug auf die Besetzung dieser Ämter.

In ähnlicher Weise liest sich ein Gespräch wiederum zwischen Hong Kugyŏng und dem König, in welchem dieser sich über die langwierigen Reparaturarbeiten am Kyŏngbokchŏn 景福殿 beschwert, einem bis 1824 existierenden Gebäude im Palast Ch'angdŏkkung. Es befand sich in direkter Nachbarschaft zum Norden des bereits erwähnten Sŏnwŏnjŏn, des Injŏngjŏn 仁政殿 betitelten Thronsaals des Palasts, sowie dem Sŏnjŏngjŏn 宣政殿, in welchem der König viele Arbeiten des politischen Tagesgeschäfts mit seinen Beamten und Ministern verrichtete. Die in großer Nähe stattfindenden Reparaturarbeiten schienen ihn in einem Maße zu stören, dass er sich bei Hong Kugyŏng darüber beschwerte. Dieser antwortete darauf, dass es schwierig werde, die Arbeiten in so kurzer Zeit abzuschließen:

> [Weiter] sagte ich: Was die Reparaturen am Kyŏngbokchŏn angeht, wie lange werden diese aktuell noch gemacht? Diese [Halle] ist sehr dicht am Sŏnwŏnjŏn, so dass eine große Zahl von Leuten wie Handwerkern und Händlern aus- und eingehen. Dies ist unangebracht. Man teile dem Minister für Finanzen mit, dass sie (die Bauarbeiten) zügig gemacht werden sollen. [Hong] Kugyŏng antwortete: Die zu reparierenden Orte sind sehr groß, innerhalb von ein zwei Tagen ist es wahrhaftig schwierig, die Arbeiten fertigzustellen.[397]

---

393 Vgl. *Ilsŏngnok*, Chŏngjo 2 (1778), Monat 1, Tag 15.
394 Vgl. die Einträge zu beiden Personen in der Personendatenbank der AKS. Demzufolge könnte Kim Kusam zugleich ein absolvent der Medizinprüfung gewesen sein.
395 *kongjak* 工作 und *kongjo* 工造.
396 Vgl. z.B. auch den Eintrag zu *pyŏlgongjak* im *CWSS*.
397 *Ilsŏngnok*, Chŏngjo 2 (1778), Monat 4, Tag 22: „[…] 予曰景福殿修理今日幾何爲之此乃璿源殿至近之之工匠市丁輩之多數出入甚爲未安速速爲之地意分付戶判 國榮曰修理處甚浩大一兩日內固難畢役矣 […]."

Die Lautstärke bzw. Unangemessenheit der Handwerksarbeiten, möglicherweise auch der Handwerker selbst über einen längeren Zeitraum an diesem zentralen Ort der Regierung, ist noch an anderen Stellen ein Thema, so beispielsweise im Jahr 1780. Nach einem Brand wurde die Simindang 時敏堂 repariert, eine heute nicht mehr existierende Halle im Palast Ch'anggyŏnggung. Diese Arbeiten waren für den König offenbar so störend, dass er es gegenüber einem seiner Sekretäre in einer Audienz erwähnte und tatsächlich die Route seiner Sänfte, die in der Bauphase für die Amtsgeschäfte zu verwendenden Gebäude sowie die Öffnungszeiten verschiedener Tore verändern ließ. Hierzu bemerkte er:

> Nach dem Brand der Simindang ist es im Osten des Sŏngjŏnggak [nun] leer. Nicht nur die Geräusche von außen und innen sind zu hören, auch die Bauarbeiten werden bald beginnen und das Ein- und Ausgehen der Handwerker ist auch viel zu nah.[398]

Das Ministerium für Militärische Angelegenheiten wurde daraufhin angewiesen, die Torwachen zu instruieren, dass keine Handwerker oder andere Gemeine in die inneren Bereiche des Palasts gelangten, da nun Tore tagsüber offenstehen sollten, die eigentlich geschlossen und nur für bestimmte Zeremonie geöffnet waren.[399]

Ähnliche Bemerkungen zu den Störungen durch die Arbeit und das Kommen und Gehen der Handwerker machte König Chŏngjo auch während eines Besuchs des Chongmyo und des Schreins seiner leiblichen Eltern Kyŏngmogung 景慕宮. Zunächst schickte der König den Minister für Finanzen vor, damit dieser die Handwerker und Arbeiter dazu veranlasste, die Baustelle zu säubern und alles für den Besuch vorzubereiten. Während seines Besuchs inspizierte der König die Räume unterschiedlicher Gebäude, in denen Bauarbeiten stattfanden, und gab mehrere Kommentare in Richtung der anwesenden Beamten. Hinweise darauf, dass Handwerker bei der Begehung anwesend waren, gibt es nicht. Im Hauptgebäude Yŏngnyŏngjŏn 永寧殿, führte er zunächst ein Ritual zur Verehrung der Ahnen durch, bevor er seinen Rundgang fortsetzte. Auf diesem fiel ihm eine Stelle auf, an der Ziegel vom Dach des Gebäudes gefallen waren. Er wandte sich an die Minister und bemerkte:

---

398 *Ilsŏngnok*, Chŏngjo 4 (1780), Monat 7, Tag 23: „[…]時敏堂失火誠正閣東隔甚虛非但內外之聲相聞重建之役非久當始而工匠出入亦太近[…]."

399 Vgl. *Ilsŏngnok*, Chŏngjo 4 (1780), Monat 7, Tag 23: Ich verstehe hier den im Original verwendeten Begriff *chabin* 雜人 aus dem Textzusammenhang heraus mit Handwerker und Gemeine.

Gefahren bestehen lediglich an den Enden der Dachtraufen. Für die Handwerker ist es [daher] während der Reparaturen nicht notwendig, dass sie auf das Gebäudedach steigen.[400]

Der Minister für Finanzen erwiderte daraufhin vielsagend: „Es wird selbstverständlich dem Befehl des Königs entsprechen."[401] Nachdem sich der König im weiteren Verlauf der Inspektion umgezogen hatte, hielt er eine Audienz mit den ihn begleitenden Beamten ab. Dabei befahl er, dass Unkraut gejätet, die Dachziegel repariert und die Lehmschicht der Dächer erneuert werden sollten, sodass die für die Reparaturarbeiten temporär an andere Orte verbrachten Ahnentafeln nach Vollendung der Reparaturen noch an diesem Tag an ihren ursprünglichen Platz zurückgebracht werden könnten. Erst dann könne man in den Palast zurückkehren. Kurz darauf berichtete einer der Beamten, dass die Dacharbeiten abgeschlossen seien. Der König erwähnte weiterhin, dass diese Arbeiten auch an den südlichen Gebäuden gemacht werden sollten. Kurze Zeit später vermeldete ein weiterer Beamten, dass diese Arbeiten beendet seien. Nun befahl der König, dass man die Ahnentafeln jetzt in die entsprechenden Räume zurückbringen müsse, auch darauf folgte eine Vollzugsmeldung. Schließlich bemerkte der König: „Das Wetter heute ist derart schön und die Arbeiten sind alle ohne Schwierigkeiten abgeschlossen. Das ist ein großes Glück."[402] Nach einigen Ermahnungen an die Versammelten merkte er weiterhin an, dass man den für die Arbeiten Verantwortlichen mitteilen solle, dafür Sorge zu tragen, dass die Handwerker ihre Arbeiten ruhig ohne Lärm ausführten. Einen besonderen Grund für diese Anweisung gab der König allerdings nicht. Letztlich belohnte er aber die Beamten für die reibungslose Durchführung der Arbeiten des Tages, nicht die Handwerker.[403]

Demgegenüber existieren noch weitere Einträge zu Besichtigungen von Baustellen durch den König, während derer er zwar intensive Gespräche mit den Beamten der jeweiligen Projektbüros führte, ohne sich aber zu Fragen des Baufortschritts direkt an Handwerker zu wenden. Dies mag zwar insofern verständlich sein, als das der König die Beamten gerade als Mittler zwischen sich und den unteren bürokratischen Schichten verstand. Im Falle von Chŏngjo, aber auch in Bezug auf die Herrschaftsperiode seines Großvaters Yŏngjo, erscheint dieses

---

400 *Ilsŏngnok*, Chŏngjo 15 (1791), Monat 8, Tag 7: „[…] 有頉只在簷端修改時工匠不必登殿宇矣 […]."
401 *Ilsŏngnok*, Chŏngjo 15 (1791), Monat 8, Tag 7: „戶曹判書 李秉模曰果如聖教矣."
402 *Ilsŏngnok*, Chŏngjo 15 (1791), Monat 8, Tag 7: „[…] 教曰 日氣甚好役事順成萬幸矣 […]."
403 Vgl. *Ilsŏngnok*, Chŏngjo 15 (1791), Monat 8, Tag 7.

Übergehen der tatsächlichen Experten jedoch ungewöhnlich. So sind beispielsweise die Riten der Farmarbeit und das Zusammenkommen des Königs mit den Bauern in mehreren Fällen überliefert und sogar am Beispiel des *Ch'in'gyŏng ŭigwe* 親畊儀軌 aus der Zeit König Yŏngjos dokumentiert. Wenn diese Begebenheiten auch streng ritualisiert waren, so stellten sie doch einen direkten Kontakt zwischen Herrscher und Volk dar und hoben die sonst herrschende Entfernung dieser beiden soziopolitischen Ebenen teilweise auf.

Derartige Begebenheiten zeugen davon, dass es zumindest zu bestimmten, entsprechend wichtigen Anlässen, zu direkten Begegnungen von König und Bevölkerung kam, auch wenn diese eine Seltenheit und kein Alltagsgeschehen darstellten. Vor diesem Hintergrund ist es weniger verwunderlich, dass König Chŏngjo viele der Baustellen seiner Zeit persönlich aufsuchte. Aus dem Jahr 1783 findet sich ein Zitat, das nahelegt, dass der König doch selbst direkt in die Arbeiten auf den Baustellen eingreifen konnte. Nach einem Besuch des Chongmyo rief er einige Minister sowie die ihnen unterstellten Angestellten und Handwerker zusammen und teilte ihnen mit:

> Was die hintere Seite anbelangt, so habe ich sie heute persönlich in Augenschein genommen und die Arbeiten angeleitet. Was die vordere Seite anbelangt, so lasse ich nur die *tangsang*- und *nangch'ŏng*-Beamten der zuständigen Ministerien die Arbeiten anleiten. Die Beamten und so weiter sollten an meiner statt [die Aufgabe übernehmen], sodass ich beruhigt sein kann.[404]

Es finden sich weitere Anzeichen dafür, dass der König zumindest mittelbar die Expertise der Handwerker als Träger des praktischen Bauwissens zu schätzen wusste. Verschiedentlich wurden Begehungen von Gebäuden dokumentiert, die reparaturbedürftig waren. Zu diesen Begehungen wurden auch Handwerker hinzugezogen, die allerdings in den Quellen nicht zu Wort kommen. Auch scheint es, dass der König sich nie direkt mit ihnen unterhalten hat, sondern stets nur über die verantwortlichen Beamten, die ebenfalls vor Ort waren. In diesem Sinne warteten die zuständigen Beamten gemeinsam mit den Handwerkern auf den König, um die Baustelle für die Verbreiterung des königlichen Torwegs (*mullo* 門路) zur Sujŏngjŏn 壽靜殿, einem nicht mehr existierenden Gebäude der Gemächer der Königin im Palast Ch'angdŏkkung, zu besichtigen.[405] Dieser Weg war für die Sänften zu eng. Am Folgetag fanden sich die entsprechenden Beamten zur Audienz ein, wobei dem Minister für Riten befohlen wurde, das *Changnyŏl wanghu*

---

404 *Ilsŏngnok*, Chŏngjo 8 (1783), 7, 17: „[…] 後面 則予方親臨董役 而前面 則但使該曹堂郎董役卿等須替予進去使予心如躬臨也 […]."
405 Vgl. *Ilsŏngnok*, Chŏngjo 18 (1794), Monat 12, Tag 18.

jonsung togam ŭigwe 莊烈王后尊崇都監儀軌 (*Ŭigwe des Projektbüros zur Verehrung der Königin Changnyŏl* 1686) als Referenz mitzubringen. In Zusammenfassung der bei der Begehung gemachten Feststellungen kam der König zu dem Ergebnis, dass die Baumaßnahmen unumgänglich seien und die entsprechenden Kalkulationen gemacht werden sollten. Daraufhin wurde der Baubeginn auf Tag 21 festgelegt, auf weitere Details, auch aus dem mitgebrachten *ŭigwe*, wird jedoch im Eintrag nicht eingegangen, sondern lediglich zur Kalkulation auf die gemeinsame Begehung mit den Handwerkern verwiesen.[406] Die Quelle gibt keinen Aufschluss darüber, ob bei der Begehung tatsächlich Gebrauch von der Expertise der Handwerker gemacht wurde. Bedauerlicherweise bleiben sie auch in diesem Fall ohne eigene Stimme, ihre Anwesenheit selbst kann jedoch als Indiz dafür gelten, dass ihre Meinung zu bestimmten Fragen nicht ungehört geblieben ist.

Im Jahr 1786 hatte der König offenbar Bedenken geäußert, dass die Arbeiten an der Errichtung eines Ritualgebäudes für ein Grab, das nicht näher bestimmt werden kann, gemäß der Planung zu lange dauern würden.

> Vor einigen Tagen befahl der König: Wenn ich diese Liste des Ministeriums für Riten betrachte, dann ist für die Grundsteinlegung der Räume des Ritualgebäudes der kommende zweite Tag vorgesehen, um sie durchzuführen. Das Legen des Fundaments und die Errichtung der Dachkonstruktion [erfolgt] an den Tagen 25, 26, 27 und 28. Ich habe Bedenken, dass die Zwischenzeit zu lang ist und die Reparatur- und Malerarbeiten dagegen eine gewisse Eile besitzen. Es wäre gut, bis zum Zehnten das Fundament legen und bis zum Zwanzigsten die Dachkonstruktion errichten. Führt [die Arbeiten daher] nicht [nach der] Liste der Auspizien des Ministeriums für Riten aus. Das entsprechende *togam* soll die Umstände berücksichtigen und sorgfältig die Handwerker befragen.[407]

Das angesprochene Projektbüro führte offenbar alle Anweisung getreu den Forderungen des Königs aus und sandte eine entsprechende Meldung an den Hof zurück.

> In Bezug auf die Grundsteinlegung der Räume des Ritualgebäudes wurden die Handwerker sorgfältig befragt […] Die Beamten usw. zogen die Holzhandwerker und Steinhandwerker hinzu und befragten sie sorgfältig nach der zeitlichen Flexibilität ihrer Arbeiten.[408]

---

406 Vgl. *Ilsŏngnok*, Chŏngjo 18 (1794), Monat 12, Tag 19.
407 *Ilsŏngnok*, Chŏngjo 10 (1786), Monat 5, Tag 30: „[…] 再昨教曰 觀此禮曹別單丁字閣齋室開基以來初二日爲之定礎上樑在二十五六七八日 其間太遠修粧之役反有窘速之慮云 旬間定礎念間上樑似好 禮曹擇日單子勿施 自本都監參量形便詳問匠手[…]."
408 *Ilsŏngnok*, Chŏngjo 10 (1786), Monat 5, Tag 30: „[…] 丁字閣齋室開基詳問匠手 […] 臣等招致木手石手詳問其役事之遲速 […]."

Im Folgenden wurden verschiedene Anpassung der Bauabläufe beschrieben, die offenbar in Abstimmung mit den Handwerkern sowie dem Büro für Geomantie (Sangjigwan 相地官) vorgenommen worden waren und eine Veränderung der Bauzeiten im Sinne des Königs zur Folge hatten. Diese Einträge in den *Ilsŏngnok*, die keine Entsprechung in den Regesten, den *SJW* oder den *ŭigwe* finden, sind ein direkter Hinweis auf eine Stimme der Handwerker bei der tatsächlichen Gestaltung der Arbeiten. Offenbar war es ihnen in einem gewissen Maß gestattet, am Planungs- und Organisationsprozess mitzuwirken und ihre Expertise in den verschiedenen Gebieten einzubringen. Keine der Quellen geht detailliert auf ihren tatsächlichen Beitrag ein. Die Tatsache, dass sie offensichtlich hinzugezogen wurden, bestätigt aber die Vermutung, dass aufgrund des Fehlens von entsprechendem Fachwissen in Reihen der Beamten dieses Wissen aus den Reihen der Handwerker gestammt haben muss. Darüber hinaus ist es als sehr wahrscheinlich, dass nicht jeder einzelne oder ein beliebiger Handwerker, sondern die in den Quellen als *top'yŏnsu* 都邊首 oder *pyŏnsu* 邊首 bezeichneten Vorarbeiter bzw. Meister als Mittler zwischen Handwerk und Beamtenschaft fungierten.

Ein weiteres Beispiel findet sich bereits 1779. In einer Eingabe des vormaligen Gouverneurs der Provinz Kyŏnggi Chŏng Ilsang 鄭一祥 (1721–1792) berichtete dieser, dass er alle Grabanlagen (*nŭng* 陵) inspiziert und gravierende Mängel festgestellt hätte, insbesondere Schäden an den Dächern, sodass es in die Gebäude regne. Chŏng schlug daher vor, nach Vollendung der aktuellen Reparaturen periodische Kontrollen festzulegen, bei denen die zuständigen Beamten gemeinsam mit den Handwerkern und Hilfsarbeitern die Anlagen auf Schäden kontrollieren und diese nach dem Grad ihrer Schwere beheben sollten.[409] Offensichtlich war es Chŏng wichtig, auch die Handwerker als Experten am Prozess der Feststellung zu beteiligen und dies nicht nur den Beamten zu überlassen.

Nicht zwangsläufig als Folge dieses Berichts, aber doch nur knapp zwei Monate später, ist eine Eingabe des Ministeriums für Riten dokumentiert. In ihr werden notwendige Arbeiten an der Grabanlage des ältesten Sohnes König Yŏngjos angeregt, dem früh verstorbenen Chinjong 眞宗 (1719–1728) und seiner Frau. Die Yŏngnŭng 永陵 benannte Anlage befindet sich in der Provinz Kyŏnggi. Der für sie zuständige Beamte meldete über das Ministerium an den König Schäden an den Stufen des Ritualgebäudes und dass man sie zum diesjährigen *tano* Fest schon repariert hätte. Durch starke Regenfälle sei es zu den Beschädigungen gekommen. Sogleich kritisierte das Ministerium, wie es denn sein könne, dass es derartige Schäden gebe, wenn doch die vollständige Reparatur gemeldet worden

---

409 Vgl. *Ilsŏngnok*, Chŏngjo 3 (1779), Monat 3, Tag 17.

sei. Dem Vorschlag, dass das zuständige Provinzbüro und Ministerium die Grabanlage durch seine *kamyŏkkwan*-Beamten gemeinsam mit Handwerkern untersuchen und reparieren lassen solle, stimmte der König zu.[410]

Die Darstellung von Kritik an der Arbeit wie auch am Verhalten der Handwerker findet sich ebenfalls an unterschiedlichen weiteren Stellen in den *Ilsŏngnok*. So lassen sich ganz direkte Ablehnungen von Arbeiten nachweisen, beispielsweise bei der Gestaltung von Paravents durch die Maler, die an der Reparatur des Sŏnwŏnjŏn mitwirkten. Bei seiner Inspektion der Baustelle befahl der König alle Beamten vor das Gebäude. Dann erkundigte er sich bei Ihnen nach dem Stand einzelner Abschnitte, darunter dem Tapezieren des hinteren Flügels, aber auch der Neuerstellung der besagten Paravents.[411]

> Ich fragte: Sind die in den beiden Räumen aufzustellenden Paravents mit der Darstellung des Obongsan bereits neu gemalt? [Ku] Yunok antwortete: Sie sind bereits fertig gemalt. Staatsrat Kim Sangch'ŏl fügte hinzu: Was die jetzigen [Versionen] anbelangt, so sind sie im Vergleich zu den vorherigen ziemlich gut. Ich befahl, die Paravents hereinzubringen, dass ich sie genau betrachte. Ich sagte: Wenn ich mir die Baustelle so ansehe, ist sie jetzt einigermaßen nah an der Fertigstellung. Die Anleitung der Arbeiten in der Zwischenzeit kann man [wohl] als tüchtig bezeichnen. [Kim] Sangch'ŏl sagte: Die Handwerker konnten nicht eine Stunde ruhen. [Wir] haben [sie] kontinuierlich angetrieben und ermahnt, daher sind wir nun schon bei diesem [Ergebnis] angelangt.[412]

Für die Zurückweisung des ersten Gestaltungsversuchs der Paravents finden sich keine Belege. Aber offensichtlich begutachtete der König die Arbeiten nicht nur der Beamten, sondern auch der Handwerker, in diesem Fall der Maler, sehr genau, auch wenn er sich nicht direkt an diese wandte, und hatte möglicherweise die erste Version persönlich abgelehnt. In dieser Konstellation ging auch das Lob für gute Arbeiten nicht direkt an diejenigen, die diese ausführten, sondern wie in diesem Fall an die leitenden Beamten. Die Aussage des Staatsrats ist in dieser Hinsicht sehr eindeutig, indem er die Leistung der Beamten herausstellte, dadurch aber auch die Leistungen der Handwerker herabwürdigte. Einige Tage später jedoch beschloss der König Belohnungen für die bei den Arbeiten gezeigten Leistungen, darunter auch für die Maler, Handwerker und Angestellten.[413]

---

410 Vgl. *Ilsŏngnok*, Chŏngjo 3 (1779), Monat 5, Tag 15.
411 Vgl. *Ilsŏngnok*, Chŏngjo 2 (1778), Monat 2, Tag 14.
412 *Ilsŏngnok*, Chŏngjo 2 (1778), Monat 2, Tag 14: „[…] 予曰 二室所排五峯山屏風已改畫乎 允鈺曰已盡畫出矣領議政 金尙喆曰今番則畫品比前頗好矣 命屏畫入之予親覽 予曰觀其役處今幾垂畢其間董役可謂勤矣 尙喆曰工匠輩不得一時暫息連爲董飭故今至於此矣 […]."
413 Vgl. *Ilsŏngnok*, Chŏngjo 2 (1778), Monat 2, Tag 17 und Tag 19.

Etwas mehr ins Detail einzelner Baubereiche ging der König bei einem Gespräch mit Chŏng Minsi 鄭民始 (1745–1800), einem Spitzenbeamten, der bereits früh in seiner Karriere hohe Ämter in der Administration innegehabt hatte. In seiner Funktion als leitender Beamter im Bauwesen fragte ihn der König nach dem Fortschritt der Arbeiten an einem nicht näher bezeichneten Gebäude, wobei er eingangs dessen Leistungen im Bauwesen lobte. Chŏng Minsi antwortete, dass man mit den Materialien für die Steinarbeiten soweit fertig sei, dass aber die Sorge bestünde, dass es an Holz mangele. Daraufhin schlug der König vor, doch die Zeichnungen bzw. Pläne anzupassen. Chŏng Minsi entgegnete, dass eine Veränderung dieser Art aufgrund der mit Hilfe der Geomantik bestimmten Daten in Bezug auf Größe und Lage, und in Verbindung mit den Auspizien, nicht möglich sei. Auf bautechnische Details gingen beide darüber hinaus nicht ein. Um die Termine zu halten, sicherte Chŏng Minsi allerdings zu, die Handwerker dann zu entsprechender Eile anzutreiben.[414]

Neben ausdrücklichem Lob wurden aber auch weitere nichtmonetäre Belohnungen für Handwerker ausgesprochen. Auch wenn sie nicht in Ämter und Ränge befördert wurden, so lässt sich eine offenbar vorhandene Flexibilität innerhalb der unteren sozialen Schichten in Folge von Leistungen bei Bauprojekten nachweisen. Der früheste derartige Eintrag in den *Ilsŏngnok* datiert von 1789. In ihm werden in mehreren umfangreichen Listen die unterschiedlichen Mitarbeiter eines Projektbüros zur Verlegung der Grabstätte des Changhŏn seja (Ch'ŏnwŏn togam 遷園都監) sowie darüber hinaus an diesem Projekt Beteiligte für ihre Leistungen gewürdigt und belohnt.[415] Unter anderem befahl der König darin:

> Auch wenn ihre Arbeit in Übereinstimmung mit ihrem Status als Niedere diesem doch entspricht, befehle ich in Bezug auf den Holzhandwerker Yun Tŭksin, den Steinhandwerker Kim Taehwi, den Lackierer Pak Sedŭk, den Vorarbeiter/Meister für die Großtragen [für Särge] Kim Ch'angyŏ, den Töpferer Pan Seun, dass die entsprechenden Ministerien noch innerhalb des heutigen Tages die *ch'ega* Unterlagen ausstellen und sie

---

414 Vgl. *Ilsŏngnok*, Chŏngjo 4 (1780), Monat 7, Tag 24.
415 Aller Wahrscheinlichkeit nach handelte es sich hier um die Verlegung der Grabstätte des Vaters König Chŏngjos, deren Arbeiten im *Changhŏn seja yŏnguwŏn ch'ŏnbong togam ŭigwe* 莊獻世子永祐園遷奉都監儀軌 (*Ŭigwe des Projektbüros zur Verlegung der Grabstätte Yŏnguwŏn des Changhŏn seja* 1789) festgehalten wurden. In diesem Zusammenhang trägt das Zeichen *wŏn* 園 nicht die Bedeutung Garten oder Park, sondern ist gleichbedeutend mit dem Begriff *sanso* 山所, einer honorativen Bezeichnung für eine Grabstätte.

somit gemäß ihres Wunsches aus dem Status der Niederen [in den Status von Gemeinen] zu erhöhen.⁴¹⁶

Diese Anweisung des Königs wurde offenbar nicht oder nicht mit der nötigen Präzision verfolgt. Neun Tage später berichtete das Sekretariat, dass das zuständige Ministerium den Befehl des Königs nicht ausgeführt habe, was sehr unangemessen sei. Auf Nachfrage, wie mit dieser Verfehlung umzugehen sei, beschloss der König, die verantwortlichen *tangsang* Beamten befragen zu lassen, die *tangha*-Beamten sogar dem Staatsgerichtshof (Ŭigŭmbu 義禁府) zu überstellen.⁴¹⁷

Das für diesen Vorgang verwendete Kompositum *myŏnch'ŏn* 免賤 ist im koreanischen Kontext im Sinne einer Statuserhöhung lexikalisiert, für den chinesischen Kontext finden sich keine entsprechenden Einträge.⁴¹⁸ In den Regesten finden sich 354 Einträge, in den *SJW* 736, in den *Ilsŏngnok* 126,⁴¹⁹ darunter viele Mehrfacheinträge zum gleichen Ereignis, vor allem aber viele Statuserhöhungen von staatlichen wie privaten Sklaven ohne einen handwerklichen Hintergrund, die im Zuge besonderer staatswichtiger Ereignisse vorgenommen wurden.⁴²⁰ Schränkt man die Ergebnisse anhand nachgeordneter Begriffe wie *chang* 匠 oder *su* 手 ein, so verringern sich die relevanten Textstellen auf eine Zahl, die keine breite Statuserhöhung von Niederen in die Schicht der Gemeinen in dieser Art von offiziellem Rahmen widerspiegelt. Handelte es sich also um einen Einzelfall bei der soziopolitischen Anerkennung handwerklicher Leistungen durch den König im Jahr 1789?

Die Quellen geben zum Zeitpunkt dieser Studie nur wenige Hinweise, weder für eine eindeutige Bejahung noch für eine eindeutige Verneinung. Die Indizien deuten jedoch darauf hin, dass entweder Handwerker selbst oder die schriftliche Dokumentation bei dieser Form der soziopolitischen Anerkennung nicht im Fokus standen. Ausgenommen der Einträge, die die Befreiung von *nobi* dokumentieren, behandelt die Mehrheit der Einträge den Aufstieg von *sŏri* (Schreibern) und *wŏnyŏk* (anderen Angestellten und Arbeitern), die für die Bürotätigkeiten

---

416 *Ilsŏngnok*, Chŏngjo 13 (1789), Monat 10, Tag 8: „敎曰 雖如渠賤類 其勞旣如此 木手尹得莘石手金大輝漆匠朴世得大輿邊首金昌麗沙土匠片世雲竝令該曹今日內帖加成給仍爲從自願免賤 […]."

417 Vgl. *Ilsŏngnok*, Chŏngjo 13 (1789), Monat 10, Tag 19.

418 Vgl. Eintrag im *CWSS*.

419 Jeweils zusammengefasst für die hier im Fokus stehenden Herrschaftsperioden der Könige Sukchong, Yŏngjo und Chŏngjo.

420 Diese Einträge finden sich für die gesamte Chosŏnzeit. Für die relevante Zeitperiode vgl. z.B. *Sukchong sillok*, kwŏn 8, Jahr 5 (1679), Monat 10, Tag 13. 4. Eintrag; *Yŏngjo sillok*, kwŏn 37, Jahr 10 (1734), Monat 3, Tag 20, 2. Eintrag.

im Allgemeinen, aber auch für die Projektbüros im Speziellen zuständig waren.[421] Über die Tatsache hinaus, dass sie nicht der *yangban*-Schicht angehörten, ist ihre soziale Stellung nicht eindeutig geklärt. Der Umstand, dass sie in der späten Chosŏn-Zeit offenbar eine sozial abgeschlossene Berufsgruppe bildeten, die sich mittels Instrumenten wie Heiratspolitik und Ämtertradition nach außen abschottete, könnte sie zu Mitgliedern der *hyangni* der benannten *secondary status groups* machen.

Zudem waren sie eng vernetzt mit den Literatenbeamten, mit denen sie in den selben Institutionen arbeiteten. Schreiber wurden nicht staatlich geprüft, sondern auf Anforderung und Empfehlung der Beamten, in der Regel lokal eingestellt. Die Forschung legt nahe, dass sie oftmals sogar aus den Angestellten der Haushalte (*kyŏmin* 傔人) der jeweiligen *yangban* rekrutiert wurden, wo sie für verschiedene niedere Haushaltstätigkeiten verantwortlich waren.[422] Die gesellschaftliche Aufwertung dieser Gruppen durch die Praxis des *myŏnch'ŏn* 免賤 erscheint in diesem Kontext nicht als eine grundsätzliche Erhöhung ihres Status vom Niederen zum Gemeinen, sondern vielmehr als eine Aufwertung innerhalb des soziopolitischen Gefüges der späten Chosŏn-Zeit und damit innerhalb der Gruppe der Gemeinen. Die Anerkennung galt darüber hinaus sicherlich auch ihren Fähigkeiten in der Beherrschung der chinesischen Schriftsprache und damit ihres Wissens im Rahmen des konfuzianisch-ideologischen Kontexts. In dieser Hinsicht lassen sich Textstellen in allen relevanten Herrschaftsperioden

---

421 Vgl. z.B. *Ilsŏngnok*, Yŏngjo 44 (1768), Monat 7, Tag 1: „[…] Die *ch'abiin* (temporären Hilfskräfte) der Audienzhallen und Paläste [sowie] die *sŏri* des *yebang* (Ritenbüros), wie warten sie wohl darauf, dass der König [zu ihnen] spricht. Sie alle sollen gemäß den jüngsten Beispielen und gemäß ihrem [eigenen] Wunsch erhoben werden […]" ([…] 大殿中宮殿差備人禮房書吏何待上言其皆依近例從自願免賤 […]).

422 Diese Vorgehensweise wird später im Unterkapitel zur Kritik durch Chŏng Yagyong erhärtet. Zur sozialen wie politischen Position der *sŏri* vergleiche zum Beispiel: Shin, Hae-soon, „17segi chŏnhu tongban sosok hagŭp kyŏngajŏn chedo-ŭi pyŏnhwa." [Der Wandel des Systems der niedrigen *kyŏngajŏn* aus den Reihen der *tongban* im Laufe des 17. Jahrhunderts]. *The Journal for the Studies of Korean History*, Nr.40 (2010); Kim, Doo Haen, „Chosŏn hugi kyŏngajŏn sŏri kagye sarye yŏn'gu: Sin Tŭngnip kagye." [Untersuchung von Beispielen der Familien von hauptstädtischen *ajŏn* und *sŏri* der späten Chosŏn-Zeit]. *Komunsŏ yŏn'gu*, Nr.42 (2013); Chon, Kyoung-mok, „Chosŏn hugi chibang myŏngmun ch'ulsin-ŭi kwalli-wa kyŏngajŏn-ŭi kwangyemang." [Das Beziehungsnetz der Beamten aus mächtigen ländlichen Familien und den hauptstädtischen *ajön* in der späten Chosŏn-Zeit]. *Korean Journal of Jansgeogak Royal Library* 30 (2013).

identifizieren, in denen Schreiber und andere Angestellte auf gleicher Ebene erhoben wurden.[423]

Die Möglichkeit des soziopolitischen Aufstiegs von Handwerkern aus der Schicht der Niederen durch die Praxis der Statuserhöhung, die durchaus verstanden werden kann als die Ausstattung mit symbolischen Kapital gemäß Bourdieu, scheint somit auf Basis der Nachweise in den offiziellen Quellen keine Regel und damit eine tatsächlich wertvolle da seltene Belohnung gewesen zu sein. Ein weiterer Eintrag aus der Zeit König Chŏngjos weist zumindest darauf hin, dass es sich nicht um einen Einzelfall gehandelt hat. Im Jahr 1795 sollte der Vorarbeiter der Steinmetze Yun Simun 尹時文 (?–?) für seine Leistungen mit einer Statuserhöhung ausgezeichnet werden. Da er aber diese bereits im Vorjahr erhalten hatte, kam sie als Belohnung für ihn nicht mehr in Frage.[424] Trotz der umfangreichen Listen von zu Belohnenden im Zuge des Baus der Festung Hwasŏng ist Yun in keiner der offiziellen Quellen zu finden. Der Schluss liegt nahe, dass seine Belohnung als Handwerker nicht dokumentiert worden ist und dass darüber hinaus derartige Ereignisse allgemein nicht lückenlos dokumentiert sind.

Das durchgängige Fehlen bestimmter Einträge kann selbstverständlich nicht selbst als hinreichender Nachweis dienen, dass derartige Statuserhöhungen häufig vorgekommen sind und lediglich nicht dokumentationswürdig waren. Im Zusammenspiel mit den übrigen Indizien ist es jedoch sehr wahrscheinlich, dass Handwerker für besondere Leistungen umfangreich belohnt wurden, und dass diese Belohnungen auch in ihrer offizielle Statuserhöhung in die Schicht der Gemeinen bestehen konnte. Diese Würdigung ihrer Arbeit weist nicht nur auf eine Anerkennung ihrer Person, sondern auch ihres handwerklichen Wissens hin, das für die staatliche Politik zwar nicht textlich-ideologisch, aber repräsentativ-ideologisch von zentraler Bedeutung war.

---

423 Vgl. z.B. *Ilsŏngnok*, Chŏngjo 3 (1779), Monat 10, Tag 8; *Ilsŏngnok*, Chŏngjo 20 (1796), Monat 8, Tag 11; *Ilsŏngnok*, Chŏngjo 18 (1794), Monat 7, Tag 1.

424 Vgl. *Ilsŏngnok*, Chongjo 19 (1795), Monat 11, Tag 26: „[…] Der aus Nampo stammende *sŏksu tobyŏnsu* Yun Simun wurde im Frühling des letzten Jahres als *kŭmjŏng yŏngni* für seine Arbeiten an der Festung Hwasŏng bereits erhoben […]." ([…] 石手都邊首 藍浦 尹時文以金井驛吏昨年春因華城赴役功勞已爲免賤 […]).

4.2 Das mühevolle Lernen vom Norden: die neue Perspektive der *sirhak*

4.2.1 Einige kurze Vorbemerkungen zur *Praktischen Lehre*

Die zeitgenössische Kritik an der Fokussierung der Beamtengelehrten auf eine rein philosophisch-metaphysische Diskussion des Konfuzianismus und an ihrer Ignoranz gegenüber alltagspraktischen Fragestellungen wird gemeinhin als ein Teil der sogenannten *Praktischen Lehre* (*sirhak* 實學) verstanden. Sie hatte ihren Ursprung in der Tatsache, dass der Konfuzianismus in Korea keine zufriedenstellenden Antworten auf die Zerstörungen der japanischen und mandschurischen Invasionen und den Umgang mit den Folgen liefern konnte. Viele Veränderungsvorschläge ihrer Vertreter drehten sich auch um eine Rückbesinnung bzw. Reform des Fokus der Politik auf die politischen, wirtschaftlichen und sozialen Probleme insbesondere der niedrigen Gesellschaftsschichten. Ihr Beschäftigungskatalog umfasste eine breite Palette von Themenfeldern und Maßnahmen, die sich auf der anwendungsorientierten Seite insbesondere mit der Weiterentwicklung von Technik und Techniken in unterschiedlichen Lebensbereichen auseinandersetzten, so in der Landwirtschaft, der gesellschaftlichen Organisation und der grundlegenden Ausbildung von Beamten. Der Praktischen Lehre werden dabei Aspekte eines modernen Empirizismus zugeschrieben, die sich lediglich in Rückbezug auf die moderne koreanische Geschichte, insbesondere die Kolonialzeit, verstehen lassen.[425] Ergänzend zu den anfänglichen Bemerkungen sollen im Folgenden einige weiterführende Gedanken die anschließende Betrachtung dreier ausgesuchter Gelehrter einleiten.

Auch wenn sich die Forschung über *sirhak* bis heute in einer beinahe unüberblickbaren Zahl von Publikationen aus unterschiedlichen Blickwinkeln entwickelt hat, bemängelt Kim Moon-yong, dass sie sich nicht wesentlich weit von der Grundfrage fortbewegt zu haben scheint, worum es sich bei *sirhak* im Grunde handle. Dabei konzentrierten sich die Antworten auf die beiden argumentativen Pole, dass *sirhak* zum einen eine konfuzianismuskritische, in Opposition stehende Lehre mit modernistischen Tendenzen gewesen sei, zum anderen, dass eine solche systematische Schule, die vom Neokonfuzianismus getrennt werden kann, gar nicht existierte, sondern eine konstruierte Zuschreibung aus dem

---

425 Vgl. dazu beispielsweise: Donald Leslie Baker, „The Use and Abuse of the Sirhak Label: A New Look at Sin Hu-dam and his Sohak Pyon," *Kyohoe-sa yongu* 3 (1981).

20. Jahrhundert sei.[426] Das Problem der Frage nach dem Wesen von *sirhak* wird ergänzt durch die Frage nach ihren Gründen und Intentionen, die von reiner technischer oder philosophischer Neugier, über sozialkritische Studien bis hin zu zivilisations- und kulturreformerischen Tendenzen reichten.[427] Mittlerweile hat sich eine Einteilung in drei Phasen oder Strömungen etabliert. Es bleiben dabei Zweifel, inwiefern sich die jeweils angeführten Gelehrten selbst als *sirhak*-Gelehrte verstanden, und in welcher Form sie ein Bewusstsein für eine Art von Überlieferungslinie besessen haben, wie Shinja Kim und andere sie zu rekonstruieren versuchen.[428] Über diese Problemfelder hinaus hat es auch den Anschein, als wenn die Forderungen nach Veränderung und Innovation in Felder wie Politik, Wirtschaft und Gesellschaft, aber auch auf dem Gebiet von Technik und Techniken, leichtfertig verwechselt bzw. gedeutet werden mit einer Hinwendung zu einer westlich-wissenschaftlichen Modernisierung, oder noch dramatischer, mit einer indigenen Entwicklung eines entsprechend wissenschaftlichen Strebens. Die unter der Bezeichnung *naejaejŏk pyŏnhwaron* (Theorie der Internen Transformation) bekannte Argumentation hat vor allem zum Ziel, in einer postkolonialen Geschichtsschreibung eine Historie darzustellen, in welcher Chosŏn nicht als ein rückständiges, statisches Gebilde erscheint, sondern sich zumindest in den Anfängen einer weitestgehend aus sich selbst heraus generierten Modernisierung befand.[429] Dies darf allerdings nicht verwechselt werden mit den Untersuchungen von Benjamin Elman, der einen eigenen Begriff der Wissenschaft für die chinesische Geschichte, gleichsam ein chinesisches Epistem gemäß Foucault,[430] nachzuzeichnen versucht hat.[431]

Zu wenig beleuchtet werden dabei in vielerlei Hinsicht die Schwierigkeiten bei dem Versuch, westliche Konzepte bzw. solche, die in der historischen Untersuchung der europäischen Geschichte entstanden sind, auf die Entwicklungen

---

426 Vgl. Kim Moon-yong, „18segi pukhangnon-ŭi munmyŏngnon-jŏk hamŭi-e taehan kŏmt'o." [Untersuchung der zivilisatorischen Konsequenzen der Diskussion um das Lernen vom Norden im 18. Jahrhundert]. *T'aedong kojŏn yŏn'gu* 19 (2003): S.79.
427 Vgl. z.B. Kang Pil-sŏn, Kim Mun-jun und Kim In-kyu, *Han'guk sirhak sasangsa* [Ideengeschichte der *sirhak* Koreas] (Seoul: Simsan, 2008).
428 Vgl. Kim Shin-Ja, *Das philosophische Denken von Tasan Chŏng* (Frankfurt am Main: Lang, 2006).
429 Bei Hwang Kyung Moon *naejaejŏk palchŏnnon* (Theorie der Internen Fortentwicklung): Hwang, *Beyond birth*: 29.; In anderen Untersuchungen mit gleicher Stoßrichtung werden ähnliche Begriffe mit gleichem Bedeutungsgehalt verwendet.
430 Vgl. Knoblauch, *Wissenssoziologie*: S.214.
431 Elman, Benjamin A., *On their own terms: Science in China, 1550–1900* (Cambridge, Mass: Harvard University Press, 2005).

in Ostasien im Allgemeinen und Korea im Besonderen zu übertragen. Diese Kritiken an den unterschiedlichen Definitionsversuchen und Zuschreibungen zu *sirhak* vor allem in der koreanischen Forschung hat Donald Baker in seinem Artikel *The Use and Abuse of the Sirhak Label* ausführlich zusammengefasst.[432] Darüberhinaus hat die jüngere Forschung auf dem Gebiet der Religionswissenschaften für die Verwendung moderner Konzepte in der Untersuchung historischer Zusammenhänge beispielsweise gezeigt, in welcher Weise dies nicht oder zumindest nur unter besonderen Vorannahmen möglich ist.[433] So bleibt schließlich der Zweifel, dass die sogenannte Needham-Frage, „[w]hy, then, did modern science, as opposed to ancient and medieval science, […] develop only in the Western world?"[434] analog zur Aussage von Wilfred Cantwell Smith nicht in einfacher Weise beantwortet werden kann:

> […] For the moment, we may simply observe once again that the question ‚Is Confucianism a religion?' is one that the West has never been able to answer, and China never able to ask […].[435]

Viele der angesprochenen Probleme der historischen Erforschung Koreas resultieren aus vereinfachenden Darstellungen, die die große Komplexität der intellektuellen Strömungen in der späten Chosŏn-Zeit handhabbar zu gestalten versuchen. Der Begriff in seiner Verwendung bis in die zweite Hälfte des 20. Jahrhunderts wurde erst in der Kolonialzeit aus nationalistischen Motiven geprägt.[436]

Mittlerweile hat sich die Vorstellung einer *sirhak* genannten Moderne in Opposition zum Neokonfuzianismus zugunsten einer Sichtweise gewandelt, die sie als mehr oder weniger moderate Veränderungsströmung interpretiert

---

432 Baker, „The Use and Abuse of the Sirhak Label."
433 Siehe dazu beispielsweise: Eggert, Marion, „‚Western Learning', religious plurality, and the epistemic place of ‚religion' in early-modern Korea (18th to early 20th centuries)." *Religion* 42, Nr.2 (2012). Für eine Ausführung der Ideen siehe unter anderem Elshakry, Marwa, „When Science Became Western: Historiographical Reflections." *Isis* 101, Nr.1 (2010).
434 Needham, Joseph, *The grand titration: Science and society in East and West* (London: Allen & Unwin, 1969).
435 Smith, Wilfred Cantwell, *The meaning and end of religion* (Minneapolis, Minn: Fortress Press, 1991): S.69.
436 Für einen zusammenfassenden Überblick vergleiche die Einführungen in: Kim, *From middlemen to center stage*; Yuh, *Education, the struggle for power, and identity formation in Korea, 1876–1910*; Hwang, *Bureaucracy in the transition to Korean modernity – Secondary status groups and the transformation of government and society, 1880–1930*: S.11.

in Abhängigkeit von den im Fokus der Untersuchungen stehenden Personen oder Personengruppen. Die bedeutendste unter ihnen, die aufgrund ihrer persönlichen Verbindungen deutlich als solche identifiziert und möglicherweise tatsächlich als Schule verstanden werden kann werden kann, soll im Folgenden im Fokus dieser Untersuchung stehen: die sogenannte Gruppe des Lernens vom Norden (*pukhak'pa* 北學派). Der aus dem *Mengzi* 孟子 entnommene Begriff *pukhak* wurde zunächst allgemein, wenn auch selten, für die Charakterisierung von Wissen aus China verwendet.[437] Die unter dieser Gruppenbezeichnung zusammenfassbaren Gelehrten vertraten die grundsätzliche Ansicht, dass man sich nicht aufgrund falsch verstandener Abneigung gegenüber der als barbarisch aufgefassten Qing-Dynastie dem dort verbreiteten Wissen und dem daraus resultierenden Wohlstand im Vergleich zu Korea verweigern dürfe. Auf ihren Reisen nach China, oftmals im Rahmen offizieller Gesandtschaften, erfuhren viele dieser Gelehrten den direkten Vergleich der Lebensumstände beider Völker und kamen darüber hinaus in Berührung mit im Vergleich fortschrittlicherem Wissen und seinen Anwendungsbeispielen. Darüber hinaus hatten viele von ihnen direkten Kontakt mit aus dem Westen stammendem Wissen und Geräten, aber auch mit westlichen Gelehrten selbst. Diese Konfrontationen bestärkten sie in ihren Forderungen, in pragmatischer Weise von China zu lernen und das Gelernte zur Verbesserung der Situation in Korea zu verwenden.

Anhand ihrer Schriften lassen sich Aussagen in Bezug auf Kritiken und Veränderungsvorschläge zu Handwerkern und handwerklichem Fachwissen herausarbeiten. Persönlichkeiten wie Pak Chiwŏn, Pak Chega oder Chŏng Yagyong sind sicherlich herausragende Intellektuelle auch über ihre jeweiligen Lebenszeiten hinaus.[438] Ob sie allerdings für einen breiten intellektuellen Reformtrend

---

[437] Vgl. *Mengzi* 3A4: „I have heard of men using *the doctrines* of our great land to change barbarians, but I have never yet heard of any being changed by barbarians. Chen Liang was a native of Chu. Pleased with the doctrines of Zhou Gong and Zhong Ni, he came northwards to the Middle Kingdom and studied them. [...]." (吾聞用夏變夷者，未聞變於夷者也。陳良，楚產也。悅周公,仲尼之道，北學於中國 [...]), zitiert nach James Legge in Mencius und Legge, James, *The works of Mencius* (New York: Dover Publications, 1970): S.253f.

[438] Chŏng Yagyong wird in der Regel nicht mehr als Teil der *puhkak'pa* angesehen. Da aber unter anderem viele seiner Ideen die Argumentationen der genannten Vorgänger aufgreifen und weiterentwickeln, und da er selbst Schüler von Pak Chega war und somit in gewisser Weise in seiner Linie steht, wird er hier in dieser Weise verortet: vgl. z.B. Kŭm Chang-t'ae, *Tasan Chŏng Yag-yong: Sirhak-ŭi segye* [Tasan Chŏng Yagyong. Die Welt des sirhak], Ch'op'an, Han, Chung, Il yuhak sasangga ch'ongsŏ 41 (Seoul: Sŏnggyun'gwan Taehakkyo Ch'ulp'anbu, 1999), 76.

innerhalb der Aristokratie wie auch der breiteren Gelehrtenschicht als Repräsentanten dienen können, sozusagen eine Änderung des Habitus verkörpern, wie Shinja Kim oder Kim Young-ho attestieren, mag zurecht bezweifelt werden.[439] So schreibt beispielsweise Kim Yung Sik, dass es keineswegs einen Wandel in der Auffassung Chŏng Yagyongs sowohl bezüglich der Sozialstruktur als auch der Bedeutung technischen Wissens für die Ausbildung der Aristokratenelite gegeben habe.[440] Kang Myeong-Gwan untersuchte die philosophischen Grundlagen der Argumentationen von Chŏng Yangyong in Bezug auf den Neokonfuzianismus bzw. die Lehren Zhu Xis selbst und schloss, dass er dieser ideologischen Grundlage keineswegs grundsätzlich kritisch gegenüberstand und sich *sirhak*, anders als oftmals dargestellt, nicht in Opposition zu ihr entwickelt hat.[441] Die Ergebnisse von Kim Yung Sik und Kang Myeong-Gwan stützen zwar die Thesen des unbeweglichen, unveränderlichen Bollwerks der Aristokratie der *yangban* und ihres Habitus, sie relativieren allerdings gleichzeitig den modernistischen Charakter der *sirhak*, ohne sie zu marginalisieren. Dabei darf jedoch nicht vergessen werden, dass viele Vertreter der *pukhakp'a* durchaus aus mächtigen *yangban* Familien stammten. Sie nahmen für lange Phasen ihres Lebens aus persönlicher Überzeugung nicht am politischen Geschehen teil, um in anderen Phasen gezielt politisch tätig zu werden und zu versuchen, durch ihr Amt ihre Ideen in die Praxis umzusetzen. Anhand dieser „Leuchttürme," die in unterschiedlicher Weise aus der großen Zahl der Gelehrten des 18. Jahrhunderts herausragen und als Referenz gelten können, kann dargestellt werden, welchen Stellenwert Handwerker und das ihnen eigene technische Wissen in der Praktischen Lehre zu bestimmten Zeiten besaßen und in welcher Weise dieser kontrastierte mit den dargestellten Aspekten ihrer offiziellen soziopolitischen Position.[442]

---

439 Vgl. Kim Yŏng-ho, „Chŏng Tasan-ŭi kwahak kisul sasang." [Das wissenschaftliche Verständnis von Tasan Chŏng]. *Tongyanghak* 19, Nr.1 (1989).
440 Vgl. Kim Yung Sik, „Science and the Confucian Tradition in the Work of Chong Yagyong." *Journal of TASAN Studies* 5 (2004): S.138, 158.
441 Vgl. dazu z.B. die Darstellungen in Kang Myŏng-kwan, „Tasan-ŭl t'onghae tasi sirhak-ŭl saenggak-handa." [Sirhak anhand von Tasan überdenken] *Minjok munhaksa yŏn'gu* 50, (2012); Setton, „Factional Politics and Philosophical Development in the Late Chosŏn."
442 Für eine Darstellung der Berichte koreanischer Gesandter im 19. Jahrhundert, die nicht mehr Teil dieser Arbeit sind, vgl. z.B. Shin Ik-Cheol, „The Western Learning Shown in the Records of Envoys Traveling to Beijing in the First Half of the Nineteenth Century – Focusing on Visits to the Russion Diplomatic Office." *The Review of Korean Studies* 11, Nr.1 (2008).

4.2.2 Die aufmerksamen Beobachtungen von Hong Taeyong

Hong Taeyong wurde als Sohn eines späteren hochrangigen Provinzbeamten namens Hong Yŏk 洪櫟 (1708–?) geboren und mit 11 Jahren zunächst Schüler eines der berühmtesten konfuzianischen Gelehrten seiner Zeit, Miho Kim Wŏnhaeng 渼湖 金元行 (1702–1772), der in den 1750er Jahren unter anderem Lehrer des ältesten Sohnes des Kronprinzen sein sollte. Hong Taeyong war sowohl durch seine Abstammung aus einer herausragenden Familielinie als auch durch seine Ausbildung ein Mitglied der herrschenden Fraktion der *noron* 老論 angesehen.[443] Allerdings kann er auch als einer der Gelehrten verstanden werden, die sich nicht anhand ihrer Fraktionszugehörigkeit allein charakterisieren lassen, kritisierte er doch deren starr orthodoxe Haltung. Sein frühes Interesse für Musik und die numerischen Interpretationen des *Yijing*, möglicherweise unterstützt durch westliche kosmologische Werke, war für manche Personen in seinem Umfeld offenbar nicht uneingeschränkt vereinbar mit einer orthodoxkonfuzianischen intellektuellen Ausrichtung.[444] Trotz mehrerer Versuche hatte er darüber hinaus nie die Beamtenprüfungen erfolgreich abgeschlossen.[445] Im Jahr 1765 besuchte er im Rahmen einer Gesandtschaft Peking im fiktiven Amt eines begleitenden militärischen Beraters seines Onkels Hong Ik 洪檍 (1722–1809), der selbst als hochrangiges Mitglied (*sŏjanggwan* 書狀官) verantwortlich war für diplomatische Korrespondenz und die Erstellung eines Gesandtschaftsberichts, der dem König vorgelegt werden musste. Erst nach dem Tod seines Vaters erhielt er 1776 durch Empfehlung das Amt eines *sŏn'gonggam kamyŏk*, was dem bereits dargestellten, sich im 18. Jahrhundert verstärkenden Trend dieser Art von Rekrutierung entsprach. Darauf folgten mehrere mittlere Posten in der Zentrale wie in den Provinzen, bevor er 1780 sein letztes Amt als Militärischer Verwalter (*yŏngsŏnggunsu* 榮川郡守) antrat.

Sein Interesse für westliche Technik und westliches Wissen soll geweckt worden sein, nachdem er 1756 seinem Vater in die Stadt Naju gefolgt war, wo dieser ein neues Amt angenommen hatte. Dort traf Hong Taeyong mit dem Gelehrten Na Kyŏngjŏk 羅景績 (1690–1762) zusammen und sah zum ersten Mal eine die Stunde schlagende Uhr nach europäischer Bauart, die dieser selbst gebaut hatte

---

443 Huh, „Chapter 12 : Two Aspects of Practical Learning (實學 Sirhak) – The Case of Hong Tae-yong": S.220.
444 Ebd.: S.221–226.
445 Vgl. Kang Myŏng-gwan, *Hong Tae-yong-gwa 1766 nyŏn: Chosŏn chisŏnggye-rŭl hŭndŭn yŏnhaengnok-ŭl ikta* [Hong Tae-yong und das Jahr 1766] (Seoul: Institute Translation of Korea Classics, 2014): S.13–17.

und die unter der Bezeichnung *chamyŏngjong* 自鳴鐘 bekannt ist. Er begegnete dort weiteren *sirhak*-Gelehrten und war 1760 beteiligt an der Erstellung einer Armillarsphäre (*honch'ŏnŭi* 渾天儀).[446] Schließlich hatte er während seines Aufenthalts in Peking 1765 Gelegenheit, verschiedene westliche Gelehrte persönlich zu treffen und sich mit ihnen zu einer Reihe unterschiedlicher Themen auszutauschen. Dazu zählten vor allem Astronomie und Geographie, aber auch Politik, Gesellschaft sowie Wissenschaft und Technik. Seine Beobachtungen und Erkenntnisse hielt er in unterschiedlicher Form in seinem tagebuchartigen Werk *Yŏn'gi* 燕記 fest.[447] In sechs Büchern sind sowohl tatsächliche wie fiktive Gespräche (*mundap* 問答) als auch kürzere und längere Texte enthalten.[448] Von besonderem Interesse sind hier die beiden Kapitel „Gebäude" („Okt'aek" 屋宅) und „Nutzung von Gegenständen" („Kiyong" 器用), auf die im Folgenden detaillierter eingegangen werden soll.

Die Beobachtungen Hong Taeyongs zu den Gebäuden in China sind nicht nur eine Darstellung des Zustands dort, sondern geben vor allem Auskunft über die Unterschiede zu Korea, auch wenn diese nicht an jeder Stelle explizit erwähnt werden. So sind viele seiner Beobachtungen eingebettet in andere Kontexte, von denen Gari Ledyard berichtet und in deren Zusammenhang er ausgerechnet die für diese Untersuchung zentralen Beschreibungen als „[…] several more pages of unrelated observation. Trivial matters blend[ed] with urgent ones […]" bezeichnet.[449]

> Bei den privaten und öffentlichen Gebäuden sind im Vergleich zu unserem Land die Decken um ein mehrfaches höher. Innerhalb und außerhalb der Kaiserstadt sind es alles ziegelgedeckte Häuser, in großen Städten wie Shenyang und Shanhaiguan ist es auch so. Die Läden in anderen ganz kleinen Dörfern sind zur Hälfte ziegel- und strohgedeckt.

---

446 Vgl. Eintrag zu Na Kyŏngjŏk im *HMMTS*.
447 Das *Yŏn'gi* befindet sich im *Tamhŏnsŏ* 湛軒書 (*Schriften von Tamhŏn*) in den Büchern sieben bis zehn. Eine allgemeine Darstellung und Einordnung des Werks stellt beispielsweise die Untersuchung von Gari Ledyard dar: siehe ebd.
448 Besonders hervorzuheben ist hier der Text *Yup'o mundap* 劉鮑問答 (*Frage-Antwort-Gespräche von Yu und P'o*). In diesem Gespräch trifft Hong auf die deutschen Gelehrten August von Hallerstein (Yu Songnyŏng 劉松齡, chin. Liu Songling (1703–1774)) und Anton Gogeisl (P'o Ugwan 鮑友管, chin. Bao Youguan (1701–1771)), die am Kaiserhof im Astronomischen Büro als Beamte in leitender Position tätig waren. Vgl. Ledyard, Gari, „Hong Taeyong and His Peking Memoir." *Korean Studies*, Nr.6 (1982): S.71f.
449 Vgl. ebd.: S.86.

Ihre strohgedeckten Häuser sind auch groß und robust, absolut nicht vergleichbar mit den hässlichen Läden unseres Landes.[450]

Im weiteren Verlauf geht Hong Taeyong auf Arten von Giebeln und Ziegeln in China ein, die für unterschiedliche öffentliche und private Gebäuden verwendet werden, und führt diese Unterschiede auf mögliche gesetzliche Beschränkungen für das private Bauen zurück. Weiter beschreibt er detailreich einen Haustyp, wobei er keine bestimmte Art von Gebäude nennt, sondern den Textteil lediglich mit der Formulierung *okche* 屋制 (*Der Bau von Gebäuden*) einleitet.[451] Dies vermittelt dem Leser den Eindruck, dass es sich um einen allgemein verbreiteten Typ Haus handelt, der Beschreibung nach rechteckig mit vier Räumen, ausgestattet mit Bodenheizung, die als mit Ziegelsteinen gemauerte, umlaufende Sitz- und Liegebank installiert ist. Der hohe Dachfirst in Kombination mit niedrigen Traufen sorge für einen guten Ablauf des Regenwassers, die wenig aus dem Mauerwerk ragenden Gesimse ermöglichten dem Sonnenlicht, durch die großen Fenster in die Räume zu fluten. Daraufhin beschreibt er die verschiedenen Räume des Hauses, so die Küche mit dem Ofen und der Heizung, den Schlafraum mit dem beheizten Ziegelsteinbett. Seine Darstellungen umfassen sogar die Möbel und die in ihnen verstauten Dinge, so zum Beispiel Bettzeug, Wandschmuck wie Bilder und Kalligraphien, Bücherregale und Antiquitäten, die ausgestellt werden.

In der Region außerhalb Shanhaiguans gebe es darüber hinaus Lehm- oder Erdhäuser (*t'ook* 土屋). Diese seien so gut gebaut und verputzt, dass kein Wasser eindringen könne. Es hat jedoch den Anschein, dass er nicht spezifisch über die Häuser armer Leute sprach, denn die Eingänge seien mit Vorhängen oder Tüchern behängt, deren einfache Varianten aus blauem oder weißem bemalten Stoff bestünden, deren teurere Varianten jedoch aus Seide oder Satin seien, wobei alle sowohl dem Schutz als auch der Dekoration dienten. Er beschreibt weiterhin mit Ziegelsteinen gepflasterte Wege zwischen Zaun und Haustür, in

---

450 *Tamhŏnsŏ*, kwŏn 10, *yŏn'gi, okt'aek*: „公私屋宇。比我國穹崇倍之。皇城內外純是瓦屋。如瀋陽山海關等大都邑亦然。其餘小小村店。瓦草參半。其草屋。亦弘壯堅緻。絶不類我國店幙之疎陋 [...]." Die folgende Textzusammenfassung bezieht sich auf eben dieses Kapitel, weswegen keine weitere allgemeine Fußnote dazu gemacht wird.

451 Vermutlich handelt es sich hier um Beobachtungen, die er in Shanhaiguan gemacht hat, da er sich später im Text mit der Formulierung *kwanoe* 關外 (außerhalb von Shanhaiguan) anderen Häusern zuwendet. Möglich ist auch die Unterscheidung in Stadt- und Landhäuser (nicht im Sinne eines Landsitzes, sondern eines nicht-stadt-typischen Hauses).

die manchmal mit Flusssteinen Blumenmuster gelegt seien. Reiche Menschen oder Beamten würden sich Schrifttafeln über ihren Eingangstüren leisten, die golden glänzten, sodass man derartige Tafeln nicht nur in der Kaiserstadt sehe. Insgesamt erscheint die Stadt in Hong Taeyongs Beschreibung sehr dekoriert und hell während der Nacht. So hätten die Beamten Lampen in ihren Eingängen hängen, auf denen ihre Namen und Ämter stünden. An den Wänden außerhalb der Türen hingen Plakate mit langen Nachrichten, deren Sinn in der Regel sei, dass der Eintritt oder Aufenthalt für Handwerker und Gemeine verboten sei.[452] Hong beschreibt ebenfalls die Häuser weiterer Gruppen, so zum Beispiel von Ehrenwerten der Hanlin Akademie und von Generälen und Ministern.

Die Art der Beschreibung, das Wechseln zwischen Gesamtbetrachtung und bestimmten sichtbaren Details, das Springen zwischen den unterschiedlichen Beobachtungen—diese Art der Darstellung ähnelt sehr dem Blick eines sich umschauenden, faszinierten ausländischen Besuchers, dem viele Dinge zum ersten Mal begegnen. Tatsächlich war Hong Taeyong zum ersten Mal in China und konnte die Dinge, die er lediglich aus den Erzählungen seiner Lehrer kannte, nun in persönlicher Erfahrung bestätigen. Die Unterschiede, die er zu den Verhältnissen in seiner Heimat feststellte, äußern sich dabei nicht so sehr in den direkten Vergleichen, auch wenn diese gelegentlich vorkommen. Es sind vielmehr die niedergeschriebenen Beobachtungen des Banalen, so der Form der Häuser und Dächer, der Lampen in den Hauseingängen oder der an den Mauern und Türen angebrachten Plakate und ihrer Botschaften. Diese Art der Darstellung zeigt, dass Hong Taeyong diese Dinge aus seiner Heimat nicht oder nicht in dieser Form kannte und sie daher als feststellungswürdig und aufschreibenswert empfand.

In gleicher Weise wandte er sich in Kapitel „Kiyong" unterschiedlichen Gegenständen zu, deren Verwendung er in China beobachtet hatte. Einen großen Teil des Textes nimmt die Darstellung verschiedener Wagen ein, mit der der Text beginnt.

> Die Wagen sind unserer Art ziemlich ähnlich in der Weise, wie sie gemeinhin Lasten befördern. Aber in ihrer Herstellung sind sie perfekt und standardisiert. Beide Räder drehen sich gerade, sie schütteln und rütteln sich nicht. Daher haben sie ein hohes Ladegewicht und eine hohe Transportgeschwindigkeit.[453]

---

452 Die Deutung von *chabin* als Handwerker und Gemeine bezieht sich auf den gleichen Ausdruck in den *Ilsŏngnok*: vgl. FN476.

453 *Tamhŏnsŏ, kwŏn* 10, *yŏn'gi, kiyong*: „車制。與東俗任載之制略同。但功作精均。雙輪正轉。不擺搖。所以能載重而行速也。其大車之致遠者。[…]." Die folgende Textzusammenfassung bezieht sich auf eben dieses Kapitel, weswegen keine

Er beschrieb daraufhin einzelne Bestandteile dieser sogenannten Langstreckenwagen, erläuterte ihre allgemeine Form anhand des Zeichens *ip* 廿 (chin. *nian*) und ging besonders auf die Ausgestaltung der Radnaben und der Achse ein, die ein zu großes Spiel während der Fahrt und damit eben das Schütteln verhindern würde. Sehr genau stellte er die Anordnung von Deichsel und Achse und deren gegenseitige ungehinderte Bewegungen dar. Das in China verwendete System habe den Vorteil, bei langen Strecken energiesparender zu sein, während es jedoch für scharfe Kurven, wie sie in der Stadt vorkämen, weniger geeignet sei. Die Lastenwagen würden von bis zu neun Mulis oder Pferden gezogen, sie könnten mit schweren Lasten beladen werden, wobei das Laden sehr anstrengend sei. Der Fahrer sitze oben auf und treibe die Tiere mit einer Peitsche an, so dass die in der vordersten Reihe angebrachten Glocken bimmelten. Viele der detailreichen Beschreibungen hätte Hong Taeyong sicher nicht durch einfaches Betrachten vorbeifahrender Wagen machen können. Gerade die Darstellung von Vorteilen bei Langstreckenfahrten aufgrund bestimmter Merkmale der Konstruktion lassen sich nur durch dadurch erklären, dass Hong selbst derartige Transportfahren mitgemacht und währenddessen die ihm unbekannten Wagen analysiert hatte, dass er bereits umfangreiches Vorwissen um die unterschiedlichen Arten von Wagen besessen hatte und allein anhand oberflächlicher Beobachtungen der Konstruktionsweise auf deren Vorteile schließen konnte, oder dass er sich in Gesprächen mit chinesischen Handwerkern oder koreanischen mitreisenden Handwerkern über die Wagenkonstruktion informiert und seine so gewonnenen Erkenntnisse aufgeschrieben hatte.

Während Hong für die Transportwagen keine Bezeichnungen angab, beschrieb er die Personenwagen als *t'aep'yŏnggŏ* 太平車. Doppeldeichsel, Achsen und Räder hätten die standardisierte Form, der Aufbau jedoch sei ein langer ovaler Raum, der mit blauem Tuch bedeckt sei. An den Seiten gebe es Fenster zum Hinausschauen, vorne einen Vorhang. Der Fahrer sitze vor dem Vorhang auf einer Holzplanke und solange der Weg ungefährlich sei, käme er nicht herunter. Offenbar handelte es sich bei dieser Art von Wagen um allgemeine Transportmittel für Personen, wobei aus dieser Textstelle nicht hervorgeht, ob es sich möglicherweise um eine Art privatwirtschaftlichen Personentransport gehandelt hat. Es fehlt an dieser Stelle die Angabe von Preisen für den Transport, die Hong Taeyong bei seinen detailreichen Darstellungen sicherlich angegeben hätte. Nichtsdestoweniger bezog er sich an einer späteren Stelle auf sogenannte

---

weitere allgemeine Fußnote dazu gemacht wird. Die Themenfelder innerhalb des Kapitels werden jeweils im Text genannt.

kogŏ 雇車, die von Eseln gezogen und mit bis zu zehn Personen beladen „schnell fahren als würde man fliegen."[454]

Sicherlich handelte es sich aber um Wagen für die Gemeinen bzw. die Allgemeinheit, denn im folgenden Abschnitt beschreibt Hong die Wagen für Beamte gesondert. Die Aufbauten besäßen Dächer wie deren Häuser, sie seien mit Vorhängen ausgestattet, aber auch mit bunten Tüchern gegen die Kälte. An den Seiten besäßen sie Fenster aus Glas. Die Achse jedoch sei hinter der Deichsel befestigt, anders als bei den bereits vorgestellten Wagen, sodass es im Innenraum weniger Erschütterungen gebe. Da aber bei dieser Anordnung das gesamte Gewicht des Wagens über die Deichsel auf den Zugtieren liege, seien diese Wagen nur für Respektspersonen (*kwiin* 貴人) bestimmt, womit hohe Beamte gemeint waren.[455] Für alle anderen Wagenkonstruktionen sei die Achse so unter dem Aufbau angebracht, dass das Gewicht nach vorne und hinten ausbalanciert sei und somit über die Achse durch die Räder getragen werde und nicht durch die Pferde. Ebenso für die Darstellung der Transportwagen gilt an dieser Stelle, dass Hong Taeyong ein gewisses Vorwissen zur Konstruktion von Wagen gehabt haben muss, oder doch zumindest eine gewissen Neugier für Details. Tatsächlich finden sich detaillierte Passagen zur Konstruktion von Wagen im Kapitel „Winterämter, Aufzeichnungen über die Prüfung des Handwerks" („Dongguan kaogongji" 冬官 考工記, engl. „Winter Offices, Records of the Scrutiny of Crafts") der „Riten der Zhou" („Zhouli" 周禮).[456] Doch an keiner Stelle seiner Schriften verweist Hong Taeyong auf diese Textstellen, auch wenn er sie im Zuge seiner konfuzianischen Ausbildung gelesen haben muss.

Darauf folgt die Beschreibung unterschiedlicher Wagen und Karren für unterschiedliche Arten der Benutzung. So verwende man zum Verkauf von Obst und Gemüse, aber auch zum Sammeln von Exkrementen in den Städten vielfach kleine, einrädrige Schubkarren, deren Höhe nicht mehr betrage als die Länge eines Arms. An beiden Seiten hätten sie metallene Mechanismen (*ch'ŏlgi* 鐵機), die beim Anhalten herunterklappten, sodass die Karre nicht kippe. Beim Schieben

---

454 *Tamhŏnsŏ*, kwŏn 10, *yŏn'gi*, *kiyong*: „[…] 馳驅如飛 […]."
455 Ob unter der Bezeichnung *kwiin* vielleicht auch Frauen aufgrund ihres Gewichts angesprochen waren, kann anhand der Textstelle nicht mit Sicherheit ausgeschlossen oder bestätigt werden. Die Verbindung zwischen Beamtentum und Körpergewicht erscheint zunächst ein wenig zu kurz gegriffen und idealisiert. Der Pragmatismus, den Hong an dieser Stelle zeigt, mag diese Vermutung möglicherweise mit einem Augenzwinkern zulassen.
456 Vgl. Boltz, William, „Chou li." in *Early Chinese texts: A bibliographical guide*, hrsg. von Michael Loewe, S.24.

lege man sich zum Heben Riemen um die Schultern und drücke mit beiden Händen. Die Ladefläche gleiche einer Box, in der man die Ladung verstaue. Manche dieser Karren besäßen auch zwei Boxen. In einer könne man Gegenstände, in der anderen Alte oder Frauen transportieren. Die Besitzer dieser Karren seien allesamt mit schmutzigen Lumpen bekleidete Bettler.

Nachdem Hong Taeyong in dieser Fülle unterschiedliche Wagen, ihre Spezifikationen und Einsatzzwecke beschrieben hatte, folgten Sänften und darauf Schiffe, deren Darstellungen jedoch deutlich weniger detailreich ausfallen. Wie viele andere *sirhak*-Gelehrte legte Hong damit einen starken Fokus auf die Weiterentwicklungen und Verwendung von Wagen zur Steigerung der Transportkapazität und -effizienz.[457] Diese erhalten nicht nur Bedeutung im Bereich des Handels, der laut Hong Taeyong in Korea vergleichsweise unterentwickelt sei, sondern vor allem beim Transport von Baumaterialien, die teilweise über weite Strecken auf zudem schlecht ausgebauten Straßen verbracht werden müssten[458].

Das restliche Kapitel behandelt sehr unterschiedlichen Dinge, denen Hong in seinen Streifzügen durch Peking und andere chinesische Städte entlang der Route der Gesandtschaft begegnet war. Ihre Beschreibungen bezeugen den Charakter der Neugier und Wissbegierde, aber auch der analytischen Denkweise, die Hong zu Eigen gewesen ist.[459] Dies gilt insbesondere für die verschiedenen Gespräche, in denen vor allem astronomisches Wissen mit Rückgriff auf westliches Wissen untersucht wird. Repräsentativ wird hier stets das *Ŭisan mundap* 醫山問答 (*Fragen und Antworten am Berg Ŭisan*) angeführt. Es besteht im Wesentlichen aus einem Gespräch zwischen zwei imaginären Personen namens Hŏja 虛子 und Sirong 實翁 die jeweils den orthodox-konfuzianischen Charakter und den diese Begrenzungen hinterfragenden Charakter Hongs selbst darstellen.[460] Diese Infragestellung des soziopolitischen Status Quo sowie gewisser Elemente des orthodoxen Wissens und seiner Grundlagen charakterisiert auch die Darstellungen des qingzeitlichen Chinas und war Grundlage des guten bis freundschaftlichen Verhältnisses, dass Hong nach seiner Rückkehr zu anderen Gelehrten der *pukhakp'a* unterhalten sollte.

---

457 Siehe dazu z.B. die im folgenden Kapitel behandelten Forderungen Pak Chegas.
458 Zur Darstellung des Markt- und Handelsgewerbes in China siehe *Tamhŏnsŏ*, *kwŏn* 10, *yŏn'gi*, *sisa* 市肆.
459 Vergleiche dazu auch die Angaben in Ledyard, „Hong Taeyong and His Peking Memoir": S.68.
460 Vgl. Song Young-bae, „Countering Sinocentrism in Eighteenth-Century Korea: Hong Tae-yong's Vision of ‚Relativism' and Iconoclasm for Reform." *Philosophy East & West* 49, Nr.3 (1999); Kang, *Hong Tae-yong-gwa 1766 nyŏn*: S. 251–253.

4.2.3 Pak Chega zum Stand des Handwerks in Korea

Pak Chega gilt als einer der zentralen Vertreter der *pukhakp'a*.[461] Er war als Konkubinensohn in die Schicht der *secondary status groups* geboren und konnte an insgesamt drei Gesandtschaften nach China in den Jahren 1778, 1790 und 1801 teilnehmen. Mit 29 Jahren erhielt er im Jahr 1779 ein Amt im Kyujanggak, kam jedoch bereits mit 19 Jahren in Seoul in Kontakt mit namhaften Persönlichkeiten wie Pak Chiwŏn, Hong Taeyong und anderen, mit denen gemeinsam er die Ideen der *pukhakp'a* entwickelte und propagierte. Das Fehlen einer ideologischen Voreingenommenheit gegenüber den Errungenschaften der gemeinhin als Barbaren betrachteten Mandschu und der Versuch, westliche Ideen in Bezug auf die Verbesserung der Lebensumstände des Volkes (*iyong husaeng* 利用厚生) einzubinden, zeichneten die Argumente dieser Gruppe von Gelehrten aus. Seine in China gewonnenen Eindrücke und seine Vergleiche mit den Verhältnissen in Chosŏn schrieb Pak nach 1778 in seinem aus zwei Teilen bestehenden Werk *Diskussion des Lernens vom Norden* (*Pukhagŭi* 北學議) nieder.[462] Es ist das einzige zusammenhängende Werk dieses Umfangs, das sich mit einem derartigen Vergleich und einer detaillierten Darstellung der Verhältnisse in Chosŏn beschäftigt und sich zugleich mit möglichen Verbesserungsmaßnahmen auseinandersetzt.

Dem Werk vorangestellt sind drei Vorworte, wobei eines von ihm selbst stammt, eines von Pak Chiwŏn und eines von Pomanjae Sŏ Myŏngŭng 保晚齋 徐命膺 (1716–1787), einem Mitglied der obersten sozialen wie bürokratischen Elite. Er schrieb:

> Seit dem Ende der Han Dynastie konnten die Konfuzianer die Vielzahl von Methoden, die den Dingen dieser Welt innewohnen, nicht mehr durchdringen. Sie sagten zumeist: Dieses sind [bloß] Dinge der Handwerker.[463]

Weiterhin führte er aus, dass sich in China diese Methoden auf alle möglichen Dinge bezögen, von Mauern und Festungen über Wagen bis hin zu Nutzgegenständen

---

461 Vgl. Cho Sung-San, „18 segi huban Yi Hŭigyŏng Pak Chega-ŭi pukhak sasang nolliwa kohak." [Die Argumentation der Idee des Lernens vom Norden von Yi Hŭigyŏng und Pak Chega und die alte Lehre in der zweiten Hälfte des 18. Jahrhunderts] *The Korean History Education Review* 130 (2014): S.93.

462 Das in der Regel in den Publikationen enthaltene dritte Kapitel stellt prinzipiell einen überarbeiteten Auszug der beiden ursprünglichen Kapitel dar, der gemeinsam mit einer Throneingabe 1799 dem König auf sein Verlangen hin eingereicht wurde: vgl. Pak und Yi, *Pukhagŭi*: S.9.

463 *Pomanjae jip, kwŏn* 7, *sŏ* 序, *pukhagŭi sŏ*: „[…] 自漢以後。儒者不能通萬有之數法。槩曰此百工之事也。[…]."

des täglichen Gebrauchs, und dass diese Methoden in bestimmten Berufszweigen ihre Spezialgebiete hätten, in denen sie von versierten Lehrern weitergegeben würden. Diese Kontinuität habe zum Wohlstand Chinas geführt, wohingegen Chosŏn ein verarmtes Land sei. Pak Chega habe mit seinem Werk eine genaue Bestandsaufnahme der in China beobachteten Techniken gemacht, deren Einführung man in Chosŏn mit Maß, aber gezielt verfolgen müsse.[464]

Ähnlich urteilte Pak Chiwŏn in seinem Vorwort. Er attestierte der Gelehrtengesellschaft Chosŏns einen Stillstand in Vorurteilen gegenüber dem Ausland, namentlich China, in dem die Wenigsten je gewesen seien, welches aber trotzdem für barbarisch gehalten werde. Doch die Menschen in China seien ebenfalls welche, die aus ihrem eigenen Land entstammten, also nicht weitgereiste oder von außen gekomme Fremde, und vor allem Folgegenerationen der verehrten Dynastien der Han, Tang, Song und Ming seien. Auch wenn man die Mandschu nun als Barbaren bezeichnen würde, so seien ihre Techniken doch fein und wert, dass man sie zum Nutzen des eigenen Volkes einsetze. Darüber hinaus seien bereits die weisen Herrscher des chinesischen Altertums wie auch Konfuzius selbst versiert gewesen in allen Techniken, von der Landwirtschaft und dem Fischfang bis hin zur königlichen Herrschaft, auch wenn erstere nun als niedere Arbeiten angesehen würden.[465]

Das *Pukhagŭi* ist in zwei Bände unterteilt, die aus mehreren Kapiteln bestehen. Diese sind mit den jeweiligen Gegenständen und Themen überschrieben, die in ihnen behandelt werden. Die ersten Kapitel des ersten Bandes beschäftigen sich im weiteren Sinne mit Themen im Bereich des Bauwesens. Darauf folgen weitere Themen wie Tierzucht oder Medizin. Die Kapitel sind inhaltlich weitgehend ähnlich aufgebaut. Zunächst wird etwas über das Objekt an sich gesagt, wobei aus dem Gesamtinhalt anzunehmen ist, dass es sich hierbei um seine Beobachtungen in China handelt, die er als Maßstab nahm. Daran schließen die Beobachtungen Paks in China an. Zur Verdeutlichung bestimmter Aspekte finden sich darüber hinaus eingeschobene Fragen, die mit der Formel *hogwal* 或曰 („jemand sagt") eingeleitet werden. Schließlich folgt die Darstellung der Verhältnisse in Chosŏn, in der Regel eingeleitet durch Formeln wie *aguk* 我國 (unser Land) oder *kŭm* 今 (heutzutage [bei uns]), und daran anschließend entsprechende Lösungs- oder Verbesserungsvorschläge.

Pak Chega behandelt keine Handwerker oder spezifischen Handwerksberufe als Kapitel im Besonderen, aber aus seinen Schilderungen der Situation

---

464 Vgl. *Pomanjae jip*, kwŏn 7, sŏ, *pukhagŭi sŏ*.
465 Vgl. *Yŏnam jip*, kwŏn 7, *pyŏljip, chongbuk sosŏn, pukhagŭi sŏ*.

in Korea werden zwei Dinge ersichtlich: Seiner Meinung nach wurden erstens viele handwerkliche Fähigkeiten in Korea aus Gründen der falsch verstandenen konfuzianischen Tradition vernachlässigt oder nicht aktiv weiterentwickelt, sodass nicht nur die Fertigkeiten, sondern auch die entsprechenden Gegenstände in ihrer Qualität stagnierten oder sich erheblich verschlechterten. Aus dieser Situation heraus verschlechterten sich zweitens analog die Lebensumstände der Koreaner, insbesondere der Gemeinen sowie der Landbevölkerung, was Chosŏn vor allem im Vergleich zu China zu einem verarmten, unterentwickelten Land degradiere. Sein Fazit ist, dass es keine andere Wahl gebe, als sich der in China verwendeten Methoden zu bedienen, seien sie chinesisch oder aus dem Westen nach China gebracht.

Dieses Argument findet sich in jedem Kapitel in ähnlicher Weise wieder. Aus verschiedenen seiner Aussagen geht neben seiner persönlichen Einstellung gegenüber handwerklichem Wissen der zeitgenössische Stand dieses Wissen hervor. So schreibt er in den einleitenden Sätzen zum Kapitel über Mauern, dass diese in China aus Ziegelsteinen gemauert seien, welche mit einer Schicht Kalk verbunden würden, die so dünn sei, dass sie kaum zum Kleben ausreiche.[466] Daran schließt eine Beschreibung unterschiedlicher Arten von Mauern und Ziegeln an sowie die Darstellung der ummauerten Tore, wie sie für China und Korea typisch waren. Die Mauern jedoch, die er in Chosŏn zu Gesicht bekomme, seien falsch gemauert und würden leicht und häufig in sich zusammenbrechen. Nicht nur am Wissen für korrektes hohes und stabiles Mauern, sondern auch die jeweils passenden Materialien würden in Korea fehlen. Weiterhin seien die Dachziegel mit Lehm befestigt, was dazu führe, dass sie ständig herunterfielen. Zudem würden sich Vögel und andere Tiere dort einnisten und Wind und Wetter setzten der minderwertigen Konstruktion zusätzlich zu. Im Ausland (oe 外, im Zusammenhang China) sei die Lage jedoch sehr viel besser, es gebe in den Städten viele Ziegeldächer und man bedecke die massiven Holzpalisaden der Paläste mit Dachziegeln, um sie vor dem Verrotten zu schützen.

Daraufhin führte Pak Chega aus, in welchen fünf großen Schritten er Veränderungen an den Stadt- und Palastmauern für notwendig und machbar erachte. Dem voran stellt er eine Forderung: „Wenn es so ist, dass es keine [entsprechenden] Wagen gibt, dann ist der Nutzwert der Ziegel nicht sehr hoch. Man muss zuerst Wagen [bauen] und danach Mauern, dann geht es an."[467] Diese Aussage

---

466 Vgl. ebd.: S.367. Die Textstellen des *Pukhagŭi* sind dem Abdruck des Originals in dieser Übersetzung entnommen. Um seinen Status als Quelle deutlich zu machen, werde ich es in der Zitation als Quelle behandeln und nicht als Zitat der Übersetzung.
467 *Pukhagŭi*, Kapitel „Sŏng": „[…] 然無車則甓之利不多，須先車而後城，可也 […]."

spielt auf das erste Kapitel des Buches über Wagen an. Auch an anderen Stellen der übrigen Kapitel wird darauf zurückverwiesen mit der Betonung, dass es ohne angemessene Transportmittel nutzlos sei, fortschrittliche Baumaterialien zu besitzen.

In enger Verbindung steht das etwas später folgende Kapitel „Gebäude" („Kungsil" 宮室). Zu Anfang führte Pak Chega die allgemeine Ausgestaltung von Palastanlagen in China aus, beginnend mit Position, Form und Maßen des Hauptgebäudes und der Nebengebäude. Weiterhin beschrieb er, wie man die Wände mit Ziegel mauert, damit sie stabil blieben, und dass man sie im Anschluss mit Kalk verputzt und mit Blumenmotiven wie Orchideen oder Chrysanthemen schmückt. Daran schließt sein Beispiel der Wohnhäuser des armen oder einfachen Volkes an der Ostseite von Shanhaiguan an. Dieser Ort war einer der wichtigsten Durchgänge durch die chinesische Mauer auf dem Weg der chosŏnzeitlichen Gesandtschaften nach Peking, das von dieser Stelle etwa eine Woche Reisezeit entfernt war.[468] Diese Häuser beschreibt Pak als auf drei Seiten aus Lehm errichtet und nur mit einer Holzrahmenöffnung an der Front für die Tür. Die Dächer bestünden aus Stroh anstatt Ziegeln oder Dachsparren, und seien mit Lehm oder ähnlichem Material bedeckt, auf dem Regenwasser ablaufen und nicht ins Haus eindringen könne. Diese einfache Bauart der Armen entspräche dem System, wie Ziegeldächer funktionierten. Aufgrund der Tatsache, dass es so viel Stroh in China gäbe, wären sie extrem dick gedeckt. Im Vergleich zur geflochtenen Weise dort, erschienen derartige Strohdächer in Korea eher wie gekämmtes Haar.[469]

Nachdem Pak Chega einige der Vorteile der chinesischen Bauweise vorgestellt hat, stellte er fest, dass es auf dem Land in Korea keine Häuser gebe, in denen man vernünftig leben könne. Das Holz sei ungeeignet, sodass die Böden krumm und schief sind. Ungeachtet dessen binde man den Holzboden mit Strohseilen zusammen. Ohne Kellen oder Spachtel würden Zwischenräume mit den bloßen Händen mit Lehm oder Schlamm gefüllt. Risse in den Türen würden mit Hundehaut vernagelt, und an die herausstehenden Nägel hänge man Kleidung.[470] Pak attestiert den Koreaner daraufhin, dass sie die offensichtlichsten Dinge nicht mehr verstünden und die einst wohl vorhandenen Fähigkeiten mit der Zeit verloren gegangen seien:

---

468 Vgl. z.B. *Chŏngjo sillok, kwŏn* 3, Jahr 1 (1777), Monat 2, Tag 24, 2. Eintrag.
469 *Pukhagŭi*, Kapitel „Kungsil".
470 *Pukhagŭi*, Kapitel „Kungsil".

> Was die Lebensumständen der Menschen betrifft, so sehen die Augen nichts gerade und korrekt [Ausgeführtes], die Hände sind nicht an feine und geschickte [Arbeiten] gewöhnt. Die, die man als Handwerker und Techniker bezeichnet, sind auch alles solche Leute, daher sind die verschiedenartigen Dinge alle heruntergekommen, und dieser Zustand breitet sich immer weiter aus[471]

Aus Sicht von Pak Chega bleibt trotz aller Weisheit der koreanischen Gelehrten nur der Blick ins Ausland, nach China, um aus dieser Situation herauszukommen:

> Nun sind die Zeiten so, dass, auch wenn es viele hochbegabte und weise Gelehrte gibt, diese in ihren Gebräuche schon festgefahren sind, ohne einen Weg, daraus auszubrechen. Wenn es so ist, was scheinen wir dann in Zukunft [tun zu müssen]? [Es bleibt] nur zu sagen: [Wir müssen] von China lernen und damit hat es sich![472]

Das Bild des Ausbrechens korrespondiert in erstaunlicher Weise mit der in dieser Arbeit dargestellten Unbeweglichkeit des Habitus der machthabenden Gelehrtenbeamten. Paks Kritik an der Bauweise und dem Bauwissen in Korea endet jedoch nicht bei den Häusern auf dem Land bzw. denen der Gemeinen Bevölkerung und der Armen, er richtet sie auch auf die Anwesen in der Hauptstadt, nicht direkt auf die Palastgebäude, und damit auf die soziale Schicht, die sich aufgrund ihrer Position und ihres Vermögens eigentlich entsprechend qualitativ hochwertige Gebäude leisten können müssten.

> Heutzutage gibt es in der Hauptstadt Anwesen, die oftmals prächtig und extravagant sind, aber [auch] in diesen Hallen und bodenbeheizten Häusern gibt es nichts Gerades. Wenn man ein Baduk-Spielbrett hinstellt, muss man einen Spielstein verwenden und ihn unter ein [Tisch]bein legen.[473]

Auch die Häuser der in der Stadt lebenden Gemeinen kritisiert er in ähnlicher Weise.

> In den kleinen Häuser in den Stadtgebieten der Gemeinen Bevölkerung kann man im Stehen seinen Kopf nicht gerade [heben], im Liegen kann man seine Füße nicht ausstrecken. Selbst die großen Städte bei uns reichen nicht an die kleinen Dörfer Chinas heran. Darüber hinaus kann das Wasser nicht durch die Gräben abfließen, da sie permanent gefüllt sind mit dem Dreck der Latrinen, so dass, wenn es ein wenig regnet, das Wasser

---

471 *Pukhagŭi*, Kapitel „Kungsil": „[...] 民生而目不見方正, 手不習精巧, 所謂百工技藝之流, 亦皆此中之人焉, 則萬事荒陋, 遞相傳染 [...]."
472 *Pukhagŭi*, Kapitel „Kungsil": „[...] 方是之時, 雖有高才明智之士, 此俗已成, 無由而破之矣, 然則將若之何, 不過曰, 學中國而已 [...]."
473 *Pukhagŭi*, Kapitel „Kungsil": „[...] 今都城第宅, 往往華侈, 而其廳埃, 無平置棋局者, 必用碁子, 庋其一脚 [...]."

in die Küchen dringt, dass die Haushalte an den Flussufern häufig fürchten, dass das Wasser sie überflutet, [und sie auch bei] Sommerregen murren. Wie geht das an?[474]

Pak Chega kritisiert mit diesem Absatz und im Folgenden gleich mehrere Missstände: das Fehlen des handwerklichen Wissens, das Fehlen entsprechender Materialien und Geräte und schließlich das Fehlen der Möglichkeiten, aus eigener Kraft und unter Führung der Literatenbeamten die notwendigen Verbesserungen zu erzielen, darüber hinaus den Dreck und Unrat in den Straßen. Am Ende des Kapitels verweist er schließlich sogar auf das Vorbild Japans, wo man beispielsweise Kupfer- und Holzziegel verwende und wo es von den königlichen Gebäuden bis zu den Unterkünften der Armen keine Unterschiede gebe.[475]

Sehr deutlich wird diese Kritik an der Situation des Handwerks und daraus resultierend der Menschen in Chosŏn in den beiden langen Kapiteln zu Ziegeln und Dachziegeln. Pak beginnt mit einer Beschreibung, was Ziegel sind und wie sie hergestellt werden, beschreibt sowohl Brennöfen als auch Brennvorgänge. Daraufhin stellt er fest, dass überall auf der Welt Ziegel für alle Arten von weit aus der Erde heraus- wie weit in die Erde hineinragende Strukturen verwendet würden. Zur ersten Gruppe zählte er beispielsweise Türme und Mauern, zur zweiten Gruppe Brücken, Gräber und Kanäle. Während die Nutzung der Vorteile von Ziegeln auf der Welt weit verbreitet sei, würde dies lediglich in Korea vernachlässigt mit der Folge, dass die Menschen dort allen Arten von Unheil ausgeliefert seien.

> So wie man auf der ganzen Welt Kleidung trägt, sind es Ziegel, die das Volk die Sorgen vor Wasser und Feuer, Banditen und Diebstahl, Vermoderung und Nässe, Zusammenfall und Zerstörung verlieren lassen. Doch obwohl ihre Verdienste von dieser Art sind, halten innerhalb der tausende *li* Ostasiens allein wir sie für nutzlos und sprechen nicht von ihnen, dermaßen töricht sind wir.[476]

Daraufhin lässt Pak Chega eine imaginäre Person argumentieren, aus welchen Gründen es in Korea keine Ziegel gebe, beispielsweise aufgrund der Beschaffenheit des Bodens. Alle diese Zweifel werden jedoch als Ausreden entlarvt. Schließlich behauptet die Person, dass in Korea zwar zur Zeit keine Ziegel verwendet würden, dass aber doch zur Verbesserung der Lage jeder für sein eigenes Haus

---

474 *Pukhagŭi*, Kapitel „Kungsil": „[…] 閭閻小屋,立不能平其頭,臥不能舒其足,此雖百戶,實不能當中國之十戶,又溝水不通,厠溷恒滿,小雨則水入於竈,川邊之家,率患潦水泛濫,暑雨怨咨者何也 […]."

475 *Pukhagŭi*, Kapitel „Kungsil".

476 *Pukhagŭi*, Kapitel „Pyŏk": „[…] 衣被萬國,使民無水火·盜賊·朽濕·傾圮之患者,皆甓也,其功如此,而東方數千里之內,獨廢而不講,失策大矣 […]."

Ziegel herstellen könne. Pak Chega antwortet zunächst darauf, dass man zwar Alltagsgegenstände relativ einfach herstellen könne, dass aber die Herstellung von Ziegeln inklusive der Brennöfen in Bezug auf das nötige Wissen doch zu kompliziert sei, dass entsprechende Wagen für den Transport fehlten, und dass man selbst das Wissen all dieser unterschiedlichen, aber notwendigen Handwerksschritte besitzen müsse. Mit der rhetorischen Frage, worin der Vorteil all dieser Mühen liege, dreht er das Argument jedoch und beginnt aufzuzeigen, welche Rolle der Staat nun übernehmen müsse.[477] Seine Argumentation läuft darauf hinaus, dass er das wirtschaftliche System sowie die Politik der herrschenden Schicht kritisiert und anhand des Beispiels der Ziegel darstellt, wie es seiner Ansicht nach verbessert werden könne.

> Wenn man heutzutage Ziegel zu verwenden wünscht, muss man im Amt zu einem hohen Preis [die Ziegel] im Volk einkaufen. [Auf diese Weise] wird innerhalb von zehn Jahren das Land schon gänzlich mit Ziegeln versorg sein. Wenn erst das Land gänzlich mit Ziegeln versorgt ist, dann sinkt der Preis nicht zufällig, sondern von selbst. Bei allen anderen Dingen ist es [auch] so. Dies liegt in der Macht der Herrschenden.[478]

Die Ursache für die armselige Lebenssituation weiter Teile der Bevölkerung sowie des handwerklichen Wissens liege somit nicht primär im Volk, sondern in der Art der Herrschaft und Machtausübung der Aristokratie. Der Staat jedoch könne eine aktive Rolle einnehmen und mit entsprechenden Investitionen dafür sorgen, dass sich die Lebensumstände der Menschen verbesserten und dass sie mit seiner Hilfe eine wirtschaftliche Produktion errichteten. Im Gegensatz zu Korea sei die Situation in allen Bereichen in China und Japan sehr viel besser. Er habe sogar gehört, dass es im Westen Ziegelgebäude gebe, die tausend Jahre und mehr überdauerten, ohne dass sie repariert werden müssten, was darüber hinaus auch noch kosteneffizient sei.[479] Weder der Staat noch das Volk hätten bemerkt, dass diese politischen Voraussetzungen das Volk faul und nachlässig werden lassen, und im Endeffekt zu Armut der Menschen und des Landes führten.

> Die Menschen unseres Landes machen sich von morgens bis abends um nichts Gedanken, alle [ihre] Fertigkeiten sind verdorrt und überwuchert. Die täglichen Geschäfte

---

477 Vgl. *Pukhagŭi*, Kapitel „Pyŏk".
478 *Pukhagŭi*, Kapitel „Pyŏk": „[…] 今欲行甓, 必官以厚價, 貿於民, 十年之內, 國中盡甓矣, 國中盡甓則不期賤, 而自賤, 他物皆然, 此在上者之權也 […]."
479 Vgl. *Pukhagŭi*, Kapitel „Pyŏk".

erledigen sie eines nach dem anderen. Das Volk ist dadurch ohne feste Ambitionen, das Land ist dadurch ohne nachhaltige Methoden.[480]

Wenn durch die breite Verwendung von Ziegeln die Gebäude und Mauern in Korea stabil und langlebig wären, würden Ressourcen frei, die man für die Verbesserung der Lebensumstände des Volkes und der Situation des Landes verwenden könnte. Pak führt dies an mehreren Beispielen aus, beschreibt in der Folge auch den Bau von Zisternen und Gräben bis hin zum Brennen von Ton- und Töpferwaren. Er geht sogar so weit, dass man auch das im Westen hochgeschätzte *p'ach'orana* 巴初剌那 herstellen und verkaufen könne. Pak Chega führt bedauerlicherweise nicht aus, worum es sich bei diesem Material handelt, doch Yi Kyugyŏng widmet ihm ein entsprechend benanntes Kapitel in seine *Verstreuten Manuskripten von Glossen und Kommentaren der Fünf Kontinente* (*Oju yŏnmun changjŏn san'go* 五洲衍文長箋散稿).[481] Er beschreibt es als ein Material, das man aufgrund seiner Beständigkeit gegenüber Witterungseinflüssen im Osten Chinas bereits seit der Han-Zeit beim Bau langlebiger Mauern für Festungen oder Wasserreservoirs verwendet, und das im Westen eben *p'ach'orana* genannt wird. Aufgrund seiner großen Vorteile beim Bau solle man es unbedingt suchen und verwenden. Yi Kyugyŏng gibt eine überaus detailreiche Darstellung der Materialeigenschaften und bestimmten Verhaltensweisen bei seiner Verarbeitung. Als Quelle seines Wissens nennt er das *Kapitel* „Über Wasserreservoirs" („*Sugopyŏn*" 水庫篇) in einem Werk mit dem Titel *Gesetzmäßigkeiten von Wasser* (*Subŏp* 水法). Dabei handelt es sich um das *Taixi shuifa* 泰西水法 ([*Wissen*] *aus dem fernen Westen über die Gesetzmäßigkeiten von Wasser*), herausgegeben 1612 von Xu Guangqi (1562–1633), der gemeinsam mit Matteo Ricci (1551–1610) und anderen eine große Zahl westlicher wissenschaftlicher Werke ins Chinesische übersetzte. Dieses mag auch Pak Chega bereit als Vorlage gedient haben.

Die Sichtweise Pak Chegas auf die wirtschaftlichen Zusammenhänge an dieser wie auch weiteren Stellen seines Werkes ist offensichtlich weniger detailliert als oberflächlich und die daraus resultierenden Schlussfolgerungen erscheinen insgesamt sehr vereinfachend. Vor diesem Hintergrund vermittelt er jedoch ein

---

480 *Pukhagŭi*, Kapitel „Pyŏk": „[…] 我國之人, 曾無朝夕之慮, 百藝荒蕪, 日事紛紛, 民以之而無定志, 國以之而無恒法 […]."
481 Eine inhaltlichen Darstellungen dieses faszinierenden Werkes bietet die Analyse von Dr. Andreas Müller-Lee in der Enzyklopädischen Datenbank des Projekts „Hidden Grammars of Transculturality" der Universität Heidelberg: http://kjc-sv016.kjc.uni-heidelberg.de:8080/exist/apps/matumi/metadata.html?doc=/db/resources/commons/Encyclopedias/Oju1855.xml [16.03.2018].

desolates Bild einer Gesellschaft, die zu großen Teilen mittel- und perspektivlos scheint. In ihr spiele praktisches technisches Wissen, seine Anwendung und Weitergabe sowie seine Weiterentwicklung offenbar eine derart untergeordnete Rolle, dass es im Laufe der Generationen schließlich stagniert oder verloren gegangen sei. Auch eine aktive Förderung durch die Regierung finde nicht statt. Es mangele nicht an Gelehrten und Beamten, aber an denen, die nicht oder zumindest nicht nur literarisch, sondern auch in derartigen technischen Dingen versiert seien. Durch diesen Mangel an Anreizen sei auch das Volk mit der Zeit faul geworden.

Bei der Beschreibung der einzelnen Aspekte in Bezug auf das Bauwesen zeigt Pak Chega teilweise sehr detailliertes Wissen insbesondere im Vergleich mit den Gegebenheiten in China. Es scheint sicher, dass er manche Dinge nicht lediglich durch einfache Beobachtungen, sondern auch durch persönliches Engagement erfahren haben muss. So geht er vergleichsweise genau auf die Herstellung und die unterschiedlichen Arten von Ziegeln und Dachziegeln ein, auch in Bezug auf den Bau von Mauern und insbesondere Wagen legt er ein breites wie tiefes Wissen an den Tag. Wagen scheinen ihm im Übrigen besonders am Herzen zu liegen, erwähnt er sie und den Mangel an geeigneten Wagen unterschiedlichster Art in Korea doch in vielen der Kapitel, die mit Bautätigkeiten in Verbindung stehen. Das besondere Interesse an Wagen und ihrer Nutzungsmöglichkeiten stellt auch eine inhaltliche Verbindung zu Hong Taeyong her. Mit dieser Genauigkeit und Breite, die Pak Chega in seinem programmatischen Werk an den Tag legte, nimmt er eine herausragende Stellung auch unter den Gelehrten der *pukhakp'a* ein.

4.2.4 Die „konstruktive" Kritik von Chŏng Yagyong

Chŏng Yagyong wird in der Sekundärliteratur regelmäßig als Synthetisierer der unterschiedlichen *sirhak*-Gedanken und damit als Spitze der *sirhak* selbst bezeichnet.[482] Mit dieser Zuschreibung soll zum Ausdruck gebracht werden, dass er in einer beinahe unüberschaubaren Breite und Tiefe Themen behandelte, denen sich die kritischen Gelehrten vor ihm in der Regel mit bestimmten Foki gewidmet hatten. Darüber hinaus wird ihm eine neue Denkweise attestiert, die weit über die orthodoxe Sichtweise sowie die ausgedehnten, aber annehmbaren Grenzen des Konfuzianismus hinausreichte. In seinen Überlegungen zur

---

482 Vgl. z.B. Kŭm Chang-t'ae, *Tasan Chŏng Yag-yong: Sirhak-ŭi segye* [Tasan Chŏng Yagyong. Die Welt des *sirhak*] (Seoul: Sŏnggyun'gwan Taehakkyo Ch'ulp'anbu, 1999): S.271f; Kim, *Das philosophische Denken von Tasan Chŏng*; Cho Sung-Eul, „Tasan on the Social Hierarchy." *Korea Journal* 26, Nr.2 (1986): S.32.

Verbesserung der Lebensumstände der Menschen sowie der Gesamtsituation des Landes spielten nicht nur westliches technisches Wissen eine Rolle, sondern beispielsweise auch das als heterodox geltende Gedankengut des chinesischen Gelehrten Wang Yangming 王陽明 (1472–1529) oder der Katholizismus, weswegen er, anders als sein älterer Bruder Chŏng Yakchong (1760–1801) nur knapp der Todesstrafe entgangen ist und zweimal ins Exil geschickt wurde.[483] Doch weder die *sirhak*-Gelehrten im Allgemeinen noch Chŏng Yagyong im Besonderen standen in grundsätzlicher Opposition zum Konfuzianismus, wenn auch kritisch Teilen der vorherrschenden Interpretation gegenüber.[484]

Die Ideen, die Chŏng Yagyong für eine Reform des soziopolitischen Systems formulierte, beinhalteten unter anderem eine geänderte Sichtweise auf die Beziehung zwischen herrschender und beherrschter Schicht, die zunächst an einen Rückgriff auf die bereits im *Mengzi* ausgeführten Merkmale politischer Verhaltensweisen erinnern. Darunter fallen vor allem die Moral, die die politischen Verantwortlichen zur Grundlage ihrer Politik machen sollen, die zentrale Bedeutung des Volkes und die unbedingte Ausrichtung der Politik auf das Wohl der Menschen und nicht den Vorteil der Beamten bzw. der *yangban*, die sich beispielsweise vom Militärdienst freikaufen konnten und insgesamt steuerbefreit waren.[485] Dieses Wohl endet für Chŏng Yagyong nicht in der moralischen Vervollkommnung der Menschen, sondern beinhaltete darüber hinaus die Verbesserung der tatsächlichen Lebensumstände gemäß dem Schlagwort

---

483 Das erste Exil 1790 dauerte lediglich 10 Tage. Das zweite Exil von 1801 bis 1818 war aufgrund seiner Anhängerschaft zum Katholizismus und den blutigen Säuberungen 1800 und 1801 deutlich länger. In diese Zeit fällt die Erstellung eines Großteils seiner Texte in Bezug auf die Umgestaltung der soziopolitischen Verhältnisse, beispielsweise des *Kyŏngse yupyo* 經世遺表 (*Totenbetteingabe zur Guten Staatskunst*), zunächst noch unter dem Titel *Pangnye ch'obon* 邦禮草本 (*Grobschlächtige Grundlagen für die Riten des Staates*: vgl. Shim Yoonjeong, „Affirming ‚civilization' in exile: Chong Yagyong (1762–1836)." Dissertation (2013): S.11ff, S.106. Für eine strukturierte Darstellung zu Leben und Werk Chŏng Yagyongs siehe beispielsweise Henderson, Gregory, „Chong Ta-san: A Study in Korea's Intellectual History." *The Journal of Asian Studies* 16, Nr.3 (1957); Kŭm, *Tasan Chŏng Yag-yong*.

484 Kang Myŏnggwan zeigt in seiner Untersuchung, in welcher Weise Chŏng Yagyong missinterpretiert wurde und in welcher Form er selbst bereits deutlich machte, dass er kein Gegner des Konfuzianismus war, insbesondere der Lehren Zhu Xis, aber bereits zu seiner Zeit als solcher verstanden wurde: Kang, „Tasan-ŭl t'onghae tasi sirhak-ŭl saenggak-handa."

485 Vgl. Cho, „Tasan on the Social Hierarchy": S.33.

iyong husaeng.[486] Zu diesem Zweck formulierte Chŏng Yagyong seine Vorstellungen eines idealen Staates vor allem anhand zweier umfangreicher Werke, die folgerichtig strukturell an die politisch-administrativen Strukturen seiner Zeit angelehnt waren.

Das *Mongmin simsŏ* 牧民心書 (*Schriften für die Herzen derer, die das Volk regieren*)[487] besteht aus 16 Bänden und insgesamt 48 Kapiteln, die in den Bänden 16–29 der *Gesammelten Schriften des Yŏyudang* veröffentlicht sind.[488] Es ist in 12 Hauptkapiteln organisiert, die in diverse Unterkapitel aufgefächert sind. Während die ersten sechs Kapitel allgemeine Themen guter Staatsführung behandeln, gleichen die folgenden sechs Kapitel in ihren Titeln der Struktur der Gesetzeskodizes und tragen somit die Namen der Sechs Ministerien in eben jener Reihenfolge. Ihre Unterkapitel wiederum weichen von der Vorlage ab, behandeln aber im Kern deren Inhalte gemäß den Vorstellungen Chŏng Yagyongs. Seine Darstellungen betreffen zwar auch die Zentrale, fokussieren aber insbesondere die Provinzebenen und decken somit vor allem die ländlichen, dezentralen Regierungsstrukturen ab, die in direktem Kontakt mit der Bevölkerung standen. Tatsächlich beschäftigte er sich in einem Großteil des Werkes mit der Politik der Provinzgouverneure und anderer Stadthalter sowie den entsprechenden Strukturen. Mit diesen war er nicht nur durch seine Verbannung in die südwestliche Provinz, sondern auch durch seine eigene Arbeit als Geheiminspekteur der Regierung und die Gouverneurstätigkeit seines Vaters in direkten Kontakt gekommen.[489]

Das *Kyŏngse yupyo* 經世遺表 (*Totenbetteingabe zur Guten Staatskunst*)[490] welches er vor dem *Mongmin simsŏ* geschrieben hat und wahrscheinlich zugunsten des letzteren nie vollendete, besteht aus 15 Bücher mit insgesamt 44 Kapiteln. Die ersten beiden Bücher sind in sechs Kapitel unterteilt, deren

---

486 Unter der großen Fülle zur politischen Philosophie Tasans siehe für eine detailliertere Darstellung z.B. Setton, Mark, *Chŏng Yagyong: Korea's challenge to orthodox neo-Confucianism* (Albany: State University of New York Press, 1997); Jeong Hee-Tae, „Tasan Chŏng Yagyong-ŭi chŏngch'i ch'ŏlhak-ŭl t'onghae pon kongjik yulli yŏn'gu." [Untersuchung zur Ethik der Beamten anhand der politischen Philosophie von Tasan Chŏng Yagyong] *Minjok sasang* 4, Nr.2 (2010).
487 Die englische Übersetzung lautet *Handbook for Tending the People* nach Pratt, Rutt und Hoare, *Korea*: S.59.
488 Das *Yŏyudang chŏnjip* 與猶堂全集 (*Gesammelten Schriften des Yŏyudang*) ist über die Homepage des DBKC online einsehbar.
489 Vgl. Kim, *Das philosophische Denken von Tasan Chŏng*: S.280–285.
490 Die englische Übersetzung lautet *Design for Good Government* nach Pratt, Rutt und Hoare, *Korea*: S.59.

Namen dem *Zhouli* entlehnt sind. Die Tatsache, dass ihm das *Zhouli* als Vorlage für die Struktur des idealen Staates diente, wird nicht nur im Vorwort explizit erwähnt, sondern zeigt sich auch in den Titeln der Kapitel: „Himmlische Ämter, Kodex für das Personal" („Ch'ŏngwan ijŏn" 天官 吏典), „Irdische Ämter, Kodex für die Finanzen" („Chigwan hojŏn" 地官 戶典), „Frühlingsämter, Kodex für die Riten" („Ch'ungwan yejŏn" 春官 禮典), „Sommerämter, Kodex für Militärische Angelegenheiten" („Hagwan pyŏngjŏn" 夏官 兵典), „Herbstämter, Kodex für Justiz und Strafen" („Ch'ugwan hyŏngjŏ" 秋官 刑典) sowie „Winterämter, Kodex für Öffentliche Arbeiten" („Tonggwan kongjŏn" 冬官 工曹).[491] Sie sind wiederum in diverse Einzelabschnitte unterteilt, die insgesamt eine administrative Struktur der späten Chosŏn-Zeit abbilden, wie Chŏng Yagyong sie für sinnvoll erachtete. Auch wenn die Grundstruktur dem Istzustand seiner Zeit entsprach, so war sie vor dem Hintergrund seiner Suche nach einem effizienteren System zur Staatsführung sehr detailliert zur Erreichung dieses Ziels angepasst. Dementsprechend finden sich neue Abteilungen und andere Institutionen, die bis dahin nicht existierten, beispielsweise die Abteilung für Nutzbringende Anwendungen (Iyonggam 利用監) als Abteilung des Ministeriums für Öffentliche Arbeiten, das unter anderem die Entwicklung und Herstellung nützlicher Geräte nach chinesischem Vorbild leiten sollte im Sinne der Argumentation der *pukhakp'a*.[492] Diese Abschnitte enthalten neben einer ausgearbeiteten Personalstruktur auch eine Begründung dafür, weswegen er sie überhaupt bzw. genau an dieser Stelle verortet wissen wollte mit Rückgriff auf den konfuzianischen Kanon. Nach den sechs ersten Hauptkapiteln folgen auf diese referierende Teile, in denen detailliert die Veränderungen und ihre Gründe argumentiert werden, was mit dem Titelzusatz *suje* 修制 (in etwa: angepasste Strukturen) bereits angedeutet wird.[493]

In beiden Werken finden sich an unterschiedlicher Position Abschnitte, in denen Chŏng Yagyong in der Regel indirekt auf die soziale wie bürokratische Position von Handwerkern, vergleichsweise direkter auf den Stellenwert handwerklichen Wissens eingeht. Er hat, ähnlich wie Pak Chega, kein eigenständiges Kapitel zu Handwerkern in diesen Zusammenhängen geschrieben. Seine Hervorhebung der Entwicklung von Handel und Produktion sowie sein Drängen auf die praktische Umsetzung technischen Wissens und die Verwendung von Maschinen zur Steigerung der Arbeitseffizienz weisen jedoch auf den hohen

---

491 Für die englische Übersetzung der Ämter im *Zhouli* vgl. Boltz, William, „Chou li", S.24.
492 Vgl. *Yŏyudang chŏnsŏ, Kyŏngse yupyo, tonggwan kongjŏn, iyonggam*.
493 So z.B. *ch'ŏn'gwan ijŏn* 天官吏曹 oder *chigwan suje* 地官修制.

Wert hin, den er Handwerkern und ihrem Wissen beigemessen hat[494]. Seine Gedanken dazu sind in den Kapiteln zum Ministerium für Öffentliche Arbeiten bzw. der Winterämter zu finden. Einleitend schreibt Chŏng Yagyong, dass er sich am *Zhouli* orientiere, das entsprechende Kapitel aber verloren und in der Han-Zeit durch das *Kaogongji* 考工記 ersetzt worden, insgesamt jedoch insgesamt sehr oberflächlich sei. Er selbst werde nun mit den Abschnitten zu Bergen und Wäldern sowie Flüssen und Marschen beginnen, bevor er sich den Handwerkskünsten zuwende.[495] Tatsächlich beginnt er mit der Darstellung dieser vier Büros, woran 16 weitere Unterkapitel anschließen, sodass das imaginäre Ministerium aus insgesamt 20 angeschlossenen Institutionen bestehen würde. Zwei davon sind das angesprochene Iyonggam sowie das Sŏn'gonggam. Die Kapitel sind stets gleich aufgebaut, der Auflistung der Beamten folgen eine kurze Note zur derzeitigen Situation der entsprechenden Institution und eine kurze Darstellung seiner Veränderungsideen.

Das Kapitel „Sŏn'gonggam" beginnt damit, dass Chŏng Yagyong die momentane Personalstruktur anzweifelt. Es sei unsinnig, den Minister für Finanzen als Leiter dieser Abteilung einzusetzen. Er hätte diesen daher gegen den Minister für Öffentliche Arbeiten ausgetauscht.[496] Daraufhin kritisiert er die Tatsache, dass selbst die niedrigsten Ämter durch das Empfehlungswesen korrumpiert und mit Unfähigen bzw. Unwürdigen besetzt seien. Und weiter:

> Obwohl es wahrlich Gelehrsamkeit und Tugend sowie Talent und Weisheit gibt, und [diese Personen] auch nicht gebunden sind in anderen Ämtern, warum muss [sogar das Amt des] *kamyŏkkwan* an jene [Unfähigen] gegeben werden? Ich habe gehört, dass für ein Amt Menschen ausgewählt werden, ich habe nicht gehört, dass für einen Menschen ein Amt geschaffen würde.[497]

Auch wenn diese Kritik unter anderem auf die Nichtberücksichtigung von Handwerkern für diese Posten abzielt, so geht Chŏng Yagyong im weiteren Verlauf des Kapitels erstaunlich selten auf Handwerker direkt ein. Die wenigen Textstellen konzentrieren sich vor allem auf das Kapitel zum Iyonggam, in welche auf die Verwendung von Maschinen gedrängt wird, um die Arbeiten für die Handwerker einfacher zu gestalten.

---

494 Vgl. Kŭm, *Tasan Chŏng Yag-yong*: S.257; Im Folgenden werden zunächst die jeweiligen Inhalte des *Kyŏngse yupyo* behandelt. Die Entsprechungen im *Mongmin simsŏ* werden das Kapitel abschließen.
495 Vgl. *Yŏyudang chŏnsŏ*, *Kyŏngse yupyo*, *tonggwan kongjo*.
496 Vgl. *Yŏyudang chŏnsŏ*, *Kyŏngse yupyo*, *tonggwan kongjo*, *sŏn'gonggam*.
497 *Yŏyudang chŏnsŏ*, *Kyŏngse yupyo*, *tonggwan kongjo*, *sŏn'gonggam*: „[…] 然苟有學行 才諝，他官亦當勿拘，何必假監役是授哉？臣聞爲官擇人，未聞爲人置官 […]."

Was diejenigen angeht, die [sich mit Maschinen] tatsächlich verfeinern und verbessern wollen, wenn man ihre Bezahlung erhöht, dann werden die Cleveren überall im Land dieses Gerücht hören und sich schon versammeln. Sind die landwirtschaftlichen Geräte einfach und effizient, dann ist die aufzuwendende Kraft gering, aber das Getreide viel. Sind die Geräte zum Weben effizient, dann ist die aufzuwendende Kraft gering, aber Stoffe und Seide genügend. Ist das System der Schiffe und Wagen effizient, dann ist die aufzuwendende Kraft gering, aber [sogar] die weit entfernten Dinge gehen nicht aus. Sind die Methoden zum Heben schwerer Gegenstände effizient, dann ist die aufzuwendende Kraft gering und Türme und Pavillone sowie Deiche und Dämme solide. Dies ist, was man nennt: [Erst] wenn die vielen Handwerksspezialisten kommen, dann werden die Mittel zur Gänze verwendet.[498]

Dabei griff Chŏng Yagyong neben dem *Kaogongji* auch auf die Vorarbeiten Pak Chegas und Pak Chiwŏns zurück und kam zu dem Schluss, dass die in diesen Werken beschriebenen chinesischen Geräte in Korea keine Resonanz gefunden hätten, da ihr Verständnis bzw. das Verständnis für den relativen Fortschritt, den sie darstellten, den Horizont der Koreaner überstiegen hätte. Seine Gespräche mit dem früheren General Yi Kyŏngmu 李敬懋 (1728–1799) hätten ihn darin bestärkt, dieses neue Büro einzurichten, auch um in China die neuen Herstellungstechniken für Feuerwaffen zu erlernen. Notwendig sei zudem, dass man als Führungspersonal solche Beamten einsetze, die vor allem Mathematik (*suri* 數理) beherrschten, aber auch eine schnelle Auffassungsgabe (*mokkyo* 目巧) sowie handwerkliche Fähigkeiten (*sugyo* 手巧) besäßen.

Der Stellenwert handwerklichen Wissens äußert sich in seinem Werk vornehmlich in seiner Argumentation des *minbon* 民本 (Das Volk als Grundlage [des Staates]) sowie seinem Streben nach Anwendung und Weiterentwicklung dieses Wissens vor allem in der Nutzung von Geräten bzw. Maschinen. Das *Kiyeron* 技藝論 (*Diskussion über die Handwerkskünste*[499]) ist ein repräsentatives Beispiel dafür, wie Chŏng Yagyong seine Ansichten und Forderungen zum Ausdruck

---

498 *Yŏyudang Chŏnsŏ, Kyŏngse Yupyo, tonggwan kongjo, iyonggam*: „[…] 苟使精巧者,增其餼廩，則四方機巧之人,將聞風而來集矣。農器便利 則用力少而穀粟多。織器便利, 則用力少而布帛足。舟車之制便利,則用力少而遠物不滯。引重 起重之法便利,則用力少而臺榭 隄防堅。此所謂來百工,則財用足也。[…]."
499 Hiermit soll nicht ausschließlich das Handwerk im Sinne des Bauhandwerks gemeint sein, sondern im weiteren Sinne das Wissen um von Hand verrichtete Arbeit bzw. technisches Wissen. Eine genaue Kategorisierung fällt insofern schwer, als dass später so heterogene Wissensfelder wie Landwirtschaft, Medizin, Waffenherstellung Wagen- und Schiffsbau und Bauwesen darunter zusammengefasst werden. Eine weitere mögliche, kontextabhängige Übersetzung wäre demnach „technische Fähigkeiten". Siehe hierzu die folgenden Ausführungen zum *Kiyeron*.

brachte. Es ist in drei Teile gegliedert. Der erste und längste Teil behandelt die grundsätzliche Forderung, dass die Menschen aufgrund ihrer natürlichen Anlagen Handwerkskünste einsetzen müssten und dass ihnen dieser Einsatz nur zum Vorteil gereichen könne:

> Der Himmel wandte sich den Tieren zu und er gab ihnen Klauen und Hörner, er gab ihnen harte Hufen und scharfe Zähne, er gab ihnen Gift, und indem er veranlasste, dass jedes in der Lage war, das zu bekommen, was es wünschte, verteidigten die sich gegen das, was sie ängstigte. Wenn es um den Menschen geht, dann ist er nackt von Natur aus zart und zerbrechlich. Da es scheint, dass es nicht von Hilfe für sein Leben ist, wie kann ihn nur der Himmel reich machen bei dem, was für ihn billig ist, und wie kann er ihn schwächen bei dem, was für ihn teuer ist?[500]

Diese offensichtlich an mehrere Stellen aus dem *Lunyu*[501] sowie dem *Mengzi*[502] angelehnte Formulierung soll das Fehlen besonderer körperlicher Merkmale des Menschen zur Gestaltung seines Lebens darstellen. Gleichzeitig bereitet sie vor auf die folgende Aussage, dass der Menschen eben nicht mit körperlichen, tiergleichen Dingen ausgestattet sei, sondern eben mit der geistigen Kompetenz zur Überschreitung der rein körperlichen Begrenzungen und in der Folge zur Herstellung von Hilfsmitteln, die ihn schließlich über die Tiere erheben.

> Dadurch, dass [der Himmel] ihn in den Besitz von weiser Urteilskraft und cleverem Denken brachte, veranlasste er, dass er [sie] in Form von Handwerkskünsten für seine eigene Versorgung ausübte.[503]

Doch auch die reine Weisheit und Cleverness habe ihre Grenzen. Selbst die Weisen könnten nicht alles allein schaffen. Eine Gruppe von Menschen sei stets im Vorteil, und dieser Vorteil nehme zu, je größer die Gruppe werde.

> Aus diesem Grund kann man, selbst wenn man ein Weiser ist, nicht heranreichen an das, was tausend und zehntausend Menschen gemeinsam diskutieren. Selbst wenn man ein Weiser ist, kann man nicht an einem Morgen dessen Schönheit zur Gänze [erfassen]. Wenn daher die Menschen mehr zusammenkommen, dann werden ihre Handwerkskünste umso mehr perfekt, wenn die Generationen mehr Abstammungen bilden, dann

---

500 *Yŏyudang chŏnsŏ*, *Munjip*, *kwŏn* 11, *Kiyeron* 1: „天之於禽獸也。 予之爪予之角。 予之硬蹄利齒。 予之毒。 使各得以獲其所欲而禦其所患。 於人也則倮然柔脆。 若不可以濟其生者。 豈天厚於所賤之。 而薄於所貴之哉。 [...]."
501 Vgl. z.B. *Lunyu* 5.10, *Lunyu* 15.25.
502 Vgl. *Mengzi* 1A7.
503 *Yŏyudang Chŏnsŏ*, *Munjip*, *kwŏn* 11, *Kiyeron* 1: „[...] 以其有知慮巧思。 使之習爲技藝以自給也。 [...]."

werden ihre Handwerkskünste umso ausgearbeiteter. Diese Umstände sind einfach von Natur aus so gegeben.[504]

Im weiteren Verlauf des ersten Textes führte Chŏng Yagyong aus, dass sich die Menschen aus diesen Gründen vom Land aus in den großen Städten versammelten und dass diese daher die Zentren der Gelehrsamkeit sowie der Anwendung darstellten. Er schließt mit einer Bestandsaufnahme der Situation in Korea sowie einem Appell:

> Was die ganzen unterschiedlichen Handwerkskünste angeht, die unser Land besitzt, so sind sie allesamt Methoden, die [wir] im Altertum von China gelernt haben. Viele hundert Jahre sind vergangen, und [wir] haben überhaupt nicht mehr einen Plan, von China zu lernen. Aber die neuen Formen in China sind wundervoll ausgearbeitet, täglich werden sie mehr und monatlich verbreiten sie sich. Sie sind nicht eine Rückkehr zum China von vor vielen hundert Jahren. Wir sind nun vollkommen ignorant und tauschen [uns] nicht gegenseitig aus, ausschließlich im Alten sind [wir] zufrieden, wie träge ist das?[505]

Nachdem er seine theoretisch-philosophische Grundlage für die Verwendung und Weiterentwicklung technischen Wissens gelegt hatte, ging Chŏng Yagyong im zweiten Text auf mehrere Disziplinen näher ein, wenn auch ob der Kürze des 383 Zeichen beinhaltenden Textes nicht sehr detailliert. Er beginnt mit landwirtschaftlichem Wissen, durch dessen Verbesserung er eine Steigerung der Erträge bzw. der Effizienz erwartete.[506] In paralleler Form beschrieb er Fortschritte für das Weben,[507] Waffen und Medizin. Er beschließt diese Reihe mit einer Zusammenfassung aller Argumente, die im Handwerkswissen aufgeht:

> Wird das Wissen allen Handwerks perfektioniert, dann ist es im Allgemeinen das, wodurch es im System der Errichtung von Palästen, Gebäuden, Geräten und

---

504 *Yŏyudang Chŏnsŏ, Munjip*, kwŏn 11, *Kiyeron* 1: „[…]故雖聖人不能當千萬人之所共議。 雖聖人不能一朝而盡其美。 故人彌聚則其藝彌精。 世彌降則其技藝彌工。 此勢之所不得不然者也。[…]."

505 *Yŏyudang Chŏnsŏ, Munjip*, kwŏn 11, *Kiyeron* 1: „[…] 我邦之有百工技藝。 皆舊所學中國之法。 數百年來。 截然不復有往學中國之計。 而中國之新式妙制。 日增月衍。 非復數百年以前之中國。 我且漠然不相問。 唯舊之是安。 何其懶也。"

506 Effizienz als Verhältnis von Input zu Output. Vgl. *Yŏyudang Chŏnsŏ, Munjip*, kwŏn 11, *Kiyeron* 2: „Wird das Wissen um die Landwirtschaft perfektioniert, dann ist deren eingenommene Fläche wenig, aber das [daraus] erhaltene Getreide viel […]." (農之技精則其占地少而得穀多。 […]).

507 *Yŏyudang Chŏnsŏ, Munjip*, kwŏn 11, *Kiyeron* 2: „[…] Wird das Wissen um das Weben perfektioniert, dann sind deren Kosten beim Material wenig, aber die [daraus] erhaltene Seide viel […]." ([…] 織之技精 則其費物少而得絲多。 […]).

Nutzgegenständen bis hin zu Stadtmauern, Booten, Schiffen, Wagen und Karren, insgesamt feste Stabilität und praktischen Nutzen gibt.[508]

Erst durch die Effizienzsteigerung mithilfe neuen, fortschrittlicheren Wissens, könne das Land also Wohlstand erlangen, die Armee erstarken und das Volk seine Lebensumstände verbessern. Nun gebe es aber stets Zweifler, die beispielsweise anführten, dass es für Wagen zu viele Flüsse und Berge gebe, und aus derlei Gründen diese Verbesserungen und Anwendungen für Korea unpassend seien. Die gebe es aber immer, egal, was man mache, und man solle sich dadurch nicht verunsichern lassen.[509]

Im dritten Text drückte Chŏng Yagyong anfangs sein Bedauern darüber aus, dass technisches Wissen in Korea so sehr stagniert sei, während das Wissen um den Konfuzianismus so sehr angewachsen sei trotz eines Verbots in China, die konfuzianischen Klassiker an das barbarische Koryŏ zu liefern. Wenn doch das Wissen um die Klassiker nun so groß sei, um wieviel mehr müsste dann das technische Wissen groß sein, wenn man es doch nur gleichermaßen entwickelt hätte.[510] Nun würden sogar Japan und Ryukyu Studenten nach China schicken, die dort nicht nur die Klassiker, sondern auch Handwerkswissen studierten und mit in ihre Ländern nähmen, um es dort nutzbringend einzusetzen. Sie wären nun derart wohlhabend und militärisch stark, dass man sie nicht mehr erobern könne. Um also dem Land dienlich zu sein, müsse man den Prinzipien von *iyong husaeng* folgen, indem man die Möglichkeiten der Handwerkskünste voll ausnutze.[511]

Chŏng Yagyong ließ darüber hinaus an vielen anderen Stellen seines Œvres keine Zweifel daran, worin er die Gründe für die prekäre Situation des Landes sah. Neben den Folgen, die die ideologische Ablehnung alles aus Qing-China kommenden Wissens für Korea hatte, kritisierte er weiterhin den Lebenswandel der Gelehrten der herrschenden *yangban* Schicht und ihre Ignoranz den Lebensumständen des Volkes gegenüber. Sie beuteten das Volk aus, ließen es für sich arbeiten, ohne sich um ihr Wohlergehen zu sorgen, obwohl das Volk die Basis des Staates bildete.

Wer Landwirtschaft betreibt erhält Land, wer keine Landwirtschaft betreibt, erhält es nicht. Wer Landwirtschaft betreibt erhält Getreide, wer keine Landwirtschaft betreibt,

---

508 *Yŏyudang Chŏnsŏ*, *Munjip*, *kwŏn* 11, *Kiyeron* 2: „[...] 百工之技精 則凡所以製造宮室器用。 以至城郭舟船車輿之制。 而皆有以堅固便利矣。 [...]."
509 Vgl. *Yŏyudang Chŏnsŏ*, *Munjip*, *kwŏn* 11, *Kiyeron* 2.
510 Vgl. *Yŏyudang Chŏnsŏ*, *Munjip*, *kwŏn* 11, *Kiyeron* 3.
511 Vgl. *Yŏyudang Chŏnsŏ*, *Munjip*, *kwŏn* 11, *Kiyeron* 3.

erhält es nicht. […] Gleicht man [aber] einem *sa*, dann sind die zehn Finger sanft und schwach, sie dienen nicht dazu, kräftig zu arbeiten. [Vielleicht] zu pflügen, zu jäten, [Land] urbar zu machen, [oder] zu düngen? […] Die *sa* nun, was sind das für Menschen? Für was bewegen sie Hände und Füße? Sie verschlingen das Land der Menschen und ernähren sich dabei durch die Kraft der Menschen.[512]

Im *Chŏllon* 田論 (*Theorien zur Landaufteilung*) argumentierte Chŏng Yagyong weiter, dass man die Gelehrten dazu bewegen könne, tagsüber in der Landwirtschaft, im Handel oder in anderen Handwerken zu arbeiten und danach zu lesen. So würden die sozialen Ungleichheiten möglicherweise etwas ausgeglichen. Andere seiner Schriften zeigen jedoch, dass er sich nicht nur mit sozialen Fragestellungen, sondern sehr wohl mit Technik direkt, insbesondere Waffen- und Bautechniken beschäftigt hatte. Sehr deutlich trat dies in seiner Beteiligung am Bauprojekt der Festung Hwasŏng zutage, in dem er nicht nur die anfänglichen architektonischen Grundlagen skizzierte, sondern sich ebenfalls darum bemühte, die schweren Hebe- und Transportarbeiten durch den Einsatz von Geräten zu erleichtern und die Arbeit insgesamt effizienter und damit schneller und kostengünstiger zu gestalten. Aus seiner Beschäftigung mit diesen Methoden geht nicht nur sein persönliches Interesse und Wissen, sondern auch der zu der Zeit herrschende Stand bezüglich der Arbeit an Bauprojekten hervor, nämlich vor allem das Fehlen bestimmter Hilfsmittel wie Kräne oder Wagen, die er in Wort und Bild beschreibt.

Als Beamter im Hongmun'gwan im Amt eines *such'an* 修撰 mit Rang 6A hatte Chŏng Yagyong im Jahr 1789 den königlichen Befehl erhalten, einen Plan für den Bau der Festung Hwasŏng zu erstellen. Im Frühjahr des Folgejahres reichte er die in vielen Belangen revolutionäre Schrift *Sŏngsŏl* 城說 (*Über Festungen*) ein, die in das vom König erstellte Werk *Ŏje sŏnghwa churyak* 御製城華籌略 (*Vom König erstellter strategischer Plan zum Bau der Festung Hwasŏng*) überführt

---

[512] *Yŏyudang Chŏnsŏ, Munjip*, kwŏn 11, *Chŏllon* 5: „農者得田。 不爲農者不得之。 農者得穀。 不爲農者不得之.[…] 若士則十指柔弱,不任力作。 耕乎, 芸乎, 畚乎, 糞乎? […] 夫士也何人。 士何爲游手游足。 吞人之土食人力哉.[…]." Das *Chŏllon* 田論 (*Diskussion um die Landverteilung*) behandelt zwar vordergründig die Ideen Chŏng Yagyongs zur gerechten Verteilung des Landes, stellt aber tatsächlich seine Forderungen dar, das Volk als Grundlage des Staates zu betrachten und auch zu behandeln, Reichtümer umzuverteilen und die Armen damit zu unterstützen und besserzustellen, sowie eine gewisse Form von Gleichberechtigung im Sinne des Konfuzianismus. Vgl. ebd.: S.255–258.

wurde, welches wiederum als Grundlage für den Festungsbau diente.[513] In acht Punkten erläuterte Chŏng Yagyong nach einer kurzen Einleitung, welche Prämissen er für den Festungsbau setzte, in welcher Reihenfolge man bauen und welche Materialien und Hilfsmittel man einsetzen solle. Diese Punkte sind in der Reihenfolge *Punsu* 分數 (*Maße und Zahlen*), *Chaeryo* 材料 (*Materialien*), *Hoch'am* 壕塹 (*Gräben*), *Ch'ukki* 築基 (*Fundament setzen*), *Pŏlsŏk* 伐石 (*Steine schneiden*), *Ch'ido* 治道 (*Straßen managen*), *Chogŏn* 造車 (*Wagen bauen*) und *Sŏngje* 城制 (*Festung/Mauern bauen*) organisiert. Bezüglich der Hilfsmittel sind mehrere Zeichnungen enthalten, die sich im *Hwasŏng sŏngyŏk ŭigwe* 華城城役儀軌 (*Ŭigwe über den Bau der Festung Hwasŏng*) wiederfinden.

Der Abschnitt *Punsu* stellt kurz einen standardisierten Umfang der Festung dar sowie die Höhe der Mauern, die notwendig sei, damit sie nicht einfach überstiegen werden können.[514] Darauf behandelt Chŏng Yagyong die beiden Arten von Ziegel- und Stampflehmmauern im Abschnitt *Chaeryo*, und wie letztere mit Kalk verputzt werden müssten, um nicht vom Regen beschädigt zu werden. Dieser Putz wäre aber besonders im Winter frostanfällig, sodass der Regen doch in die Mauern eindringe und sie zerstöre mit dem Ergebnis, dass der Putz letztlich nach außen abfalle. Da aber die Koreaner kein verfeinertes Wissen um das Brennen von Ziegeln hätten, gebe es diese Art von Mauern nicht. Daher solle man auf Stein als Baumaterial zurückgreifen. Weiterhin sollte es so sein, dass die Mauern innen und außen von Gräben geschützt seien (Abschnitt *Hoch'am*). Dies sei in Korea nicht der Fall. Im Inneren vertraue man auf Berge (內必依山), außen würden Gräben ausgehoben und mit dieser Erde zugleich die Mauern errichtet. Aufgrund ihrer schlechten Qualität gebe es daher den Ausspruch *sŏngbok ŏhwang* 城復于隍 (Die Mauern kehren zurück in die Gräben). In vier Punkten

---

513 Vgl. Eintrag *hwasŏng haenggung* 華城行宮 im *CWSS*. Das *Sŏngsŏl* findet sich in *Yŏyudang Chŏnsŏ, Munjip, kwŏn* 10, *sŏl, sŏngsŏl*. Das *Sŏngsŏl* ist entgegen der ihm zugesprochenen Zentralität weder in den Regesten noch dem *SJW* erwähnt. Es existiert lediglich eine kurze Untersuchung zu diesem Text, die auch der folgenden Darstellung zugrunde liegt: Kim Hong-sik, „18Cmal sirhakp'a-ŭi kŏnch'uk sasang yŏn'gu: Tasan-ŭi sŏngsŏr-ŭl chungsim-ŭro." [Untersuchung zu den Bauideen der *sirhak*-Gruppe zum Ende des 18. Jahrhunderts]. *Review of Architecture and Building Science* 30, Nr.3 (1986).

514 Verwendet werden die Längenmaße *pu* 步, *chang* 丈 und *ch'ŏk* 尺. Ein *ch'ŏk* entsprach zu dieser Zeit etwa 30 Zentimeter, ein *pu* 6 *ch'ŏk*, ein *chang* 10 *ch'ŏk* (vgl. *HMMTS*). Allerdings herrschen über die tatsächlichen Maße unterschiedliche Ansichten, zumal sich diese auch zur gleichen Zeit in verschiedenen Kontexten unterschieden: vgl. dazu ebd.: S.19.

gibt Chŏng Yagyong Vorgaben, wo und wie Gräben ausgehoben werden sollten und welche Hilfsmittel die Arbeiten erleichterten.[515]

Daraufhin wendet er sich den Fundamenten zu (Abschnitt *Ch'ukki*), die als Basis für Gebäude und Mauern von großer Wichtigkeit seien. Große Quader wären am besten geeignet, aber schwer zu handhaben und vor allem sehr teuer. Darüber hinaus beschriebt Chŏng Yagyong, in welchen Maßen die Steine beschaffen sein müssten, um kosteneffizient arbeiten zu können. Im anschließenden Abschnitt *Pŏlsŏk* erläutert das Brechen und Schneiden der Steine im Steinbruch und macht dabei deutlich, dass diese Arbeiten für einen angenehmeren Transport bereits dort erfolgen müssten. Sie müssten einer bestimmten Größe entsprechen, um mit standardisierten Wagen transportiert zu werden, gerechnet im Maß *kwa* 顆. Auf dieser Grundlage kalkulierte er die Anzahl an Wagen für die Baustelle. Gleichzeitig nahm er diese Standards als Berechnungsgrundlage für die Arbeitskosten (*kongbi yŏkko* 工費役雇). Für einen reibungslosen Transport jedoch müssten vorher die Straßen vom Steinbruch zur Baustelle gesäubert und nivelliert werden (Abschnitt *Ch'ido*). Auch wenn dies trivial erscheine, sei es doch eine der ersten und wichtigsten Aufgaben. Zuletzt wandte sich Chŏng Yagyong den Wagen zu, die zum Transport der Baumaterialien notwendig sind (Abschnitt *Chogŏ*). Man diskutiere zur Zeit über *taegŏ* 大車 (Großwagen bzw. Großlastenwagen) und *sŏlma* 雪馬 (Transportschlitten), die für schwere Gegenstände zum Einsatz kämen. Bei den *taegŏ* seien jedoch die Räder so hoch, dass das Beladen zu schwierig sein, auch seien sie zu schmal, so dass sie leicht kippten, und schließlich insgesamt zu teuer, sodass man nicht viele herstellen könnte. Schlitten dagegen seien zu schwer zu bewegen, da sie direkt auf dem Boden lägen. Man benutze zwar Räder oder Rollen, aber die seien so klein, dass sie ständig einsänken oder steckenblieben. Da keines dieser beiden zur Zeit in Korea verwendeten Transportmitteln den Ansprüchen gerecht werde, habe er einen neuen Wagen mit der Bezeichnung *yuhyŏng* 游衡 entwickelt, entsprechend einer unten aufgeführten Zeichnung. Zu diesem Zweck habe er das chinesische *Wubeizhi* 武備志 (*Aufzeichnungen über Kriegsvorbereitungen*) zu Rate gezogen und die darin vorkommenden Wagen studiert.

Tatsächlich werden im Folgenden einige Detailzeichnungen aufgeführt, die die Konstruktion des Wagens erläutern, wobei eine Gesamtdarstellung fehlt

---

515 So erwähnt Chŏng Yagyong beispielsweise ein Gerät namens *taegwŏl* 大钁, vermutlich eine Art großer Hacke, mit dem Kommentar, dass diese im Volksmund *kwanghi* 光屎 genannt würden (钁俗名光屎). Unglücklicherweise existieren keine Abbildungen dieser Geräte, lediglich sehr knappe Beschreibungen der Vorteile, die sie böten.

(siehe Abbildung 14). Auch wenn eine detaillierte Untersuchung der vorhandenen textlichen Erläuterung Chŏng Yagyongs an dieser Stelle zu weit führen würde, so sollen doch die Zeichnungen selbst einen Eindruck der Genauigkeit geben, mit der er versuchte, das Transportproblem anschaulich zu lösen.

Abbildung 14: Vier Zeichnungen in Bezug auf yuhyŏng *im* Sŏngsöl.

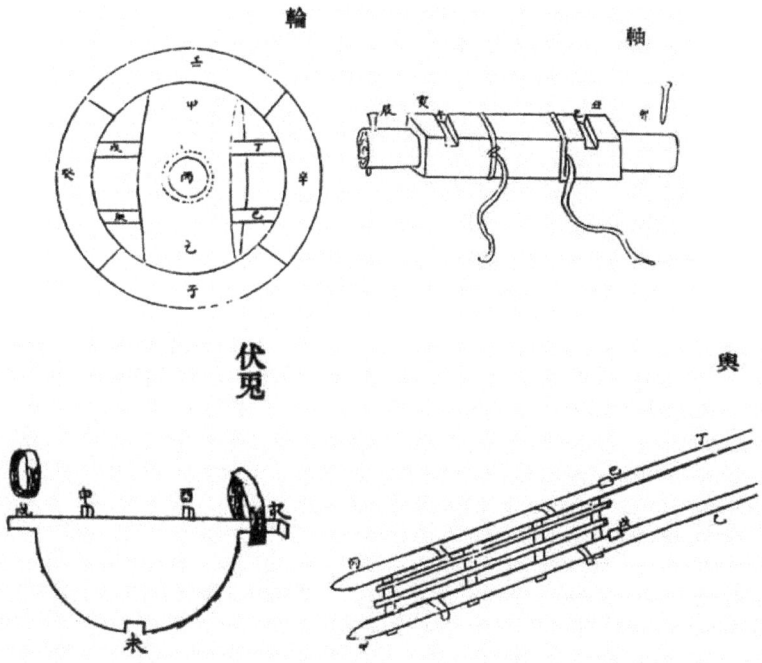

Im Gegensatz dazu jedoch existieren sowohl Detail- und Gesamtdarstellung als auch schriftliche Erläuterungen für eine Hebevorrichtung, die Chŏng Yagyong ebenfalls im Rahmen seiner Arbeiten zur Festung Hwasŏng entwickelt hatte. Diese Maschine sollte das Heben großer Steine erleichtern und die Arbeiten dadurch effizienter und somit kostengünstiger machen.[516] Chŏng Yagyong stellte sie in

---

516 In der Sekundärliteratur wird sie in Anlehnung an das chinesischen Original häufig unter den Bezeichnungen *kŏjunggi* 舉重機 oder *kijunggi* 起重機 aufgeführt, auch wenn Chŏng Yagyong selbst ihr keinen spezifischen Namen gab. Im *Hwasŏng sŏngyŏk ŭigwe* wird sie als *kijunggi* 起重器 bezeichnet.

einem Text mit dem Titel *Kijung tosŏl* 起重圖說 (*Erläuterungen und Zeichnungen zum Heben schwerer Lasten*) vor, der Bestandteil seiner Throneingabe war.

> Für den Bau von Festungen mit Steinen benötigt man ausschließlich Steine. Nicht die Steine [ansich] sind die Schwierigkeit, lediglich Steine zu heben und zu transportieren bedarf wahrlich großer Anstrengung und ruiniert das Budget, aufgrund ihrer Eigenart, dass ihr hohes Gewicht sie nach unten fallen lässt, und dass man sie mit großer Kraft nach oben bewegen muss.[517]

Auf eine Vorrede, in der Chŏng Yagyong mit Rückgriff auf das chinesische Altertum die Entwicklung und den Einsatz dieser Maschine begründete, folgt eine mit Zeichnungen versehene Erläuterung ihrer Funktionen und ihres Nutzens. Das Wissen aus dieser Zeit sei jedoch verloren gegangen, lediglich bei bestimmten Boots- und Wagenbauern sei es noch vorhanden. Man müsse nun dieses Wissen nutzbringend wieder anwenden.

> Daher nehme [ich] nun die vergessenen Ideen der Alten und konsultiere sie für ein neues System, stelle ein kleines Gestell zum Heben von Lasten her, um es beim Bau der Festung Hwasŏng zu verwenden.[518]

Dabei ist er nicht sparsam damit, die Vorteile der Maschine anzupreisen und ihre Leistungen zu betonen.

> Was die Steine auf beiden Seiten der Festungstore angeht, das Gewicht beträgt jeweils mehrere zehntausend *kŭn*, sodass tausend Menschen sie nicht bewegen können, und dass hundert Ochsen sie nicht heben können. [Doch wenn] zwei Männer den Flaschenzug greifen, stöhnen sie nicht [einmal] vor Anstrengung laut auf, und heben [das Gewicht] in die Luft, als ob sie über eine Feder triumphierten, sind daraufhin nicht [einmal] außer Atem, [und darüber hinaus wird] das Budget nicht aufgebraucht durch die Kosten. Ist dieser Vorteil nicht auch groß?[519]

Er führt weiter aus, dass mit dieser Maschine selbst ein kleines Kind große Gewichte heben könne und dass der Bau nicht kompliziert sei. Man müsse nur einige Anpassungen am Vorbild vornehmen, das ihm in Form des *Qiqi tushuo* 奇器圖說 (*Abbildungen und Erläuterungen der wundervollen Maschinen*) zur

---

517 *Yŏyudang Chŏnsŏ*, *munjip*, *kwŏn* 10, *kijung tosŏl*: „城以石築，所須唯石。非石之艱，唯起石與運石，洵費力而糜財，以其重墜之性，強擧之使高也。[…]."

518 *Yŏyudang Chŏnsŏ*, *munjip*, *kwŏn* 10, *kijung tosŏl*: „[…] 今取古人遺意，參以新制，製爲起重小架，俾用于城華之役。[…]."

519 *Yŏyudang Chŏnsŏ*, *munjip*, *kwŏn* 10, *kijung tosŏl*: „[…] 至若城門兩旁之石，【俗號懸端石】重各數萬斤，千人之所不能動，百牛之所不能輓者，兩夫操橛，不煩呼邪，擡起半空，如勝一羽，徒不病喘，帑不損費，其益不亦弘多乎？[…]."

Verfügung gestellt worden war.⁵²⁰ Aus diesem Werk hatte er die entsprechenden Vorgaben und Zeichnungen übernommen und sie an einigen Stellen angepasst, da sie ihm zu kompliziert erschienen. Darüber hinaus waren für die Originalmaschine bestimmte Kupfer- und Eisenteile notwendig, für deren Herstellung in Korea das Wissen fehle. Er habe sie durch Bauteile anderer Materialien ersetzen können.⁵²¹ Die Abbildungen aus dem *Kijung tosŏl* sollen im Folgenden zunächst ohne die ihnen unterlegten Erläuterungen aufgeführt werden (siehe Abbildungen 15 bis 20):

Abbildung 15: Gestell, abgebildet im Kijung tosŏl.

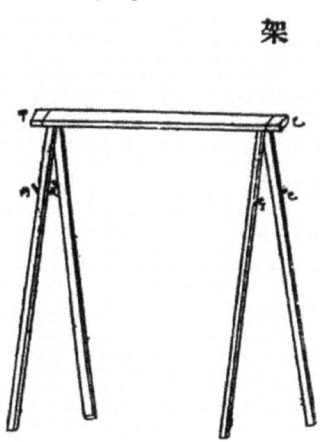

---

520 Der vollständige Titel lautet *Yuanxi Qiqi Tushuo Luzui* 遠西奇器圖說錄最 (*Weitreichende Aufzeichnungen von Abbildungen und Erläuterungen der wundervollen Maschinen des Fernen Westens*). Zum Entstehungsprozess und den europäischen Grundlagen des Werkes siehe z.B. Cho, *Die koreanische Festungsstadt Suwon. Geschichte – Denkmalpflege – Dokumentation ‚Hwaseong Seongyeok Uigwe' – nationale und internationale Beziehungen*: S.220–232. Daneben stand Tasan offenbar ebenfalls eine Ausgabe des *Gujin tushu jicheng* 古今圖書集成 (*Vollständige Sammlung von Abbildungen und Schriften alter und neuer Zeit*) zur Verfügung, welches erst einige Jahre zuvor auf Befehl des Königs durch eine Gesandtschaft in China erworben worden war: vgl. ebd.: S.215f. Ob die aus 5022 Bänden bestehende Ausgabe vollständig war, lässt sich nicht mit Sicherheit sagen.

521 *Yŏyudang Chŏnsŏ, munjip, kwŏn* 10, *kijung tosŏl*. Zur Stellung von Chŏng Yagyongs Werken im Kontext des Bauwissens in Chosŏn siehe z.B. Florian Pölking, „The Status of the Hwaseong seongyeok uigwe in the History of Architectural Knowledge: Documentation, Innovation, Tradition," *The Korean Journal for the History of Science* 39, Nr.2 (2017).

Abbildung 16: Oberer starrer und unterer beweglicher Tragbalken mit Anzeichnungen für Umlenkrollen, abgebildet im Kijung tosŏl.

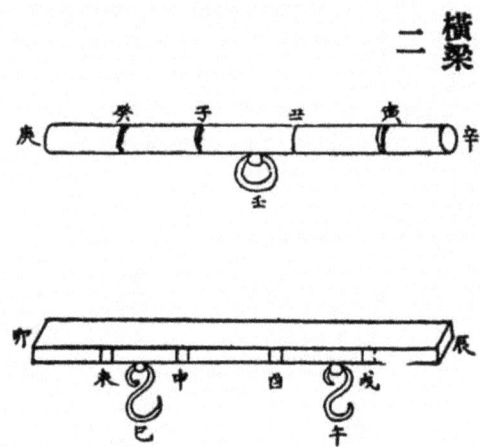

Abbildung 17: Rollenzug bzw. obere und untere Umlenkrollen, abgebildet im Kijung tosŏl.

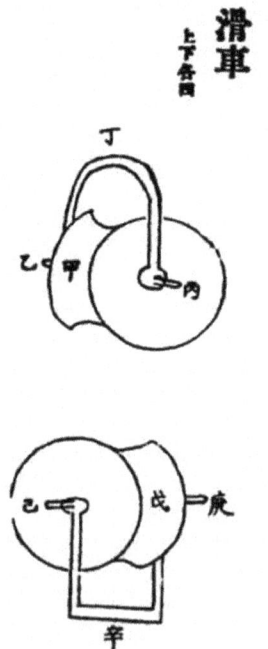

Abbildung 18: Winde, abgebildet im Kijung tosŏl.

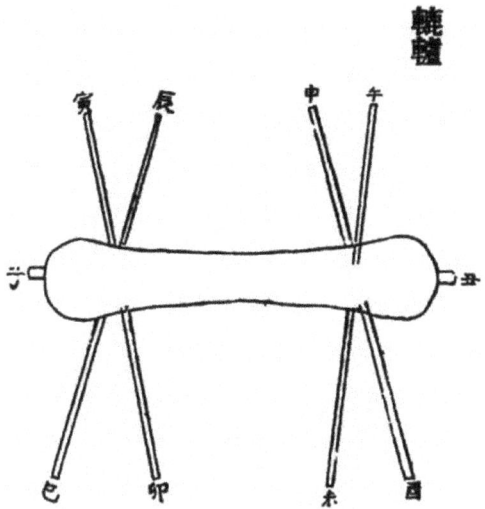

Abbildung 19: Zusammengefasste Darstellung von Winde und Seiltrommel im Nebenbaukörper des Flaschenzugs, abgebildet im Kijung tosŏl.

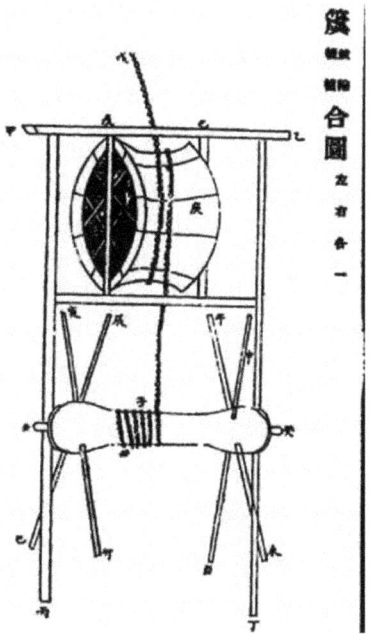

Abbildung 20: Gesamtdarstellung des Hauptbaukörpers der Hebevorrichtung, abgebildet im Kijung tosŏl.

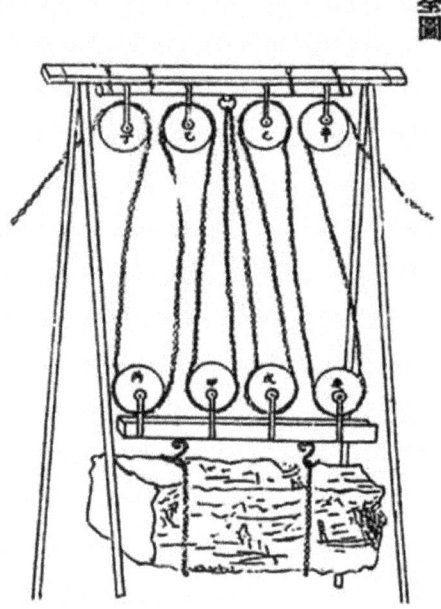

Die Zeichnungen sind eng angelehnt an die chinesischen Vorlagen. Die ihnen unterliegenden Erläuterungen beschreiben jeweils kurz, zu welchem Zweck die Bauteile dienen und welche Funktion sie an ihrer Position erfüllen. Doch trotz der Beschreibungen der Funktionsweisen und Vorteile sowie der mehr oder weniger detaillierten Zeichnungen finden sich diese zwar im *Hwasŏng sŏngyŏk ŭigwe* wieder, doch wird beispielsweise weder der Name Chŏng Yagyong noch sein *Sŏngsŏl* oder das *Wubeizhi*, die offensichtlich als Grundlage des Baus dienten, an irgendeiner Stelle des *ŭigwe* erwähnt.[522] Der Flaschenzug fand aber eindeutig Verwendung auf der Baustelle, auch wenn unklar bleibt, in welchem Umfang. Cho Doo Won macht dies an der tatsächlichen Verwendung großer Quader fest, die in diesem Fall zum ersten Mal in dieser Menge und Höhe zum Einsatz kamen.[523] Weiterhin zitiert Kŭm Chang-t'ae König Chŏngjo mit einem Glückwunsch und

---

522 Cho führt dies auf den Umstand zurück, dass bestimmte Ausführungen beim Bau der Festung Hwasŏng anders vorgenommen wurden als im chinesischen Vorbild. Größere Repräsentativität wurde dabei der Vorrang gegeben vor militärischer Effektivität: vgl. ebd.: S.29–31.
523 Vgl. ebd.: S.232.

Lob an Chŏng Yagyong, dass durch den Einsatz seines Flaschenzugs 40.000 *liang* an Baukosten hätten eingespart werden können.[524]

Im *Hwasŏng sŏngyŏk ŭigwe* sind zwei auf dem von Chŏng Yagyong dargestellten Grundprinzip basierende Flaschenzüge, die auf der Baustelle zum Einsatz gekommen waren, dargestellt. Der *kŏjunggi* Flaschenzug ähnelt weitgehend der im *Kijung tosŏl* vorgestellten Maschine. Seine Einzelteile sowie die Gesamtansicht lassen sich im *ŭigwe* wiederfinden (siehe Abbildungen 21 und 22).

Abbildung 21: Gesamtdarstellung des kŏjunggi *Flaschenzugs im* Hwasŏng sŏngyŏk ŭigwe.

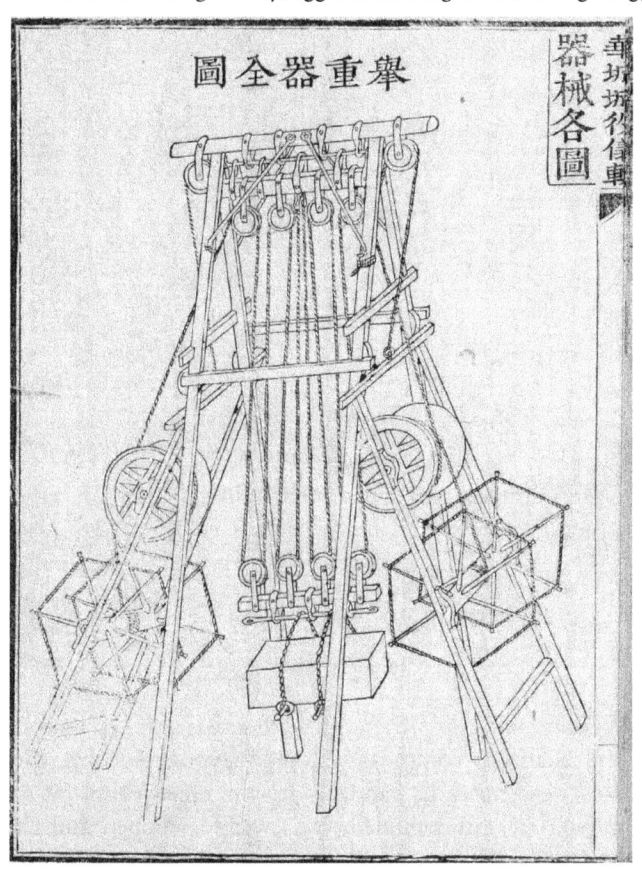

---

524   Vgl. Kŭm, *Tasan Chŏng Yag-yong*: S.40.

Abbildung 22: Bauteile des kŏjunggi *Flaschenzugs im* Hwasŏng sŏngyŏk ŭigwe

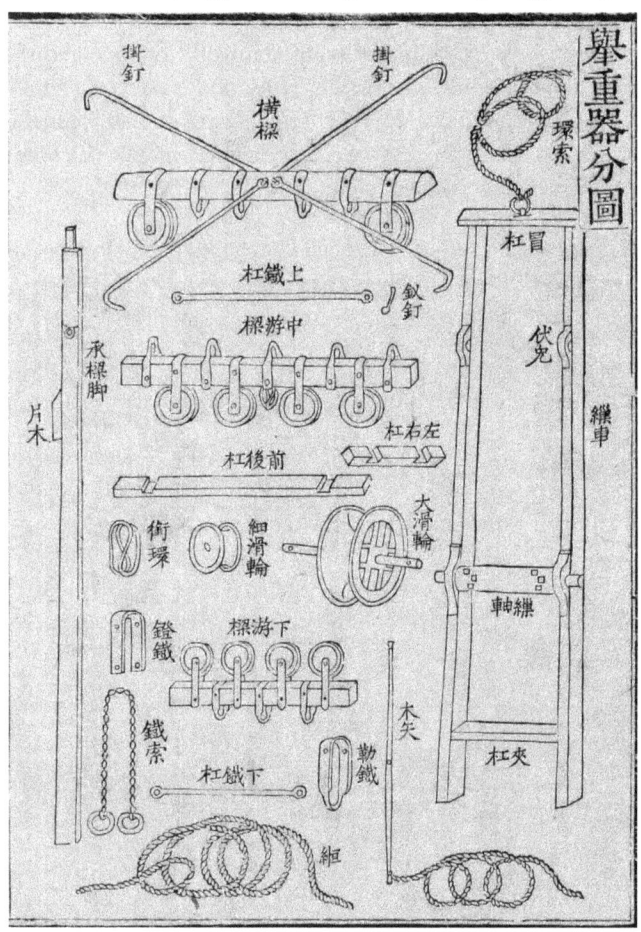

Die zweite Maschine, eine Art Kran, der bei den Bauarbeiten zum Einsatz kam und offensichtlich auf den Vorarbeiten Chŏng Yagyongs aufbaute, wird im *ŭigwe* als *nongno* 轆轤 bezeichnet. Es handelte sich um einen Kran mit Ausleger mit nur einer Umlenkrolle, mit dem kleinere Gewichte gehoben und platziert werden sollten, auch wenn die Konstruktion sich offensichtlich nicht um ihre Hochachse drehen ließ. Der Begriff *nongno* wurde von Chŏng Yagyong selbst nur in Bezug auf die Winde verwendet, die Bestandteil seines *kŏjunggi* Flaschenzugs war, aber nicht für eine eigene Hebemaschine, wie sie später im *ŭigwe* aufgeführt wurde (siehe Abbildungen 23 und 24).

Abbildung 23: Gesamtdarstellung des nongno *Krans im* Hwasŏng sŏngyŏk ŭigwe.

Abbildung 24: Bauteile des nongno Krans im Hwasŏng sŏngyŏk ŭigwe.

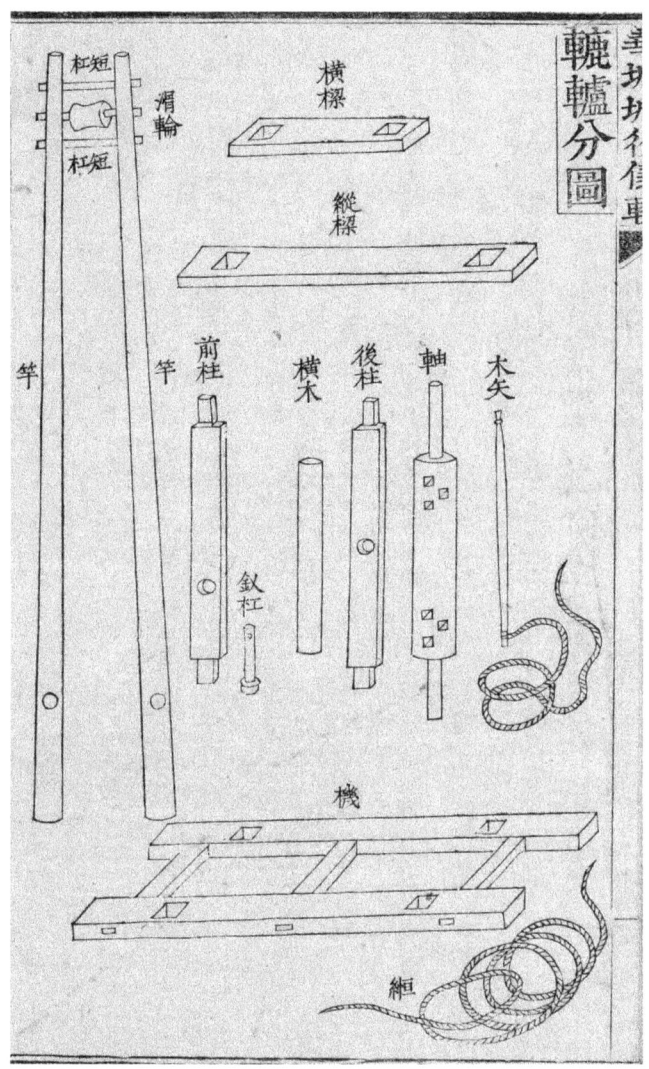

Darüber hinaus finden sich neben einer großen Zahl von Abbildungen zu Werkzeugen wie Schaufeln und Stampfern auch zwei Wagen, die sich auf die im *Sŏngsŏl* gemachten Beschreibungen zurückführen lassen (siehe Abbildungen 25 und 26).

Abbildung 25: Schwerlastenwagen taegŏ *im* Hwasŏng sŏngyŏk ŭigwe.

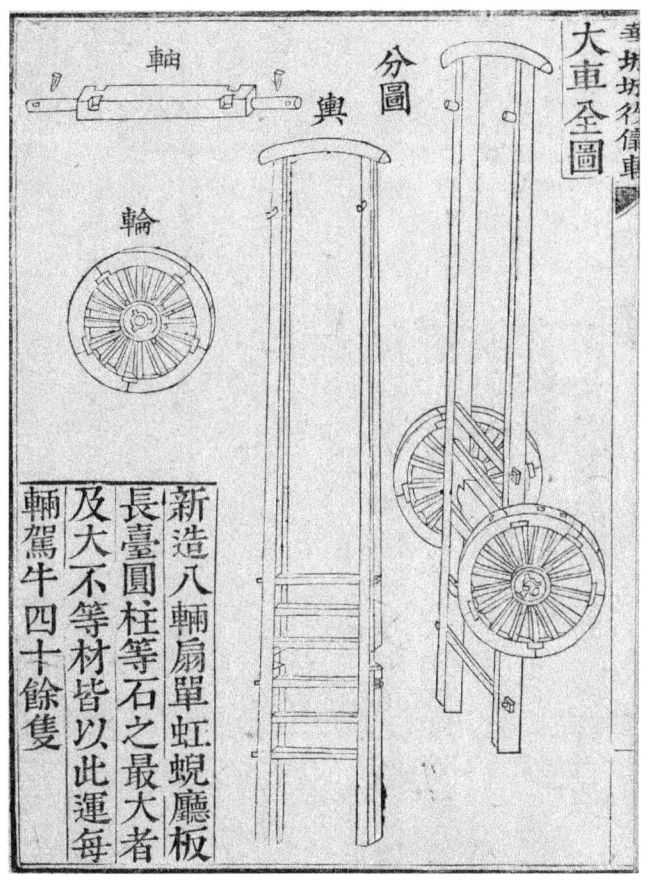

Abbildung 26: Flachwagen pyŏnggŏ *im* Hwasŏng sŏngyŏk ŭigwe.

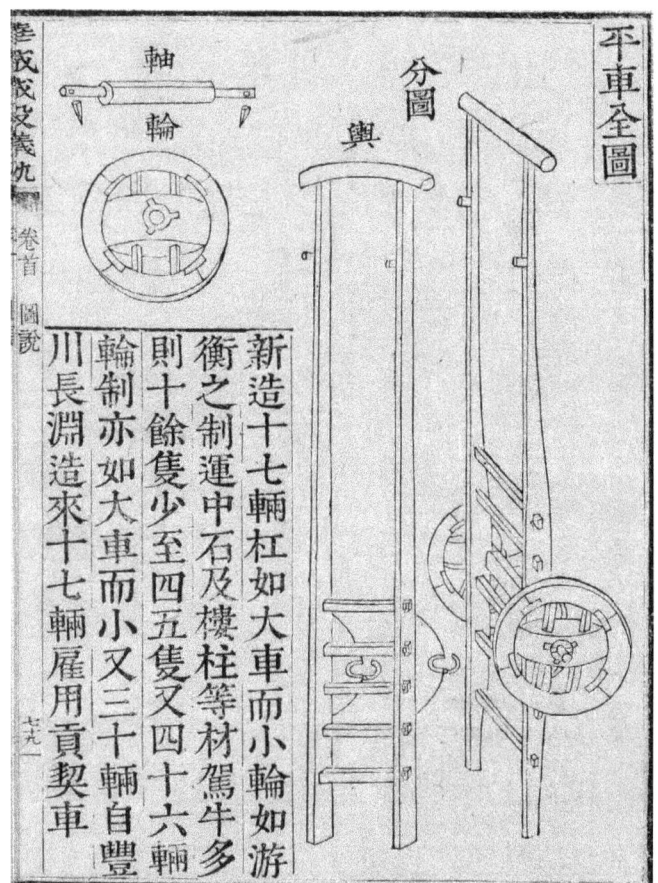

Die Verwendung dieser Maschinen, deren Ursprung sich ebenfalls eindeutig auf aus China importiertes westliches Wissen zurückführen lässt, kann als einer der wenigen dokumentierten, erfolgreichen Versuche angesehen werden, aus Reihen der *sirhak*-Gelehrten derartiges technisches Wissen prominent in Korea anzuwenden. Kamen die Forderungen Pak Chegas in Form des *Pukhagŭi*, aber auch die eines Großteils der übrigen Vertreter der *sirhak* insgesamt, in der Regel nicht über derartige Apelle hinaus, so war der Bau der Festung Hwasŏng möglicherweise das erste Beispiel staatlicher Akzeptanz, auch wenn dies nicht explizit herausgestellt wurde. Ähnlich wie Pak Chega attestierte auch Chŏng Yagyong

Anfang des 19. Jahrhunderts, dass es innerhalb von 10 Jahren möglich sei, durch das Lernen vom chinesischen Vorbild den Wohlstand des Landes zu mehren und seine Grenzen zu sichern.[525] Sehr viel detaillierter als Pak Chega führte er aus, in welcher Form er sich die dafür notwendigen Veränderungen vorstellte. Die strukturellen wie ideologischen Vorschläge manifestierten sich in seinen beiden Werke *Kyŏngse yupyo* und *Mongmin simsŏ*. Seine technischen Ideen stellte er sowohl textlich als auch in Form der vorgestellten Zeichnungen dar. Inwieweit er die aus Europa stammenden physikalischen und mathematischen Grundlagen tatsächlich verstanden hatte, lässt sich nicht mit letzter Gewissheit sagen. Umso mehr wird seine pragmatische Position deutlich, die auch bei möglicherweise nur oberflächlichem Grundverständnis auf eine praktische Anwendung drängte.

In welcher Form sich Chŏng Yagyong die Würdigung handwerklichen Wissens und der Handwerker selbst vorstellte, lässt sich anhand seiner eigenen Formulierungen im *Mongmin simsŏ* repräsentativ darstellen. Im Kapitel „Kongjŏn" zur Ausgestaltung des Ministeriums für Öffentliche Arbeiten bezieht er direkt Stellung zunächst zur Führungsschicht:

> Was bedeutet das Aussuchen von Personen? Unter denen, die fähig sind, sind viele Schwindler, unter denen, die nicht schwindeln, sind viele Dumme. Personen, die Arbeiten beaufsichtigen [können], sind am schwersten zu bekommen. Diejenigen aus den Provinzen außerhalb der Stadt, obwohl sie Noble oder Provinzbeamte sind, können die Betrügereien der Beamten in der Regel nicht aufdecken [und ihnen Einhalt gebieten]. Man muss [schon] aus den Städten und der Hauptstadt die Herausragenden, die man zu Verantwortlichen machen [kann], unter den alten Beamten und im Ruhestand befindlichen Alten auswählen und sie entsenden und zu Führungskräften machen. Man diskutiert mit Ihnen die offiziellen Angelegenheiten, danach entscheidet man über deren Aufrichtiges und Falsches, ermutigt man deren Loyalität und Fleiß, [erst] dann gibt es Erfolge.[526]

Dieses Defizit bei der Kompetenz der Führungsbeamten bestätigt die in den vorherigen Kapiteln dargestellten Probleme in der generellen Personalstruktur wie auch in den Projektstrukturen. Chŏng Yagyong machte zwar nicht explizit deutlich, welches Wissen für ihn die geforderte Qualifikation bestimmte, die nachfolgenden Textteile lassen jedoch darauf schließen, dass es sich primär um die soziopolitischen Führungskompetenzen gehandelt haben musste. Im nächsten Absatz wandte er sich den Handwerkern zu.

---

525 Vgl. Kang, Kim und Kim, *Han'guk sirhak sasangsa*: S.269.
526 *Yŏyudang chŏnsŏ, Mongmin simsŏ, kongjŏn, sŏnhae*: „[…] 所謂得人者。 何也。 能幹者多詐。 不欺者多蠢。 主事之人。 最難得也。 外村之人。 雖貴族鄉員。 總不能糾察吏奸。 必於邑城之中。 擇退吏老校之傑然爲首者。 差爲都監。 與之議事。 然後察其誠僞。 勸其忠勤。 於是乎有功矣。 […]。"

Bekommt man weiterhin mehrere Personen aus dem Metall-, Holz- und Wasserhandwerk, trennt man sie jeweils nach ihren Berufen, fokussiert die Verantwortlichkeiten auf eine einzige Sache, und bringt sie nicht durcheinander mit anderen Aufgaben. Man sanktioniert sie durch Belohnungen und Bestrafungen, man stimuliert sie durch gute und schlechte (Bewertungen). Man lässt sie jeweils ihren Kompetenzen Ausdruck verleihen und ihre Energien entfalten, wettstreiten mit [ihren] Fähigkeiten und kämpfen mit [ihrem] Können, [erst] dann gibt es Erfolge.[527]

Dies ist zunächst eine allgemeine Darstellung über die fachspezifische Einteilung der eingesetzten Spezialisten, unter Führung kompetenter Beamter. Diese sollen eben nicht selbst derartige Arbeiten anleiten, sondern an Fähige delegieren und diese entsprechend motivieren. Chŏng Yagyong geht darüber hinaus nicht auf weitere Details ein, was dem Charakter des *Mongmin simsŏ* als Handbuch für Beamte entspricht. Er fährt dann aber fort mit der Forderung, die Kompetenzen der Handwerker in den Bauprozess zu integrieren.

Gute Materialien [zu bekommen] ist keine Schwierigkeit. Gute Handwerker [zu bekommen] ist die wahre Schwierigkeit. Bekommt man diese [fähigen] Personen als Handwerker, dann [planen sie] das Material und die Arbeiten und machen keine Fehler, sie arbeiten sparsam und die Kosten sind gering. Bekommt man als Handwerker nicht diese [fähigen] Personen, dann bekommen diejenigen, die mit Axt und Säge arbeiten, [unqualifizierte] Anweisungen und sind verstört, die Begutachtung und Verwendung von krummem und geradem Holz ist unpassend. Hilfsarbeiter sind großteils unbeschäftigt, den ganzen Tag prokrastinieren und verschleppen sie. Entscheidungen zu den Arbeiten sind ohne Maß und die Finanzen werden verschwendet. Man muss in den drei Hauptstädten deren landesbesten [Handerker] aussuchen und sie zu hauptstädtischen Handwerkern machen, nur dann gibt es Erfolg. Die Personen in der Umgebung [jedoch] empfehlen diejenigen, die sie selbst gernhaben, übertreiben deren leere Errungenschaften, und bekanntermaßen sind sie nicht vertrauenswürdig.[528]

Die Forderung nach einer Professionalisierung des Handwerks bei staatlichen Bautätigkeiten, sodass man sich nicht auf die Vetternwirtschaft des Empfehlungswesens verlassen muss, ist deutlich aus diesen Textstellen zu lesen. Weiter unten

---

527 *Yŏyudang chŏnsŏ*, *Mongmin simsŏ*, *kwŏn* 12, *kongjŏn*, *sŏnhae*: „[...] 又得幾人金木水工。 各分其職。 專責一事。 勿混他務。 戒之以賞罰。 激之以臧否。 使各發憤出氣。 爭能鬪藝。 於是乎有功矣。 [...]."

528 *Yŏyudang chŏnsŏ*, *Mongmin simsŏ*, *kwŏn* 12, *kongjŏn*, *sŏnhae*: „[...] 良材非難。 良工實難。 工得其人。 則料事不錯。 料材不濫。 勞省而費少。 工不得人。 則斧者鋸者。 受命不靖。 直木曲木。 見用失宜。 役夫多閒而日期淹延。 裁制無度而財用耗損。 必於三京之中。 擇其國手。 使爲都匠。 乃有功也。 左右之人。 薦其私好。 吹其虛獎。 悉不可信." Die drei erwähnten Hauptstädte sind Seoul (Hanyang), Pyŏngyang und Kyŏngju.

im gleichen Abschnitt geht Chŏng Yagyong auf die notwendigen Arbeitsschritte im Rahmen eines Bauprojekts ein, erläutert bestimmte Verfahrensweisen und Reihenfolgen bei der Herstellung von Ziegeln oder dem Transport von Steinen vom Steinbruch zur Baustelle. Hier lassen sich seine eigenen Kompetenzen bei der Projektplanung, aber auch seine teils detaillierten Einblicke in den Produktionsprozess erkennen. Insgesamt wird deutlich, dass er mit dem *Mongmin simsŏ* tatsächlich auf die Zustände in den Provinzen abstellte, dass aber die Probleme in der Zentrale ähnlich gelagert waren. Chŏng Yagyongs eigene Tätigkeit als Beamter in der Zentrale sowie in den Provinzen, und seine Kontakte zu den mittleren und niedrigeren Bevölkerungsschichten, ausgedrückt in seiner großen Zahl von Schriften, geben genügend Indizien dafür, dass seine Schilderungen vertrauenswürdig sind und die tatsächlichen Verhältnisse seiner Zeit wiedergeben. Der desolate Zustand der Infrastruktur in und außerhalb der Ballungszentren, und die armseligen Lebensumstände insbesondere der ländlichen Bevölkerung, wie sie sich einige Jahre später den ersten westlichen Ausländern darstellten, die nach Korea einreisten und ihre Beobachtungen und Erlebnisse in Texten und Bildern festhielten, untermauert dies anschaulich. Eine Tendenz zu Faulheit, Trägheit und Vetternwirtschaft, wie sie bereits von Pak Chega kritisiert wurde, schien alle Hierarchieebenen gleichermaßen betroffen zu haben, sodass Chŏng Yagyong sich genötigt sah, mit seinen beiden Werken eine Reform nicht nur der Strukturen, sondern auch der ideologischen Grundeinstellung der Beamten wie Arbeiter zu propagieren.

4.2.5 Schlussfolgerungen aus den Bestrebungen der *sirhak*

Die Restriktionen des konservativen Gesellschaftssystems und die sich im Laufe des 17. und 18. Jahrhunderts verschlechternden Lebensbedingungen vor allem der unteren sozialen Schichten kamen insbesondere durch die Vertreter der Praktischen Lehre in die Kritik, die auch vor dem Dehnen und Überschreiten orthodox-ideologischer Grenzen nicht haltmachte. Ihre Ideen zur Verbesserung der Lebensumstände des Volkes berührten viele unterschiedliche Wissensfelder, darunter auch den Entwicklungsstand und die Anwendung technischer Geräte zunächst mit Fokus auf Landwirtschaft, ab Mitte des 18. Jahrhunderts auch in Bezug auf das Bauwesen. Die Forderungen nach der Übernahme nützlicher Ideen und fortschrittlicher Technologien aus China, das in konservativen Gelehrtenkreisen aufgrund der Herrschaft der Mandschu für barbarisch gehalten wurde, charakterisiert die als *pukhakp'a* bezeichnete Gruppe progressiver Gelehrter. Ihre Argumente für eine Erhöhung des allgemeinen Wohlstands durch den Einsatz fortschrittlicherer technischer Ausrüstung waren letztlich auch ein

Versuch, sowohl die Arbeitsbedingungen auf den Baustellen als auch die Gebäude selbst zu verbessern, seien es Palastbauten, Stadtmauern und -tore oder Privathäuser. Dabei entwickelten sich auch ihre Argumente sukzessive, von ihren Beobachtungen und Feststellungen über die Kritik an der Situation im eigenen Land und der Suche nach Lösungen bis zum Versuch der Anwendung neuen Wissens und neuer Techniken, ohne dass ihre Bemühungen eine nachhaltige Akzeptanz gefunden hätten.

Hong Taeyong hatte noch insbesondere astronomisches Wissen und die entsprechenden Instrumente im Fokus, erweiterte diesen aber nicht zuletzt auf seiner Reise nach China. Er selbst steht als klassisch-konfuzianisch ausgebildeter Gelehrter ohne Prüfungsabschluss, der über das Empfehlungswesen ausgerechnet das Amt eines *kagamyŏk* im Sŏn'gonggam erhielt, einerseits repräsentativ für die dargestellten Tendenzen im Beamtenwesen. Andererseits entwickelte er bereits vor seiner Reise nach Peking ein großes Interesse an über China importiertem Wissen, dem er schließlich in persönlichen Gesprächen und Beobachtungen in Peking nachgehen konnte. Nicht im Fokus stand für ihn bauhandwerkliches Wissen, auch wenn seine Beschreibungen von chinesischen Gebäuden und Wagen teilweise sehr detailliert waren und auf eine gewisse Vorbildung hindeuten. Doch auch wenn es nicht seinem Kerninteresse entsprach, so zeigen seine Aufzeichnungen, dass er über eine Neugier über die Grenzen des orthodoxen Gelehrtenwissens hinaus verfügte. An den hier beispielhaft dargestellen Inhalten seines *Yŏn'gi* zeigt sich in seinem Werk, dass Hong Taeyong ein scharfer Beobachter der Gegebenheiten in Peking war und dass er viele der neuen Erfahrungen in sein Weltbild integrieren wollte und konnte. Seine Offenheit gegenüber Anpassungen an neue Zeitumstände, die Song Young-bae sogar mit dem Begriff Reformwilligkeit charakterisiert, und seine eigene intellektuelle Beweglichkeit kommen vor allem in den Gesprächen im *Ŭisan mundap* zum Ausdruck.[529] Hong Taeyong kann gemeinsam mit Pak Chiwŏn insofern als Beispiel dafür dienen, dass auch aus den Reihen der mächtigen Familien kritische Ansichten zu den Lebensumständen in Chosŏn bzw. positive Ansichten zu den Lebensumständen in China erwuchsen, auch wenn er diese Ansichten nicht in sichtbare Forderungen überführte.

Pak Chega war bereits sehr viel mehr an Bautechniken, Baumaterialien und unterschiedlichen Gebäudearten und ihren Funktionen interessiert. Seine detailreichen Darstellungen setzte er in Bezug zu den Verhältnissen in Korea und

---

529 Vgl. Song, „Countering Sinocentrism in Eighteenth-Century Korea: Hong Tae-yong's Vision of ‚Relativism' and Iconoclasm for Reform": S.293f.

argumentierte, weshalb und in welcher Weise es einer fortschrittlicheren Technik bedürfe, um den Wohlstand der Menschen und in der Folge des Staates zu erhöhen. Er versuchte, die Defizite im eigenen Land schonungslos aufzuzeigen, und zu verdeutlichen, in welcher Weise sie die Resultate bestimmter Fehlentwicklungen waren. Er formulierte daraufhin Lösungen, basierend auf seiner Forderung nach dem Lernen vom chinesischen Vorbild. Sein Blick auf die Gebäude in China war im Vergleich zu Hong Taeyong insofern detaillierter, als dass Pak Chega auf die Bauweisen, Materialien, unterschiedlichen Techniken und deren Gründe einging. Anhand dieser für ihn idealen Vorlagen formulierte er seine Kritiken am eigenen Land. Im *Pukhagŭi* wechselt im Vergleich zum *Yŏn'gi* der Fokus und richtet sich primär auf die Verhältnisse in Chosŏn. Es muss einen derart einflussreichen Charakter besessen haben, dass es in umgeschriebener Form im Jahr 1799 König Chŏngjo, einem persönlichen Freund und Förderer Pak Chegas, auf dessen ausdrückliche Nachfrage hin vorgelegt wurde.

Seinen Höhepunkt erreichte die Kritik mit den Versuchen Chŏng Yagyongs, das, was er als nutzbringend und vorteilhaft erachtete, auch in der Praxis umzusetzen. Er schrieb nicht mehr nur Texte, in denen er auf die großen Unterschiede zwischen China und Korea sowie auf die großen Vorteile hinwies, die eine Übernahme dieser Techniken versprach. Er verwendete als erster extensiv Darstellungen, die die Beschreibungen der auf westlichem Wissen basierenden Geräte ergänzten und derart detailliert aufzeigten, dass man sie als zeitgenössische technische Zeichnungen definieren und als Konstruktionsvorlage nutzen könnte. Darüber hinaus widmete er sich auch den physikalischen Grundlagen, sodass nicht nur die Benutzung neuer Maschinen, sondern auch der Versuch, das diesen unterliegende Wissen zu verstehen, in den Vordergrund rückte. Damit wurde nicht nur der Wissenskatalog, der für Beamte qualifizierend war, in Frage gestellt, sondern zugleich dem Fachwissen der Handwerker, das wohl vornehmlich unverschriftet in ihren Kreisen zirkulierte, aber für den Staat selbst von zentraler Wichtigkeit war, ein neuer Stellenwert beigemessen. Festzustellen bleibt jedoch, dass selbst Chŏng Yagyong die soziopolitische Position von Handwerkern nicht zur Sprache brachte, somit letztlich auch er wie alle anderen Gelehrten der *sirhak* keine umwälzenden Sozialreformen, sondern die Einbindung neuen Wissens und seine Würdigung innerhalb des etablierten Gesellschaftssystems in den Vordergrund stellte.

Bildliche Darstellungen in der Form, wie sie sich in den chinesischen Vorgängern sowie bei Chŏng Yagyong finden, existierten in diesem Kontext in Korea erst seit dieser Zeit in nennenswerter Anzahl. Was mit Chŏng Yagyong begann, führte Myŏngnamnu Ch'oe Han'gi 明南樓 崔漢綺 (1803–1877) als einer der letzten, der Praktischen Lehre zuzuordnenden Gelehrten beispielsweise in seinem *Simgi tosŏl* 心器圖說 (*Diagramme und Erläuterungen der Pläne von Maschinen*) aus dem Jahr 1842 weiter. Die Darstellungen von in der Landwirtschaft nutzbaren Maschinen werden bei ihm ergänzt durch kurze Erläuterungen ihrer Funktionsweise, geben aber keinen Einblick in die Konstruktion, sondern sind lediglich Gesamtdarstellungen.[530] Seine Arbeiten fallen in die Zeit, die im Allgemeinen als das Ende der Phase einer *sirhak* dargestellt werden, und in die die direkte Begegnung mit dem Westen fällt. Diese äußerte sich nicht zuletzt im Raub der *ŭigwe* durch die französische Armee 1866 und der erzwungenen Öffnung des Landes durch Japan mit dem Vertrag von Kanghwa im Jahr 1876. Bis in die Mitte des 19. Jahrhunderts hatten die Gelehrten der *sirhak* im Rahmen ihrer Möglichkeiten in vielfältiger Weise versucht, die Erschütterungen, die sich seit dem 17. Jahrhundert spätestens mit dem ersten Import westlichen Wissens im Strukturellen wie Sozialen abzuzeichnen begannen, in ein neues Weltbild zu überführen. Letztlich waren sie selbst Produkt dieser Erschütterungen, im Sinne Bourdieus also sowohl strukturierend tätig als auch zugleich neue Struktur. Selbst die nachgezeichneten Bemühungen der Könige Yŏngjo und Chŏngjo, das etablierte Bollwerk der konservativen, mächtigen Aristokratie der *yangban* zugunsten der niedrigeren Schichten auszumanövrieren, waren nicht von anhaltendem Erfolg. Die Beharrungskräfte, die sich im Laufe von 250 Jahren in der späten Chosŏn-Zeit aufgebaut hatten, erwiesen sich als zu stark.

---

530 Vgl. Pak, Sŏng-hun, *Han'guk samjae tohoe* [Das koreanische Sancai Tuhui] (Seoul: Sigongsa, 2002): Band 1, Abbildungen aus dem *Simgi tosŏl*.

5. Schlussbetrachtungen der Erkenntnisse

[...] Die westlichen Lehren sind das, wodurch man mit Heuchelei Ruhm erlangt und weswegen man beunruhigt sein sollte. Was die dummen Massen und missgeleiteten Menschen angeht, sie sagen nur: [Die westlichen Lehren beinhalten] die höchste Form der Staatsführung und die Exquisität in den technischen Fähigkeiten und damit Basta. [...] Aber das, worauf sie beharren, ist lediglich etwas, das von einem Handwerker erschaffen wurde, und sie vertrauen daher nur auf die Ansichten eines Handwerkers. [...].[531]

Dieses Zitat des Gelehrten Sŏngjae Yu Chonggyo 省齋 柳重教 (1832–1893)[532] aus der Mitte des 19. Jahrhunderts, das eigentlich in der Kritik am Christentum entstand, zeigt den niedrigen Stellenwert, den handwerklich-technisches Wissen und mehr noch die soziale Schicht, der Handwerker angehörten, in den Kreisen der konfuzianisch ausgebildeten Traditionalisten besaß. Die Minderwertigkeit drückte sich in der Darstellung der Minderwertigkeit des Handwerkers Jesus und damit seiner Lehren als Grundlage für fälschlich hochgelobtes westliches Wissen aus. Dass handwerkliches Fachwissen in diesem Kontext derart einfach herangezogen werden konnte, gründet nicht zuletzt im Habitus der Gruppe von *yangban*, der auch Yu Chonggyo angehörte. Der vergleichsweise liberale politische Kontext, der sich beginnend unter König Sukchong vor allem während der Herrschaften König Yŏngjos und seines Enkels König Chŏngjos etabliert hatte, ermöglichte es, dass auch Mitglieder der *namin*-Fraktion während eines kurzen Zeitfensters in die höchsten Regierungsämter aufsteigen konnten. Er schaffte zudem die Voraussetzungen, dass die kritischen Stimmen der *sirhak*-Gelehrten am Hof Gehör fanden. Mitglieder der marginalisierten *secondary status groups* zählten sogar zu den persönlichen Freunden und Vertrauten des Königs selbst. Trotzdem gelang es in dieser Zeit nur in sehr beschränktem Maße,

---

531 *Sŏngchae chip*, *Sŏngchae sŏnsaeng chip punok*, kwŏn 1, *yŏnbo*, Eintrag *chŏngsa* (im Alter von 21 Jahren): „[...] 洋學所以衒耀張皇。愚衆惑世者。不過曰術數之高妙。技藝之精巧而已。 [...] 而其所執則只是工匠造作之事。故只據工匠見識。[...]." Es handelt sich offenbar um einen Briefwechsel mit Hwasŏ Yi Hangno 華西 李恒老 (1792–1868), einem der Vertreter der konservativen Traditionalisten, der zu den Verfechtern des *wijŏng chŏksa* 衛正斥邪 (Das Aufrechte verteidigen und das Böse zurückweisen) gerechnet wird.

532 Folg man dem Eintrag zu Yu Chonggyo im *HMMTS*, so hatte er keine Beamtenprüfung abgelegt, ihm wurde aber unter anderem das Amt eines *kagamyŏkkwan* im Sŏn'gonggam angeboten, das er jedoch nicht antrat.

die Forderungen nach technischem Fortschritt in unterschiedlichsten Feldern, angelehnt an das offensichtlich weiterentwickelte, für die allgemeine Wohlfahrt vorteilhafte Wissen Chinas und des Westens, welches insbesondere durch die Gelehrten der *pukhakp'a* propagiert wurden, in die Realität umzusetzen.

Im Rahmen von Handwerk und Handwerkswissen in Bauprojekten bildet die bekannteste Ausnahme die durch Chŏng Yagyong propagierte Entwicklung von Hebemaschinen und Bautechniken während des Baus der Festung Hwasŏng. Dieses Beispiel zeigt weiterhin, dass Bauhandwerk für den Staat faktisch durchaus von besonderer Bedeutung war. Es bestätigt jedoch auch, dass eine offizielle Anerkennung des Fachwissens, ob im Besitz von Beamten oder Handwerkern selbst, auch über die betrachtete Periode der späten Chosŏn-Zeit hinaus eine Ausnahme war. Das Fenster für Veränderungen schloss sich spätestens mit dem Tod König Chŏngjos und dem Ruck zum Konservatismus in den Machtstrukturen, der seinen Ausdruck unter anderem in den Christenverfolgungen fand, in deren Zuge letztlich auch Chŏng Yagyong ins Exil geschickt wurde.

Bestand zu Beginn der Chosŏn-Zeit noch die Möglichkeit, Handwerker für bestimmte Aufgaben mit entsprechenden Rängen und Ämtern auszustatten, so ging diese spätestens nach den Invasionen mit der Besetzung auch dieser niedrigen Rangämter mit Literaten-Beamten aus der Aristokratie verloren. Handwerkliches Fachwissen stellte darüber hinaus kein qualifizierendes, wahres Wissen für diese Berufungen dar. Es wurde selbst für Ämter, deren Inhaber für das staatliche Bauwesen zuständig waren, nicht als qualifizierend erachtet. Dies galt sogar im Rahmen von Großbauprojekten, die extra-organisational flexibler hätten gehandhabt werden können als die tradierten Strukturen des Beamtenapparats. Doch auch diese in den Bauŭigwe dokumentierten Projekte bewegten sich nicht außerhalb des orthodoxen, als Wahrheit etablierten Wissenskanons.

Die Gegenüberstellung der staatlichen Strukturen, in denen sich die Sozialstruktur auf Grundlage des als orthodox interpretierten Konfuzianismus manifestierte, mit dem Streben nach Veränderung, wie es durch die Gelehrten der *sirhak* sowie vor allem König Chŏngjo formuliert wurde, zeigt sehr deutlich das vielschichtige Spannungsfeld, in dem handwerkliches Fachwissen und ihre Träger sich bewegten. Einerseits war es unabdingbar für das Funktionieren des Staates, stellte es doch die Grundlage für den Bau seiner Paläste, Tempel, Festungen und Gräber dar, die nicht nur die weltliche Macht, sondern auch die ideologische Vorrangstellung der Machtinhaber symbolisierten. Andererseits wurde beides im Zuge der Fokussierung auf Morallehre im staatlich-offiziellen Kontext derart marginalisiert, dass Handwerker im soziopolitischen Gefüge nur geringe Möglichkeit des Aufstiegs und der offiziellen Anerkennung ihrer Leistungen besaßen.

Allerdings konnte die Untersuchung auch aufzeigen, dass bestimmte Handwerker durch Leistung aus ihrem Status als Sklaven in den Status eines Gemeinen aufsteigen konnten. Dies wurde durch die Einträge in den *Ilsŏngnok* bestätigt. Auch wenn diese Statuserhöhung kein Regelfall war, so zeigt diese Form der Belohnung in Verbindung mit den weiteren Versuchen König Chŏngjos, Handwerker besserzustellen, dass auch von Seiten des Königshauses Veränderungsdruck ausgeübt wurde. Die Veränderungsmacht allerdings besaß auch der König nur in sehr eingeschränktem Maße.

Die Analyse hat darüber hinaus zeigen können, dass das Kapital zur Veränderung des soziopolitischen Kontexts insgesamt, und darin des Stellenwerts von handwerklichem Fachwissen und ihrer Träger, auch nicht in den Händen derer lag, die als progressive Gelehrte im Rahmen der *sirhak* Kritik äußerten und Veränderungen anmahnten, selbst wenn sie aus mächtigen, einflussreichen Clans stammten. Genausowenig wie die Könige vermochten sie es, die machtvolle Barriere der konservativ-orthodoxen Ideologie zu durchdringen, die zur Erhaltung des soziopolitischen Status Quo errichtet worden war. Das Kapital zur Veränderung, oder vielmehr zur Festsetzung, lag vor allem in den Händen derer, die nicht an Veränderungen der Situation interessiert waren und das System für die eigenen Interessen zu nutzen wussten. Auch die unter dem Begriff *t'angp'yŏngch'aek* 蕩平策 (Politik des Fraktionsausgleichs) bekannt gewordene Politik der gleichmäßigen Berücksichtigung der gemäßigten Mitglieder der unterschiedlichen Fraktionen, die durch das gesamte 18. Jahrhundert hindurch eine königliche Leitlinie war, konnte die Machtverhältnisse nicht erschüttern. König Chŏngjos Versuche wurden vielmehr aktiv durch die mächtige Gruppe konservativer *yangban* behindert.[533] Diese Unpenetrierbarkeit nicht nur der sozialen und bürokratischen Strukturen, sondern auch der Machtverhältnisse selbst, wird am Auffälligsten im Scheitern der aus eigentlich einflussreichen Familien stammenden progressiven Gelehrten wie Hong Taeyong, Chŏng Yagyong oder Pak Chiwŏn.[534] Auch ihnen gelang es nicht, mit den ihnen zur Verfügung

---

533 Kim Sung-Yun untersucht die Verbindung von Chŏngjos Reformversuchen mit unter anderem dem Bau der Festung Hwasŏng, die auch für Entwicklungen im soziopolitischen wie wirtschaftlichen Bereich in Chŏngjos Politik von Bedeutung gewesen sein soll, sowie das Scheitern der königlichen Bemühungen: Kim Sung-Yun, „Tangpyeong and Hwaseong: The Theory and Practice of Jeongjo's Politics and Hwaseong." *Korea Journal* 41, Nr.1 (2001).

534 Das Gros der Untersuchungen zur Politik des *t'angp'yŏng* befasst sich mit übergreifenden Fragestellungen der politischen Philosophie bzw. des ideologischen Unterbaus von Politik und Gesellschaft, weniger mit spezialisierten Foderungen nach

stehenden Mitteln eine Veränderung im Habitus der *yangban* und damit in der soziopolitischen Struktur der späten Chosŏn-Zeit anzustoßen. Und selbst Pak Chega, der sowohl aufgrund seiner sozial benachteiligten Position als *sŏŏl* als auch aufgrund seiner persönlichen Freundschaft zu König Chŏngjo die Möglichkeit hatte, forscher und kompromissloser aufzutreten als Mitglieder der Aristokratie, vermochte es mit seinen Schriften nicht, nachhaltig am System und den Machtverhältnisse zu rütteln.

Im Laufe der Untersuchung ließen sich hinreichende Belege für die Annahme finden, dass sich die Berufsgruppe der Handwerker, in ähnlicher Form wie bereits für die *yangban* und die *secondary status groups* nachgewiesen, im Laufe der Chosŏn-Zeit als abgrenzbare soziale Gruppe etabliert hatten.[535] Diese Entwicklung korrespondiert mit weiteren Beobachtung, die für die Gruppe der *ajŏn* bzw. *hyangni* und ihre soziale Herkunft gemacht worden sind, so z.B. den Schreibern und Sekretären.[536] Das für ein offensichtlich vorhandenes funktionierendes Bauhandwerk notwendige Wissen kann demzufolge innerhalb bestimmter Familien intergenerational weitergegeben worden sein, sodass sich derartig spezialisierte *lineages* (Familienlinien) herausgebildet hatten. In gewisser Weise analog zu den Bemühungen um Anerkennung der *secondary status groups* war es trotz aller Bemühungen nicht dazu gekommen, dass es als qualifizierendes, wahres Wissen

---

technischer Weiterentwicklung. Für einen Eindruck und als weiterführende Literatur, auch im Hinblick auf das letztliche Scheitern der Umsetzung, vgl. z.B. Kim Yong-Hŭm, „18segi kwanin – sirhakcha-ŭi chŏngch'i pip'yŏng-gwa t'angp'yŏngch'aek." [Politische Kritik durch die Sirhak-Gelehrten und Beamten und die Politik des *t'angp'yŏng* im 18. Jahrhundert]. *History & the Boundaries* 78 (2011); Kim Yong-Hŭm, „Tasan-ŭi kukka kusŏng-gwa Chŏngjo t'angp'yŏngch'aek." [Tasans Organisation des Staates und die Politik des *t'angp'yŏng* von König Chŏngjo]. *The Journal of Tasan and the Contemporary times,* Nr.4,5 (2012).

535 Zur Herausbildung der *yangban lineages* und ihrer Abgrenzung durch unterschiedliche Methoden siehe z.B. Deuchler, *The Confucian transformation of Korea*; Deuchler, *Under the ancestors' eyes*; Park, Eugene Y., „Military Examinations in Late Chosŏn, 1700–1863: Elite Substratification and Non-Elite Accommodation." *Korean Studies* 25, Nr.1 (2001); Yi und Kim, „Kwagŏ chedo-e kwanhan pip'an-jŏk sŏngch'al." Zu den parallelen Entwicklungen der verschiedenen Gruppen der *secondary status groups* siehe z.B. Hwang, *Beyond birth* sowie Jin Jae Kyo, „18, 19 segi tongasia-wa chisik, chŏngbo-ŭi mesinjŏ, yŏkkwan [Ostasien im 18. und 19. Jahrhundert und die Boten von Wissen und Informationen, Übersetzer]." *Han'guk hanmunhak yŏn'gu* 47 (2011).
536 Vgl. hier z.B. das Kapitel zur Gruppe der *hyangni* in: Hwang, *Beyond birth*; Siehe auch: Kim, „Chosŏn hugi kyŏngajŏn sŏri kagye sarye yŏn'gu."

einen neuen Stellenwert im offiziellen Wissenskanon der späten Chosŏn-Zeit erhalten hätte.

Dass unter den Beamten nur wenig Interesse an Bauhandwerkswissen bestand, spiegelt sich nicht zuletzt in der Tatsache, dass auch chinesische Werke von in China herausragender Bedeutung wie das *Qing gongcheng zuofa zeli* 清工程做法則例 (*Regularien und Beispiele der Arbeitsmethoden im Bauwesen der Qing*), das *Yingzao fashi* 營造法式 (*Abhandlung über die Konstruktion von Gebäuden*) oder auch das *Tiangong kaiwu* 天工開物 (*Erschließung der Himmlischen Schätze*) sowohl in den offiziellen als auch in den privaten Quellen bis in das 19. Jahrhundert hinein unerwähnt sind. Einzig das *Kaogongji* war den Beamten ein Begriff, was wohl nur mit dem hohen Stellenwert des *Zhouli* in Verbindung gebracht werden kann. Bauhandwerkliches Fachwissen war für die Beamten kein notwendiges Qualifikationsmerkmal und kein Objekt ihres öffentlichen Wissens, sie griffen dafür offenbar auf die Expertise der Handwerker zurück. Den *tobyŏnsu* bzw. *pyŏnsu* wird in diesem Zusammenhang die wichtigste Rolle zugeschrieben, auch wenn von ihnen keine, über sie nur wenige schriftliche Zeugnisse vorhanden sind. Mit Blick auf diesen offziellen Status des Bauhandwerks kann somit durchaus von einer „*Invention of Tradition*" im heutigen Korea gesprochen werden. Mit Blick auf das Private, beispielsweise im Rahmen des privaten und damit nicht überlieferten Wissens, muss eine abschließende Beurteilung offen bleiben.

Dass Handwerk im Verlauf des 18. Jahrhunderts jedoch ein gewisses Maß an öffentlicher Aufmerksamkeit zu erlangen begann, lässt sich anschaulich an der Entwicklung der sogenannten Genremalerei zeigen, in gewisser Weise das Äquivalent zur späteren Fotografie, die beide nach und nach Einblicke in den Alltag der Gemeinen bieten. Tatsächlich geben einige der Bilder des Hofmalers Kim Hongdo 金弘道 (1745–?), einem der bekanntesten unter einer großen Zahl von Malern dieser Kategorie, Eindrücke in das Leben und Arbeiten von Bauhandwerkern sowie die Art und Verwendung der von ihnen hergestellten Gegenstände. Kims Werke, von denen in Abbildung 27 zwei Ausschnitte zu sehen sind, liefern dadurch nicht nur Informationen zu Technik und Arbeitsweisen, sondern stellen ihrerseits Aussagen zu bestimmten Aspekten der soziopolitischen Kontexte dar.

Abbildung 27: Arbeiten beim Hausbau sowie bei der Metallgewinnung und -verarbeitung[537]

Gleichzeitig bestätigen sowohl die Bilder Kim Hongdos als auch die Berichte westlicher Reisender, dass zumindest bestimmten Gruppen der höheren sozialen Schichten, aber auch Teile der Gemeinen und Sklaven, eine gewisse Trägheit und Faulheit eigen sei, die bereits von Pak Chega und Chŏng Yagyong kritisiert wor-den war. Die gleichzeitige Darstellung einzelner, schwer arbeitender Personen gemeinsam mit offensichtlich faulenzend beaufsichtigenden oder spielenden Aristokraten entspricht diesen Kritiken sehr genau. Die Auswertung dieser Bil-der, die nachweislich einen hohen Grad an Realitätskonformität besitzen, gibt weiteren Aufschluss nicht nur über den Stand und Status des Handwerks, son-dern darüber hinaus auch über die unterschiedlichen Habitus der dargestellten Personen bzw. Schichten.[538]

---

537 Es handelt sich hierbei um Werke des Malers Kim Hongdo, die der Genremalerei zugerechnet werden. Sie sind ursprünglich farbig. Chŏng Hyŏng-min und Kim Yŏng-sik, *Chosŏn hugi-ŭi kisuldo: Sŏyang kwahak-ŭi toip-kwa misul-ŭi pyŏnhwa* [Technische Zeichnungen in der späten Chosŏn-Zeit]. (Seoul: Sŏul Taehakkyo Ch'ulp'angu, 2007): S.168.

538 Zum Nutzen der Genre Malerei für die historische Alltagsforschung siehe zum Beispiel:Lee Kyunghwa, „Ch'osang-e tamji-mothan sadaebu-ŭi sam." [Das Leben der *sadaebu*, wie es nicht in Portraits erfasst werden kann]. *Art History Forum,* Nr.34 (2012); Yu Okkyong, „Kim Hongdo ‚Sinsŏndo 8 ch'ŏppyŏngp'ung'-ŭi horo sinsŏn (葫蘆神仙) imiji." [Das Bild der Unsterblichen, die eine Kürbisflasche halten, in ‚Die achtfache Wandschirmmalerei der Daoistischen Unsterblichen' des Kim Hongdo]. *The Misulsahakb: Reviews on the Art History* 37 (2011).

Die wachsende Zahl an Arbeiten zu den viele Facetten, die die historischen Entwicklungen Koreas im ostasiatischen, aber durchaus auch globalen Kontext des 17. und 18. Jahrhunderts ausmachen, erzeugt ein immer besseres Verständnis für die Position, in der sich die Koreaner unterschiedlicher Schichten befanden und die ihr Denken und Handeln bestimmte. Der Einbezug neuer, bisher wenig erforschter Quellen, wie sie auch die *ŭigwe* darstellen, hilft uns dabei, immer neue Puzzleteile zu einem konstistenten, aber auch stets komplexeren Bild der späten Chosŏn Zeit zusammenzufügen. Diese Untersuchung trägt eines dieser Puzzleteile bei, und dient zugleich zukünftigen Forschungen als Hilfe und Basis. Sie kann hoffentlich dazu dienen, eine neue Sichtweise nicht nur auf die immernoch zu wenig erforschte Gruppe der Handwerker, sondern auch auf die Zwänge der höheren sozialen Schichten in ihren Warnehmungs-, Denk- und Handlungsschemata zu erlangen.

Literaturverzeichnis

Primärquellen

Chosŏn wangjo sillok 朝鮮王朝實錄 (*Regesten des Königreichs Chosŏn*). National Institute of Korean History (NIKH). http://sillok.history.go.kr.

Hwasŏng sŏngyŏk ŭigwe 華城城役儀軌 [*Ŭigwe über den Bau der Festung Hwasŏng*], Kyujanggak Institute for Korean Studies der Seoul National University (KIKS). http://kyujanggak.snu.ac.kr.

Hyŏnjong pinjŏn togam ŭigwe 顯宗殯殿都監儀軌 [*Ŭigwe des Projektbüros des Pinjŏn von König Hyŏnjong*], Oegyujanggak des National Museum of Korea. http://www.museum.go.kr/uigwe/home.

Hyŏnjong sungnŭng sallŭng togam ŭigwe 顯宗崇陵山陵都監儀軌 [*Ŭigwe des Projektbüros für das Grab Sungnŭng von König Hyŏngjong*], Oegyujanggak des National Museum of Korea. http://www.museum.go.kr/uigwe/home.

Ilsŏngnok 日省錄 (*Aufzeichnungen zur täglichen Reflektion*), Kyujanggak Institute for Korean Studies der Seoul National University (KIKS). http://kyujanggak.snu.ac.kr.

Insŏn wanghu pumyo togam ŭigwe 仁宣王后祔廟都監儀軌 [*Ŭigwe des Projektbüros für die Umbettung der Ahnentafel der Königin Insŏn im Chongmyo*], Oegyujanggak des National Museum of Korea. http://www.museum.go.kr/uigwe/home.

James Legge, *The works of Mencius*. New York: Dover Publications, 1970.

Kyŏngdŏkkung suriso ŭigwe 慶德宮修理所儀軌 [*Ŭigwe des Projektbüros zur Reparatur des Palasts Kyŏngdŏkkung*], Oegyujanggak des National Museum of Korea. http://www.museum.go.kr/uigwe/home.

Kyŏngguk taejŏn 經國大典 (*Großer Kodex zur Verwaltung des Staates*), in Yun Kug-il, *Sinp'yŏn Kyŏngguk taejŏn*, Seoul: Sinsŏwŏn, 1998. in Abgleich mit der Ausgabe der C.V. Starr East Asian Library der Asami Collection der University of California, Berkeley, online einsehbar unter https://archive.org.

Kyŏngmogung kaegŏn togam ŭigwe 景慕宮改建都監儀軌 [*Ŭigwe des Projektbüros für die Reparaturarbeiten am Palast Kyŏngmogung*], Kyujanggak Institute for Korean Studies der Seoul National University (KIKS). http://kyujanggak.snu.ac.kr.

Mongnŭng hwirŭng hyerŭng pyosŏk yŏnggŏnch'ŏng ŭigwe 穆陵徽陵惠陵表石營建廳儀軌 [*Ŭigwe des Projektbüros für die Errichtung der Stelen der Gräber Hyerŭng, Hwirŭng und Mongnŭng*], Oegyujanggak des National Museum of Korea. http://www.museum.go.kr/uigwe/home.

Munhŭimyo yŏnggŏn tŭngnok 文禧廟營建廳謄錄 [*Aufzeichnungen des Projektbüros für die Bauarbeiten am Munhŭimyo*], Oegyujanggak des National Museum of Korea. http://www.museum.go.kr/uigwe/home.

Nambyŏljŏn chunggŏnch'ŏng ŭigwe 南別殿重建廳儀軌 [*Ŭigwe des Projektbüros zum Bau des Nambyŏljŏn*], Oegyujanggak des National Museum of Korea. http://www.museum.go.kr/uigwe/home.

Pak, Che-ga, *Pukhagŭi* (*Diskussion um das Lernen vom Norden*). 2. Aufl. Seoul: Ŭryu Munhwasa, 2011. Übersetzt von Yi Ik-sŏng.

Sindŏk wanghu chŏngnŭng yŏnggŏnch'ŏng ŭigwe 神德王后貞陵營建廳儀軌 [*Ŭigwe des Projektbüros für den Bau des Grabes Chŏngnŭng der Königin Sindŏk*], Kyujanggak Institute for Korean Studies der Seoul National University (KIKS). http://kyujanggak.snu.ac.kr.

Song, Yingxing, *Erschließung der himmlischen Schätze*, Bremerhaven: Wirtschaftsverlag NW, Verlag für neue Wissenschaft, 2004. Übersetzt von Konrad Herrmann.

Sukchong inhyŏn wanghu myŏngnŭng kaesu togam ŭigwe 肅宗仁顯王后明陵改修都監儀軌 [*Ŭigwe des Projektbüros für den Bau des Grabes Myŏngnŭng für die Königin Inhyŏn des Königs Sukchong*], Oegyujanggak des National Museum of Korea. http://www.museum.go.kr/uigwe/home.

Sŭngjŏngwŏn ilgi 承政院日記. [*Tägliche Aufzeichnungen des Königlichen Sekretariats*]. National Institute of Korean History. http://sjw.history.go.kr.

T'aejo kŏnwŏllŭng chungsu togam ŭigwe 太祖健元陵重修都監儀軌 [*Ŭigwe des Projektbüros für die Reparaturen am Grab Kŏnwŏllŭng des Königs T'aejo*], Kyujanggak Institute for Korean Studies der Seoul National University (KIKS). http://kyujanggak.snu.ac.kr.

Taejŏn t'ongpyŏn 大典通編 [*Umfassender Großer Kodex*], Ausgabe der C.V Starr East Asian Library der University of California, Berley, online einsehbar unter https://archive.org/.

Tamhŏnsŏ 湛軒書 [*Schriften von Tamhŏn Hong Tae-yong*], Database of Korean Classics des Institute for the Translation of Korean Classics (DBKC); http://db.itkc.or.kr.

Ŭisomyo yŏnggŏnch'ŏng ŭigwe 懿昭廟營建廳儀軌 [*Ŭigwe des Projektbüros für den Bau des Ŭisomyo*], Oegyujanggak des National Museum of Korea. http://www.museum.go.kr/uigwe/home.

Yŏyudang chŏnsŏ 與猶堂全書 [*Gesamte Schriften von Chŏng Yagyong*], Database of Korean Classics des Institute for the Translation of Korean Classics (DBKC); http://db.itkc.or.kr.

Sekundärliteratur

Ahn, Sang-Hyeon, „A Study on New Song of the Sky Pacers." *Journal of Astronomy and Space Sciences* 26, Nr.4 (2009): S.589–602.

Baker, Donald Leslie, *Confucians confront catholicism in eighteenth-century Korea*. Ann Arbor: U.M.I; Univ. of Washington, Dissertation, 1983.

– , „The Use and Abuse of the Sirhak Label: A New Look at Sin Hu-dam and his Sohak Pyon." *Kyohoe-sa yongu* 3 (1981): S.183–254.

– , „Practical Ethics and Practical Learning: Tasan's Approach to Moral Cultivation." *Acta Koreana* 13, Nr.2 (2010): S.47–61.

Boltz, William, „Chou li." in *Early Chinese texts: A bibliographical guide*, hrsg. von Michael Loewe, 24–32, Early China special monograph series 2. Berkeley: The Society for the Study of Early China, 1993.

Bourdieu, Pierre, Bernd Schwibs und Achim Russer, *Die feinen Unterschiede: Kritik der gesellschaftlichen Urteilskraft*, 5. Aufl. Suhrkamp-Taschenbuch Wissenschaft 658. Frankfurt am Main: Suhrkamp, 1992.

Ch'a, Mi-hŭi, „Chosŏn hugi mungwa chedo: ŭngsi chagyŏg-ŭl chungsim-ŭro." [Das Prüfungssystem der späten Chosŏn-Zeit – Mit Fokus auf die Teilnahmequalifikation]. *Sach'ong* 45, (1996): S.135–162.

Chang, Chae-ch'ŏn, „Chosŏn sidae kwagŏ chedo-wa sihŏm munhwa-ŭi koch'al." [Untersuchung der Prüfungskultur und des Systems der Beamtenprüfung der Chosŏn-Zeit]. *Han'guk sasang-kwa munhwa* 39, Nr.0 (2007): S.123–156.

– , „Sŏdang-ŭi kyoyuk-kwa p'ungsok mit nori." [Die Erziehung, Bräuche und Spiele in den Sŏdang]. *Han'guk sasang-kwa munhwa* 48, (2009): S.313–344.

Chang, Kyŏng-hŭi, „Chosŏn wangsil ŭigwe-rŭl t'onghan changin yŏn'gu-ŭi hyŏnhwang-gwa kwaje." [Die momentane Situation und Themen der Studien über Handwerker anhand der königlichen Ŭigwe der Chosŏn-Zeit]. *Yŏksa minsokhak*, Nr.47 (2015): S.81–112.

Chi, Sung-jong, „The Study of Status Goups in the Chosŏn Periond." *The Review of Korean Studies* 4, Nr.2 (2001): S.243–263.

Chin, Hŭi-kwŏn, „*Kyŏngguk taejŏn*-ŭi sŏnggyŏk-e taehan ilgoch'al." [Untersuchung zum Charakter des *Kyŏngguk taejŏn*]. *Pŏpch'ŏrhak yŏn'gu* 13, Nr.2 (2010): S.131–154.

Cho, Doo Won. *Die koreanische Festungsstadt Suwon. Geschichte – Denkmalpflege – Dokumentation ‚Hwaseong Seongyeok Uigwe' – nationale und internationale Beziehungen*. Dissertation, 2011, Bamberg.

Cho, Sung-Eul, „Tasan on the Social Hierarchy." *Korea Journal* 26, Nr.2 (1986): S.32–43.

Cho, Sung-San, „18 segi huban Yi Hŭigyŏng Pak Chega-ŭi pukhak sasang nolli-wa kohak." [Die Argumentation der Idee des Lernens vom Norden von Yi Hŭigyŏng und Pak Chega und die alte Lehre in der zweiten Hälfte des 18. Jahrhunderts]. *The Korean History Education Review* 130 (2014): S.83–117.

Ch'oe, Yŏng-Ho, „Commoners in Early Yi Dynasty Civil Examinations: An Aspect of Korean Social Structure, 1392–1600." *The Journal of Asian Studies* 33, Nr.4 (1974): S.611–631.

– , „Private Academies and the State in Late Chosŏn Korea." in *Culture and the state in late Chosŏn Korea*, hrsg. von JaHyun Kim Haboush und Martina Deuchler, S.15–45, Harvard-Hallym Series on Korean Studies. Cambridge, Mass.: Harvard University Asia Center, 1999.

Chon, Kyoung-mok, „Chosŏn hugi chibang myŏngmun ch'ulsin-ŭi kwalli-wa kyŏngajŏn-ŭi kwangyemang." [Das Beziehungsnetz der Beamten aus mächtigen ländlichen Familien und den hauptstädtischen *ajŏn* in der späten Chosŏn-Zeit]. *Korean Journal of Jangseogak Royal Library* 30 (2013): S.342–373.

Chŏn, Kyŏng-mok, „Chosŏn hugi-ŭi kyosaeng – ch'aek-ŭl ilgŭl su ŏmnŭn hyang-gyo-ŭi saengdo." [Kyosaeng der späten Chosŏn-Zeit – Analphabeten-Studenten der *hyanggyo*] *Komunsŏ yŏn'gu* 33, (2008): S.281–318.

Chŏng, Hyŏng-min und Kim Yŏng-sik, *Chosŏn hugi-ŭi kisuldo: Sŏyang kwahak-ŭi toip kwa misul-ŭi pyŏnhwa* [Technische Zeichnungen der späten Chosŏn-Zeit. Einführung Westlicher Wissenschaft und die Veränderung der Kunst], Sŏul Taehakkyo Kyujanggak Han'gukhak Yŏn'guwŏn Han'gukhak yŏn'gu ch'ongsŏ 18. Seoul: Sŏul Taehakkyo Ch'ulp'angu, 2007.

Chŏng, Si-yŏl, *Chosŏn sŏwŏn-ŭl umjig-in saramdŭl* [Die Menschen, die in den Sŏwŏn in Chosŏn aus und ein gingen]. Kukhak charyo simch'ŭng yŏn'gu ch'ongsŏ 3. Seoul, 2013.

Chosŏn wangjo sillok sajon 朝鮮王朝實錄事典 (*Enzyklopädie der Regesten des Königreichs Chosŏn*). Academy of Korean Studies (AKS). http://encysillok.aks.ac.kr/.

Courant, Maurice und Pierre-Emmanuel Roux, *Répertoire historique de l'administration coréenne de Maurice Courant, saisi par Pierre-Emmanuel Roux avec ajouts*. 2007. (https://projects.iq.harvard.edu/gpks/resources-0).

Deuchler, Martina, *Under the ancestors' eyes: Kinship, status, and locality in premodern Korea*. Harvard East Asian monographs 378. Cambridge, Mass: Harvard University Asia Center, 2015.

– *Confucian gentlemen and barbarian envoys: The opening of Korea, 1875–1885*. Seattle: Univ. of Washington Press, 1977.

– *The Confucian transformation of Korea: A study of society and ideology*. Cambridge, Mass: Harvard University Press, 1992.

– „Despoilers of the Way – Insulters of the sages: Controversies over the classics in seventeenth-century Korea." in *Culture and the state in late Chosŏn Korea*, hrsg. von JaHyun Kim Haboush und Martina Deuchler, S.91–133, Harvard-Hallym Series on Korean Studies. Cambridge, Mass.: Harvard University Asia Center, 1999.

Digital Dictionary of Buddhism (http://www.buddhism-dict.net/ddb/).

Digital Database of Buddhist Tripitaka Catalogues der *Chinese Electronic Text Association* (CBETA): (http://jinglu.cbeta.org/index_e.htm).

Dinzelbacher, Peter, Hrsg., „Symbole der Macht? Aspekte mittelalterlicher und frühneuzeitlicher Architektur." Sonderheft *Beiträge zur Mediaevistik* Bd. 17 (2012).

Duncan, John, „Confucianism in the Late Koryŏ and Early Chosŏn." *Korean Studies*, Nr.18 (1994): S.76–102.

Eckert, Carter J. und Yi Ki-baek, *Korea, old and new: A history*. Seoul, Cambridge Mass: Published for the Korea Institute Harvard University by Ilchokak; Distributed by Harvard University Press, 1990.

Eggert, Marion, „'Western Learning', religious plurality, and the epistemic place of ‚religion' in early-modern Korea (18th to early 20th centuries)." *Religion* 42, Nr.2 (2012): S.299–318.

Flyvbjerg, Bent, *Policy And Planning For Large Infrastructure Projects: Problems, Causes, Cures*. The World Bank, 2005.

Flyvbjerg, Bent, Nils Bruzelius und Werner Rothengatter*Megaprojects and risk: An anatomy of ambition*, 12. pr. Cambridge: Cambridge Univ. Press, 2013.

Foucault, Michel, *Archäologie des Wissens*. Suhrkamp-Taschenbuch Wissenschaft 356. Frankfurt am Main: Suhrkamp, 2011.

Foucault, Michel und Ralf Konersmann, *Die Ordnung des Diskurses*, Erw. Ausg., 12. Aufl. Fischer-Wissenschaft 10083. Frankfurt am Main: Fischer-Taschenbuch-Verlag, 2012.

Gernet, Jacques und Regine Kappeler, *Die chinesische Welt: Die Geschichte Chinas von den Anfängen bis zur Jetztzeit*. Suhrkamp-Taschenbuch 1505. Frankfurt am Main: Suhrkamp, 2011.

Haboush, JaHyun K. *A heritage of kings: One man's monarchy in the Confucian world*. Studies in Oriental Culture 21. New York: Columbia University Press, 1988.

Han, Hyŏng-ju, „The Establishment of National Rites and Royal Authority during Early Chosŏn." *International Journal of Korean History*, Nr.9 (2005): S.89–130.

Han, Yŏng-u, „Chosŏn sidae ŭigwe p'yŏnch'an simal." [Beginn und Ende der Kompilation der ŭigwe in der Chosŏn-Zeit]. *Hankuk hakpo* 28, Nr.2 (2002): S.2–28.

– *Chosŏn wangjo ŭigwe* (儀軌): *Kukka ŭirye kirok* [Die ŭigwe des Königreichs Chosŏn. Aufzeichnungen der Staatsriten]. Seoul: Ilchisa, 2005.

Han'guk kojŏn yongŏ sajon [Wörterbuch der klassischen Terminologie Koreas], bereitgestellt über http://terms.naver.com/.

Han'guk minjok munhwa tae paekkwa sajŏn 韓國民族文化大百科事典 [Große Enzyklopädie der Kultur des Koreanischen Volkes). Academy of Korean Studies (AKS).(http://encykorea.aks.ac.kr).

Han'gŭl hakhoe, *Urimal kŭnsajŏn* [Großes Lexikon des Koreanischen]. Seoul: Ŏmun'gak, 1992.

Henderson, Gregory, „Chong Ta-san: A Study in Korea's Intellectual History." *The Journal of Asian Studies* 16, Nr.3 (1957): S.377–386.

Hobsbawm, Eric und Terence Ranger, *The Invention of Tradition*. Canto Classics. New York: Cambridge University Press, 2012.

Hucker, Charles O., *A dictionary of official titles in Imperial China*. Stanford: Stanford University Press, 1985.

Huh, Nam-jin, „Chapter 12 : Two Aspects of Practical Learning (實學 Sirhak) – The Case of Hong Tae-yong." *Philosophy and Culture* 5 (2008): S.211–228.

Hulbert, Homer. *The Korea Review 4*. Seoul: The Methodist Publishing House, 1904.

Hwang, Kyung Moon. „Bureaucracy in the transition to Korean modernity – Secondary status groups and the transformation of government and society, 1880–1930." Dissertation, Harvard University, 1997, Cambridge, Mass.

– *Beyond birth: Social status in the emergence of modern Korea*. Harvard East Asian monographs 243. Cambridge Mass: Harvard University Press, 2004.

Jeong, Hee-Tae, „Tasan Chŏng Yagyong-ŭi chŏngch'i ch'ŏlhak-ŭl t'onghae pon kongjik yulli yŏn'gu." [Untersuchung zur Ethik der Beamten anhand der politischen Philosophie von Tasan Chŏng Yagyong]. *Minsok sasang* 4, Nr.2 (2010): S.121–153.

Jeong, Myoung Hee, „Chosŏn hugi chŭngjang-ŭi hwaldong-gwa Kohŭng-ŭi pulgyo misul." [Die Aktivitäten der Mönchshandwerker und die buddhistische Kunst aus Kohŭng in der späten Chosŏn-Zeit]. *Journal of Korean Cultural History,* Nr.43 (2015): S.115–146.

Jin, Jae Kyo, „18, 19 segi tongasia-wa chisik, chŏngbo-ŭi mesinjŏ, yŏkkwan." [Ostasien im 18. und 19. Jahrhundert und die Überbringer von Wissen und Informationen, Übersetzer]. *Han'guk hanmunhak yŏn'gu* 47 (2011): S.105–137.

Jin, Xi-de, „The ‚Four-Seven Debate' and the School of Principle in Korea." *Philosophy East and West* 37, Nr.4 (1987): S.347–360.

Kalton, Michael C., „An Introduction to Silhak." *Korea Journal* Vol. 15, Nr.5 (1975): S.29–46.

Kalton, Michael C. und Kim Oaksook Chun, *The four-seven debate: An annotated translation of the most famous controversy in Korean neo-Confucian thought*. SUNY series in Korean studies. Albany: State University of New York Press, 1994.

Kang, Mun-sik, „Kyujanggak sojang ŭigwe-ŭi hyŏnhwang-gwa t'ŭkching." [Situation und Charakteristika der im Kyujanggak archivierten *ŭigwe*]. *Kyujanggak*, Nr.37 (2010): S.131–155.

Kang, Myŏng-gwan, *Hong Tae-yong-kwa 1766 nyŏn: Chosŏn chisŏnggye-rŭl hŭndŭn yŏnhaengnok-ŭl ikta* [Hong Tae-yong und das Jahr 1766: Die Reiseberichte lesen, die die Intelligentia von Chosŏn in Bewegung brachten.]. Seoul: Institute Translation of Korea Classics, 2014.

– ‚ „Tasan-ŭl t'onghae tasi sirhak-ŭl saenggak-handa." [Sirhak anhand von Tasan überdenken] *Minjok munhaksa yŏn'gu* 50, (2012): S.108–127.

Kang, Pil-sŏn, Kim Mun-jun und Kim In-kyu, *Han'guk sirhak sasangsa* [Ideengeschichte der *sirhak* Koreas]. Seoul: Simsan, 2008.

Kim, Chŏng-sin, „Chosŏn chŏn'gi hyanggyo-ŭi chŏngch'i, sahoe-jŏk sŏnggyŏk-kwa soet'oe wŏnin." [Die Politik gegenüber den *hyanggyo* in der frühen Chosŏn-Zeit, ihr gesellschaftliche Charakter und Gründe für den Niedergang]. *Chungwŏn munhwa yŏn'gu* 13, (2009): S.1–18.

Kim, Doo Haen, „Chosŏn hugi kyŏngajŏn sŏri kagye sarye yŏn'gu: Sin Tŭngnip kagye." [Untersuchung von Beispielen der Familien von hauptstädtischen *ajŏn* und *sŏri* der späten Chosŏn-Zeit]. *Komunsŏ yŏn'gu*, Nr.42 (2013): S.115–144.

Kim, Hong-sik, „18Cmal sirhakp'a-ŭi kŏnch'uk sasang yŏn'gu: Tasan-ŭi sŏngsŏr-ŭl chungsim-ŭro." [Untersuchung zu den Bauideen der *sirhak*-Gruppe zum Ende des 18. Jahrhunderts]. *Review of Architecture and Building Science* 30, Nr.3 (1986): S.19–22.

Kim, Ji-young, „Politics of Royal Rituals and Banchado Illustrations of *ŭigwe* in the Late Joseon." *Korea Journal* 48, Nr.2 (2008): S.73–110.

Kim, Kyŏng-ok, „Chosŏn hugi yŏngam t'ojok-kwa sŏwŏn: Chŏnju Ch'oe-ssi kamun-ŭi sŏngjang-kwa rokdong sŏwŏn-ŭi kŏllip sarye." [Die Familienlinien aus Yŏngam und die *sŏwŏn* in der späten Chosŏn-Zeit]. *Honam munhwa yŏn'gu* 20, (1991): S.17–54.

Kim, Kyoon-Tai, „Chosŏn sidae hwasŏng sŏngyŏk-ŭi kongjŏng kwalli sarye punsŏk." [Fallstudie zum Zeitmanagement des Bauprojekts der Festung

Hwasŏng in der Chosŏn-Zeit]. *Han'guk kŏnch'uk sigong hakhoe*, Nr.6 (2008): S.139–145.

Kim, Moonsik, „Royal Visits and Protocols in the Joseon Dynasty: Focusing on *Wonhaeng Eulmyo Jeongni Uigwe* Compiled during King Jeonjo's Reign." *Korea Journal* 48, Nr.2 (2008): S.44–72.

Kim, Moon-yong, „18segi pukhangnon-ŭi munmyŏngnon-jŏk hamŭi-e taehan kŏmt'o." [Untersuchung der zivilisatorischen Konsequenzen der Diskussion um das Lernen vom Norden im 18. Jahrhundert]. *T'aedong kojŏn yŏn'gu* 19 (2003): S.79–104.

Kim, Shin-Ja, *Das philosophische Denken von Tasan Chŏng*. Wiener Arbeiten zur Philosophie Reihe B, Beiträge zur philosophischen Forschung 14. Frankfurt am Main: Lang, 2006.

Kim, Sung Lim. *From middlemen to center stage: The chungin contribution to 19th-century Korean painting*. Dissertation (2009), University of California, Berkeley.

Kim, Sung-Yun, „*Tangpyeong* and Hwaseong: The Theory and Practice of Jeongjo's Politics and Hwaseong." *Korea Journal* 41, Nr.1 (2001): S.137–165.

Kim, Tae-sik, „Chosŏn sŏwŏn kanghak-ŭi sŏnggyŏk: Hoegang-gwa kanghoe-rŭl chungsim-ŭro." [Der Charakter der Aktivitäten der Lehre in den *sŏwŏn* in Chosŏn]. *Kyoyuk sahak yŏn'gu* 11, (2001): S.35–51.

– „„Chosŏn ch'o siphak chedo-ŭi sŏlch'i-wa pyŏnch'ŏn." [Errichtung und Wandel des Systems der *siphak* zu Beginn der Chosŏn-Zeit]. *Asia Journal of Education* 12, Nr.3 (2011): S.1–26.

Kim, Tong-uk, Kim, Kyŏng-p'yo, Yi, Wang-gi und Pak Myŏng-dŏk, „Chosŏn sidae kŏnch'uk yongŏ yŏn'gu: ŭigwesŏ-e kirok-doen pujae myŏngch'ing-ŭi pyŏnch'ŏn-e taehayŏ." [Untersuchung der Bauterminologie der Chosŏn-Zeit. Über den Wandel der Bezeichnungen des Tragwerks, die in den Schriften der *ŭigwe* dokumentiert sind.] Journal of the Architectural Institute of Korea 6, Nr.3 (1990): S.3–11.

Kim, Wangjik. 2007. *Algi swiun han'guk kŏnch'uk yongŏ sajŏn* [Enzyklopädie zum einfachen Verständnis der im koreanischen Bauwesen verwendeten Begriffe]. Kungnip chungan tosŏgwan. Online bereitgestellt durch http://terms.naver.com.

Kim, Yeon-ju, „Yŏnggŏn ŭigweryu ch'aja p'yogi yongja-ŭi tŭksŏng yŏn'gu." [Untersuchung der Charakteristika von *ch'aja p'yogi* im Genre der Bauŭigwe] *The Korean Language and Literature* 93 (2006): S.1–35.

Kim, Yŏng-ho, „Chŏng Tasan-ŭi kwahak kisul sasang." [Das wissenschaftliche Verständnis von Tasan Chŏng]. *Tongyanghak* 19, Nr.1 (1989): S.277–300.

Kim, Yong-Hŭm, „18segi kwanin – sirhakcha-ŭi chŏngch'i pip'yŏng-gwa t'angp'yŏngch'aek." [Politische Kritik durch die *sirhak*-Gelehrten und Beamten und die Politik des *t'angp'yŏng* im 18. Jahrhundert]. *History & the Boundaries* 78 (2011): S.243–286.

– , „Tasan-ŭi kukka kusŏng-gwa Chŏngjo t'angp'yŏngch'aek." [Tasans Organisation des Staates und die Politik des *t'angp'yŏng* von König Chŏngjo]. *The Journal of Tasan and the Contemporary times*, Nr.4,5 (2012): S.379–404.

Kim, Yŏng-mo, „19segi chapkwa hapgyŏkcha-ŭi sahoe-jŏk paegyŏng." [Der soziale Hintergrund der Absolventen der *chapkwa* im 19. Jahrhundert]. *Han'guk hakpo* 3, Nr.3 (1977): S.2–30.

Kim, Young-Bum, „Kŏnch'uk-ka Kim Yun'gi-ŭi ch'onyŏn'gi kyoyuk kwajŏng – gwa kŏnch'uk hwaldong-e kwanhan koch'al." [A Study on the Educational Background and Architectural Activites of Architect Kim, Yun-Gi in His Early Times]. *Journal of the Architectural Institute of Korea Planning & Design* 29, Nr.6 (2013): S.173–180.

Kim, Yung Sik, „Science and the Confucian Tradition in the Work of Chong Yagyong." *Journal of TASAN Studies* 5 (2004): S.127–168.

Kim Haboush, JaHyun, „The Ritual Controversy and the Search for a New Identity." in *Culture and the state in late Chosŏn Korea*, hrsg. von JaHyun Kim Haboush und Martina Deuchler, 46–90, Harvard-Hallym Series on Korean Studies. Cambridge, Mass.: Harvard University Asia Center, 1999.

Knoblauch, Hubert, *Wissenssoziologie*, 2. Aufl. Soziologie 2719. Konstanz: UVK-Verl.-Ges, 2010.

Kolb, Anne, Hrsg., *Infrastruktur und Herrschaftsorganisation im Imperium Romanum: Akten der Tagung in Zürich, 19. – 20.10.2012*. Herrschaftsstrukturen und Herrschaftspraxis 3. Berlin: De Gruyter, 2014.

Kŭm, Chang-t'ae, *Tasan Chŏng Yag-yong: Sirhak-ŭi segye* [Tasan Chŏng Yagyong. Die Welt des *sirhak*], Seoul: Sŏnggyun'gwan Taehakkyo Ch'ulp'anbu, 1999.

Landwehr, Achim, *Historische Diskursanalyse*. Historische Einführungen Bd. 4. Frankfurt am Main: Campus, 2008.

Ledyard, Gari, „Hong Taeyong and His Peking Memoir." *Korean Studies*, Nr.6 (1982): S.66–103.

– *The Korean language reform of 1446*. Kungnip Kugŏ Yŏn'guwŏn ch'ongsŏ 2. Seoul, Korea: Singu Munhwasa, 1998.

Lee, Eun-Jeung. *Sŏwŏn – Konfuzianische Privatakademien in Korea*. Research on Korea v.4. Frankfurt: Peter Lang GmbH Internationaler Verlag der Wissenschaften, 2016.

Lee, Kyunghwa, „Ch'osang-e tamji mothan sadaebu-ŭi sam." [Das Leben der *sadaebu*, wie es nicht in Portraits erfasst werden kann]. *Art History Forum,* Nr.34 (2012): S.140–165.

Lee, Yeon-Ro, „Chosŏn hugi changgin-ŭi tamdang kongjong-e kwanhan yŏn'gu: Yŏnggŏn ŭigwe kirok-ŭl chungsim-ŭro." [Untersuchung der Gewerke der Handwerker der späten Chosŏn-Zeit – Mit Fokus auf die Aufzeichnungen der Bauŭigwe]. *Taehan kŏnch'uk hakhoe nonmunjip*, Nr.8 (2009): S.197–204.

Loewe, Michael, Hrsg., *Early Chinese texts: A bibliographical guide.* Early China special monograph series 2. Berkeley: The Society for the Study of Early China, 1993.

Miller, Owen. „The Myônjujôn Documents: Accounting Methods and Merchants' Organisations in Nineteenth Century Korea." *Sungkyun Journal of East Asian Studies* 7, Nr. 1 (2007): 87–114.

———, „Ties of Labour and Ties of Commerce: Corvée among Seoul Merchants in the Late 19th Century." *Journal of the Economic and Social History of the Orient* 50, Nr. 1 (2007): 41–71.

Mills, Sara, *Der Diskurs: Begriff, Theorie, Praxis,* Orig.-Ausg. UTB 2333 : Kulturwissenschaft. Tübingen: Francke, 2007.

Moll-Murata, Christine, Song Jianze und Hans Ulrich Vogel, Hrsg., *Chinese handicraft regulations of Qing dynasty: Theory and application.* München: iudicium, 2005.

Na, Young Hun, „Chosŏn ch'ogi Sŏn'gonggam-ŭi unyŏng-gwa kwanwŏn-ŭi sŏnggyŏk." [Das Management des Sŏn'gonggam und der Charakter der Beamten in der frühen Chosŏn-Zeit] *The Journal of Choson Dynasty History* 62 (2012): S.113–171.

– , „Ŭigwe(儀軌)-rŭl t'onghae pon chosŏn hugi togam(都監)-ŭi kujo-wa kŭ t'ŭksŏng." [Struktur und Charakteristika der togam der späten Chosŏn-Zeit betrachtet anhand ŭigwe]. *Yŏksa-wa hyŏnsil,* Nr.93 (2014): S.235–296.

Needham, Joseph, *The grand titration: Science and society in East and West.* London: Allen & Unwin, 1969.

Nerdinger, Winfried und Else Glahn, *Die Kunst der Holzkonstruktion: Chinesische Architekturmodelle.* Berlin: Jovis, 2009.

Nienhauser, William H. Jr., Hrsg., *The Indiana companion to traditional Chinese literature.* Bloomington, Ind.: Indiana University Press, 1986.

No, Song-ho, Sim, U-gyŏng und Kwŏn Yŏng-hyu, „Chosŏn sidae hyanggyo-ŭi ipchi mit konggan t'ŭksŏng." [Ort und räumliche Charakteristika der *hyanggyo* der Chosŏn-Zeit]. *Han'guk chŏnt'ong chogyŏng hakhoeji* 23, Nr.2 (2005): S.135–145.

O, Yŏng-gyo, *Chosŏn kŏn'guk-kwa Kyŏngguk taejŏn ch'eje-ŭi hyŏngsŏng*. Seoul: Hyean, 2004.

Oh, Se-deok, „18segi chŭngjang Kwae Yŏn-ŭi kŏnch'uksul-gwa puljŏn." [Die Handwerkskunst des Mönchshandwerkers Kwae Yŏn und buddhistische Gebäude im 18. Jahrhundert]. Komunhwa: *Korean Antiquity*, Nr.83 (2014): S.63–87.

Pak, Hyŏn-sun, „17segi kwagŏ kwalli-ŭi chŏngbi: ŭngsija chŭngga-wa kwallyŏnhayŏ." [Organisation des Managements der Beamtenprüfungen im 17. Jahrhundert]. *Chosŏn sidae sahakpo* 49, (2009): S.135–173.

Pak, Sŏng-hun, *Han'guk samjae tohoe* [Das koreanische Sancai Tuhui], Seoul: Sigongsa, 2002.

Pak, Yŏn-ho, „Chosŏn chŏn'gi hyanggyo chŏngch'aek-ŭi sŏnggyŏk-kwa han'gye." [Grenzen und Charakter der Politik gegenüber den *hyanggyo* der frühen Chosŏn-Zeit]. *Kyoyuk sahak yŏn'gu* 8, (1998): S.53–118.

Palais, James, „Confucianism and The Aristocratic/Bureaucratic Balance in Korea." *Harvard Journal of Asiatic Studies* 44, Nr.2 (1984): S.427–468.

– , *Politics and policy in traditional Korea*. Harvard East Asian monograph 159. Cambridge, Mass.: Harvard University Press, 1991.

Park, Eugene Y., „Military Examinations in Late Chosŏn, 1700–1863: Elite Substratification and Non-Elite Accommodation." *Korean Studies* 25, Nr.1 (2001): S.1–50.

– , „Old Status Trappings in a New World: The ‚Middle People' (Chungin) and Genealogies in Modern Korea." *Journal of Family History* 38, Nr.2 (2013): S.166–187.

Park, Seong-Rae, *Science and technology in Korean history: Excursions, innovations, and issues*. Fremont, Calif: Jain Publ, 2005.

Pölking, Florian. „The Status of the Hwaseong seongyeok uigwe in the History of Architectural Knowledge: Documentation, Innovation, Tradition." *The Korean Journal for the History of Science* 39, Nr. 2 (2017): 257–291.

Pratt, Keith L., Richard Rutt und James Hoare, *Korea: A historical and cultural dictionary*. Durham East-Asia series. Richmond, Surrey: Curzon Press, 1999.

Renn, Jürgen und Matteo Valleriani. „Elemente einer Wissensgeschichte der Architektur." [Elements of a History of Knowledge on Architecture] In: *Wissensgeschichte der Architektur. Band I. Vom Neolithikum bis zum Alten Orient*. Hrsg. von Jürgen Renn, Wilhelm Osthues und Hermann Schlimme, 7–53. Edition Open Access 3. Berlin: Max-Planck-Institut für Wissenschaftsgeschichte, 2014.

Robinson, David M. *Seeking Order in a Tumultuous Age: The Writings of Chŏng Tojŏn, a Korean Neo-Confucian.* Korean Classics Library v.1. Honolulu: University of Hawaii Press, 2016.

Ro, Jin Young, „Demographic and Social Mobility Trends in Early Seventeenth-century Korea: An Analysis of Sanŭm County Census Registers." *Korean Studies,* Nr.7 (1983): S.77–113.

Ryu, Seong-Lyong und Joo Nam-Chull, „Ch'ulmok ikkong kiwŏn-gwa pyŏnch'an-e kwanhan yŏn'gu." [Untersuchung zum Ursprung und Wandel der *chulmok ikkong*]. *Journal of the Architectural Institute of Korea* 13, Nr.4 (1997): S.111–220.

Sarasin, Philipp, *Geschichtswissenschaft und Diskursanalyse,* 1. Aufl., Originalausg. Suhrkamp Taschenbuch Wissenschaft 1639. Frankfurt am Main: Suhrkamp, 2003.

Schnell, Welf H., „Typology and Structure of the Handicraft Regulations on the Yuanming Yuan." in *Chinese handicraft regulations of Qing dynasty: Theory and application,* hrsg. von Christine Moll-Murata, Song Jianze und Hans Ulrich Vogel, S. 205–212. München: iudicium, 2005.

Schuler, Christofer, „Fernwasserleitungen und römische Administration im griechischen Osten." in *Infrastruktur und Herrschaftsorganisation im Imperium Romanum: Akten der Tagung in Zürich, 19. - 20.10.2012,* hrsg. von Anne Kolb, S.103–120, Herrschaftsstrukturen und Herrschaftspraxis 3. Berlin: De Gruyter, 2014.

Schuster, Ferdinand, „Management von Großprojekten – Herausforderungen und Lösungen." *Public Governance,* Frühjahr (2013): S.6–11.

Schwingel, Markus, *Pierre Bourdieu zur Einführung,* 7.Aufl. Zur Einführung 168. Hamburg: Junius-Verl, 2011.

Setton, Mark, „Factional Politics and Philosophical Development in the Late Chosŏn." *Journal of Korean Studies* 8, Nr.1 (1992): S.37–80.

– , *Chŏng Yagyong: Korea's challenge to orthodox neo-Confucianism.* SUNY series in Korean studies. Albany: State University of New York Press, 1997.

Shim, Yoonjeong, „Affirming ‚civilization' in exile: Chong Yagyong (1762–1836)." Dissertation (2013), Ann-Arbor: University of Illinois at Urbana-Champaign.

Shin, Byung-ju, „Culture in Documents from the Joseon Dynasty and Euigwe (儀軌)." *The Review of Korean Studies* 10, Nr.3 (2007): S.173–183.

– , „Court Life and the Compilation of Uigwe during the Late Joseon." *Korea Journal* 48, Nr.2 (2008): S.10–43.

– , „Chosŏn sidae ŭigwe (儀軌) p'yŏnch'an-ŭi yŏksa." [Die Geschichte der Kompilation der *ŭigwe* der Chosŏn-Zeit]. *The Journal of Choson Dynasty History* 54 (2010): S.269–300.

Shin, Hae-soon, „17segi chŏnhu tongban sosok hagŭp kyŏngajŏn chedo-ŭi pyŏnhwa." [Der Wandel des Systems der niedrigen hauptstädtischen *ajŏn* aus den Reihen der *tongban* im Laufe des 17. Jahrhunderts]. *The Journal for the Studies of Korean History,* Nr.40 (2010): S.105–146.

Shin, Ik-Cheol, „The Western Learning Shown in the Records of Envoys Traveling to Beijing in the First Half of the Nineteenth Century – Focusing on Visits to the Russion Diplomatic Office." *The Review of Korean Studies* 11, Nr.1 (2008): S.11–27.

Sin, Myŏng-ho, „Chosŏn ch'ogi ŭigwe p'yŏnch'an-ŭi paegyŏng-gwa ŭiŭi." [Hintergrund und Bedeutung der Kompilation von *ŭigwe* in der frühen Chosŏn-Zeit] *The Journal of Choson Dynasty History* 59 (2011): S.5–35.

Smith, Wilfred Cantwell, *The meaning and end of religion*. Minneapolis, Minn: Fortress Press, 1991.

Song, Young-bae, „Countering Sinocentrism in Eighteenth-Century Korea: Hong Tae-yong's Vision of ‚Relativism' and Iconoclasm for Reform." *Philosophy East & West* 49, Nr.3 (1999): S.278–297.

Tennant, Charles R. *History of Korea*. London: Routledge, Taylor & Francis Group, 2010.

Traulsen, Thorsten, *Die lexikologischen und phonologischen Grundlagen der inneren Rekonstruktion im Mittelkoreanischen.*, Dissertation (2012), Hamburg: Staats- und Universitätsbibliothek Hamburg.

U, Hyŏn-jŏng, „Yu Hyŏngwŏn-ŭi chaphak kyoyuk kaehyŏng-non chaego: ‚Chapkwa pangmok'-ŭl chungsim-ŭro." [Überprüfung der Argumentation des Yu Hyŏng-wŏn zur Reform der Lehre der *chapkwa* – mit Fokus auf die *chapkwa pangmok*]. *Kyoyuk sahak yŏn'gu* 23, Nr.2 (2013): S.63–93.

Wilkinson, Endymion Porter, *Chinese history: A manual*, Rev. and enl. Harvard-Yenching Institute monograph series 52. Cambridge, Mass.: Harvard University Press, 2000.

Vermeersch, Sem. *The Power of the Buddhas: The Politics of Buddhism During the Koryo Dynasty* (918–1392). Cambridge, Mass.: Distributed by Harvard University Press, 2008.

Yi, Chae-ch'ŏl, *Chosŏn hugi Pibyŏnsa yŏn'gu* [Untersuchung des Pibyŏnsa der späten Chosŏn-Zeit], Chosŏn sidaesa yŏn'gu ch'ongsŏ 10. Seoul: Chimmundang, 2001.

Yi, Nam-hŭi, „Chosŏn sidae chapkwa pangmok-ŭi charyo-jŏk sŏnggyŏk." [Der materielle Charakter der *chapkwa pangmok* der Chosŏn-Zeit]. *Komunsŏ yŏn'gu* 12, (1998): S.121–158.

– „Chosŏn hugi chapkwa-ŭi wisang-gwa t'ŭksŏng: Pyŏnhwa-sok-ŭi chisok-kwa ŭngjip." [Status und Charakteristika der *chapkwa* in der späten Chosŏn-Zeit] *Han'guk munhwa,* Nr.6 (2012): S.65–86.

Yi, Sŏn-yŏp und Kim To-hyŏn, „Kwagŏ chedo-e kwanhan pip'an-jŏk sŏngch'al: Chosŏn-ŭi ‚munhwa sihŏm'-ŭl chungsim-ŭro." [Kritische Reflektion der Struktur der kwagŏ. Mit Fokus auf die Prüfungskultur Chosŏns]. *Han'guk haengjŏng sahakchi* 21, (2007): S.1–35.

Yi, Wŏn-jae, „Chosŏn hugi kwagŏje-esŏ-ŭi kyŏngjŏn kyŏnggam nonŭi-e taehan yŏn'gu." [Untersuchung der Diskussion um die Reduzierung der Klassiker in den Beamtenprüfungen der späten Chosŏn-Zeit]. *Han'guk kyoyuk sahak* 32, Nr.1 (2010): S.105–126.

Yŏn, Kap-su, „Ilsŏngnok-ŭi saryo-jŏk kach'i-wa hwalyong pangan." [Der Wert als historische Aufzeichnungen und der Plan zur Anwendung der *Ilsŏngnok*]. *The Journal of Korean Classics* 27 (2004): S.37–85.

Yu, Myoungin. „*Kuunmong* und die koreanische Literaturwissenschaft: Wissenschaftsgeschichte als Provokation." Dissertation, Ruhr Universität, 2009, Bochum.

Yu, Okkyong, „Kim Hongdo „Sinsŏndo 8 ‚ch'ŏppyŏngp'ung'-ŭi horo sinsŏn (葫蘆神仙) imiji." [Das Bild der Unsterblichen, die eine Kürbisflasche halten, in „Die achtfache Wandschirmmalerei der Daoistischen Unsterblichen" des Kim Hongdo]. *The Misulhakbo: Reviews on the Art History* 37 (2011): S.155–182.

Yuh, Leighanne Kimberly. *Education, the struggle for power, and identity formation in Korea, 1876–1910.* Berkeley, 2008.

Yun, Mi-ran, „Chosŏn sidae-ŭi chibang kyoyuk haengjŏng-e kwanhan koch'al: Hyanggyo-wa sŏwŏn-ŭl chungsim-ŭro." [Untersuchung der Erziehungspraktiken auf dem Land während der Chosŏn-Zeit] *Han'guk haengjŏng sahakchi* 2, (1993): S.161–178.

Abbildungsverzeichnis

Abbildung 1: Umschlag der Königsausgabe des *Mongnŭng hwirŭng hyerŭng pyosŏk yŏnggŏnch'ŏng ŭigwe* 穆陵徽陵惠陵表石營建廳儀軌, herausgegeben 1747. 97

Abbildung 2: Umschlag der Archivausgabe des *Sindŏk wanghu chŏngnŭng yŏnggŏnch'ŏng ŭigwe* 神德王后貞陵營建廳儀軌, herausgegeben 1770, laut Aufschrift zur Archivierung im Ministerium für Riten. 97

Abbildung 3: Einband der Königsausgabe des *Hyŏnjong sungnŭng sallŭng togam ŭigwe* 顯宗崇陵山陵都監儀軌（上）, Oberer Band, herausgegeben 1674, mit Blütenmuster. 98

Abbildung 4: Detailansicht des Einbands der Königsausgabe des *Hyŏnjong pinjŏn togam ŭigwe* 顯宗殯殿都監儀軌, herausgegeben 1675, mit Wolkenmuster. 98

Abbildung 5: Königsausgabe des *Hyŏnjong sungnŭng sallŭng togam ŭigwe* 顯宗崇陵山陵都監儀軌（上）, Oberer Band, herausgegeben 1674, S.8f. 101

Abbildung 6: Königsausgabe des *Hyŏnjong sungnŭng sallŭng togam ŭigwe* 顯宗崇陵山陵都監儀軌（上）, Oberer Band, herausgegeben 1674, S.9f. 101

Abbildung 7: Ausschnitt aus der Archivausgabe des *Hyŏnjong pinjŏn togam ŭigwe* 顯宗殯殿都監儀軌, herausgegeben 1675. 102

Abbildung 8: Verzeichnis der Exemplare des *Sukchong inhyŏn wanghu myŏngnŭng kaesu togam ŭigwe* 肅宗仁顯王后明陵改修都監儀軌, herausgegeben 1744. 102

Abbildung 9: *Panch'ado* aus der Königsausgabe des *Insŏn wanghu pumyo togam ŭigwe* 仁宣王后祔廟都監儀軌, herausgegeben 1676, S.424f. 104

Abbildung 10: *Panch'ado* aus der Archivausgabe des *Insŏn wanghu pumyo togam ŭigwe* 仁宣王后祔廟都監儀軌, herausgegeben 1676, S.202f. 104

Abbildung 11: Inhaltsverzeichnis des *T'aejo kŏnwŏllŭng chungsu togam ŭigwe* 太祖健元陵重修都監儀軌, herausgegeben 1764. 109

Abbildung 12: Auszug aus dem Personalverzeichnis des *T'aejo kŏnwŏllŭng chungsu togam ŭigwe* 太祖健元陵重修都監儀軌, herausgegeben 1764. 109

Abbildung 13: Eintrag Monat acht, Tag 17 aus *Ŭigwe 1777*. 156

Abbildung 14: Vier Zeichnungen in Bezug auf *yuhyŏng* im *Sŏngsŏl*............. 223

Abbildung 15: Gestell, abgebildet im *Kijung tosŏl*...................................... 225

Abbildung 16: Oberer starrer und unterer beweglicher Tragbalken mit Anzeichnungen für Umlenkrollen, abgebildet im *Kijung tosŏl*. 226

Abbildung 17: Rollenzug bzw. obere und untere Umlenkrollen, abgebildet im *Kijung tosŏl*. 226

Abbildung 18: Winde, abgebildet im *Kijung tosŏl*..................................... 227

Abbildung 19: Zusammengefasste Darstellung von Winde und Seiltrommel im Nebenbaukörper des Flaschenzugs, abgebildet im *Kijung tosŏl*. 227

Abbildung 20: Gesamtdarstellung des Hauptbaukörpers der Hebevorrichtung, abgebildet im *Kijung tosŏl*................. 228

Abbildung 21: Gesamtdarstellung des *kŏjunggi* Flaschenzugs im *Hwasŏng sŏngyŏk ŭigwe*. 229

Abbildung 22: Bauteile des *kŏjunggi* Flaschenzugs im *Hwasŏng sŏngyŏk ŭigwe*. 230

Abbildung 23: Gesamtdarstellung des *nongno* Krans im *Hwasŏng sŏngyŏk ŭigwe*. 231

Abbildung 24: Bauteile des *nongno* Krans im *Hwasŏng sŏngyŏk ŭigwe*............. 232

Abbildung 25: Schwerlastenwagen *taegŏ* im *Hwasŏng sŏngyŏk ŭigwe*. 233

Abbildung 26: Flachwagen *pyŏnggŏ* im *Hwasŏng sŏngyŏk ŭigwe*. 234

Abbildung 27: Arbeiten beim Hausbau sowie bei der Metallgewinnung und -verarbeitung................................ 246

Abbildung 28: Struktur der Institutionen der Rangebenen 1A bis 2A der zentralen Administration nach Angaben der Kodizes.......... 300

Abbildung 29: Struktur der Abteilungen der Ministerien nach Angaben des TJTP.. 301

Tabellenverzeichnis

Tabelle 1:   Prüfungsgerüst nach den Angaben des *KGTJ* bzw. *TJTP*. 20

Tabelle 2:   Absolventenzahlen der Prüfungen nach den Angaben des *KGTJ* bzw. *TJTP*. 27

Tabelle 3:   Ämter und Ränge des Ŭijŏngbu 42

Tabelle 4:   Aufgabengebiete der sechs Ministerien anhand Kurzbeschreibung der Kodizes. 43

Tabelle 5:   Darstellung der Ämter der sechs Ministerien anhand der Kodizes. 44

Tabelle 6:   Beamte im Sŏnggyun'gwan nach Angaben des *KGTJ*. 48

Tabelle 7:   Beamte im Kwansanggam nach Angaben des *KGTJ*. 49

Tabelle 8:   Beamte im Sayŏgwŏn nach Angaben des *KGTJ*. 51

Tabelle 9:   Kongjo nach Angaben des *TJTP*. 54

Tabelle 10: Ämter *kongjo*- und *kongjak* gemäß den Kodizes. 56

Tabelle 11: Ranginnehabende Handwerksämter gemäß den Kodizes. 57

Tabelle 12: Abteilungen des Kongjo 60

Tabelle 13: Aufgabenbereiche des Sŏn'gonggam in Bezug auf „Bau- und Instandhaltung" anhand der Angaben des *Yukchŏn ch'orye*. 63

Tabelle 14: Rangämter des Sŏn'gonggam nach *KGTJ* und *TJTP*. 64

Tabelle 15: Handwerker des Sŏn'gonggam. 66

Tabelle 16: Anteil der Prüfungsabsolventen der mun'gwa im *Todangnok*. 76

Tabelle 17: Sortierung der Familiennamen für Tabelle 20. 77

Tabelle 18: Gesamtzahl der *mun'gwa* Prüfungsabsolventen nach Familienlinien 78

Tabelle 19: Übersicht der Führungspersonen in den ausgewählten *ŭigwe* 113

Tabelle 20: Übersicht der Leitungspersonen in den ausgewählten *ŭigwe*. 123

Tabelle 21: Übersicht der ausführenden Personen in den ausgewählten *ŭigwe*. 128

Tabelle 22: Zimmerleute im Bauabschnitt eins in *Ŭigwe 1677*. 149

Tabelle 23: Handwerker mit auffälliger Schreibweise in *Ŭigwe 1753*. 149

Tabelle 24: Handwerker beider Bauabschnitte mit auffälliger Schreibweise in *Ŭigwe 1764*. 150

Tabelle 25:	Für Belohnungen ausgewählte Handwerker des Bauprojekts der Festung Hwasŏng; Auszug gemäß *Ilsŏngnok*.	172
Tabelle 26:	System der Ränge und Ämter.	281
Tabelle 27:	Handwerker des Kongjo nach Angaben der Kodizes.	283
Tabelle 28:	Ausschnitt aus den Amtsnominierungen der Minister für Öffentliche Arbeiten	285
Tabelle 29:	Auswahl der Bauŭigwe anhand der dargestellten Kriterien.	286
Tabelle 30:	Aufstellung und Anzahl der Handwerker gemäß der gewählten repräsentativen *ŭigwe*.	289
Tabelle 31:	Weitere Handwerker in Bauabschnitt eins in *Ŭigwe 1677*.	291
Tabelle 32:	Handwerker in Bauabschnitt zwei in *Ŭigwe 1677*.	292
Tabelle 33:	Handwerker in Bauabschnitt drei in *Ŭigwe 1677*.	292
Tabelle 34:	Handwerker mit auffälliger Schreibweise in Bauabschnitt eins in *Ŭigwe 1693*.	293
Tabelle 35:	Handwerker mit auffälliger Schreibweise in Bauabschnitt zwei in *Ŭigwe 1693*.	294
Tabelle 36:	Handwerker in *Ŭigwe 1777*.	294
Tabelle 37:	Handwerker in *Ŭigwe 1790*.	296
Tabelle 38:	Für Belohnungen ausgewählte Handwerker aus der Provinz Hwanghae im Rahmen des Bauprojekts der Festung Hwasŏng gemäß *Ilsŏngnok*.	298

Glossar[539]

Glossar koreanischer Begriffe

McCune Reischauer	*hanja*	*han'gŭl*
honch'ŏnŭi	渾天儀	혼천의
aguk	我國	아국
agyo	阿膠	아교
ajŏn	衙前	아전
akkong	樂工	악공
aksaeng	樂生	악생
ama	兒馬	아마
anjajang	鞍子匠	안자장
ch'aja p'yogi	借字標記	차자표기
ch'amha	參下	참하
ch'amsang	參上	참상
ch'amwoe	參外	참외
Ch'angdŏkkung	昌德宮	창덕궁
ch'eajik	遞兒職	체아직
ch'iljang	漆匠	칠장
ch'iljang	漆匠	칠장
ch'imsŏnbi	針線婢	침선비
ch'oehu	最厚	최후
ch'oikkong	初翼工	최익공
ch'ojang	初場	초장
ch'ojuji	草注紙	초주지
ch'ŏlgi	鐵機	철기
ch'ŏn'gŏ	薦擧	천거
Ch'ŏnjamun	千字文	천자문
ch'ŏnmin	賤民	천민
ch'ŏnmunhak	天文學	천문학
ch'ŏnmunhakkwa	天文學科	천문학과

---

539 Das Glossar umfasst alle Begriffe und Namen aus dem Fließtext und den Fußnoten. Alle ohnehin in Tabellen gelisteten Namen und Begriffe sind ausgenommen. Gleiches gilt für Werktitel, die dem Literaturverzeichnis entnommen werden können oder nur einmalig erwähnt werden.

Chŏnwŏn togam	遷園都監	천원도감
ch'osi	初試	초시
Ch'unch'ugwan	春秋官	춘추관
Ch'unghunbu	忠勳府	충훈부
ch'wijae	取才	취재
cha	甆	자
chabin	雜人	잡인
chaeikkong	再翼工	재익공
chaejisajok	在地士族	재지사족
chagungja taega	資窮者代加	자궁자대가
chagyegun	斫曳軍	재계군
cham	箴	잠
Chamun'gam	紫門監	자문감
chamyŏngjong	自鳴鐘	자명종
changgyo	將校	장교
chapchik	雜職	잡직
Chapkwa pangmok	雜科榜目	잡과방목
chapkwa	雜科	잡과
chegwa	諸科	제과
chejo	提調	제조
chesang	祭床	제상
chewang	帝王	제왕
chinch'iljang	眞漆匠	진칠장
chinch'iljang	眞漆匠	진칠장
Chinhyulch'ŏng	賑恤廳	진휼청
chinsa	進士	진사
chirihak	地理學	지리학
cho	詔	조
chogakchang	雕刻匠	조각장
chogakchang	雕刻匠	조각장
chŏjuji	楮注紙	저주지
chokpo	族譜	족보
chŏllye	前例	전례
chŏm	chŏm 簟	점
chŏn	箋	전
chong	從	종
chŏng	正	정
chŏngbun	丁粉	정분

268

chongjang	終場	종장
chŏngjik	正職	정직
Chŏnhamsa	典艦司	전함사
chŏnjŏng	殿庭	전정
chŏnsi	殿試	전시
Chosŏng togam	造成都監	조성도감
chubyŏng	酒餅	주병
chuljang	乼匠	줄장
chŭngch'i	增置	증치
chŭnggwangsi	增廣試	증광시
chŭnggwangsi	增廣試	증광시
chungin	中人	중인
chungjang	*chungjang* 中場	중장
chuto	朱土	주도
chwach'ansŏng	左贊成	좌찬성
chwaŭijŏng	左議政	좌의정
p'ungsu	風水	풍수
haengsubŏp	行守法	행수법
haeun p'an'gwan	海運判官	해운판관
hain	下人	하인
hanhak	漢學	한학
hanmun	漢文	한문
hanok	韓屋	한옥
Hansŏngbu	漢城府	한성부
hogwal	或曰	호괄
hogwe	犒饋	호궤
hojŏn	戶典	호전
hop'ae	號牌	호패
horyo	戶料	호료
hŭkchinch'il	黑眞漆	흑진칠
hun'gaja	訓假字	훈가자
hundokcha	訓讀字	훈독자
Hŭngch'ŏngak	興淸樂	흥청각
hwahak	畵學	화학
hwajang	花匠	화장
hyangni	鄕吏	향리
hyŏn'gam	縣監	현감
hyungnye	凶禮	흉례

igung	離宮	이궁
igyo	吏校	이교
ijang	泥匠	이장
ijŏn	吏典	이전
ijŏn	吏典	이전
ikkong	翼工	익공
imsin	壬申	임신
inch'uljang	印出匠	인출장
injang	茵匠	인장
Injŏngjŏn	仁政殿	인정전
ipsajang	入絲匠	입사장
iyong husaeng	利用厚生	이용후생
kabo	甲午	갑오
kach'iljang	假漆匠	가칠장
kach'iljang	假漆匠	가칠장
kaejang	盖匠/蓋匠	개장
kaettong	岾同	갯동
kaksujang	刻手匠	각수장
karye	嘉禮	가례
ki	記	기
killye	吉禮	길례
kisuljik chungin	技術職 中人	기술직 중인
kit'a	其他	기타
kiyong	器用	기용
kŏ	車	거
kogŏ	雇車	고거
kongjak	工作	공작
kongjakchil	工匠秩	공작질
kongjang	工匠	공장
Kongjo	工曹	공조
kongjo	工造	공조
kongjŏn	工典	공전
kongp'o	栱包	궁포
kongsang	工商	공상
kongsin	功臣	공신
Kongyasa	攻冶司	공야사
kosi	古詩	고시
kugŏ	舊居	구거

Kukchagam	國子監	국자감
kŭllo	勤勞	근로
kullye	軍禮	군례
kunggwŏl chosŏng kamyŏkkwan	宮闕 造成 監役官	궁궐조성감역관
kungjang	弓匠	궁장
kungsil	宮室	궁실
kungsil	宮室	궁실
kurye	舊例	구례
kuyŏngsŏn	九營繕	구영선
kwagŏ kosigwan	科擧 考試官	과거 고시관
kwagŏ	科擧	과거
kwangmok	廣木	광목
kwanno	官奴	관노
kwebŏm	軌範	궤범
kwiin	貴人	귀인
kyech'e	階砌	계체
kyŏmgwan	兼管	겸관
kyŏmin	傔人	겸인
kyŏmjik	兼職	겸직
Kyŏngbokchŏn	景福殿	경복전
Kyŏngbokkung	景福宮	경복궁
kyŏnggwanjik	京官職	경관직
Kyŏngmogung	景慕宮	경모궁
kyŏngnyŏk	經歷	경력
kyoryang	橋梁	겨량
kyosaeng	校生	교생
magyŏkchang	磨鏡匠	마격장
majojang	磨造匠	마조장
manho	萬戶	만호
manho	萬戶	만호
maŭi	馬醫	마의
mip'o	米布	미포
mokhyejang	木鞋匠	목혜장
moksojang	木梳匠	목소장
moksu	木手	목수
moksujang	木梳匠	목수장
monghak	蒙學	몽학

271

muban	武班	무반
mugwa	武科	무과
mugyŏk	巫覡	무격
muikkong	無翼工	무익공
mun'gwa	文科	문과
mundap	問答	문답
munjip	文集	문집
munokchik	無祿職	무옥직
munŭm	門蔭	문음
murikkong	物翼工	물익공
myŏn	面	면
myŏn'gŭb	面給	면급
myŏnch'ŏn	免賤	묘춘
myŏng	銘	명
myŏnggwahak	命課學	명과학
namin	南人	남인
nan'guk	蘭菊	난국
napjang	鑞匠	납장
napyŏmjang	鑞染匠	납엽장
no	爐	노
nobi	奴婢	노비
noerok	磊碌	뇌록
noinjik	老人職	노인직
nojŏmjang	蘆簟匠	노점장
nokbong	綠俸	녹봉
nokkwa	祿科	녹과
noksa	錄事	녹사
nomi	老味	놈이
oegyo	外敎	외교
Oekyujanggak	O外奎章閣	외규장각
Oet'anggo	外帑庫	외탕고
okche	*okche* 屋制	옥제
ŏkpul sungyu	抑佛崇儒	억불숭유
okt'aek	屋宅	옥택
ŏrambon/yong	御覽本/用	어람본/용
ŏsa	御史	어사
p'ach'orana	巴初刺那	파초라나
p'ae	牌	패

p'ansŏ	判書	판서
p'umgye	品階	품계
p'yo	表	표
paegang	背講	배강
Paegundong sŏwŏn	白雲洞 書院	백운동 서원
pakpaejang	朴排匠	박배장
panch'ado	班次圖	반차도
pangoe hwawŏn	方外畵員	방외화원
panno	班奴	반노
Pibyŏnsa	備邊司	비변사
pillye	賓禮	빈례
pinmin	貧民	빈민
poch'ŏp	譜牒	법첩
poksi	覆試	복시
Pongsangsi	奉常寺	봉상시
pŏnjuhong	磻朱紅	번주홍
pu	賦	부
pugŭmjang	付金匠	부금장
pujejo	副提調	부제조
pukbŏl	北伐	북벌
pundŭng	分等	분등
punsangbon/yong	分上本/用	분상본/용
pusŏkso	浮石所	부석소
pyŏk	甓	벽
pyŏldan	別單	별단
pyŏlgongjak	別工作	별공작
pyŏlsi	別試	별시
pyŏngbo	兵布	병보
pyŏngin yangyo	丙寅洋擾	병인양요
pyŏnsu	邊首	변수
ri	里	이/리
sadaebu	士大夫	사대부
saek	色	색
saengwŏn	生員	생원
Saganwŏn	司諫院	사간원
sagijang	沙器匠	사기장
sagŭb	賜給	사급
sahwa	士禍	사화

sajang	私匠	사장
sajo tanja	四祖單子	사조단자
sallim	山林	산림
sallŭng ŭigwe	山陵儀軌	산릉의궤
sallŭng	山陵	산릉
san'gwan	散官	산관
san'gye	散階	산계
Sangjigwan	相地官	상지관
Sangŭiwŏn	尙衣院	상의원
sanhak	算學	산학
sano	私奴	사노
Sant'aeksa	山澤司	산택사
Saongwŏn	司饔院	사옹원
Saongwŏn	司饔院	사옹원
sasaektangjaeng	四色黨爭	사색단쟁
Shanhaiguan	山海關	산해관
siljik	實職	실직
sillok	實錄	실록
silsa kusi	實事求是	실사구시
Simindang	時敏堂	시민당
singnyŏnsi	式年試	식년시
sinjojil	新造秩	신조질
siphak	十學	십학
sirhak	實學	실학
sobanjang	小盤匠	소반장
sobusŏkso	小浮石所	소부석소
sŏdang	書堂	서당
soeyakchang	鎖鑰匠	쇠약장
sogamun	屬衙門	속아문
sogwa	小科	소과
Sohak	小學	소학
sŏin	西人	서인
sŏja	庶子	서자
sŏjanggwan	書狀官	소장관
sojunghwa	小中華	소중화
sŏksu	石手	석수
somok	小木	소목
somokchang 小	小木匠	소목장

somul	素物	소물
sŏn	船	선
sŏn'gong kamyŏk	繕工監役	선곡감역
sŏng	城	성
song	頌	성
sŏngnihak	性理學	성리학
sŏnjang	船匠	선장
Sŏnjŏngjŏn	宣政殿	성정전
sŏnsŏng sŏnsa	先聖先師	선성선사
Sŏnwŏnjŏn	璿源殿	선전원
sŏŏl	庶孼	서얼
sŏri	書吏	서리
sorojang	小爐匠	소로장
subonjil	手本秩	수본질
sujong hwawŏn	隨從畵師	수종화원
Sujŏngjŏn	壽靜殿	수정전
sŭngji	承旨	승지
sungma	熟馬	숙마
sŭngsŏ	陞敍	승서
suŏsa	守禦使	수어사
suryŏng	守令	수령
suun p'ang'wan	水運 判官	수운판관
t'aep'yŏnggŏ	太平車	태평거
t'angp'yŏng	蕩平	탕평
t'ook	土屋	토옥
taebusŏkso	大浮石所	재부석소
taech'aek	對策	대책
taechŭnggwangsi	大增廣試	대증광시
taegun	大君	대군
taejehak	大提學	대제학
taemok	大木	대목
tanch'ŏng	丹靑	단청
tangha	堂下	당하
tangsang	堂上	당상
to	道	도
toch'ŏng	都廳	도청
togam	都監	도감
Tohwasŏ	圖畵署	도화서

tojajang	刀子匠	도자장
tojejo	都提調	도제조
Tolsi	乭屎	돌시
tomok chŏngsa	都目政事	도목정사
tomok yŏngsŏn	土木 營繕	도목영선
tong	洞	동
tongsajang	銅絲匠	동사장
top'yŏnsu	都邊首	도편수
toro	道路	도로
toryu	道流	도류
tosa	都事	도사
tosŏl	圖說	도설
tosŏng kamyŏkkwan	都城 監役官	도성감역관
tŏtpo	假栿	덛보
tusŏkchang	豆錫匠	두석장
uch'ansŏng	右贊成	우찬성
Ŭigŭmbu	義禁府	의금부
ŭigwa	醫科	의과
ŭigwe	儀軌	의궤
ŭigwejil	儀軌秩	의궤질
Ŭijŏngbu	議政府	의정부
ŭimun	儀文	의문
ŭisik	儀式	의식
ŭiŭi	疑義	의의
Ŭiyŏnggŏ	義盈庫	의영거
ŭlmyo	乙卯	을묘
ŭm	蔭	음
ŭmdokcha	音讀字	음독자
ŭmgaja	音假字	음가자
ŭmyanggwa	陰陽科	음양과
ŭnjang	銀匠	은장
uŭijŏng	右議政	우의정
wa	瓦	와
waehak	倭學	왜학
wajŏnjang	瓦甎匠	와전장
wŏnyŏk	員役	원역
yajang	冶匠	야장
yangban	兩班	양반

yangban chihyang ŭisik	兩班 志向 意識	양반지향의식
yangmin	良民	양민
Yejo	禮曹	예조
yejŏn	禮典	예전
Yemun'gwan	藝文館	예문관
yogu	欲優	요구
yŏjinhak	女眞學	여진학
yŏk	役	역
yŏk	逆	역
yŏkkwa	譯科	역과
yŏnggŏn ch'ansu	營建撰修	영건찬수
Yŏngjosa	營造司	영조사
yŏngnŭngnyŏng	永陵令	영릉녕
Yŏngnyŏngjŏn	永寧殿	영녕전
yŏngsŏn	營繕	영선
yŏngsŏnggun su	榮川郡守	영성군수
yŏngŭijŏng	領議政	영의정
yujang pyŏnsu	鍮匠邊首	유장변수
yulgwa	律科	율과

Glossar der Personennamen

McCune Reischauer	*hanja*	*han'gŭl*
Ch'a Ŏrin-nomi	車旕仁老味	차얼인노미
Ch'o Chungbyŏk	趙重璧	초중벽
Ch'oe Myŏnggil	崔鳴吉	최명길
Ch'ojŏng Pak Chega	楚亭 朴齊家	초정 박제가
Chinjong	眞宗	진종
Cho Sijun	趙時俊	조시준
Cho Simt'ae 趙心泰	趙心泰	조심태
Chŏn Yunam 全有男	全有男	전우남
Chŏng Ch'angsŏng	鄭昌聖	정창성
Chŏng Ilsang	鄭一祥	정일상
Chŏng Kimae	鄭其每	정기매
Chŏng Kŭmi	鄭金伊	정금이
Chŏng Minsi	鄭民始	정민시
Chŏng Sugong	鄭守公	정수공
Chŏngjo	正祖	정조

Chungjong	中宗	중종
Fukuzawa Yukichi	福沢諭吉	
Han Ingmu	韓翼䛑	한익무
Hŏ Tam	許淡	호담
Hoehŏn An Hyang	晦軒 安珦	회헌 안향
Hŏja	虛字	허자
Hong Ik	洪檍	홍익
Hong Inhan	洪麟漢	홍인한
Hong Kugyŏng	洪國榮	홍국영
Hong Naksŏng	洪樂性	홍낙성
Hong Yŏk	洪櫟	홍역
Hyojong	孝宗	효종
Hyoŭi	孝懿王后	효의왕후
Injo	仁祖	인조
Kae-nomi	介老味	개노미
Kim Chagŏn	金自鍵	감자건
Kim Chŏnggi	金鼎起	김정기
Kim Chongsu	金鍾秀	김정수
Kim Kusam	金九三	김구삼
Kim Kwi-nomi	金貴老味	김귀노미
Kim Sangbok	金相福	김상복
Kim Sugyu	金壽奎	김수규
Kwŏn Kŭngyu	權克有	권긍유
Li Jie	李诫	
Miho Kim Wŏnhaeng	渼湖 金元行	미호 김원행
Na Kyŏngjŏk	羅景績	나경적
Nam Taeje	南泰齊	남대재
O Tŏkhae	吳德海	오덕해
Pak Ŏtnam	朴㐇男	박엇남
Pak Yunsu	朴崙壽	박윤수
Pomanjae Sŏ Myŏngŭng	保晚齋 徐命膺	보만재 서명긍
Sambong Chŏng Tojŏn	三峰 鄭道傳	삼봉 정도전
Sejo	世祖	세조
Sejong	世宗	세종
Sinjae Chu Sebung	愼齋 周世鵬	신재 주세붕
Sinjŏng wanghu	神貞王后	신정왕후
Sirong	實翁	시롱
Song Kwan	宋觀	송관

Song Yingxing	宋應星	
Songdang Cho Chun	松堂 趙浚	성당 조준
Sukchong	肅宗	숙종
T'aejo	太祖	태조
T'oegye Yi Hwang	退溪 李滉	퇴계 이황
Tamhŏn Hong Taeyong	湛軒 洪大容	담헌 홍대용
Tasan Chŏng Yagyong	茶山 丁若鏞	다산 정약용
Yangch'on Kwŏn Kŭn	陽村 權近	양천 권근
Yi Chagŭn-nomi	李者斤老味	이자근노미
Yi Hwiji	李徽之	이휘지
Yi Kyugyŏng	李圭景	이규경
Yi Sŏnggak	李聖玨	이성각
Yi Sŏnggye	李成桂	이성계
Yŏngjo	英祖	영조
Yŏnsan'gun	燕山君	연산군
Yulgok Yi I	栗谷 李珥	율곡 이이
Yun Simun	尹時文	윤시문
Zhu Xi	朱熹	

Anhang

Tabelle 26: System der Ränge und Ämter.

Ränge		*siljik* 實職		*chapchik* 雜職	
		munban 文班 (*tongban* 東班)	*muban* 武班 (*sŏban* 西班)	*tongban* 東班	*sŏban* 西班
tangsang 堂上	正1品 (1A)	taegwang poguk sungnok taebu (ŭijŏng) 大匡輔國崇祿大夫(議政)			
		poguk sungnok taebu 輔國崇祿大夫			
	從1品 (1B)	sungnok taebu 崇祿大夫			
		sungjŏng taebu 崇政大夫			
	正2品 (2A)	chŏnghŏn taebu 正憲大夫			
		chahŏn taebu 資憲大夫			
	從2品 (2B)	kajŏng taebu (kaŭi) hugae 嘉靖大夫(嘉義)-後改			
		kasŏn taebu 嘉善大夫			
	正3品 (3A)	t'ongjŏng taebu 通政大夫	chŏljong changgun 折衝將軍		
tangha 堂下	正3品 (3A)	t'onghun taebu 通訓大夫	ŏmo changgun 禦侮將軍		
	從3品 (3B)	chungjik taebu 中直大夫	kŏn'gong changgun 建功將軍		
		chunghun taebu 中訓大夫	pogong changgun 保功將軍		
	正4品 (4A)	pongjŏng taebu 奉正大夫	chinwi changgun 振威將軍		
		pongyŏl taebu 奉列大夫	sowi changgun 昭威將軍		

Ränge		siljik 實職		chapchik 雜職	
		munban 文班 (tongban 東班)	muban 武班 (sŏban 西班)	tongban 東班	sŏban 西班
ch'amsang 參上	從4品 (4B)	chosan taebu 朝散大夫	chŏngnyak changgun 定略將軍		
		chobong taebu 朝奉大夫	sŏllyak changgun 宣略將軍		
	正5品 (5A)	t'ongdŏngnang 通德郎	kwaŭi kyowi 果毅校尉		
		t'ongsŏllang 通善郎	ch'ungŭi kyowi 忠毅校尉		
	從5品 (5B)	pongjingnang 奉直郎	hyŏnsin kyowi 顯信校尉		
		ponghullang 奉訓郎	ch'angsin kyowi 彰信校尉		
	正6品 (6A)	pongŭirang 承義郎	tonyong kyowi 敦勇校尉	kongchingnang 供職郎	pongim kyowi 奉任校尉
		sŭnghullang 承訓郎	chinyong kyowi 進勇校尉	yŏjingnang 勵直郎	suim kyowi 修任校尉
	從6品 (6B)	sŏn'gyorang 宣教郎	yŏjŏl kyowi 勵節校尉	kŭnimnang 謹任郎	hyŏn'gong kyowi 顯功校尉
		sŏnmurang 宣務郎	pyŏngjŏl kyowi 秉節校尉	hyoimnang 效任郎	chŏkkong kyowi 迪功校尉
ch'amgha 參下	正7品 (7A)	mugongnang 務功郎	chŏksun puwi 迪順副尉	pongmurang 奉務郎	tŭngyong puwi 騰勇副尉
	從7品 (7B)	kyegongnang 啓功郎	punsun pokwi 奮順副尉	sŭngmurang 承務郎	sŏnyong puwi 宣勇副尉
	正8品 (8A)	t'ongsarang 通仕郎	sŭngŭi powi 承義副尉	myŏn'kongnang 勉功郎	maenggŏn puwi 猛健副尉
	從8品 (8B)	sŭngsarang 承事郎	suŭi pokwi 修義副尉	pugŭllang 赴功郎	changgŏn puwi 壯健副尉
	正9品 (9A)	chongsarang 從事郎	hyoryŏng puŭi 效力副尉	pokkŭllang 服勤郎	ch'iryŏk puwi 致力副尉
	從9品 (9B)	changsarang 將仕郎	chŏllyŏk puwi 展力副尉	chŏngŭllang 展勤郎	kŭllyŏk puŭi 勤力副尉

Tabelle 27: Handwerker des Kongjo nach Angaben der Kodizes.

Bezeichnung		Beschreibung	Personenzahl lt. KGTJ	Personenzahl lt. TJTP
草笠匠	ch'oripchang	Hutmacher für Beamte	8	8
沙帽匠	samojang	Hutmacher für Beamte	2	2
都多益匠	todaikchang	Hersteller einer Art Haarband für Hofdamen	2	2
多繪匠	tahoejang	Hersteller einer Art Kordel aus Seide	2	2
網巾匠	manggŏnjang	Hersteller von Haarreifen	2	2
帽子匠	mojajang	Hersteller einer bestimmten Art von Kopfbedeckung	6	6
瓮匠	ongjang	Töpfer	13	13
咊匠	hwajang	Hersteller einer Art von Schmuckguertel	4	4
銀匠	ŭnjang	Gold-, Silber-, Kupferschmied	8	8
金箔匠	kŭmbakchang	Handwerker für Blattgold	2	2
裏皮匠	ip'ijang	Hersteller einer Art Rindsleder	2	2
靴匠	hwajang	Schuh- und Stiefelmacher	6	6
靸鞋匠	saphyejang	Hersteller von Slippern	6	6
熟皮	sŏkp'i	Lederer, Gerber	10	10
花兒匠	hwaajang	Hersteller von kuenstlichen Blumen (u.a. für Schuhe)	2	2
斜皮匠	sap'i	Pelzer	4	4
氈匠	chŏnjang	Filzer	4	4
入絲匠	ipsa	Graveure fuer diverse Schuesseln	2	2
漆匠	ch'iljang	Lackierer	10	10
豆錫匠	tusŏkchang	Hersteller von Tuergriffen und Schloessern aus Messing	4	4
鑄匠	chujang	Schmied	20	20
螺鈿匠	najŏnjang	Perlmuttarbeiter	2	2
鍮匠	yujang	Schlossbauer, Schlosser	8	8
褙貼匠	paech'ŏpchang	Einrahmer und Einspanner	2	2
針匠	ch'imjang	Nadelmacher	2	2
鏡匠	kyŏngjang	Spiegel- und Linsenmacher	2	2
雕刻匠	chogakchang	Graveur/Schnitzer	2	2
銅匠	tongjang	Kupferschmied	4	4

Bezeichnung		Beschreibung	Personenzahl lt. KGTJ	Personenzahl lt. TJTP
周皮匠	chup'ijang	Lederer	6	6
汗致匠	hanch'ijang	Sattler	2	2
鞍韉匠	annongjang	Sattler	2	2
看多介匠	kandagaejang	Hersteller einer Art Lederband	2	2
筆匠	p'ilchajang	Pinselmacher	8	8
竹匠	chukchang	Bambusholzhandwerker	2	2
鞦骨匠	ch'ugoljang	Pferdeglockenhersteller, Hersteller von Pferdekehlriemen	2	2
印匠	injang	Stempelmacher, Siegelmacher	2	2
水鐵匠	such'uljang	Schmied, Eisenschuesselhersteller	30	30
冶匠	yajang	Schmied	4	4
珠匠	chujang	Perlenarbeiter	2	2
鞧甫老匠	ch'ŏmburojang	Satteldeckenmacher, Sattelklappenmacher	2	2
每緝匠	maejŭp	Hersteller von Troddeln	2	2
鞍子匠	maljajang	Sattler	10	10
於赤匠	ojŏkcang	Hersteller von Satteldecken	4	4
粘匠	changjang	Hersteller von Sattelklappen	2	2
木梳匠	moksojang	Holzkammhersteller	2	2
梳省匠	sosŏngjang	Grobkammhersteller	2	2
筒介匠	t'onggyejang	Koechermacher	2	2
貼扇匠	ch'ŏbsŏnjang	Faechermacher	4	4
表筒匠	p'yot'ongjang	Schriftrollenroehrenhersteller	2	2
稱子匠	ch'ingjajang	Masshersteller	2	2
圓扇匠	wŏnsŏnjang	Rundfaecherhersteller	2	2
竹梳匠	chuksojang	Bambuskammhersteller	2	2
針線匠	ch'imsŏnjang	Nadel und Fadenmacher	10	10
草染匠	ch'oyŏmjang	Strohhutfaerber	6	6
木纓匠	mokyŏkchang	Strohhutperlenmacher	4	4
		gesamt	**261**	**261**

Tabelle 28: Ausschnitt aus den Amtsnominierungen der Minister für Öffentliche Arbeiten[540]

Regierung	Jahr	Kalender-jahr	Monat	Tag	Name		geb.	gest.	Alter bei Antritt	Amts-dauer Tage
Sukchong	23	1697	9	23	朴世堂	Pak Sedang	1629	1703	68	133
Sukchong	24	1698	2	3	申汝哲	Sin Yŏch'ŏl	1634	1701	64	233
Sukchong	24	1698	9	24	李彥綱	Yi Ŏngang	1648	1716	50	35
Sukchong	24	1698	10	29	金鎮龜	Kim Chin'gu	1651	1704	47	132
Sukchong	25	1699	3	10	申汝哲	Sin Yŏch'ŏl	1634	1701	65	728
Sukchong	27	1701	3	7	李世華	Yi Sehwa	1630	1701	71	43
Sukchong	27	1701	4	19	李彥綱	Yi Ŏngang	1648	1716	53	106
Sukchong	27	1701	8	3	徐宗泰	Sŏ Chongt'ae	1652	1719	49	7
Sukchong	27	1701	8	10	嚴緝	Ŏm Chip	1635	1710	66	314
Sukchong	28	1702	6	20	金構	Kim Ku	1649	1704	53	209
Sukchong	29	1703	1	15	洪受瀗	Hong Suhŏn	1640	1711	63	119
Sukchong	29	1703	5	14	李寅燁	Yi Inyŏp	1656	1710	47	8
Sukchong	29	1703	5	22	金構	Kim Ku	1649	1704	54	76
Sukchong	29	1703	8	6	徐宗泰	Sŏ Chongt'ae	1652	1719	51	92
Sukchong	29	1703	11	6	洪受瀗	Hong Suhŏn	1640	1711	63	196
Sukchong	30	1704	5	20	趙泰采	Cho T'aech'ae	1660	1722	44	59
Sukchong	30	1704	7	18	徐宗泰	Sŏ Chongt'ae	1652	1719	52	215
Sukchong	31	1705	2	18	洪受瀗	Hong Suhŏn	1640	1711	65	58
Sukchong	31	1705	4	17	徐宗泰	Sŏ Chongt'ae	1652	1719	53	4
Sukchong	31	1705	4	21	宋昌	Song Ch'ang	1633	1706	72	421
Sukchong	32	1706	6	16	洪受瀗	Hong Suhŏn	1640	1711	66	74
Sukchong	**32**	**1706**	**8**	**29**	**李基夏**	**Yi Kiha**	**1646**	**1718**	**60**	**186**
Sukchong	33	1707	3	3	兪得一	Yu Tŭgil	1650	1712	57	199
Sukchong	33	1707	9	18	尹以道	Yun Ido	1628	1712	79	974
Sukchong	36	1710	5	19	金錫衍	Kim Sŏkyŏn	1648	1723	62	422
Sukchong	37	1711	7	15	崔奎瑞	Ch'oe Kyusŏ	1650	1735	61	32
Sukchong	37	1711	8	16	李彥綱	Yi Ŏngang	1648	1716	63	19
Sukchong	37	1711	9	4	李光迪	Yi Kwangjŏk	1628	1717	83	181
Sukchong	38	1712	3	3	趙泰耉	Cho T'aegu	1660	1723	52	276
Sukchong	38	1712	12	14	黃欽	Hwang Hŭm	1639	1730	73	33
Sukchong	39	1713	1	6	尹德駿	Yun Tŏkchun	1658	1717	55	94
Sukchong	39	1713	4	10	金鎮圭	Kim Chin'gyu	1658	1716	55	139
Sukchong	39	1713	8	27	金錫衍	Kim Sŏkyŏn	1648	1723	65	325

---

540 Daten wurden aus den Angaben der Regesten und der *SJW* extrapoliert.

Regierung	Jahr	Kalender-jahr	Monat	Tag	Name		geb.	gest.	Alter bei Antritt	Amts-dauer Tage
Sukchong	40	1714	7	18	徐宗泰	Sŏ Chongt'ae	1652	1719	62	110
Sukchong	40	1714	11	5	趙泰采	Cho T'aech'ae	1660	1722	54	279
Sukchong	41	1715	8	11	宋相琦	Song Sanggi	1657	1723	58	338
Sukchong	42	1716	7	14	趙泰采	Cho T'aech'ae	1660	1722	56	463
Sukchong	43	1717	10	20	金錫衍	Kim Sŏkyŏn	1648	1723	69	150

Tabelle 29: Auswahl der Bauŭigwe anhand der dargestellten Kriterien.

Titel		Jahr	König	Büro
Nambyŏljŏn chunggŏnch'ŏng ŭigwe Ŭigwe des Projektbüros zum Bau des Nambyŏljŏn	南別殿重建廳儀軌	1677	Sukchong	chŏng
Sungnŭng sugae togam ŭigwe Ŭigwe des Projektbüros zur Reparatur des Grabes Sungnŭng	崇陵修改都監儀軌	1677	Sukchong	togam
Kyŏngdŏkkung suriso ŭigwe Ŭigwe des Projektbüros zur Reparatur des Kyŏngdŏkkung	慶德宮修理所儀軌	1693	Sukchong	so
Höllŭng pisŏk chunggŏnch'ŏng ŭigwe Ŭigwe des Projektbüros zur Aufstellung der Stele am Grab Höllŭng	獻陵碑石重建廳儀軌	1695	Sukchong	chŏng
Tanjong changnŭng sugae togam Ŭigwe Ŭigwe des Projektbüros zur Reparatur des Grabes Changnŭng des Kronprinzen Tanjong	端宗莊陵修改都監儀軌	1699	Sukchong	togam
Hyerŭng songmul ch'ubae togam ŭigwe Ŭigwe des Projektbüros für zusätzliche Steinarbeiten am Grab Hyerŭng	惠陵石物追排都監儀軌	1722	Kyŏngjong	togam
Chongmyo kaesu togam ŭigwe Ŭigwe des Projektbüros für die Reparatur des Chongmyo	宗廟改修都監儀軌	1726	Yŏngjo	togam
Chirŭng chŏngjagak kaegŏn ŭigwe Ŭigwe des Projektbüros für die Reparatur des Ritualgebäudes am Grab Chirŭng	智陵丁字閣改建儀軌	1732	Yŏngjo	togam
Sukchong inhyŏn wanghu myŏngnŭng kaesu togam ŭigwe Ŭigwe des Projektbüros über die Reparatur des Grabes Myŏngnŭng der Königin Inhyŏn des Königs Sukchong	肅宗仁顯王后明陵改修都監儀軌	1744	Yŏngjo	togam

Titel		Jahr	König	Büro
Sinŭi wanghu cherŭng sindobi yŏnggŏnch'ŏng ŭigwe Ŭigwe des Projektbüros zur Errichtung einer Inschriftenstele am Grab Cherŭng der Königin Sinŭi	神懿王后齊陵神道碑營建廳儀軌	1744	Yŏngjo	*ch'ŏng*
Sejong yŏngnŭng pyosŏk yŏnggŏnch'ŏng ŭigwe Ŭigwe des Projektbüros zur Errichtung eines Grabsteins am Grab Yŏngnŭng des Königs Sejong	世宗英陵表石營建廳儀軌	1745	Yŏngjo	*ch'ŏng*
Mongnŭng hwirŭng hyerŭng pyosŏk yŏnggŏnch'ŏng ŭigwe	穆陵徽陵惠陵表石營建廳儀軌	1747	Yŏngjo	*ch'ŏng*
Chinjŏn chungsu togam ŭigwe Ŭigwe des Projektbüros für die Reparatur der Halle Chinjŏn	眞殿重修都監儀軌	1748	Yŏngjo	*togam*
Taebodan chungsuso ŭigwe Ŭigwe des Projektbüros zur Reparaturen am Taebodan	大報壇增修所儀軌	1749	Yŏngjo	*so*
Chinjŏn chungsu togam ŭigwe Ŭigwe des Projektbüros für die Reparatur der Halle Chinjŏn	眞殿重修都監儀軌	1752	Yŏngjo	*togam*
Ŭisomyo yŏnggŏnch'ŏng ŭigwe Ŭigwe des Projektbüros für den Bau des Ŭisomyo	懿昭廟營建廳儀軌	1753	Yŏngjo	*ch'ŏng*
Hŭirŭng t'aerŭng hyorŭng kangnŭng changnŭng pyosŏk yŏnggŏnch'ŏng ŭigwe Ŭigwe des Projektbüros für die Errichtung von Grabsteinen an den Gräbern Hŭirŭng T'aerŭng Hyorŭng Kangnŭng und Changnŭng	禧陵泰陵孝陵康陵章陵表石營建廳儀軌	1753	Yŏngjo	*ch'ŏng*
Hurŭng hyŏllŭng kwangnŭng kyŏngnŭng ch'angnŭng sŏllŭng chŏngnŭng pyosŏk yŏnggŏnch'ŏng ŭigwe Ŭigwe des Projektbüros für die Errichtung von Grabsteinen an den Gräbern Hurŭng Hyŏllŭng Kwangnŭng Kyŏngnŭng Ch'angnŭng und Sŏllŭng.	厚陵顯陵光陵敬陵昌陵宣陵靖陵表石營建廳儀軌	1755	Yŏngjo	*ch'ŏng*
P'ungyang kugwŏl yuji pisŏk surip ŭigwe Ŭigwe zur Aufstellung einer Steintafel an den Ruinen des alten Palasts in P'ungyang	豐壤舊闕遺址碑石竪立儀軌	1755	Yŏngjo	?

Titel		Jahr	König	Büro
Suŭnmyo yŏnggŏnch'ŏng ŭigwe Ŭigwe des Projektbüros für die Bauarbeiten am Suŭnmyo	垂恩廟營建廳儀軌	1764	Yŏngjo	*ch'ŏng*
T'aejo kŏnwŏllŭng chungsu togam ŭigwe Ŭigwe des Projektbüros für die Reparaturen am Grab Kŏnwŏllŭng des Königs T'aejo	太祖健元陵重修都監儀軌	1764	Yŏngjo	*togam*
Hŏllŭng sŏngmul chungsu togam ŭigwe Ŭigwe des Projektbüros für die Reparaturarbeiten an den Steinen des Grabes Hŏllŭng	獻陵石物重修都監儀軌	1768	Yŏngjo	*togam*
Sindŏk wanghu chŏngnŭng yŏnggŏnch'ŏng ŭigwe Ŭigwe des Projektbüros für die Reparaturarbeiten am Grab Chŏngnŭng der Königin Sindŏk	神德王后貞陵營建廳儀軌	1770	Yŏngjo	*ch'ŏng*
Chinjŏn chungsu yŏnggŏnch'ŏng ŭigwe Ŭigwe des Projektbüros für die Reparatur- und Bauarbeiten der Halle Chinjŏn	眞殿重修營建廳儀軌	1772	Yŏngjo	*ch'ŏng*
Kyŏngmogung kaegŏn togam ŭigwe Ŭigwe des Projektbüros für die Reparaturarbeiten am Palast Kyŏngmogung	景慕宮改建都監儀軌	1777	Yŏngjo	*togam*
Yŏngjo wŏllŭng kaesu togam ŭigwe Ŭigwe des Projektbüros für die Reparaturen am Grab Wŏllŭng des Königs Yŏngjo	英祖元陵改修都監儀軌	1783	Yŏngjo	*togam*
Kyŏngmogung ŭigwe Ŭigwe zum Palast Kyŏngmogung	景慕宮儀軌	1784	Yŏngjo	*togam*
Munhŭimyo yŏnggŏnch'ŏng tŭngnok Aufzeichnungen des Projektbüros für die Bauarbeiten am Munhŭimyo	文禧廟營建廳謄錄	1790	Yŏngjo	*ch'ŏng*
Hwasŏng sŏngyŏk ŭigwe Ŭigwe zum Bau der Festung Hwasŏng	華城城役儀軌	1801	Yŏngjo	*togam*

Tabelle 30: Aufstellung und Anzahl der Handwerker gemäß der gewählten repräsentativen üigwe.

Gewerk oder Gegenstand			Üigwe					
			1677	1693	1753	1764	1777	1790
moksu	木手	Zimmerleute	39	146	17	31	104	74
yajang	冶匠	Schmiede		12	3	2	12	5
sŏksu	石手	Steinmetze	39	89	24	12	100	95
somok-chang	小木匠	Tischler/Schreiner	3	10	4		7	10
chogak-chang	雕刻匠	Graveur/Schnitzer	3	4	6		20	15
mokhyejang	木鞋匠	Holzschuhmacher			4	2	12	8
hwawŏn	畵員	Maler	14	18	5	1	21	20
kaejang	盖匠	Dachdecker	17	40	9	21	36	22
ijang	泥匠	Maurer/Verputzer	3	25	8	21	87	66
chuljang	㐹匠	Seiler				4		
chinch'iljang	眞漆匠	Lackmaler					3	3
ch'iljang	漆匠	Lackmaler	13	49	6			
pyŏngp'ungjang	屛風匠	Paraventbauer	2				5	2
tusŏkchang	豆錫匠	Messingschmied			2		6	6
pakpaejang	朴排匠	Handwerker für Türen- und Fensterösen		3			1	3
anjajang	鞍子匠	Sattler	6	3	1	2	4	2
kach'iljang	假漆匠	Schutzlackierer/Grundierer				7	22	22
sŏnjang	船匠	Schiffbauer					5	
kigyejang	機械匠	Maschinenbauer/Gerätebauer			2	2	3	3
kigŏjang	歧鉅匠/岐鉅匠	Holzsäger				4	2	4	6
kŏlgŏgun	乬鉅軍	Holzsäger, militärische Hilfsarbeiter				2		
kŏlgŏjang	乬鉅匠	Holzsäger			4	6	7	2
taein'gŏjang	大引鉅匠	Holzgrobspalter		12	5	2	6	5
soin'gŏjang	小引鉅匠	Holzfeinspalter		6	4	4	6	4
napchang	鑞匠	Zinnlöter		3				
majojang	磨造匠	Mühlsteinmacher	1		1		3	2
kwanjajang	貫子匠	Pferdehaarhutbandmacher	1	2	3			

Gewerk oder Gegenstand			Üigwe					
			1677	1693	1753	1764	1777	1790
chegak	除刻/蹄刻	Hufschnitzer	3	4				
magyŏngjang	磨鏡匠	Polierer			2		1	
pugŭmjang	付金匠	Goldhandwerker		3				
taeŭnjang	大銀匠	großer Silberschmied[541]						2
soŭnjang	小銀匠	kleiner Silberschmied					3	
ŭnjang	銀匠	Silberschmied			2			
sonojang	小爐匠	Kesselschmied			2		3	2
ch'ŏn-hyŏljang	穿穴匠	Lochmacher		3	1			
injang	茵匠	Grasmattenweber					15	3
wajŏnjang	瓦甎匠	Dachziegeler/Ziegler						2
nojŏmjang	蘆簟匠	Weidenmattenweber	16		7	10	15	12
moksujang	木梳匠	Holzkammmacher	2	2				
usanjang	雨傘匠	Regenschirm-macher	3					
tahoejang	多繪匠	Beckenmacher (Musikinstrument)	2		2		2	2
soeyakchang	鎖鑰匠	Türschlosser		2	1		2	
chujang	注匠	Pfeilspitzenmacher		22	4		12	
ipchang	笠匠	Bambushutmacher			6			
chuyŏmjang	朱簾匠	Hersteller bestimmter roter Vorhänge			6	3		
kungjang	弓匠	Bogenmacher			12			
sat'ojang	莎土匠	Totengräber[542]				8		
nabyŏmjang	鑞染匠	Lötzinneinleger					1	
ch'imsŏnjang	針線匠	Nadelarbeiter					6	
moŭijang	毛衣匠	Schneider für Winterskleidung aus Wolle, Leder etc.						5
nangjajang	囊子匠	Taschenmacher						1
ch'imsŏnbi	針線婢	Nadelarbeiterin						5
Summe			167	462	159	128	542	399

---

541 Die Bezeichnung *tae* 大 (groß) kann auch im Sinne von Meister oder Vorarbeiter verstanden werden.

542 Die Bezeichnung resultiert aus der Beschreibung der Arbeiten dieser Gruppe im *HKYS*. Im modernen Koreanisch existiert der Beruf des *sat'ojangi* mit der englischen

Tabelle 31: Weitere Handwerker in Bauabschnitt eins in Ŭigwe 1677.

Maler	畵員				
Yi Yusŏk	李惟碩	Ham Chegŏn	咸悌建	Hŏ Isun	許義順 (+)
Ch'oe Sŏkŭi	崔碩獻	Ch'oe Sŏkchun	崔碩峻+	Yi Kwihŭng	李貴興 (+)
Graveur/Schnitzer	雕刻匠				
Chang Chŏnmyŏng	張天命	Kim Myŏngwŏn	金明元	Kim Kapsul	金甲戌
Hufschnitzer	蹄刻匠				
Kim Insŏn	金仁善	Pak Ŭiil	朴義日	Song Simyŏng	宋時明
Holzkammacher	木梳匠				
Kim Haesŏn	金海先	Ch'oe T'aerip	崔太立		
Tischler	小木匠				
An T'aegil	安太吉	Yu Wŏn	劉元	Yu Ŏp	劉業
Regenschirm-macher	雨傘匠				
Kim Chungnip	金忠立	Ch'oe Aegil	崔愛吉	Sim Kŭmnan	沈金難
Beckenmacher (Musikinstrument)	多繪匠				
Kang Ŭnghŏn	姜應憲	Kim Isŏn	金二先		
Nadelarbeiterinnen	針線婢				
Ch'oe Kŭmye	翠今禮	Chin Okchin	眞玉眞		
Weidenmatten-weber	蘆簟匠				
Ch'oe Chŏngch'uk	崔丁丑	Yi Ilgŭm	李一金	Yi Sagŭm	李士金
Kang Myŏng	姜命	Chŏng Myŏngnip	鄭莫立	Na Ilbong	羅一奉
Chŏn Ullip	田雲立	An Sangwŏn	安尙元	O Sasin	吳士信
Chŏng Hugŏn	鄭後建	Chang Magyong	張莫龍	Yi Sinsaeng	李信生
Kim Sŭngŏp	金承業	Kim Chŏngil	金丁日	Han Silbong	韓實奉
An Ŭngŭm	安銀金				
Sattler	鞍子匠				
Kim Hyogŏn	金孝建	Pak Ŏtnam	朴㐫男		
Paraventbauer	屛風匠				
Yi Tŭkkŏn	李得建	Yi Siyŏng	李時榮		
Pferdehaarhutband-macher	貫子匠				
Han Yŏung	韓汝雄				
Lackmaler	漆匠				

Übersetzung *gravedigger* (Totengräber), wobei hier keine inhaltliche Identität suggeriert werden soll.

Yi Kit'ori	李其士里				
Mühlsteinmacher	磨造匠				
Pak Myŏngi	朴命伊				

Tabelle 32: Handwerker in Bauabschnitt zwei in Ŭigwe 1677.

Steinmetze	石手				
李景立	朴儉同	梁六賢	崔禮金	許貴同	鄭天奇
崔士龍	韓二忠	金仁興	李六伊	金二齊	金無直
金繼直	趙二龍	金戒民	金天立	李戌伊	崔士立
趙明信	尹一善	朴守一	姜業信	趙愛生	姜有信
金永元	金立	金破回	朴古同	裴尙難	金連立
崔廷一	李成男	趙明立	盧繼白	李後善	李永立
崔海仁	吉斗仁	趙奉獻			
Maurer/ Verputzer	泥匠				
金允吉	金士男	李香一	金承明	金卜伊	朴毛老金
金春金	李壽卜	朴龍伊	安儉忠	黃繼山	金夢賢
金禮立	李後男	皮破回	安孝龍	孫生	朴甲信

Tabelle 33: Handwerker in Bauabschnitt drei in Ŭigwe 1677.

Zimmerleute	木手				
閔莫吉	申承男	愼從男	梁命福	崔起善	尹德奉
Dachdecker	蓋匠				
孔守星	李承立	朴命吉	牟男	朴忠伊	金士云
金德立	崔俊	金益京	金得生	朴貴善	金寔
南孝祥	朴武生	閔成龍	張太信	朴乙民	
Sattler	鞍子匠				
金孝建	朴龍	朴唜男			
Maler	畵員				
韓時覺	張忠明	咸宗建	崔碩峻+	咸睇建	崔碩巘
張忠獻	許義順 (+)	張子房	張以良	韓後房	趙哲明
李貴興 (+)	咸泰碩	張子賢	張子旭	尹商翼	
Lackmaler	漆匠				
金承龍	金士忠	高㐫善	劉夫貴	黃得堅	姜建
金忠民	金永輝	林孝達	鄭奉	洪碩民	宋以善

Tabelle 34: Handwerker mit auffälliger Schreibweise in Bauabschnitt eins in Ŭigwe 1693.

Zimmerleute	木手	Status lt. Quellen[543]	
Kang Ŏtchi	姜㐑之	Sklave	
Pak Mallyang Pak Kkŭtyang	朴㐑良	Sklave	
Kim Malsŏn Kim Kkŭssŏn	金㐑善	Sklave	
O Ŏtnam	吳㐑男	Sklave	
Kim Chagŭnnam	金者斤男	Sklave	
Kim Mallam Kim Kkŭtnam	金㐑男	Sklave	
Kim Kaettong	金㐋同	Sklave/Verbrecher	
Maurer/ Verputzer	泥匠		
Pae Chuldong	裴㐊同	Sklave	
Yi Maldong Yi Kkŭttong	李㐑同	Sklave	
Zinnlöter	鑞匠		
Ch'oe Ch'irŏji Ch'oe Pŏrŏji	崔伐於之	?	
Steinmetze	石手		
Song Kaettong	宋㐋同	Sklave	
Yi Ŏsse	李㐑世	Sklave	
Hwang Malsaeng Hwang Kkŭssaeng	黃㐑生	Sklave	
Kim Mungch'ung	金無應忠	Sklave	
Han Tolsŏk Han Tolsŏm	韓乭石	Sklave	
Song Malji Malsil	安㐑實	Sklave	
Pak Malsaeng	朴㐑生	Sklave	
Lackmaler	漆匠		
Pak Mungch'i	朴無應致	Sklave	
Mun Tolsi Tolsoe	文乭屎	Sklave	
Yi Malsŏn	李㐑善	Sklave	
Pak Ŏttong	朴㐑同	Sklave	

---

543 Als Referenz dienen die Regesten, die *SJW* sowie die in den Quellen nachweisbaren Sklavennamen.

Tabelle 35: Handwerker mit auffälliger Schreibweise in Bauabschnitt zwei in Ŭigwe 1693.

Zimmerleute	木手	Status lt. Quellen
Kim Kaeburi	金介夫里	Sklave (privat)
Kim Malsin	金㐋信	Sklave
Kim Malsŏn	金㐋善	Sklave
Kim Ŏtkŭm Kim Ŏssoe	金㓒金	Sklave
Kim Sapsari	金鍤沙里	Sklave
Ch'oe Tolsi Tolsoe	崔乭屎	Sklave
Steinmetze	石手	
Yi Tŏngi Yi Kangi	李加應伊	?
Han Kirigŭm Han Kirisoe	韓己里金	Sklave
Schmiede	冶匠	
Ch'oe Tŏmi Ch'oe Kami	崔加音伊	
Dachdecker	蓋匠	
Chŏng Kŭmi-malch'i Chŏng Soei-malch'i	鄭金伊㐋致	?
Ch'oe Tolsi Tolsoe	崔乭屎	Sklave
Kim Chagŭnsan	金者斤山	Sklave

Tabelle 36: Handwerker in Ŭigwe 1777.

Gewerk/Name	Zeichen	Personenzahl	Zählwort
Zimmerleute	木手		
Pyo Sŏnggi	表成起	104	myŏng 名
Steinmetze	石手		
Chang Ilsun	張一順	100	p'ae 牌
Schmiede	冶匠		
Chu Kyein	周啓仁	12	no 爐
Pfeilspitzenmacher	注匠		
Pak Yŏnghwan	朴永煥	12	myŏng 名
Tischler	小木匠		
Pak Ch'angban	朴昌彬	7	myŏng 名
Graveur/Schnitzer	雕刻匠		

Gewerk/Name	Zeichen	Personenzahl	Zählwort
Kim Chogap	金祖甲	20	myŏng 名
Türschlosser	鎖鑰匠		
Chŏng Sŏngpil	丁聖必	2	myŏng 名
Lackmaler	眞漆匠		
Kong Sŏnghŭi	孔聖輝	3	myŏng 名
Holzschuhmacher	木鞋匠		
Ko Kamnip	高甘立	12	myŏng 名
Holzgrobspalter	大引鉅		
Chang Man'gi	張萬起	6	p'ae 牌
Holzfeinspalter	小引鉅匠		
Yi Sidae	李時大	6	p'ae 牌
Holzsäger	乭鉅		
Yi Puksil	李北實	7	p'ae 牌
Holzsäger	歧鉅		
Kim Sŏngok	金成玉	4	p'ae 牌
Schutzlackierer/ Grundierer	假漆匠		
Kim Yunt'ae	金潤太	22	myŏng 名
Sattler	鞍子匠		
Kim Insu	金仁守	4	myŏng 名
Maurer/Verputzer	泥匠		
Chang Paekhoe	張百會	87	myŏng 名
Dachdecker	蓋匠		
Wŏn Tugori	元斗古里	36	myŏng 名
Messingschmiede	豆錫匠		
Han Sŏngguk	韓聖國	8	myŏng 名
Kleine Silberschmiede	小銀匠		
An Hŭn'guk	安興國	3	myŏng 名
Kesselschmiede	小爐匠		
Cho Injae	趙仁才	3	myŏng 名
Beckenmacher (Musikinstrument)	多繪匠		
Ch'oe Kwangun	崔光雲	2	myŏng 名
Weidenmattenweber	蘆簟匠		
Son Yongbok	孫龍卜	15	myŏng 名
Polierer	磨鏡匠		
Yu Unsŏ	劉雲瑞	1	myŏng 名
Mühlsteinmacher	磨造匠		

Gewerk/Name	Zeichen	Personenzahl	Zählwort
Yi Yongdŭk	李龍得	3	myŏng 名
Lötzinneinleger	鑞染匠		
Pak Sehwan	朴世煥	1	myŏng 名
Maschinenbauer	機械匠		
Yi Kŏbok	李巨福	3	myŏng 名
Maler	畫員		
Hŏ Tam	許倓	21	in 人
Paraventbauer	屏風匠		
Chŏng Tŏksu	鄭德守	5	myŏng 名
Türen Fenster Ösen usw.	朴排匠		
Kim Idŭk	金二得	1	myŏng 名
Grasmattenweber	茵匠		
Chŏng Taep'il	鄭大必	4	myŏng 名
Schiffsbauer	舡匠		
Yi Tŭgok	李得玉	5	myŏng 名
Nadelarbeiterin	針線婢		
Chaeyŏn	再連	6	myŏng 名

Tabelle 37: Handwerker in Üigwe 1790.

Gewerk/Name	Zeichen	Personenzahl	Zählwort
Zimmerleute	木手		
Pyo Sŏnggi	表聖起	59	myŏng 名
Zimmerleute aus Kaesŏng	松都木手		
Chŏng Ŏin-nomi	鄭於仁老味	15	myŏng 名
Steinmetz	石手		
Han Siung	韓時雄	60	myŏng 名
Steinmetze von Kanghwa	江華石手		
Yi Bokki	李福起	10	myŏng 名
Steinmetze aus Kaesŏng	松都石手		
Pak Ch'iwŏn	朴致元	25	myŏng 名
Maler	畫員		
Kim Chonghoe	金宗繪	20	in 人
Maurer/Verputzer	泥匠		
Hŏ Yŏhŭng	吳餘興	66	myŏng 名
Dachdecker	蓋匠		
Kong Sŏngbok	孔聖福	22	myŏng 名

Gewerk/Name	Zeichen	Personenzahl	Zählwort
Tischler	小木匠		
Pak Munŭi	朴文義	10	myŏng 名
Graveur/Schnitzer	雕刻匠		
Ch'oe Ch'ŏnjang	崔天章	10	myŏng 名
Schutzlackierer/ Grundierer	假漆匠		
Kim Yunt'ae	金允泰	22	myŏng 名
Paraventbauer	屏風匠		
Im Uch'un	林遇春	2	myŏng 名
Holzfeinspalter	小引鉅		
Sŏ Talson	徐達孫	4	myŏng 名
Holzsäger	歧鉅匠		
Yi Sŏngch'un	李成春	6	myŏng 名
Holzschuhmacher	木鞋匠		
Son Kaptŭk	孫甲得	8	myŏng 名
Messingschmied	豆錫匠		
Yi Su-nomi	李順老味	6	myŏng 名
Sattler	鞍子匠		
Sŏ Tohŭi	徐道希	2	myŏng 名
Lackmaler	眞漆匠		
Pak Sedŭk	朴世得	3	myŏng 名
Schnitzer	刻手		
Chŏn Tŭkchun	田得俊	1	myŏng 名
Holzgrobspalter	大引鉅		
Yi Hanŭi	李漢宜	5	myŏng 名
Türen Fenster Ösen usw	朴排匠		
Ko Tŭkto	高得道	3	myŏng 名
Holzsäger	틋鉅匠		
Pak Sŭnggŭn	朴升根	2	myŏng 名
Maschinenbauer	機械匠		
Kwak Sidol	郭時乭	3	myŏng 名
Dachziegel/Ziegel	瓦甑匠		
Kim Sŏkhŭi	金錫禧	2	myŏng 名
Schmied	冶匠		
Kim Yŏnghong	金景弘	5	myŏng 名
Mühlsteinmacher	磨造匠		
Kim Suhŭng	金壽興	2	myŏng 名

Gewerk/Name	Zeichen	Personenzahl	Zählwort
Schneider für Winterkleidung aus Wolle, Leder, Haar	毛衣匠		
Kim Chŏngu	金鼎禹	5	myŏng 名
Großer Silberschmied	大銀匠		
Pak Sŏngch'un	朴聖春	2	myŏng 名
Kesselschmiede	小爐匠		
Cho Taein	趙大仁	2	myŏng 名
Beckenmacher (Musikinstrument)	多繪匠		
Kang Hŭnchŏl	姜興喆	2	myŏng 名
Grasmattenweber	茵匠		
Kim Ch'angbin	金昌彬	3	myŏng 名
Taschenmacher	囊子匠		
Sŏ Pongjin	徐鳳鎭	1	myŏng 名
Weidenmattenweber	蘆簟匠		
Kang T'aejung	姜太重	2	myŏng 名
Nadelarbeiterin	針線婢		
Ch'wiyŏl	翠烈	5	myŏng 名

Tabelle 38: Für Belohnungen ausgewählte Handwerker aus der Provinz Hwanghae im Rahmen des Bauprojekts der Festung Hwasŏng gemäß Ilsŏngnok.

Herkunftsort	Handwerk	Grad	Name
Haeju 海州	Steinmetz 石手	erster Grad 一等	Yi Sŏngdŭk 李成得
		zweiter Grad 二等	Son Samjae 孫三才
			Pak Sŏngwŏn 朴成云
			Kim Osŏng 金五成
			Han Pokki 韓福起
			Kim Wat'ong 金瓦通
		dritter Grad 三等	Kim Akkŭm 金岳金
			Kim Haebong 金海奉
			Kim Sŏngsam 金聖三
			Kim Ch'unsam 金春三
			Mun Kansam 文干三
			O Sŏngyul 吳成律
			Hwang Ikkwi 黃益貴

Herkunftsort	Handwerk	Grad	Name
Paekchŏn 白川	Steinmetz 石手	erster Grad 一等	Han Nomi 韓老味
			Paek Puksil 白北實
Pongsan 鳳山	Steinmetz 石手	erster Grad 一等	Kim Pongŭi 金鳳儀
			Kim Haesu 金海守
			Pak Karanggŭm 朴加郞金
		dritter Grad 三等	Ch'oe Hangnyang 崔鶴令
			Yi Myŏngwi 李命位
			Kim T'aewi 金太位
			Chang Maktong 張莫東
Tosan 兔山	Steinmetz 石手	erster Grad 一等	Yi Nomi 李老味
Hwangju 黃州	Steinmetz 石手	erster Grad 一等	Yi Chongbo 李宗保
			Ch'oe Kungjin 崔國鎭
			Paek Tongi 白同伊
		zweiter Grad 二等	Kim Ch'ŏlsan 金哲山
			Han Myŏngjŏl 韓命哲
		dritter Grad 三等	O Chŏngdae 吳廷大
Sŏhŭng 瑞興	Holzhandwerker 木手	erster Grad 一等	Yi Chonghak 異宗學
	Steinmetz 石手	erster Grad 一等	Ch'oe Mobong 崔謀奉
		zweiter Grad 二等	Yi Wŏndae 李元大
		dritter Grad 三等	Kim Ŏin-nomi 金於仁老味
Sin'gye 新溪	Steinmetz 石手	erster Grad 一等	Mun Wŏnse 文元世
			Paek Yongun 白龍云
		zweiter Grad 二等	Ch'oe Tŏksu 崔德守
		dritter Grad 三等	Yi Unmyŏng 李云明
P'yŏngsan 平山	Steinmetz 石手	erster Grad 一等	Ch'oe Tae-nomi 崔大老味
			Kim Pongbin 金鳳彬
Anak 安岳	Steinmetz 石手	erster Grad 一等	Song Ilbong 宋日奉
		zweiter Grad 二等	Kim Yŏwŏn 金呂元
		dritter Grad 三等	Kim Mugŭm 金武金
Chaeryŏng 載寧	Steinmetz 石手	zweiter Grad 二等	Cho Ch'usŏk 趙秋石
		dritter Grad 三等	O Hŏmugŭm 吳虛無金

Abbildung 28: Struktur der Institutionen der Rangebenen 1A bis 2A der zentralen Administration nach Angaben der Kodizes.

大王 **König**

1A	Chongch'inbu 宗親府 Büro für die Mitglieder der Königsfamilie	1B	Ŭigŭmbu 義禁府 Staatsgerichtshof	3A	Kyŏngyŏn 經筵 Büro für die Unterweisung des Königs in den konf. Klassikern
1A	Tonnyŏngbu 敦寧府 Büro für die Mitglieder der Königsfamilie, die nicht im Chongch'inbu bedacht werden	2B	Sahŏnbu 司憲府 Büro für die staatlichen Inspektionen	3A	Sŭngjŏngwŏn 承政院 Königliches Sekretariat
1A	Chunghunbu 忠勳府 Büro für Verdienstvollen Untertanen		Naegŭmwi 內禁衛 Hauptquartier der Palastwachen	3A	Saganwŏn 司諫院 Generalzensorat
1A	Ŭibinbu 儀賓府 Büro für die Schwiegersöhne des Königs		Kyŏmsabok 兼司僕 Büro der Leibgarde des Königs		Owi tochongbu 五衛都摠府 Hauptquartier der Fünf Hauptstadtgarnisonen
1A	Chungchubu 中樞府 Büro für Sinekuren			2B	Kyujanggak 奎章閣 Königliche Bibliothek

1A	Pibyŏnsa 備邊司 Grenzsicherungsamt (ab 1517)				Ŭijŏngbu 議政府 Staatsrat		
2A	Ijo 吏曹 Ministerium für Personal	Hojo 戶曹 Ministerium für Finanzen	Yejo 禮曹 Ministerium für Riten	Pyŏngjo 兵曹 Ministerium für Militärische Angelegenheiten	Hyŏngjo 刑曹 Ministerium für Justiz und Strafen	Kongjo 工曹 Ministerium für Öffentliche Arbeiten

Abbildung 29: Struktur der Abteilungen der Ministerien nach Angaben des TJTP.[544]

Ijo 吏曹 Ministerium für Personal	Hojo 戶曹 Ministerium für Finanzen	Yejo 禮曹 Ministerium für Riten	Pyŏngjo 兵曹 Ministerium für Militärische Angelegenheiten	Hyŏngjo 刑曹 Ministerium für Justiz und Strafen	Kongjo 工曹 Ministerium für Öffentliche Arbeiten
Naesibu 內侍府 (?)	Naejasi (3A) 內資寺	Hongmun'gwan (3A) 弘文館	Owi (?) 五衛	Changyewŏn (3A) 掌隸院	Sangŭiwŏn (3A) 尚衣院
Abteilung für die Administration der Eunuchen	Abteilung für diverse Palastausstattung	Abteilung für die politische Interpretation (Exegese) der Klassiker und die Leitung der königl. Bibliothek	Abteilung der Fünf Garnisonen	Abteilung für die Angelegenheiten der staatlichen Sklaven	Abteilung für die Bekleidung des Königs und weitere Accessoires
Sangsŏwŏn (3A) 尚瑞院	Naesŏmsi (3A) 內贍寺	Yemun'gwan (3A) 藝文館	Hullyŏnwŏn (3A) 訓鍊院	Chŏnoksŏ (6B) 典獄署	Sŏn'gonggam (3A) 繕工監
Abteilung für Siegel und Stempel	Abteilung für die Versorgung der Paläste sowie aller Beamten höher Rang 2 mit Alkohol und Beilagen	Abteilung für die Sicherstellung der Umsetzung der königlichen Befehle	Abteilung für militärisches Training	Abteilung für die Gefängnisse und Insassen	Abteilung für Bau- und Reparaturwesen, Holz und Kohle

---

544 Die Ränge der einzelnen Referate sind in Klammern angegeben. Die Kopfzeile wurde zur besseren Übersichtlichkeit auf jeder Seite wiederholt.

Ijo 吏曹 Ministerium für Personal	Hojo 戶曹 Ministerium für Finanzen	Yejo 禮曹 Ministerium für Riten	Pyŏngjo 兵曹 Ministerium für Militärische Angelegenheiten	Hyŏngjo 刑曹 Ministerium für Justiz und Strafen	Kongjo 工曹 Ministerium für Öffentliche Arbeiten
Chungbusi (3A) 宗簿寺 Abteilung für die Erstellung der royalen Genealogie und die Zensur der Fehler der royalen Linie	Sadosi (3A) 司䆃寺 Abteilung für die Reisversorgung des Palasts	Seja sigangwŏn (3A) 世子侍講院 Abteilung für die Ausbildung des Kronprinzen	Saboksi (3A) 司僕寺 Abteilung für die Ställe des Hofes, Wagen sowie Nutztierhaltung		Susŏng kŭmhwasa (4A) 修城禁火司 Abteilung für Bau und Wartung der Hauptstadtmaer, Straßen und Brücken und der Feuerbekämpfung
Saongwŏn (3A) 司饔院 Abteilung für die Nahrungsversorgung des Palasts; Küche	Kunjagam (3A) 軍資監 Abteilung für militärische Besorgungen	Sŏnggyun'gwan (3A) 成均館 Staatliche Konfuzianische Akademie	Kun'gisi (3A) 軍器寺 Abteilung für den Bau von Waffen, Kampfgerät sowie Flaggen, Möbeln und diverser anderer Gegenstände		Chŏnyŏnsa (4B) 典涓司 Abteilung für die Reinigung des Palastes und Ausbesserungsarbeiten

Ijo 吏曹 Ministerium für Personal	Hojo 戶曹 Ministerium für Finanzen	Yejo 禮曹 Ministerium für Riten	Pyŏngjo 兵曹 Ministerium für Militärische Angelegenheiten	Hyŏngjo 刑曹 Ministerium für Justiz und Strafen	Kongjo 工曹 Ministerium für Öffentliche Arbeiten
Naesusa (5A) 內需司 Abteilung für die Finanzen des Palasts	Cheyonggam (3A) 濟用監 Abteilung für die Versorgung des Palasts mit Textilien und Ginseng sowie Gewebe, Garne, Tücher, Färbemittel usw.	Ch'unch'ugwan (3A) 春秋館 Abteilung für diverse politische Aufzeichnungen	Chŏnsŏlsa (4A) 典設司 Abteilung für die Bereitstellung von Zelten		Changwŏnsŏ (6A) 掌苑署 Abteilung für die Gärten i.w.S. sowie Obst und Gemüse
Aekchŏngsŏ (?) 掖庭署 Abteilung mit diversen Zuständigkeiten wie Schreibutensilien, Audienzen, Garten etc.	Sajaegam (3A) 司宰監 Abteilung für Fischfang, Fleischversorgung, Salz, Feuerholz, Fackeln sowie Flüsse und Berge	Sŭngmunwŏn (3A) 承文院 Abteilung für die Korrespondenz mit China	Seja igwisa (5A) 世子翊衛司 Abteilung für die Leibwache des Kronprinzen		Chojisŏ (6B) 造紙署 Abteilung für die Herstellung und Verwaltung von Papier sowie den Literaturaustausch mit China

303

| Ijo
吏曹
Ministerium für Personal | Hojo
戶曹
Ministerium für Finanzen | Yejo
禮曹
Ministerium für Riten | Pyŏngjo
兵曹
Ministerium für Militärische Angelegenheiten | Hyŏngjo
刑曹
Ministerium für Justiz und Strafen | Kongjo
工曹
Ministerium für Öffentliche Arbeiten |
|---|---|---|---|---|---|
| | Kwanghŭngch'ang (4A)
廣興倉
Abteilung für die Einnahme und Ausgabe von Geld und anderen Zahlungsmittel | T'ongnyewŏn (3A)
通禮院
Abteilung für die Etikette | | | Wasŏ (6B)
瓦署
Abteilung für die Herstellung von Ziegeln |
| | P'yŏngsisa (5B)
平市署
Abteilung für die Beaufsichtigung von Märkten, Waren und deren Zirkulation sowie Maßen und Gewichten | Pongsangsi (3A)
奉常寺
Abteilung für die Opferzeremonien für Verstorbene der Königsfamilie | | | |
| | Ŭiyŏnggo (5B)
義盈庫
Abteilung für die Bevorratung von Honig, Öl, Obst und dergleichen Lebensmittel | Naeŭiwŏn (3A)
內醫院
Abteilung für die Bereitstellung der Medizin für die königl. Familie | | | |

Ijo 吏曹 Ministerium für Personal	Hojo 戶曹 Ministerium für Finanzen	Yejo 禮曹 Ministerium für Riten	Pyŏngjo 兵曹 Ministerium für Militärische Angelegenheiten	Hyŏngjo 刑曹 Ministerium für Justiz und Strafen	Kongjo 工曹 Ministerium für Öffentliche Arbeiten
	Changhŭnggo (5B) 長興庫 Abteilung für die Bevorratung mit Papier, Matten etc.	Yebinsi (3A) 禮賓寺 Abteilung für die Protokollführung			
	Sap'osŏ (6A) 司圃署 Abteilung für die Pflege von Gärten und Nutzpflanzen	Changagwŏn (3A) 掌樂署 Abteilung für Musik			
	Yanghyŏn'go (6B) 養賢庫 Abteilung für die allg. Versorgung der Schüler der Sŏnggyun'gwan	Kwansanggam (3A) 觀象監 Abteilung für Astronomie, Geographie, Kalenderberechnung, Meteorologie, Uhrzeit usw.			
	Obu (6B) 五部 Abteilung für die fünf Bezirke der Hauptstadt	Chŏnŭigam (3A) 典醫監 Abteilung für die medizinische Versorgung des Hofes			

Ijo 吏曹 Ministerium für Personal	Hojo 戶曹 Ministerium für Finanzen	Yejo 禮曹 Ministerium für Riten		Pyŏngjo 兵曹 Ministerium für Militärische Angelegenheiten	Hyŏngjo 刑曹 Ministerium für Justiz und Strafen	Kongjo 工曹 Ministerium für Öffentliche Arbeiten
		Sayŏkwŏn (3A) 司譯院	Abteilung für Übersetzungen			
		Chongmyosŏ (5B) 宗廟署	Abteilung für die königlichen Schreine			
		Sajiksŏ (5B) 社稷署	Abteilung für die Altäre der Erd- und Getreidegottheit			
		Pinggo (5B) 氷庫	Abteilung für die Versorgung mit Eis			
		Chŏnsaengsŏ (6B) 典牲署	Abteilung für die Aufzucht von Nutztieren für Riten und Bewirtung von Gästen			

Ijo 吏曹 Ministerium für Personal	Hojo 戶曹 Ministerium für Finanzen	Yejo 禮曹 Ministerium für Riten	Pyŏngjo 兵曹 Ministerium für Militärische Angelegenheiten	Hyŏngjo 刑曹 Ministerium für Justiz und Strafen	Kongjo 工曹 Ministerium für Öffentliche Arbeiten
		Hyeminsŏ (6B) 惠民署 Abteilung für die medizinische Versorgung der Bevölkerung			
		Tohwasŏ (6B) 圖畫署 Abteilung für Malereien			
		Hwarinsŏ (6B) 活人署 Abteilung für die Belange der armen und bedürftigen Bevölkerungsschichten			
		Sahak (6B) 四學 Abteilung für die vier dem Songgyungwan angegliederten Hauptstadtschulen			

Research on Korea

Edited by Marion Eggert, Eun-Jeung Lee and Jörg Plassen

Volume 1 Marion Eggert / Felix Siegmund / Dennis Würthner (eds.): Space and Location in the Circulation of Knowledge (1400-1800). Korea and Beyond. 2014.

Volume 2 Eun-Jeung Lee / Hannes B. Mosler (eds.): Lost and Found in *Translation*. Circulating Ideas of Policy and Legal Decision Processes in Korea and Germany. 2015.

Volume 3 Eun-Jeung Lee / Hannes B. Mosler (eds.): Civil Society on the Move. Transition and Transfer in Germany and South Korea. 2015.

Volume 4 Eun-Jeung Lee: Sŏwŏn – Konfuzianische Privatakademien in Korea. Wissensinstitutionen der Vormoderne. 2016.

Volume 5 Eun-Jeung Lee / Marion Eggert (eds.): The Dynamics of Knowledge Circulation. Cases from Korea. 2016.

Volume 6 Marion Eggert / Florian Pölking (eds.): Integration Processes in the Circulation of Knowledge. Cases from Korea. 2016.

Volume 7 Eun-Jeung Lee / Hannes B. Mosler (Hrsg.): Facetten deutsch-koreanischer Beziehungen. 130 Jahre gemeinsame Geschichte. 2017.

Volume 8 Dennis Wuerthner: A Study of Hypertexts of Kuunmong 九雲夢, Focusing on Kuullu 九雲樓 / Kuun'gi 九雲記. Nine Clouds in Motion. 2017.

Volume 9 Florian Pölking: Bauwissen und Bauwesen im Korea des Langen 18. Jahrhunderts. 2018.

www.peterlang.com

www.ingramcontent.com/pod-product-compliance
Ingram Content Group UK Ltd.
Pitfield, Milton Keynes, MK11 3LW, UK
UKHW021828210426
5322IPUK00004B/81